TRAITÉ

DES

BREVETS D'INVENTION.

TRAITÉ

DES

BREVETS D'INVENTION

PAR

AUGUSTIN-CHARLES RENOUARD,

CONSEILLER A LA COUR DE CASSATION.

ÉDITION ENTIÈREMENT NOUVELLE.

PARIS.

CHEZ GUILLAUMIN, LIBRAIRE,

RUE SAINT-MARC, 10; GALERIE DE LA BOURSE, 5,

Éditeur du Dictionnaire du Commerce et des Marchandises, du Journal des Économistes,

de la *Collection des principaux Économistes*, etc., etc.

1844.

TRAITÉ

BREVETS D'INVENTION.

INTRODUCTION.

BUT ET DIVISION DE CE TRAITÉ.

—

L'importance et l'activité de l'industrie s'accroissent chaque jour. Quels que soient les dissentiments qui divisent les esprits sur les questions politiques, philosophiques ou religieuses, tous s'accordent à user des améliorations qui s'introduisent dans la vie physique, et à faire des vœux pour qu'elles s'augmentent encore, parce que chacun, quelqu'opinion qu'il professe, aime le bien-être pour lui-même et pour sa famille, et préfère l'aisance à la misère. Que l'on prenne parti pour ou contre le dogme de la perfectibilité, l'on n'en met pas moins à profit les perfectionnements de l'industrie et des sciences. Nul d'entre ceux qui, en théorie, regrettent le plus sincèrement le passé, ne consentirait, dans la pratique, à échanger, contre les jouissances matérielles réservées aux plus riches il y a quelques siècles, l'aisance actuelle d'un modeste habitant de nos villes, placé au-dessus des premiers besoins. Les demeures, mieux closes, mieux éclairées, mieux aérées, mieux garanties contre les intempéries des saisons; les vêtements, moins chers, plus souples, plus commodes, plus durables; les aliments plus économiques, plus sains, plus va-

1

riés ; les disettes plus rares et désormais faciles à prévenir ;
les villes et les campagnes plus salubres ; la mortalité dimi-
nuée ; les voies de transport plus promptes, plus fréquentes,
moins coûteuses ; les échanges du commerce plus nombreux,
plus réguliers, plus rapides ; la production notablement ac-
crue ; l'agriculture fécondée ; toutes ces conquêtes de l'intelligence sur les choses matérielles ajoutent du prix à l'existence et l'entourent d'agréments positifs, auparavant inconnus à l'espèce humaine.

Il ne serait pas difficile de montrer quelles relations nécessaires unissent les perfectionnements de l'industrie aux
autres progrès du genre humain. L'introduction des machines
et la multiplication des moteurs matériels n'ont pas seulement l'avantage, déjà immense, d'accroître notablement la
production ; leur influence morale s'exerce aussi lorsque,
transportant sur les agents naturels les principaux efforts de
mouvement et d'impulsion, elles ménagent mieux les fatigues
de l'homme, et lui laissent une part plus grande dans les direc-
tions intellectuelles de forces, seul rôle vraiment digne de sa
nature intelligente et de l'intervention qui lui appartient dans
les opérations mécaniques. Si plusieurs de ces avantages sont
perdus, par l'effet même de la division du travail, pour une
partie de la population ouvrière, il faut considérer que les
accroissements de cette population viennent en diminution
de celle qui, placée autrefois au plus bas de l'échelle sociale,
était dévorée par la misère et abrutie par les maux qu'elle
entraîne.

L'industrie ne parvient à nous faire mieux vivre que par
son alliance intime avec les sciences qui l'éclairent et la con-
duisent ; or, une fois entré dans la voie de la science, l'on ne
consent pas facilement à s'y arrêter. Lorsque les savants ob-
servent et mesurent les forces des agents naturels, les pro-

priétés des corps organisés, les lois qui président au système du monde, plus ils ont marché, plus ils veulent marcher encore. Les arts de toute espèce deviennent le plaisir le plus vif des esprits qui se plaisent dans l'étude; on veut voir ce qui est, assister au spectacle fidèle de ce qui a été, se mettre en communication d'intelligence avec tous les pays et tous les siècles. Sans dédaigner le bien-être physique, on peut s'en moins préoccuper lorsqu'il devient mieux assuré et plus facile; on reconnaît qu'il n'offre que des jouissances secondaires; et l'on entend notre nature nous appeler à des plaisirs plus vrais et à de plus hautes destinées. Qui entreprendrait de tracer les limites à l'ardeur du savoir, à cette curiosité instinctive, à ce besoin de culture intellectuelle qui tourmentent les esprits généreux? Comment indiquer le point auquel l'industrie et la science, cause et effet l'une de l'autre, peuvent cesser de s'encourager par une mutuelle et salutaire réaction?

A mesure que les esprits s'éclairent et que l'industrie se développe, on voit, de plus en plus, se manifester le besoin d'un ordre politique, capable d'assurer des garanties à tous les droits, et de laisser toutes les facultés individuelles s'exercer librement. Des hommes qui travaillent et veulent jouir de leurs travaux, qui connaissent et veulent employer ou augmenter leurs connaissances, qui pensent et veulent communiquer leurs pensées; de tels hommes, que la stabilité satisfait, que la paix rassure, que les caprices offensent, n'aiment ni à troubler les autres, ni à être troublés eux-mêmes : ils consentent à travailler pour le bien-être public, mais à condition qu'on ne les empêchera pas, au nom du public, de travailler pour eux. Ils payent avec empressement les impôts, mais ils veulent en connaître l'emploi, et ils se sentent blessés, non moins dans leur amour-propre que dans leurs intérêts, s'ils voient que l'oisiveté s'en repaisse, que la corruption les détourne, que la frivolité les prodigue.

Si les besoins physiques sont plus généralement satisfaits, les tentations du crime, rendues moins excusables, perdent de leur fréquence et de leur force; si le nombre des ignorants et des oisifs diminue, la société, pour peu qu'elle ne se manque pas à elle-même par son insouciance, doit voir diminuer les malfaiteurs; si les devoirs sont aperçus plus nettement, ils sont plus facilement observés; si l'amour du travail a pénétré dans les familles, les mœurs domestiques s'affermissent et s'épurent; si les besoins de l'Etat sont connus, ses ressources étudiées, ses actes discutés, les mœurs publiques deviennent plus persévérantes, plus graves, et les idées sérieuses acquièrent le crédit qui leur est dû.

C'est ainsi que tous les progrès s'appellent et s'enchaînent.

Il n'est donné à aucun homme de prévoir jusqu'où le mouvement progressif de l'industrie conduira le genre humain, ni au prix de quels maux ces pas en avant seront achetés; mais ce qui n'est pas douteux, c'est que les développements dont nous sommes les témoins sont des commencements bien faibles, si on les compare à ceux que réserve l'avenir. Dans un ouvrage déjà ancien, ayant pour objet de provoquer l'organisation d'un enseignement secondaire approprié à l'éducation agricole, industrielle et non classique (¹), je me suis principalement appliqué à développer ce fécond lien commun, alors fort dédaigné par la pratique : que les sociétés ne pourront se considérer comme dégagées de l'état de barbarie qu'autant que les bienfaits de l'éducation

_____

(¹) *Considérations sur les lacunes de l'éducation secondaire en France.* Paris, 1824. — Voir aussi mon rapport à la Chambre des Députés sur le projet de loi relatif à l'instruction primaire , devenu la loi du 28 juin 1833.

seront étendus sur l'universalité des hommes, sauf à être partagés diversement entre les individus suivant la diversité des positions sociales. La même vérité s'applique à l'industrie. Tant que, au milieu des inévitables et utiles inégalités sans lesquelles la société n'existerait pas, les moyens de subsistance ne seront pas assez abondants et assez peu coûteux pour que pas un homme ne meure de faim autrement que par sa faute, les vêtements pour que personne ne soit nu, les livres pour que chacun puisse lire, le monde n'aura pas acquis le droit de vanter assez ses progrès ou dans l'industrie, ou dans la législation et les institutions politiques, pour se croire élevé au-dessus de l'état barbare. Cette barbarie n'est point l'état naturel de l'homme; c'est pour en sortir qu'il a reçu de la Providence l'activité de la pensée et les facultés du travail.

Ce serait s'égarer dans les utopies que de promettre aux efforts du genre humain la félicité complète de tous les hommes, c'est-à-dire l'exercice toujours entier et toujours judicieux de la liberté morale et intellectuelle, dans chacun d'eux. Mais l'artiste sait qu'il ne saisira pas le beau idéal, le chrétien qu'il ne s'élevera pas à la perfection chrétienne; et tous deux, cependant, osent tendre vers le beau, vers le bien absolu. Chaque pas fait pour augmenter l'aisance des hommes, et surtout pour accroître le nombre de ceux auxquels il est donné de jouir de quelque aisance, est dirigé dans une bonne route, quoique le but de cette route soit placé hors de la portée de l'humanité. Tout progrès de l'industrie amène un bien; alors même qu'il cause des souffrances individuelles et des déplacements douloureux, que la société tout entière, si elle est prudente, que les riches, s'ils sont intelligents et charitables, soulageront avec bonté. En augmentant les jouissances du riche, il diminue le malaise du pauvre, et

permet à quelques hommes de plus de s'élever hors de la
classe des indigents qui végètent, pour entrer dans celle des
êtres qui, mieux assurés de ne pas rechercher en vain les
moyens de satisfaire leurs besoins physiques, ont le temps de
vivre et de penser.

Les lois les plus simples et les plus faciles, celles qui per-
mettront le mieux à l'industrie de suivre sa propre allure,
celles qui n'édifieront pas au milieu de la société des institutions conventionnelles et factices dont la présence ne sert
qu'à gêner le développement des facultés individuelles, seront,
sans contredit, les meilleures lois. Le rôle des pouvoirs publics, tout de protection et de surveillance, n'est pas de se
substituer aux individus dans la gestion de leurs affaires. La
législation, en matière d'industrie, peut reposer sur une
règle fondamentale, dont les autres ne seront que l'application et le commentaire; cette règle est *d'assurer à chacun
la libre jouissance de ce qui lui appartient;* si elle est posée
nettement, et fidèlement observée, on peut s'en rapporter
ensuite aux intérêts personnels du soin de travailler pour
l'intérêt général. Ce n'est pas un des moindres bienfaits de la
Providence, que d'avoir uni par des rapports nombreux et
puissants la prospérité de chaque individu avec celle de l'humanité tout entière. La morale ne manquera pas de sanctions
plus augustes et de lois plus impérieuses pour obliger chaque
homme à travailler au bonheur de tous; mais, quant à nos
codes de lois positives, ils auront atteint une suffisante sagesse s'ils assurrent des garanties efficaces aux intérêts privés, en les contraignant à se respecter pleinement les uns les
autres.

L'entière liberté d'industrie n'est pas le *laissez-faire* absolu et indéfini, tant reproché aux économistes. Cette formule
avait le tort de ne pas assez indiquer comment toute liberté

a sa limite dans le droit d'autrui, lequel comprend, et les droits individuels des particuliers, et les droits moraux ou politiques du corps social. Qu'il me soit permis, pour expliquer par un autre exemple cette limitation, base principale de la législation sur les brevets, de citer ici les considérations par lesquelles je terminais mon premier rapport à la chambre des députés sur le projet qui a préparé la loi du 22 mars 1841, relative au travail des enfants dans les manufacturès ([1]) :

« C'est à un bien pratique, à des avantages réels pour la population ouvrière, que nous devons tendre. Les droits sacrés de l'enfance sont une réalité de tous les jours; ce ne sont point des déclarations théoriques qu'ils réclament, ce sont des mesures efficaces, immédiatement applicables. Nous devons les empêcher d'être broyés par ce vaste engrenage industriel qui meut les sociétés modernes.... Les forces de l'industrie s'accroissent chaque jour; l'influence qu'elle exerce sur la constitution intime de la société prend un ascendant de plus en plus considérable. Il est temps que la législation s'inquiète de pourvoir à des nécessités, qui, dans un plus ancien ordre social, apparaissaient à peine. L'industrie, si longtemps esclave, s'était, pendant une longue suite de siècles, consumée en efforts pour arriver à briser les liens qui l'entravaient. Nous devons veiller à ce que, libre d'hier, elle n'arrive pas, à l'insu même de ceux qui l'exercent, et par la seule force naturelle de ses développements, à devenir despote aujourd'hui. Acheter un accroissement présent de travail par le sacrifice des droits de l'enfance et par l'oubli des devoirs de tutelle sociale imposés à chaque génération envers la génération qui s'élève, ce serait du despotisme industriel

---

([1]) Séance du 25 mai 1840.

et de l'imprévoyance politique. Sachons nous en garantir ; reconnaissons que l'industrie doit, comme toutes les autres puissances sociales, concilier l'exercice de ses droits avec le respect des droits individuels de tous. »

« Les bienfaits que les progrès de l'industrie versent avec abondance sur un pays, disais-je au début de ce même rapport, ne se développent pas sans quelques souffrances privées. Le mal s'y mêle au bien, comme dans les meilleures choses de ce monde ; mais le bien est général et immense ; le mal, accidentel et local, n'a ni la même intensité, ni la même étendue. »

Ce serait un beau et vaste travail que de rassembler les parties éparses de notre législation industrielle, en les subordonnant à ce principe fondamental du respect de tous les droits. Le présent ouvrage est destiné à esquisser un coin seulement de ce tableau ; je me suis efforcé d'y présenter dans son ensemble et dans ses détails la partie de notre législation qui règle les droits des inventeurs, et ceux du public, sur les découvertes industrielles.

Je me suis rapproché, dans cette nouvelle édition, du plan que j'ai suivi dans mon *Traité des droits d'auteurs*. J'ai consacré une première partie à la théorie et à l'histoire de la législation ; et la seconde partie à sa pratique.

J'ai cherché d'abord à reconnaître la vraie nature des droits qui appartiennent tant aux inventeurs qu'à la société.

J'ai ensuite jeté un coup-d'œil sur l'histoire de la législation en cette matière. J'ai placé à la suite des textes de la législation française une analyse des législations étrangères.

Puis je suis entré dans l'examen détaillé et dans les applications pratiques de notre législation actuelle sur les brevets d'invention.

PREMIÈRE PARTIE.

THÉORIE ET HISTOIRE DE LA LÉGISLATION SUR LES IN-
VENTIONS INDUSTRIELLES.

——

CHAPITRE I.

THÉORIE DES DROITS SUR LES INVENTIONS ET SUR LEURS PRODUITS.

La théorie de la législation sur les inventions industrielles repose sur trois propositions, développées dans les trois sections de ce chapitre.

1° Les inventeurs ont droit à profiter des produits de leurs découvertes.

2° La société a droit à faire usage des inventions publiées.

3° Il ne faut sacrifier ni le droit des inventeurs à celui du public, ni le droit du public à celui des inventeurs ; et la sagesse de la loi consiste à concilier ces deux droits en les servant tous deux.

Ces trois propositions supposent acceptée et reconnue cette vérité, qui est leur base et leur point de départ : Tout inventeur a le droit de concevoir librement son invention, et de l'exécuter librement.

La pensée de l'homme est la portion la plus intime et la plus essentielle de sa personne. Tant que ma pensée est au-dedans de moi, elle m'appartient, parce que je m'appartiens à moi-même.

Une invention, avant d'être mise en pratique, existe dans l'intelligence qui l'a conçue.

Le droit de la concevoir librement est si essentiellement inhérent à la nature de la pensée humaine, il échappe avec tant de certitude à toute appréhension usurpatrice, qu'il se suffit à lui-même sans avoir besoin d'aucune consécration légale.

Contentons-nous de remarquer que si aucune force extérieure ne peut porter atteinte à la conception intellectuelle de l'invention, beaucoup d'obstacles indirects peuvent s'opposer d'avance à ce que ces conceptions, non-seulement ne se manifestent au-dehors, mais encore ne s'enfantent dans la pensée.

Si l'ignorance est entretenue dans les esprits, et la science écartée d'eux, si des dangers s'attachent à la manifestation de l'invention conçue, si aucun dédommagement ne récompense les travaux et les peines de l'inventeur, on aura tari à l'avance les sources de l'invention.

Il est de l'essence d'un bon ordre social de favoriser le libre et entier développement de toutes les facultés humaines, et de féconder par la liberté les esprits inventeurs, en leur laissant un entier essor.

Lorsqu'il s'agit de produire au-dehors l'invention conçue par l'intelligence, chaque homme doit être laissé en possession du droit que sa nature lui donne de mettre librement sa pensée en œuvre, sauf à répondre, soit envers la société, soit envers les individus, de tous les torts et dommages qui pourront être la suite de cette manifestation, et des atteintes qu'elle porterait à la liberté et à la propriété d'autrui.

Liberté de la parole, liberté de la presse, liberté des cultes, liberté d'industrie, tous ces droits ne sont que l'expression, sous des formes diverses, d'un seul et même droit, celui de manifester librement au-dehors, sous sa responsabilité, ce que l'on sent et conçoit dans sa conscience et sa pensée.

Ce droit, tout sacré qu'il est, a été beaucoup méconnu. La querelle entre le système préventif et le système répressif, vidée en théorie, se remet en question de temps à autre, et n'est point entièrement terminée par les faits.

Longtemps le système préventif a entouré d'innombrables entraves la manifestation des inventions d'industrie. L'histoire des règlements et maîtrises, des jurandes et corporations, compose à elle seule presque toute celle de l'ancienne organisation du travail en France.

Le droit de concevoir librement son invention et celui de l'exécuter librement appartiennent à l'inventeur, non pas à raison des avantages qu'il procure à ses semblables, mais en sa seule qualité d'homme; ils doivent lui être garantis parce qu'il est citoyen, et parce que la société doit protection aux droits de tous ses membres.

SECTION I.

DROIT DE L'INVENTEUR SUR LES PRODUITS DE SON INVENTION.

Nous venons d'exposer le droit de l'inventeur à la conception et à l'exercice de son invention. Son droit à profiter des produits dans une mesure que nous chercherons à déterminer, est non moins incontestable.

Si l'inventeur, pour tout profit de l'invention qu'il a conçue, n'en recueillait que le droit de la mettre librement en œuvre; si, une fois connue par le fait de sa production au-dehors, elle pouvait ensuite être exécutée par tout individu, sans aucun fruit pour l'inventeur; si, s'en rapportant à la liberté de concurrence, on ne lui laissait que les avantages pouvant résulter de la priorité ou de la supériorité de sa fabrication, on ne lui rendrait pas la justice qui lui est due; on ne ferait que l'admettre à la participation des garanties générales que la société doit à tous ses membres.

En effet, l'imitateur qui mettra en œuvre l'invention, l'exécutera sans qu'elle lui coûte autant qu'au premier inventeur. Il n'aura employé pour obtenir la même production, ni le même temps, ni le même travail, ni les mêmes études préliminaires, ni les mêmes talents naturels. Il n'aura pas été obligé aux mêmes avances pécuniaires pour des études, des essais, des frais de première exécution, pour former des ouvriers et pour les déterminer à un travail inconnu. Il serait affranchi des chances et de l'incertitude qui s'attachent à une entreprise nouvelle, et qui plaçaient l'inventeur dans la hasardeuse alternative d'un bon ou d'un mauvais accueil par le public.

Temps, travaux, talents, argent, hasards, voilà des dépenses qui, n'étant plus nécessaires, au même degré du moins, de la part de l'imitateur, permettent que les résultats d'exécution de la découverte soient appliqués à meilleur marché par celui qui imite que par celui qui a inventé.

L'imitateur, obtenant à meilleur marché l'industrie inventée, et pouvant dépenser son temps, ses valeurs, ses facultés à rechercher d'autres profits, n'est pas obligé d'en demander un prix aussi haut.

A mesure que le nombre des imitateurs s'accroît et que l'invention est mieux connue, la concurrence fait baisser les prix, et chacun se contente d'un moindre bénéfice au-dessus des frais actuels de fabrication.

Or, comme le consommateur préfère naturellement le prix le plus bas, il arriverait que l'inventeur serait obligé ou de se réduire aux frais de fabrication actuelle, sans pouvoir rentrer dans ses avances antérieures, ou de garder sa marchandise sans la vendre, s'il la tenait à un prix plus élevé que ses concurrents.

Il résulte de là que si chacun peut imiter et copier une invention lorsqu'elle paraît, sans qu'une indemnité quelconque soit assurée à l'inventeur, il y a pour celui-ci perte et ruine.

Est-il besoin de s'arrêter long-temps à prouver que l'inventeur ne mérite point d'être traité ainsi ?

La richesse de l'espèce humaine réside, non dans le pouvoir de l'homme sur l'homme, mais dans les services qu'il tire de la nature matérielle, laquelle ne s'appartenant pas, et n'ayant ni liberté, ni intelligence, ni personnalité, peut, sans nul tort, lui être entièrement asservie. Enrichir certains hommes, ou tous les hommes, aux dépens de leurs semblables, ce n'est pas accroître la masse des richesses, c'est les déplacer, et nuire, par ce déplacement illégitime, à l'équitable distribution du prix du travail. La terre inculte et vacante dont l'homme s'empare, les productions qu'il la force à faire croître et à alimenter, les métaux qu'il sait en extraire, les pierres qu'il taille, le vent, l'eau, la vapeur dont il se fait des agents pour imprimer le mouvement à ses machines, le feu dont il dirige l'action destructive pour la convertir en une action productrice et bienfaisante, toutes ces conquêtes de l'intelligence, œuvres de cette création secondaire dont Dieu nous a livré le développement, sont les véritables richesses de l'humanité. Lorsque le génie d'invention découvre, dans la nature matérielle, une force de production que l'on n'y avait pas encore aperçue, lorsqu'il gagne des produits nouveaux, ou qu'il diminue la somme du travail nécessaire pour obtenir des produits déjà connus, il accroît le bien-être de notre espèce, et agrandit la fortune du genre humain.

Le respect pour les droits acquis par le travail est un des fondements de tout ordre social : il faut, sous peine des plus fatales erreurs, ne pas l'isoler du respect dû à la propriété.

Une portion quelconque de propriété matérielle est indispensable à la vie de chaque homme. Tous ont besoin d'être propriétaires d'aliments pour se nourrir, de vêtements pour se couvrir, d'abris pour se loger.

Il est donné à quelques hommes de naître pourvus de biens; d'autres, et c'est le plus grand nombre, par l'effet d'une loi providentielle que notre ignorance appelle hasard, ne gagnent qu'à grande peine, et à mesure de leurs besoins, ce qu'il faut de propriétés aux nécessités de la vie.

Entreprendre de créer l'égalité des biens, serait une témérité à laquelle la plus dure et la plus folle des tyrannies ne s'exposerait pas. Ni la terre ne peut advenir en lots parfaitement égaux à chaque individu, ni les richesses mobilières ne peuvent, par un perpétuel équilibre, balancer également entre tous leurs distributions et leurs mesures. L'essence finie et limitée des objets appropriables, ainsi que les mille accidents de leur transmission, tendent à les concentrer dans un nombre de mains infiniment petit eu égard à la population générale. Les lois humaines n'ont pas la mission impossible de détruire cette inégalité; mais elles ont le devoir difficile, et qui, nulle part, n'est strictement observé, de ne pas l'encourager et l'accroître : elles auront assez à faire en s'imposant la règle de détruire les obstacles factices qui, arrêtant l'essor de l'activité individuelle, augmentent et aggravent les inégalités naturelles, ou leur substituent le joug plus pesant des inégalités conventionnelles, odieux parce qu'il n'est pas nécessaire.

Il est une force dont la puissance vient, sinon rétablir l'équilibre parfait, du moins répandre sur les hommes assez de propriété pour assurer la subsistance de tous. Cette force naît de la liberté et de l'activité humaines : c'est le travail.

Si la propriété n'était pas respectée, le plus horrible chaos succéderait à l'ordre social. Mais le monde ne serait pas moins impossible si, à côté de ce respect, ne venait se placer un principe non moins sérieux, non moins fondamental, celui en vertu duquel chacun doit au travail des autres un salaire proportionné à l'utilité que lui-même en retire.

La propriété toute seule ne suffirait à la vie d'aucun homme. Ce n'est pas tout que d'avoir un champ; il faut encore que, par soi-même ou par d'autres, on laboure, on sème, on recueille, on s'approvisionne. La propriété sans travail serait la matière inerte, improductive, morte; ce serait le repos absolu.

Le travail, à son tour, ne serait rien à lui seul. Ne faut-il pas que l'homme prenne dans le service des choses matérielles ses aliments, ses vêtements, ses jouissances physiques? Sans la possession de la matière, sans la propriété qui est le droit de perpétuité dans cette possession, le travail n'aurait ni objet, ni ordre : ce serait un tumulte, un combat, un chaos.

La propriété qui est le repos, le travail qui est le mouvement, doivent donc coexister. Sans leur harmonie, point de vie humaine. Ce que réclame le travail, c'est liberté d'abord, puis payement; la propriété n'a droit ni à récompense ni à salaire, mais à inviolabilité.

Le principe qui veut que tout travail reçoive son salaire est corrélatif à celui qui veut l'inviolabilité de la propriété: chacun d'eux sert à l'autre de garantie et de sanction. L'échange entre la propriété et le travail, s'il ne va pas jusqu'à établir l'égalité entre les hommes, doit, du moins, créer pour tous la possibilité de vivre. Une société n'est convenablement organisée qu'à cette condition.

L'inventeur a, comme les autres hommes, le droit de vivre

de son travail, dont les résultats sont si profitables à tous. Les produits de son invention devront être échangés par lui, librement, et à l'abri d'une contrefaçon inique et ruineuse, moyennant un prix proportionné à leur utilité et à la valeur des jouissances qu'ils procurent à quiconque en voudra faire usage.

Si l'on s'arrêtait à une première vue superficielle, on pourrait croire qu'en n'attribuant à l'inventeur aucun profit sur sa découverte, le bas prix auquel les imitateurs livreraient l'invention, ou forceraient l'inventeur à la livrer, profiterait au consommateur.

Mais ici, comme ailleurs, l'injustice ne serait pas même un profit.

Le travail inutile et perdu n'est pas plus probable qu'il n'est juste. Que les droits des inventeurs soient sacrifiés, et les inventions ne naîtront pas. Or comme, en dernier résultat, c'est toujours au profit des consommateurs que tournent les produits des inventions, ce serait sur les consommateurs que retomberait la privation la plus grande. La société, en rendant le mal pour le bien, et en encourageant ses membres à l'injustice, ce qui serait la plus désastreuse des leçons, n'en recueillerait pas l'imparfait dédommagement de s'enrichir par le refus d'acquitter sa dette. Dans son ingratitude, en tuant la poule aux œufs d'or, elle flétrirait par le découragement et dessécherait ainsi dans sa source le génie d'invention qui sert la civilisation, multiplie les jouissances, et accélère entre les hommes, la distribution de ce qu'il leur faut de choses matérielles pour bien vivre.

Avant d'examiner quelle sorte de prix il convient le mieux de payer à l'inventeur, constatons l'existence d'autres droits non moins réels que les siens; de ceux qui appartiennent à la société sur les inventions, après qu'elles ont été publiées.

SECTION II.

DROITS DU PUBLIC SUR LES INVENTIONS PUBLIÉES.

Le difficile, dans les sciences de raisonnement, est d'envisager une matière sous toutes ses faces.

Quand domine un seul principe, la plus vulgaire logique suffit à en tirer les conséquences. Lorsque plusieurs principes coexistent, il est commode, mais il n'est pas sage, de faire acception d'un seul.

Nous avons établi : que l'inventeur a des droits sur les produits de sa découverte. Il nous faut maintenant constater un autre principe, d'un ordre différent; à savoir : que la société a des droits sur les découvertes publiées.

Cette seconde proposition, qui me frappe par son évidence au même degré que la première, a été vivement déniée; et quoiqu'elle mérite l'honneur d'être classée parmi les lieux communs, on l'a combattue comme un paradoxe.

Pourquoi cela? Parce que les déductions de la logique trouvent incommode la coexistence de deux principes divers, dont souvent les conséquences se heurtent, et qui ne peuvent être maintenus simultanément, comme c'est leur droit, qu'au prix de justes concessions réciproques.

Plusieurs fois, et notamment dans la première édition du présent ouvrage, puis dans mon *Traité des droits d'auteurs* (¹), et enfin, après beaucoup de voix plus puissantes que la mienne, à la tribune législative (²), je me suis élevé contre la doctrine qui, dans la littérature, les sciences, les arts, l'industrie, présente les auteurs comme des victimes que

---

(¹) Tome I, p. 435 et suiv.
(²) Séances de la Chambre des députés des 22 et 25 mars 1841.

la publicité exproprie. Ce qui me paraît être la vérité, c'est qu'ils sont des travailleurs qui ont des droits, et qui traitent et contractent avec la société, laquelle a ses droits aussi.

Trois ordres de preuves concourent à démontrer cette proposition : l'autorité ; les considérations morales et sociales ; l'étude métaphysique de la pensée et de sa nature. Pour plus de clarté, je diviserai ces preuves en trois paragraphes.

—

§ 1. — *Autorités.*

Les preuves tirées de l'autorité n'agissent pas sur toutes les convictions, et sont souvent contestables.

Si l'on recourt aux autorités individuelles, on trouvera, des deux parts, des opinions considérables pour soutenir : d'un côté, que les auteurs ont à perpétuité le droit de jouir exclusivement des produits de leurs pensées, par eux-mêmes et par leurs représentants ; ce qui est, en d'autres termes, nier que le public doive jamais, en vertu de son seul et propre droit, exploiter ces mêmes produits : d'un autre côté, que le public, après une certaine rémunération des auteurs, soit en leur personne, soit en celle de leurs représentants, tient, de son droit propre, la liberté d'exploiter les produits de leurs pensées. Plusieurs, poussant leur logique jusqu'à l'erreur de l'extrémité opposée, vont jusqu'à reconnaître à la société, en conséquence du fait seul de la publication, un droit immédiat, absolu, sans conditions.

La thèse d'une jouissance perpétuelle et exclusive par les auteurs et leurs représentants a été plus souvent et plus vivement soutenue en faveur des écrivains que pour les inventeurs industriels. J'en dirai les motifs dans le second paragraphe.

Je ne peserai point les autorités individuelles ; je ne met-trai point en balance Kant, Napoléon et bien d'autres, avec Voltaire, Diderot, Linguet, Beaumarchais et bien d'autres ([1]); je ne citerai point de noms modernes, et il y en a de grands des deux parts ; mais je dirai qu'en matière de législation à faire, la plus imposante des autorités est celle des législations déjà faites.

Or, en faveur des droits de la société, il y a presque una-nimité s'il s'agit des livres ; il y a unanimité complète, s'il s'agit des inventions industrielles.

Il y a unanimité complète, même pour les livres, si l'on regarde aux législations en vigueur. Cet accord n'a été inter-rompu que dans le passé, en très peu de lieux, pendant de courts intervalles, et à une époque de privilèges où il s'agis-sait, non d'un débat entre la société et les auteurs, mais d'un débat entre les auteurs et les libraires, stipulant dans un intérêt de corporation et non dans l'intérêt du public.

A l'égard des inventions industrielles, rien ne rompt, rien n'a jamais rompu l'unanimité des législations. Pendant fort longtemps, on s'est peu occupé des inventeurs, favorisés quelquefois individuellement par des privilèges dont la durée variait suivant le caprice de leur octroi, mais dépouillés ha-bituellement de leurs droits les plus légitimes. L'Angleterre a fondé la législation moderne, imitée en France en 1791, et copiée depuis par toutes les nations civilisées.

Or, quelle est la base de la législation universelle ? C'est l'établissement d'un privilège temporaire, après l'expiration duquel toute personne entre dans le droit d'exécuter libre-ment l'invention.

Si la société n'a point, de son chef, un droit certain sur la

----

([1]) Voir mon *Traité des droits d'auteurs*, tom. I, p. 458 et *passim*.

découverte, quelle spoliation que ce partage! En échange d'un droit exclusif perpétuel, on accorde une jouissance exclusive temporaire! Mais c'est la part du lion; c'est une iniquité!

Ce serait une accusation bien grave qu'un si hautain démenti donné à l'équité de tous les peuples et au bon sens pratique universel. Je ne m'accommode pas à croire que tous les législateurs de tous les pays, dans notre temps d'équité sociale et de justice individuelle, consacrent hautement une spoliation. Entre deux théories, dont l'une dénie à la société des droits que tous les peuples reconnaissent, dont l'autre, avec tous les peuples, reconnaît des droits à la société, je suis bien tenté d'accepter, de confiance, la seconde comme la seule vraie.

Faisons cependant abstraction de cette autorité, qui vaut bien quelque chose, puisque c'est la réponse pratique de tous les organes légaux du genre humain; et entrons dans l'examen de la théorie.

—

§ II. — *Considérations morales et sociales.*

L'inventeur est utile à l'humanité. C'est là son titre à une juste rémunération et à la reconnaissance publique, souvent même à la gloire.

Le payer en diminuant l'influence de son service, ce serait affaiblir son titre de créance sur l'humanité, et diminuer, avec l'utilité de l'invention, la justice de la récompense.

Quelque forte que soit la part de l'inventeur dans la conception première de son invention, il n'est pas vrai qu'elle ne provienne que de lui seul, et qu'elle soit née dans son cerveau, sans germe préexistant, et tout armée. Le génie qui recule les bornes de la science, et qui accroît le domaine de l'homme sur la nature inintelligente, prend la science, et l'empire de l'intelligence sur la matière, au point où ses devanciers les ont portés. Chaque homme n'est pas seulement l'ouvrage de ses facultés individuelles; il est aussi l'œuvre de son siècle, des siècles antérieurs, de l'éducation qu'il a reçue, de ce qu'il a vu et senti dans le monde. Plus un homme est richement doué, plus large est la part qu'il aspire dans ce qu'avant lui la sagesse et la science ont semé de germes et mûri de fruits. Le monde vit par les idées ; leur publicité est un des liens du commerce universel de sociabilité qui unit tous les membres du genre humain : laissez les autres profiter de vous comme vous-même avez profité d'eux; et acquittez envers vos contemporains et vos descendants la dette dont vous êtes chargé envers vos contemporains et vos pères. L'homme ne crée rien, pas plus les idées que les choses : il élabore, il combine les éléments qui lui sont offerts, les matériaux placés sous sa main. Puisque le domaine général les a fournis à l'inventeur, que l'inventeur, s'il les reverse dans ce domaine, disposés dans un meilleur ordre, ornés et agrandis, ne regrette pas de payer à la civilisation, à qui il doit tant, un prix de louage.

Le public doit à l'inventeur. L'inventeur, outre ces perpétuels emprunts d'idées que se font tous les siècles et tous les pays, ne doit-il rien d'autre au public? En échange de la communication de ses travaux, n'a-t-il pas reçu influence et honneur, protection et profit? S'il recueille la gloire, c'est le public qui la lui donne, et qui en fait rejaillir l'éclat sur son nom et sur ses enfants. Cette dette de reconnaissance est bien quelque chose; et les plus nobles esprits de tous les âges n'en ont jamais récusé le fardeau. L'inventeur qui a partagé ses idées avec le public, dans la pensée duquel il les a fait entrer, ne peut, après la récompense reçue, rompre à son gré l'association et reprendre tout son apport.

Ces propositions, vraies pour un livre, sont bien plus évidentes encore lorsqu'il s'agit d'inventions industrielles. De même que les individus dont s'est composé et se composera le genre humain ont, malgré leurs ressemblances, quelque chose de distinct qui conserve à chacun sa personnalité, de même chaque livre, et surtout chacun de ceux qui méritent que l'on songe à leur lendemain, ont une forme propre et un cachet, plus ou moins apparent, de personnalité individuelle. Il n'en est pas de même pour les sciences et pour les inventions industrielles. La découverte d'une démonstration mathématique, d'une propriété physique de la matière, d'une application pratique à l'industrie, pourra être rencontrée par plusieurs esprits différents. L'état de la science, ses besoins, ses travaux antérieurs peuvent conduire, presque inévitablement, à des inventions sur lesquelles celui qui les découvre n'a souvent, en quelque sorte, qu'un droit de priorité. Créer un droit d'occupation sur les idées, en affectant à l'inventeur et à ses représentants la perpétuelle exploitation de la découverte, serait déshériter à l'avance les inventeurs futurs : c'est vouloir que les essais entrevus par Papin envahissent et paralysent les applications fécondes de Watt.

La perpétuité de privilège sur les inventions rétrécirait le domaine de la pensée, grèverait de servitudes indéfinies le champ de l'observation et de la science, tuerait l'émulation et les perfectionnements, chargerait les consommateurs d'un impôt indestructible, leur interdirait à jamais l'espérance de se procurer, à un prix de plus en plus bas, les objets fabriqués, et fermerait ainsi les voies à la condition la plus désirable pour l'amélioration progressive de l'humanité.

Ce monopole exposerait les inventions à périr, puisqu'il

en placerait la mise en œuvre sous la dépendance du caprice, des convenances, ou de la situation personnelle des inventeurs ; périls bien plus graves encore après que la mort de l'inventeur ou une mutation quelconque de sa propriété, aurait transmis les droits de l'exploitation exclusive à des indifférents que ne stimuleraient ni le souci de la gloire, ni l'amour-propre du génie, ni la poursuite du progrès.

Le monopole perpétuel, et cette considération est grave, constituerait une prime accordée aux nations étrangères où l'invention serait admise et exécutée sans restriction; un préjudice énorme frapperait le pays, qui, s'enchaînant par ce monopole, ne livrerait qu'à des conditions inférieures, et à un prix plus haut, la même branche d'industrie, soit sur les marchés étrangers, soit même sur les marchés intérieurs, où elle aurait à lutter avec la contrebande, non moins qu'avec les contrefaçons.

Ces considérations, d'utilité comme de justice, loin de porter la moindre atteinte à l'essence du droit sur les inventions et leurs produits, y sont, au contraire, entièrement conformes. C'est ce qui nous reste à démontrer.

---

§ III. — *Nature du droit sur l'invention et ses produits.*

Les partisans d'un monopole perpétuel pour les inventeurs, ou, en d'autres termes, les personnes qui, sur les inventions publiées, dénient tous droits au public pour ne reconnaître des droits qu'à l'inventeur, obéissent à une théorie qui applique à cette matière la totalité des règles juridiques sur la propriété.

Le droit de propriété est un des fondements de l'ordre social; ce n'est pas l'ordre social tout entier. Il existe d'autres droits, puissants et sacrés, qui ne sont pas les droits de propriétaire ; tels sont, par exemple, les droits du travailleur.

Le droit de propriété ne peut s'exercer que sur un objet appropriable.

Ce qui est inappropriable peut très légitimement être l'objet d'un droit, mais non d'un droit de propriété.

La division des choses en appropriables et inappropriables n'est pas nouvelle : les jurisconsultes romains l'ont reconnue, et admirablement développée.

Il est toute une vaste famille de biens inappropriables qui sont le patrimoine commun du genre humain, et dont là libéralité de la Providence a fait largesse à tous les hommes. Ainsi l'air, le feu, sont des richesses universelles qui échappent à toute appropriation exclusive.

La légitimité du droit de propriété dérive de sa nécessité.

Si les objets finis, matériels, susceptibles de détention, n'étaient pas appropriés exclusivement au propriétaire, sujet du droit, la vie serait impossible, la sociabilité une chimère ; il n'y aurait autour des hommes que discorde, violence, guerre, chaos. De là, le droit d'occupation ; de là, la prescription, cette fille du temps et de la paix, très sensément appelée la patronne du genre humain ; de là les transmissions par donation, par échange, et par la succession testamentaire, expression de la volonté de l'homme, ou la succession légale, désignation de la loi.

Attribuer à des propriétaires exclusifs les objets appropriables, ce n'est pas seulement une mesure utile ; car alors la propriété serait une institution purement humaine, créée par le droit positif, et que le droit positif pourrait détruire ; c'est une nécessité, c'est-à-dire une institution du droit naturel, dérivant de l'essence même de l'homme et des choses.

Toute puissance du propriétaire, inviolabilité de son droit exclusif, perpétuité de ce droit par complète transmission d'ayant-cause en ayant-cause; ce sont là les caractères que les habitudes du genre humain reconnaissent à la propriété et sur lesquels se fondent le respect qu'on lui porte.

Là où cesse la nécessité sociale d'une appropriation exclusive, là cesse la nécessité, et, par suite, la légitimité de la propriété.

Attribuer à des propriétaires exclusifs les objets inappropriables, c'est appauvrir l'humanité toute entière. Il n'y a pas nécessité; puisque l'intérêt privé n'est nullement indispensable à leur garde et à leur conservation. Il n'y a pas utilité; puisque leur valeur ne dépérit en rien par cela que tous en profitent et les exploitent. Il y a injustice; car chaque homme a droit sur ce qu'il peut s'approprier sans nul préjudice pour un droit déjà acquis à autrui; et si un objet est tel que chaque sujet puisse en avoir la jouissance pleine et complète, sans empêcher tout autre sujet d'en jouir pleinement et complètement, l'approprier à un seul est une usurpation intolérable.

Dans cette grande division d'objets appropriables et d'objets inappropriables, à laquelle des deux classes appartiennent les inventions, et leur traduction en applications pratiques?

Qu'est-ce qu'une invention? Un exercice de la pensée; une nouveauté dans les connaissances ou dans les combinaisons par lesquelles l'intelligence exerce son empire sur la matière. Or, comment douter que, par son essence, la pensée n'échappe à toute appropriation exclusive? Elle passe dans les esprits qui la reçoivent, sans cesser d'appartenir à l'esprit dont elle émane, comme le feu qui se communique et s'étend sans s'affaiblir à son foyer.

Toute limitation de la pensée par appropriation exclusive
est une impossibilité et une chimère; mais, de cela seul qu'elle
n'est pas nécessaire, le genre humain serait suffisamment en
droit de conclure qu'elle n'est pas permise : qu'un champ,
qu'un fruit, qu'un objet quelconque naturellement appropriable soit livré à tous, ou que tous en veuillent à la fois
prendre possession, personne n'en jouira. Au contraire, la
pensée, en se répandant, se fortifie, s'augmente, s'agrandit.
Propager, améliorer, compléter sa diffusion, est le bonheur,
la dignité, la vie de l'humanité.

Quand l'invention se traduit en confection de choses matérielles, ces choses sont susceptibles de propriété; mais la
faculté, toute intellectuelle, de produire ces choses est im-
matérielle et inappropriable. L'intelligence qui la première a
conçu cette pensée productrice ne possède pas, pour sa maté-
rialisation, une force plus énergique, une aptitude plus spéciale que toute autre intelligence, qui, après l'avoir appré-
hendée et comprise, devient aussi pleinement maîtresse de la
traduire en applications matérielles que si elle en était la
créatrice. Une loi positive, une convention particulière, peuvent borner ou supprimer mon droit à produire au dehors la
pensée qui, en tombant, par son émission, sous la perception
de mon intelligence, a pénétré son essence intime; mais, si
une loi me lie, si une convention m'enchaîne, elles m'ôtent
l'exercice d'une faculté naturelle qui, sans la prohibition formelle de la loi ou de la convention, m'appartenait aussi pleinement qu'à l'inventeur.

En ce moment, je n'examine pas si une telle loi sera
juste; je dis seulement ici qu'elle n'existe pas par elle-même
et de droit naturel; qu'elle ne peut exister que par une
création conventionnelle du droit positif; d'où il suit que la
société peut, en faisant cette loi, avoir égard à des considé-

rations d'utilité générale, et par exemple, en limiter la durée, en soumettre l'exercice à des conditions, sans que, par ces restrictions, le droit privé de l'inventeur soit blessé ou sacrifié; d'où il suit encore qu'il sera indispensable d'avoir égard à ce fait indestructible que la pensée n'a pas pu être publiée sans entrer dans les pensées publiques. L'émission de la pensée ne saurait avoir lieu que par sa réalisation sous une forme matérielle; si l'auteur veut la faire connaître et en recueillir des avantages, il faut absolument qu'il la livre ; une fois livrée, elle pénètre les intelligences auxquelles elle parvient, non parce que l'auteur y consent, mais par cela seul qu'il l'a émise. Il n'y a pas d'hypothèse de raisonnement qui puisse prévaloir contre une aussi évidente réalité.

En étudiant ainsi, dans son essence, la faculté qui traduit l'invention au dehors par des applications matérielles, j'ai voulu démontrer que cette faculté n'est point appropriable.

J'ai voulu démontrer de plus que là où l'objet d'un droit est inappropriable, le droit, sur cet objet, est autre que le droit de propriété.

De ces démonstrations en découle une autre : c'est que toutes les législations du monde civilisé, c'est que la loi de notre pays, ne sont pas tombées dans l'iniquité, lorsque, reconnaissant des droits à l'inventeur, elles ne lui ont pas reconnu les droits du propriétaire, c'est-à-dire le droit absolu, exclusif, inviolable, perpétuel en sa personne et en celle de ses ayant-cause, d'user ou de n'user pas, sans conditions et à son gré, de la faculté de reproduire les applications matérielles de l'invention. Ce n'est point par expropriation, c'est par contrat, qu'elles procèdent avec lui.

Un des plus grands esprits de ce temps-ci, M. le duc de Broglie, a, dans son beau rapport sur l'abolition de l'escla-

vage (¹), admis pleinement cette théorie, en distinguant deux
sortes de propriété; pure concession de langage, que je ferais
très volontiers aux personnes qui tiennent aux mots, si elle
ne favorisait point le sophisme qui s'étudie à ne pas laisser
distinguer les idées. « Il a, dit-il, existé dans tous les temps, il
existe dans tous les pays, deux sortes de propriété : la propriété ordinaire et naturelle; la propriété extraordinaire, exceptionnelle, ou, mieux encore, si l'on veut, la propriété purement légale : ce nom est celui que nous préférons, parce
qu'il est neutre, parce qu'il écarte toute idée d'improbation...
La propriété ordinaire ou naturelle se forme spontanément;
elle n'est point l'œuvre de l'état; elle est, au contraire, le fondement sur lequel s'élève l'édifice de la société; elle préexiste
à la loi qui la protège; le législateur n'intervient que pour la
reconnaître et la consacrer. Si la loi lui retirait sa protection,
elle ne périrait point pour cela; elle persisterait par sa vertu
intrinsèque; l'obligation de la respecter demeurerait la
même dans le for intérieur; elle trouverait sa garantie, une
garantie plus ou moins efficace mais réelle, dans la conscience du genre humain et dans les règles de la morale universelle.... La propriété extraordinaire, exceptionnelle, au
contraire, est l'œuvre même du législateur. Elle ne devance
pas la loi; elle en est le produit, et partant la conséquence....
C'est le législateur qui crée, en quelque sorte, la matière de
cette propriété; tantôt en transformant fictivement les personnes en choses : tel est le cas pour les esclaves; tantôt en
en instituant des êtres de raison, des choses de convention :
par exemple les charges, les offices publics; tantôt en restreignant, par exception, au profit de quelques-uns, ce qui
naturellement est du domaine de tous : c'est ainsi que de-

(¹) Mars 1843 ; pages 148 et 265 à 268.

viennent possibles la propriété littéraire, les brevets d'invention, les monopoles, les privilèges. Tout cela existe de par la loi, n'existe que sous le bon plaisir de la loi, et tire de la loi, non-seulement son inviolabilité positive, mais son droit au respect dans le for intérieur.... Permettez de réimprimer les ouvrages déjà publiés, chacun les réimprimera sans le moindre scrupule; il n'y aura plus de propriété littéraire.... Cette seconde espèce de propriété, la propriété légale...., est artificielle, arbitraire; il faut qu'elle soit définie, c'est-à-dire expliquée; elle est exceptionnelle et d'institution purement civile; il faut qu'elle soit limitée au but qui rend l'exception légitime, et soumise aux conditions que l'exception comporte; elle est l'œuvre du législateur qui la règle du mieux qu'il l'entend, en vue de certaines circonstances. »

Examinons maintenant quel est le meilleur mode de conciliation entre les droits que nous avons reconnus à l'inventeur et les droits que nous avons reconnus à la société.

———

SECTION III.

MOYENS DE CONCILIER LES DROITS DE L'INVENTEUR AVEC CEUX DU PUBLIC.

Les droits de l'inventeur sont les droits du travail; la société, qui profite de la publication de l'invention, doit payer à l'inventeur un prix proportionné aux avantages qu'il lui procure.

Le droit de la société est d'empêcher que le public ne perde l'invention qui, par cela seul qu'elle a été publiée, est entrée dans le domaine des idées de tous.

L'inventeur peut dire à la société : « J'ai le secret d'une invention utile à tous; fruit de mes études, de mes observations. Ce secret est renfermé en moi. Je n'ignore pas qu'en produisant mon idée au dehors, je la transmettrai à quiconque, l'ayant comprise, en deviendra aussi maître que moi-même. Je consens à la livrer au public; mais la société, qui doit à ses membres protection et garantie, ne peut tolérer que l'on s'enrichisse à mon détriment. Comment paiera-t-on l'acquisition de mon secret? »

Le problème législatif consiste à trouver ce moyen de payement.

La loi, pour parvenir à assurer l'invention à la société et à payer l'auteur, ne me paraît avoir le choix qu'entre trois moyens, parmi lesquels on peut en adopter un, ou que l'on peut combiner ensemble.

Ces moyens sont : des récompenses publiques; des redevances payables à l'inventeur par quiconque voudra mettre l'invention en œuvre; ou enfin un monopole.

1°. Récompenses publiques.

Une récompense nationale peut sembler d'abord digne et de la société qui la donne et de l'artiste qui la reçoit. Mais, considérée comme payement, l'on y reconnaît bientôt des inconvénients insurmontables.

Et d'abord, à quelle époque évaluerait-on la récompense et la regarderait-on comme acquise ?

Serait-ce avant la publication de l'invention Mais qui n'aperçoit l'impossibilité de rien asseoir de certain sur des éventualités? Quel homme assez hardi mesurera d'avance le succès et la portée d'une invention encore inconnue? Quelles garanties s'assurera-t-on contre les calculs d'un intrigant habile qui n'exécutera rien de ce qu'il aura annoncé? Comment distinguer les magnifiques prometteurs de merveilles et les hommes qui, pleins de la conscience de leur génie, promettent beaucoup, parce qu'ils sentent pouvoir beaucoup tenir ? Le mérite modeste et la défiance de soi-même seront-ils sacrifiés aux fanfaronnades de l'aventurier ? Les plus sages calculs ne sont-ils pas exposés à être déçus ; les probabilités les mieux combinées ne s'évanouissent-elles pas devant la mobilité des circonstances et les hasards des évènements ? Enfin suffira-t-il d'avoir des intentions prudentes et justes pour ne commettre ni imprudence ni injustice ?

Aimerait-on mieux ne récompenser les inventeurs que lorsque l'on connaîtra les résultats de leurs inventions ?

Les chances de fraude et d'intrigues ne seraient pas moins nombreuses, et elles offriraient plus de dangers, parce que les erreurs et les injustices qui en seraient la suite auraient plus de prétention à être des actes de justice et de vérité. Le charlatanisme sait prendre bien des masques et s'affubler, au besoin, de toutes les apparences d'un succès. Depuis ces prétendues réimpressions d'ouvrages, dont apparaissent les anciens exemplaires décorés d'un frontispice avec l'indication de seconde, de troisième édition, jusqu'à ces villes improvisées qui s'offraient, en Crimée, à la vue de l'impératrice Catherine, et à cet hôpital de théâtre qui obtint à un seigneur russe des récompenses de l'empereur Alexandre, les exemples petits et grands, anciens et nouveaux, ne manquent pas pour montrer avec quelle habileté les prestiges de succès se fabriquent. Puis à quels délais s'asservira-t-on ? Se donnera-t-on le temps de distinguer la vogue éphémère, et les succès lents, mais durables, que le temps consolide et que la science publique affermit ? Il ne sera pas toujours juste ni facile de prolonger les expériences, avant de payer l'inventeur. Il est des besoins qui ne s'ajournent pas.

Si le moment à choisir est plein de difficultés, la propor-

tion à suivre dans l'évaluation des récompenses n'en présenterait ni de moins nombreuses ni de moins graves.

Existera-t-il des tarifs uniformes? Cette égalité apparente
entre des objets dissemblables ne serait, en réalité, qu'une
inégalité choquante. L'invention futile et l'invention féconde;
celle qui met en mouvement une vaste industrie et qui ali-
mente une nombreuse population, et celle qui occupe quelques bras; celle qui procure de l'aisance au pauvre, et celle
qui permet au riche quelques superfluités de plus, devront-
elles être placées de niveau? Il serait déraisonnable de le soutenir.

Est-on blessé de cette absence de justice distributive, et
des résultats aveugles de l'arbitraire de la loi? Il faudra se
jeter alors dans l'arbitraire de l'homme, juger entre les inventeurs, classer et balancer leurs titres. Qui se chargera
donc de poser les règles, de satisfaire les amours-propres, de
calmer les jalousies et les haines, de déjouer les intrigues?
Qui osera seulement prétendre à connaître les faits? Et tous
ces inconvénients ne sont rien, si l'on envisage la vaste proie
qu'on livrerait à ce cupide génie de la sollicitation, dont les
détestables progrès envahissent chaque jour davantage notre
ordre social tout entier; si l'on songe à quels périlleux soupçons, à quelles obsessions subalternes, à quelles corruptions
habiles, à quels profits honteux on exposerait l'administration, sans parler des inévitables erreurs auxquelles elle ne
saurait échapper. Pour remède à ces maux, on entreprendrait apparemment de récompenser tous les inventeurs, et
de n'en écarter aucun; ouvrant ainsi un gouffre que le trésor
public et toute la fortune des contribuables ne combleraient
pas.

Ainsi, que l'on veuille récompenser tous les inventeurs ou
en choisir quelques-uns, que l'on s'appuie sur une base uni-

forme, ou que l'on établisse une échelle proportionnelle, que l'on indemnise les inventeurs avant l'exécution de leur procédé ou après la divulgation de l'invention, dans tous ces cas on ne rencontre que des obstacles ; et il n'y a de garantie ni pour l'inventeur ni pour la société.

En refusant d'admettre les récompenses nationales comme voie générale de payement pour indemniser les inventeurs, je suis loin d'avoir la pensée que quelques inventions ne puissent être utilement achetées par l'État, et j'ai garde de répandre le plus léger blâme sur les témoignages d'estime et de munificence nationale qui s'attachent, à bon droit, aux inventions utiles.

Je n'ai parlé des récompenses qu'en les considérant comme un mode permanent et général de payement et d'échange pour les inventions.

L'Assemblée Constituante, par une loi du 9-12 septembre 1791, avait créé un système de récompenses nationales pour les artistes qui n'auraient pas réclamé le monopole temporaire résultant d'un brevet d'invention. Cette loi est tombée en désuétude.

L'achat, par l'État, de la divulgation immédiate d'une invention est dans les pouvoirs du gouvernement, qui doit, en l'absence de fonds spécial ouvert à cet effet au budget, faire ratifier chaque traité par le législateur. Ce mode extraordinaire de rémunération se trouve ainsi réservé pour des occasions grandes et rares, et soumis à la plus haute des garanties, celle de la loi. C'est ainsi qu'en vertu de la loi du 7 août 1839, l'État a acheté de MM. Daguerre et Niepce la jouissance immédiate, par le public, de leur admirable découverte des procédés photographiques.

Quant aux récompenses honorifiques ou pécuniaires accordées aux inventeurs par l'autorité publique, elles sont

3

louables, elles sont même glorieuses, si on ne les prodigue pas et si on les distribue à propos. Nos expositions publiques d'industrie, par exemple, fournissent d'éclatantes et opportunes occasions de distinctions légitimes.

Il ne faut pas toutefois s'exagérer l'importance des encouragements de cette nature. Ainsi les expositions d'industrie se sont élevées à la hauteur d'une institution publique, bien plutôt par la force d'expansion qu'elles impriment à la propagation et à la publicité de nos produits que par les honneurs mérités dont le gouvernement les décore. On se fait aisément illusion sur l'efficacité de ces moyens secondaires, que l'on donne parfois aux peuples, comme des hochets, pour les consoler de vicieuses institutions. Un abaissement dans le tarif des douanes, ou une suppression de droits, sont un moyen de prospérité plus direct et plus efficace que plusieurs amples distributions de médailles d'or et d'argent; mais avec quelques dépenses et une bonne volonté intelligente, on peut donner bien des médailles, tandis que, pour toucher à une loi prohibitive, il faut vaincre, à grande peine, cent intérêts coalisés, et gouverner. Entre ces deux moyens d'encourager l'industrie, et qui consistent, l'un à accorder aux fabricants des distinctions et des honneurs, l'autre à leur assurer des institutions protectrices et à faire tomber progressivement les entraves par lesquelles on s'est accoutumé à gêner l'industrie, croyant la soutenir par des lisières lorsqu'on l'emprisonnait dans des chaînes, il y a la même différence qu'entre le superflu et le nécessaire, qu'entre une libéralité et l'acquittement d'une dette. Je vois un homme qui a faim et soif, et que vous tenez captif pour le régaler d'un concert. Permettez-lui d'abord d'aller librement et de se gagner à manger et à boire, puis amusez-le si vous le voulez; à moins que, ses besoins satisfaits, vous n'aimiez mieux le laisser chercher lui-même les divertissements qui lui agréeront.

2⁰. Redevances payables à l'inventeur par les exploitants.

Le système qui consisterait à ouvrir au profit de tous l'entière faculté de fabriquer et de produire les résultats de l'invention, à la charge de payer une certaine rétribution à l'inventeur, peut de prime-abord séduire. Il offrirait le double avantage de laisser à la liberté de concurrence tout son développement, et de payer l'inventeur sur les produits même de sa découverte.

En s'acquittant envers l'inventeur sur les produits de son invention, le public n'est point grevé, puisque le payement n'est fait que par ceux qui y consentent et qui retirent de l'invention un profit immédiat et spécial. Ceux qui ne jugeront pas à propos de contribuer à ce payement seront les maîtres de s'abstenir des produits de l'invention; ils continueront à posséder, pour le service de leurs besoins et de leurs jouissances, les moyens qui, avant l'invention, existaient pour les satisfaire.

Le payement se mesure et se proportionne naturellement sur le succès même de l'invention. L'inventeur travaille pour le bien-être des consommateurs; ceux-ci, en accueillant ou en n'accueillant pas les résultats et les produits de l'invention, lui répondent s'il a ou non atteint son but.

Le système d'une redevance forcée satisferait à cette condition; mais les difficultés de son exécution seraient telles qu'il est impossible de n'y pas renoncer.

La fixation de la quotité de la redevance serait une occasion de contestations interminables, et de difficultés pratiques qui ne me paraissent pas pouvoir être surmontées.

Ce ne serait ni l'inventeur ni l'imitateur qui pourraient fixer la redevance, puisque l'un la porterait trop haut, et serait le maître, en élevant ses prétentions, de rendre illusoire le droit d'imitation ; tandis que l'autre, par une estimation trop basse, n'indemniserait pas suffisamment l'inventeur. L'estimation ne pourrait pas être faite par la loi, puisqu'une mesure commune entre des inventions inégales serait une absurde inégalité. Il faudrait donc des estimations, des expertises ; et dès-lors on retombe dans les abus et les incertitudes, les frais, les longueurs, que nous avons signalés comme inévitables, en examinant si l'achat de l'invention pouvait toujours se faire par le gouvernement, au nom de la société.

Ce payement d'une redevance ne peut utilement résulter que de conventions privées librement offertes et consenties. Aussi est-ce un mode d'exploitation souvent usité sous le régime des brevets. Mais l'ériger en système légal, obligatoire dans tous les cas, serait la plus chimérique entreprise.

3°. Monopole.

La concession d'un monopole ne présente pas, s'il est temporaire, les mêmes inconvénients que les autres modes de payement.

Il n'a pas l'incertitude et l'arbitraire des achats par récompenses publiques.

Il n'exige pas, comme la redevance, des aliénations forcées, des évaluations difficiles, coûteuses, toujours contestables ; et il laisse les inventeurs seuls maîtres de déterminer le prix qu'ils mettent au droit d'usage de leur invention ou à la vente de ses produits.

Il ne dépouille pas la société, comme le ferait le monopole perpétuel qui serait la conséquence obligée du droit de propriété ; il ne fait qu'ajourner la libre jouissance au profit de tous ; jouissance future que la société peut s'assurer en subordonnant la délivrance du privilège à l'accomplissement de certaines conditions destinées à empêcher que la découverte ne périsse.

La durée du monopole temporaire devra être assez longue pour procurer à l'inventeur un juste profit ; elle ne devra pas l'être trop, parce qu'elle reproduirait les inconvénients du monopole perpétuel, et qu'elle nuirait à la société en attachant un prix exagéré à l'acquisition de sa part de propriété dans l'invention.

Tout privilège exclusif a pour effet de hausser les prix moyennant lesquels les produits sont livrés aux consommateurs. L'inventeur, n'ayant pas de concurrence, portera, ou pourra porter ses prix à un taux supérieur à celui que tout imitateur établirait pour le remboursement des avances en capitaux et en intérêts, et pour le payement des profits de l'industrie employée dans la fabrication.

Cette conséquence n'a rien que d'équitable, car nous avons vu que l'inventeur, outre ses frais de fabrication, doit retrouver ses frais d'invention.

Comme il est nécessaire que les frais d'invention se payent, c'est une combinaison raisonnable que de les mettre à la charge des consommateurs les plus pressés de jouir.

Il n'y a pas possibilité d'injustice, puisque ce payement est facultatif. Ceux qui n'y voudront pas contribuer s'en dispenseront en ne faisant point usage des produits de l'invention qu'ils ne consentiront pas à payer. Les branches d'industrie préexistantes n'en resteront pas moins, comme auparavant, ouvertes à leur profit ; il est probable même qu'elles seront exploitées à meilleur marché, afin de lutter, par une concurrence plus efficace, avec les produits de la nouvelle invention.

Le public, en abandonnant ainsi son droit, soit comme

producteur, soit comme consommateur, à exploiter l'invention au plus bas prix possible dès qu'elle sera connue, payera, par cet abandon partiel et temporaire, l'acquisition d'une copropriété dans l'invention.

Les inconvénients généraux de tout monopole, diminués par la limitation du terme et par la certitude d'une jouissance future, se compensent avec les avantages de la nouvelle invention, qu'il faut bien que le public paye, puisqu'il en profite et l'acquiert.

Ajoutons qu'en voyant d'un peu haut les avantages et les inconvénients de ce monopole, on réduit à une objection assez faible le retardement qu'il apporte à l'abaissement des prix.

Ou l'invention sera futile, indifférente, mauvaise; dans ce cas, le monopole est sans inconvénient pour le public, qui n'en apercevra pas l'existence; et avant l'expiration du privilège la prétendue invention aura disparu sans résultats et sans bruit : ou l'invention sera vraiment utile, et alors qu'importera si quelques années s'écoulent avant qu'elle ne soit livrée à la libre concurrence? Un privilège temporaire ne la dépouillera pas de son caractère élevé d'utilité publique; les idées bonnes et fécondes n'ont rien à perdre par un peu de patience dans leurs développements.

Revient d'ailleurs toujours cette idée dominante, que plus l'invention sera utile, plus il faudra qu'en faisant le bien du public elle fasse celui de l'inventeur. La société y gagnera par l'encouragement donné à l'esprit d'invention; et, ce qui est d'une bien autre importance, la justice sera satisfaite.

Ce système est celui qui nous régit. L'expérience en a constaté les avantages. Avant d'en développer les dispositions, jetons un coup-d'œil sur la législation qui l'a précédé. Ce n'est qu'après un temps bien long, qu'après des tentatives hasardeuses et diverses, que l'on arrive enfin aux idées simples et justes.

CHAPITRE II.

HISTOIRE DU DROIT SUR LES INVENTIONS INDUSTRIELLES.

Les inventeurs n'ont occupé que très tard une place spéciale dans l'histoire du droit. Tant que l'industrie est demeurée esclave, loin de trouver dans la législation un payement régulier du prix légitimement dû à leurs découvertes, ils n'obtenaient qu'accidentellement et par caprice la faculté de les mettre à exécution; ils étaient enchaînés dans les liens qui garottaient tous les travailleurs.

Il a fallu que l'industrie, avant de prendre son rang comme l'une des forces les plus actives et des puissances les plus influentes dans un état, subît bien des dédains, pliât sous bien des préjugés; qu'elle s'établit par ses propres actes sans avoir elle-même conscience de leur portée; qu'elle s'anoblit par degrés en contribuant à son insu à la transformation des mœurs; que, par l'agrandissement journalier de ses travaux, par l'évidence de plus en plus manifeste de sa nécessité, par sa persévérance à accroître l'aisance générale, à étendre l'empire de l'intelligence sur la matière, elle se fît jour au milieu de la société, et entrât en possession de l'estime et de l'attention publiques.

Tant qu'il a été érigé en principe que le travail était le lot des esclaves, ou tout au moins des vaincus, comment les lois auraient-elles pris l'industrie sous leur protection spéciale?

Les temps ne sont pas éloignés où les hommes étaient divisés en deux classes, l'une destinée à commander, l'autre à servir; et où la première ne pouvait pas se livrer au travail manuel sans se ravaler jusqu'à la seconde. L'industrie agricole, quoique exceptée quelquefois de l'anathême, attachait les esclaves, les colons ou les serfs à la glèbe et à la culture; le petit commerce, car il y avait parfois, pour les grandes entreprises et pour les navigations lointaines, des exceptions, était méprisé; le travail manufacturier plus encore. Il n'est pas besoin, pour rencontrer ce mépris, de remonter jusqu'à l'antiquité, et de citer les dédaigneuses paroles de ses plus larges esprits, d'Aristote, de Platon, de Xénophon, de Cicéron, et de tant d'autres. Tant que la division de l'espèce humaine en deux natures d'hommes a existé, la première, celle que l'antiquité appelait *libre* et les modernes *noble*, était seule pleinement propriétaire, les esclaves des anciens n'avaient que des pécules; les peuples modernes laissaient généralement prévaloir la maxime *nulle terre sans seigneur*, sur la maxime *nul seigneur sans titre*, et le mépris du travail a survécu à la féodalité.

Faire déroger la noblesse par le travail, était conséquent avec le système qui, pour fondement de la noblesse, et pour titre originaire de la propriété par excellence et non roturière, reconnaissait la conquête, la guerre, la confiscation, et autres variétés ou transformations du vol.

Cet empire de la force s'est successivement abaissé. Le travail est entré en honneur; et l'on s'est mis à lui rendre hommage comme au nourricier et au conservateur du genre humain. De grands esprits, dépassant, dans leur réaction théorique, les bornes du vrai, ont érigé le travail en principe unique de toute richesse, faisant ainsi trop petite part à la possession de ces vastes forces de la nature matérielle qui, lorsqu'elles sont susceptibles d'appropriation, se trouvent, par la nécessité et la sagesse des lois sur la propriété, conservées et transmises dans des mains privilégiées. De l'incomplète analyse qui ne reconnaissait que le travail comme élément de richesse, des esprits logiques et aventureux en sont venus à déclarer illégitime toute propriété qui ne dérive point du travail. Puis tandis que, même parmi eux, la plupart consentent à accepter comme légitime la propriété dont l'origine remonte médiatement au travail, quelques-uns, plus hardis, ont nié la légitimité de toute possession fondée sur un autre titre que le travail direct, personnel et immédiat du possesseur.

C'est ainsi que le travail, après avoir lentement et heureusement conquis le respect qui lui est dû, est devenu envahisseur comme tous les conquérants, et a mis sur la défensive le droit même de propriété, avec lequel la justice comme la force des choses veulent cependant qu'il partage la domination dévolue à l'homme sur le monde matériel.

Pour rechercher, à travers les obscurités de l'histoire, la génération et la trace des droits des inventeurs, il ne faudrait rien moins que s'engager dans l'étude des conditions, si diverses, que les droits généraux du travail ont subies, et des rôles qu'il a remplis dans l'économie sociale. Les hommes aujourd'hui livrés aux labeurs de l'industrie y apprendraient ce qu'ils ont gagné par le progrès des temps; et en comparant leur condition avec celle de leurs devanciers, ils rendraient grâces à la Providence des biens qu'elle procure au genre humain en permettant l'accroissement des lumières.

Je n'ai point la prétention de tracer ici une ébauche de cette vaste et difficile histoire. Cette tâche, pour n'être même que très imparfaitement abordée, exige, à elle toute seule, les développements d'un ouvrage spécial. Je me contenterai d'exposer quelques considérations et quelques faits.

J'ai remplacé par d'autres détails tenant de plus près à la

matière qui nous occupe plusieurs des développements que
contenait la première édition de ce traité. C'était trop pour
une histoire spéciale; c'était beaucoup trop peu pour une histoire générale.

———

SECTION I.

DES ANCIENNES CORPORATIONS D'ARTS ET MÉTIERS EN FRANCE.

Dans l'ancienne France, les marchands et artisans étaient
divisés en corporations, dont l'histoire se confond avec celle
de notre industrie nationale et des droits sur les inventions.

Les corporations n'y sont pas nées à un jour donné. Si
haut qu'on remonte dans nos annales, on les trouve établies.

La force des choses et les besoins des temps auraient
suffi pour agglomérer, en France comme ailleurs, les hommes
adonnés à l'exercice des mêmes professions. L'esprit d'association qui, au milieu de la société générale, crée des sociétés particulières, unies par la communauté des rites reli-
gieux, des travaux, des intérêts, des opinions, des passions,
dérive de la nature même de l'homme.

La France reçut les corporations de son passé, comme de
la force des choses; de la tradition romaine comme de la tradition germanique; du christianisme et de la féodalité comme
de l'élément juridique et législatif de la monarchie plus moderne.

La Grèce avait ses *hétairies*. L'existence des corporations
romaines remonte jusqu'au berceau de Rome.

Les artisans romains se classaient en collèges, à qui l'autorisation de la puissance publique donnait existence dans
l'État, et quelquefois même dans l'ordre politique. Ces collèges avaient leurs rites particuliers, leurs dévotions spé-

ciales, leurs statuts, leurs patrons, leurs syndics, leur police. Diverses parties du service public et de l'approvisionnement, ou du service impérial, étaient mises à la charge de plusieurs d'entre eux; et ils en étaient indemnisés par des monopoles.

A cette organisation appartinrent, dans la Gaule romaine, des corporations et communautés dont l'existence se lia souvent à celle des cités et des communes.

L'esprit de confrérie formait un des traits caractéristiques des mœurs germaniques. Il était né, non des vues de subordination qui présidaient à l'organisation romaine, mais des alliances et garanties réciproques entre égaux, tous ardents pour l'indépendance. De temps immémorial, les peuples du Nord avaient leur confréries, leurs ghildes, leurs banquets, associations à part au milieu de la nation ou de la tribu. Les arts, l'industrie, le commerce, presque entièrement abandonnés aux gens de condition servile, étaient réduits à un rôle trop insignifiant dans la société barbare pour qu'une place importante leur ait été faite dans ces associations, préoccupées d'autres intérêts plus puissants alors sur tous les esprits; mais, dans les lieux même d'où elles disparurent, ces conjurations, ces communions, ces conventicules, laissèrent dans les mœurs publiques quelque chose de leur empreinte, et secondèrent, par leur fraternité, l'instinct de défense mutuelle qui porte les hommes d'une même profession à se protéger et à s'unir.

La politique des empereurs et les conquêtes du christianisme avaient multiplié les citoyens romains, et étendu l'émancipation des esclaves. Les hommes de travail, conduits par le clergé qui se recrutait beaucoup parmi eux, s'élevaient dans la hiérarchie sociale à mesure que s'abaissait un patriciat mourant. A l'époque où l'empire romain s'écroula sous les efforts des barbares, déjà était semée dans le monde cette classe moyenne, destinée à tant de puissance; la noblesse guerrière des peuples germaniques et la hiérarchie féodale en retardèrent l'avènement.

L'invasion des barbares retint sous le joug le travail, lot des vaincus. Mais l'esclavage continuait à perdre du terrain. Un vaincu, un serf, était placé moins bas qu'un esclave ; et encore tous les vaincus ne furent-ils pas des serfs.

Lorsque l'état né en France de la conquête y prit de l'assiette, et que l'unité nationale commença à se former, les corporations préexistaient. Le commerce et l'industrie occupaient dans la société une place déjà importante, mais qui, mal définie, sans uniformité, sans certitude d'avenir, variait suivant les lieux, les temps, les accidents, les caprices.

Dans la confusion et les conflits de la société du moyen-âge, les marchands et artisans se réunissent par profession, et sous l'invocation de la Vierge et des saints, pour se soutenir mutuellement contre les exactions et les violences des seigneurs et du clergé, des gens de cour et des gens de guerre, et contre les rapines des individus de toute classe. Les corps de métiers composaient la principale force guerrière des villes aux époques où elles luttèrent pour se former en communes. Dans ces temps où tout était privilège, et où les libertés les moins contestables, mises sans cesse en contestation, avaient besoin d'être accordées en franchise et garanties par des chartes, les corps de métiers, pour exercer leur industrie, conquéraient quelquefois, achetaient presque toujours, des autorisations qui leur étaient sans cesse ravies et revendues.

Le droit que les divers pouvoirs s'arrogeaient d'autoriser, de régler ou d'interdire l'exercice du travail, aurait été légitime dans son principe sauf examen de ses applications, s'il n'était dérivé que de la nécessité de bien gérer les intérêts généraux et d'établir une bonne police dans l'État. Mais ce n'était guères sur ces principes, facilement acceptés aujourd'hui, que s'appuyaient les prises d'autorité qui pesaient sur l'industrie : l'idée d'infériorité et de servitude attachée à l'exercice du travail domina longtemps dans l'organisation publique comme dans les mœurs.

Les rois et les seigneurs féodaux étaient considérés comme maîtres du travail de leurs sujets et vassaux. Lorsque, à côté des fiefs territoriaux, s'éleva l'inféodation des offices, lorsque s'agrandit, au détriment des offices inféodés, le pouvoir gracieux et arbitraire de la couronne pour la collation et la concession des offices, quand ils furent des fiefs et quand ils ne furent que des dignités, il faut compter parmi les principaux droits utiles qui s'y attachèrent celui de disposer des maîtrises d'arts et métiers, et d'exercer juridiction sur les marchands et artisans.

C'est ainsi que le grand bouteiller ou échanson avait juridiction sur les marchands de vin et les cabaretiers; le grand ou premier maréchal de l'écurie du roi sur les maréchaux; le grand chambrier sur les merciers, fripiers, pelletiers; le grand panetier sur les boulangers ou talemeliers, etc., etc. Ces grands officiers avaient leurs marchands et artisans pour les vivres, habits, meubles, équipages de la cour. Chacun d'eux donnait des lettres de maîtrise, non-seulement aux marchands et artisans de sa dépendance, mais encore à tous ceux qui exerçaient la même profession, surtout dans Paris. Il en tirait des taxes et rétributions; il avait droit de visite et juridiction sur eux pour connaître, par lui-même ou par ses officiers, de leurs différends. Ces pouvoirs et ces droits des officiers de la couronne allèrent en s'affaiblissant à mesure que l'autorité royale se concentra, et que le respect des droits individuels se fortifia dans nos lois; mais il en resta des traces jusqu'à la révolution française.

Il est absolument impossible de se faire une idée quelque peu juste de notre ancienne société, si l'on oublie combien y furent diverses les origines des pouvoirs, la fréquence et la variété de leurs luttes incessantes, la mobilité de leurs attributions.

L'histoire de la ville de Paris fournit un très ancien exemple d'une corporation commerciale indépendante, puisant dans son propre sein son appui et sa force. La navigation de la Seine appartint, dès les premiers temps de Lutèce, aux nautes parisiens, naviculaires, marchands de l'eau. Ces *nautæ parisiaci* formaient un corps considérable, investi de grands privilèges, renfermant des sénateurs et chevaliers, étant en possession de fournir les défenseurs de la cité et décoré du titre de splendidissime. Cette association, ou hanse, de la bourgeoisie parisienne était appelée la marchandise de l'eau, ou simplement la marchandise. Maîtresse des arrivages et des expéditions par la Seine, elle domina le commerce parisien et attira à elle la magistrature municipale. Le chef du corps municipal était le prévôt des marchands de l'eau qui fournissaient aussi les échevins; des nautes vint le vaisseau symbolique qui forme, encore aujourd'hui, les armoiries de la ville de Paris.

Quand la ville et le commerce de Paris prirent de l'accroissement, le corps unique et primordial des nautes se divisa en fractions distinctes. La corporation des orfèvres, et celle des changeurs prétendirent même avoir toujours formé une profession séparée. On voit, par les ordonnances de nos rois, qu'aux onzième et douzième siècles plusieurs corps de métiers existaient, dans Paris, en corporations distinctes et déjà puissantes.

Les documents sur les corporations, épars jusqu'au treizième siècle, commencent, sous Philippe-Auguste, à être nombreux. Un monument de haute importance est acquis à l'histoire sous le règne de Saint-Louis; c'est le Registre des métiers de Paris (¹).

Lorsque le comté de Paris fut devenu le domaine des rois de France, le prévôt de Paris représenta le roi au fait de la justice, comme les vicomtes avaient représenté les anciens comtes. Longtemps la prévôté de Paris fut donnée par le choix du roi, et exceptée de l'usage en vertu duquel les autres prévôtés du royaume étaient vendues et données à ferme. Pendant la minorité de Louis IX, elle était tombée dans la condition commune et entrée dans les fermes du roi, c'est-à-dire qu'elle était devenue vénale, et s'adjugeait au plus offrant.

En 1258, Louis IX réforma cet abus, et retira la prévôté des mains des fermiers. Il voulut que cette charge, à laquelle étaient dévolues la police de la ville, avec des attributions judiciaires fort étendues, restât pour toujours séparée de la recette du domaine. « Il fit, dit Joinville (²), abolir toutes les mauvaises coutumes dont le pauvre peuple était grevé auparavant; et il fit enquérir par tout le pays là où il trouverait quelque grand sage homme qui fût bon justicier, et qui punît étroitement les malfaiteurs, sans avoir égard au riche plus qu'au pauvre. Il lui en fut amené un qu'on appelait Étienne Boileau, auquel il donna l'office de prévôt de Paris; lequel depuis fit merveilles de soi maintenir, audit office; tellement

---

(¹) Ce précieux recueil, dont on connaissait plusieurs manuscrits, a été imprimé pour la première fois en 1837 dans la Collection des *Documents inédits sur l'histoire de France;* avec une introduction de M. Depping.

(²) C. 86.

que désormais n'y avait larron, meurtrier, ne autre malfaiteur, qui osât demeurer à Paris, que, tantôt qu'il en avait connaissance, ne fût pendu, ou puni à rigueur de justice, selon la qualité du méfait; et n'y avait faveur de parenté, ne d'amis, ne or, ne argent qui l'en eût pu garantir : et grandement fit bonne justice. »

La rédaction, due à Étienne Boileau, des établissements et coutumes des métiers de Paris est un des actes qui honorent le plus le grand règne de saint Louis.

Le livre des métiers et marchandises, écrit vers 1260, recueille, rédige, et met en ordre les coutumes, traditions et pratiques préexistantes. Il fut le résultat d'une vaste enquête. « Quand ce fut fait, concoilli, assemblé et ordonné, dit le préambule, nous le fîmes lire devant grand plenté des plus sages, des plus léaux et des plus anciens hommes de Paris, et de ceux qui plus devaient savoir de ces choses; liquels tout ensemble louèrent moult cette œuvre. »

Les titres de la première partie des Registres des métiers sont au nombre de cent; chacun contient les statuts d'un métier. La seconde partie, en trente-deux titres, contient les règlements et tarifs des droits de péages sur les denrées et marchandises. Une troisième partie, annoncée dans le préambule devait traiter : « des justices et juridictions à tous ceux qui justice et juridiction ont dedans la ville et dedans les faubourgs de Paris. »

A partir du règne de saint Louis, on peut suivre dans les ordonnances de nos rois, dans les arrêts des cours de justice, dans les statuts et règlements des divers corps, les innombrables modifications que les corporations ont subies, et qui se lièrent souvent aux lois de police générale, et particulièrement aux vicissitudes de la législation sur la police de la ville de Paris. Mais comment ne pas être accablé sous l'immense monceau de ces verbeux et minutieux documents? Il faudra un grand courage d'historien pour s'engager dans les mille voies de cet obscur labyrinthe, duquel il y a de précieuses instructions à tirer.

Malgré les règles posées par saint Louis, de nombreuses contestations sur les limites des juridictions respectives, et sur les prélèvements des droits et amendes, continuèrent longtemps à s'agiter; le prévôt de Paris réclamant toujours la plénitude de juridiction en première instance, qui lui était contestée, par des grands officiers de la couronne sur le commerce, les arts et les métiers, par le grand prévôt de l'hôtel sur les marchands et artisans suivant la cour, par le bailli du palais dans son enclos et aux environs, par le prévôt des marchands sur la rivière et les ports. Les registres du Parlement sont remplis d'arrêts intervenus sur ces prétentions [1].

Louis XI publia, comme ses prédécesseurs, beaucoup de statuts de corps et métiers. Par ordonnance de 1467, il arma tous les gens de métiers, les partageant en 61 bannières et compagnies, et mettant chaque bannière sous la conduite d'un principal et d'un sous-principal, élus tous les ans par les chefs d'hôtels, des métiers, et des compagnies. Toujours occupé de fortifier l'autorité royale, et d'asseoir sa puissance sur des rapports directs avec chacun de ses sujets, afin de réduire et d'abattre l'autorité des seigneurs, il exigea que les principaux et sous-principaux prêtassent, et fissent prêter à tous les gens de métiers, serment de fidélité et d'obéissance immédiate envers le roi, sur les saints évangiles et sur la damnation de leurs âmes.

---

[1] Voir notamment Delamarre, *Traité de la police*, liv. 1, t. 9, ch. 2 ; du Tillet, p. 1re, p. 406 et suivantes.

Les corporations, refuge des faibles contre les forts, moyen efficace de police dans l'État, avaient aussi un autre caractère essentiel; elles étaient des instruments de monopole.

Ce n'était pas seulement pour être autorisés et protégés dans l'exercice de leur industrie, que les corps de métiers se plaçaient sous la tutelle de ceux qui avaient en main la puissance et la force; c'était aussi pour exclure de l'exploitation de la même industrie quiconque n'était pas aggrégé à leur communauté. La classe industrielle et commerçante acceptait sa sujétion, dont elle était payée par les monopoles.

C'est ainsi que contre la liberté naturelle du travail s'élevèrent parallèlement deux puissances qui ont longtemps régné sur la société à titre de droits : d'une part, le pouvoir de l'homme libre sur l'esclave, puis du seigneur sur le vassal ou le serf, puis des rois sur les sujets, pour ordonner, autoriser, ou régler le travail; d'une autre part, le monopole qui, abritant les travailleurs, proscrivait ou étouffait, à leur profit, toute concurrence.

L'histoire des corporations, envisagée sous le premier de ces deux rapports, forme un des plus importants chapitres des annales de notre tiers-état. Elle en offre tous les caractères généraux; aussi multiple dans ses causes, aussi mobile dans ses formes, aussi constante dans ses résultats. Là comme ailleurs, les droits individuels, d'abord presque inaperçus, ne se font jour que péniblement; humbles et petits, ils acceptent tous les affronts, mendient toutes les protections; puis ils marchandent, parlementent, transigent, combattent; puis ils lèvent la tête, stipulent en leur nom, grandissent, renversent, et se font dominateurs.

Envisagées comme instruments de monopole, les corporations occupent longtemps dans l'histoire une place toute naturelle, et y remplissent un rôle en parfaite harmonie avec la généralité de l'organisation sociale. Personne ne s'indigne ni ne s'étonne du monopole tant que dure un état de choses où, presque nulle part, le droit ne se produit qu'à titre de concession, et sous la protection du privilège. On se borne alors à demander au monopole de se montrer docile envers les pouvoirs publics, et de ne pas trop fouler le pauvre peuple. Mais le monopole a pour condition essentielle d'existence la nécessité de se toujours tenir armé en guerre. Il ne se maintient qu'en poursuivant sans relâche ceux qui l'enfreignent. Or, la conséquence inévitable de ces poursuites incessantes devait être d'habituer à la discussion de ses titres. L'histoire juridique est pleine de curieux détails sur les innombrables procès des corporations, soit contre des industriels isolés, soit entre elles pour déterminer les indéterminables limites de leurs professions respectives, sans parler de leurs furieuses querelles sur les questions de préséance. Ces procès, où l'odieux se mêla fréquemment au ridicule, et où furent dépensés beaucoup de fiel, d'argent et de temps, souvent beaucoup de science et d'esprit, minèrent le monopole, en mettant à nu les bases de la légitimité qu'il invoquait.

Si je voulais donner une idée des querelles de préséance, ou initier les lecteurs aux détails intérieurs de l'organisation des corporations, il me faudrait entrer dans des développements infinis. Il faudrait montrer comment les six corps : la draperie, l'épicerie, la mercerie, la pelleterie, l'orfèvrerie, la bonneterie, remontaient tout au plus haut de la nuit de notre histoire pour y trouver leur berceau, leur saint patron, leur blason, leur quartier d'habitation dans la ville ; il faudrait dépeindre comment ils conservaient avec jalousie la description et le souvenir des étoffes et des couleurs sous lesquelles ils marchaient aux entrées et aux sacres des rois ; raconter à

travers quelles vicissitudes, et au prix de quelles discordes
intestines, les transformations s'accomplissaient; et, par
exemple, comment, au xv⁰ siècle, les chandeliers, puis, un
peu plus tard, les vinaigriers-moutardiers parvinrent à se séparer des épiciers; comment les apothicaires eurent à lutter
jusqu'au xvii⁰ siècle pour s'affranchir de la suzeraineté de
l'épicerie; dire la grandeur et la décadence des merciers, en
possession d'abord de tout le commerce extérieur; restant
assez puissants au xvi⁰ siècle pour se trouver au nombre de
plus de trois mille sous les armes, à la revue de la milice
parisienne que Henri II passa en 1557 à la foire de Lendit,
et frappant assez par leur bonne mine le roi, qui se connaissait en guerre, pour qu'il les fît mettre en bataille et ma-
nœuvrer sous ses yeux. Il faudrait parler des marchands de
vins, érigés en septième corps par Henri III; des tribulations
subies par ces nouveaux-venus, du dédain avec lequel ils
étaient traités par les six corps, leurs aînés. Il faudrait exposer l'histoire du roi des merciers, peut-être aussi du roi
des ribauds, du roi des arpenteurs, du roi des violons, du roi
de la bazoche; les efforts des artisans pour monter au rang
des marchands. Il serait surtout nécessaire de faire connaître
l'organisation intérieure des corporations, leur division en
apprentis, compagnons et maîtres; les dures conditions de
l'apprentissage, les faveurs pour les fils de maître, les exigences des chefs-d'œuvre.

Quelques mots aussi seraient nécessaires sur les alloués,
placés au-dessus des apprentis, mais souvent exclus de la
maîtrise; sur les maîtrises privilégiées de l'hôtel du roi, des
hôpitaux, du Louvre, des Gobelins; sur les franchises du
faubourg Saint-Antoine et du Temple.

Le joug de la royauté pesa moins sur les travailleurs que
celui des mille pouvoirs confus que son énergique concentra-

tion absorbait. Elle ne détruisait pas le monopole, qui lui était utile comme moyen de police, et surtout comme ressource de fiscalité. Mais, du haut de sa grande position, elle avait nécessairement la vue frappée par les intérêts généraux; elle tempérait le monopole; réprimait les exactions surtout quand elle n'en profitait pas; se prêtait au renouvellement des règlements et statuts lorsque les progrès de l'industrie en faisaient éclater les cadres devenus trop étroits. On retrouve ici la grande loi historique qui domine et explique, dans les détails comme dans l'ensemble, les annales de notre ancienne monarchie : l'alliance entre la royauté et le développement des droits individuels; alliance quelquefois inaperçue, quelquefois involontaire, souvent troublée; mais qui, naturelle et permanente, a été l'œuvre complexe des faits et de la nécessité comme du calcul et de la justice.

Le milieu du seizième siècle est, dans notre droit commercial, une ère fort importante, où se manifeste le progrès de la loi historique qui vient d'être signalée. Ce fut l'époque où se généralisa la juridiction consulaire des commerçants sur leurs pairs, empruntée, comme tant d'autres parties de notre législation commerciale, au droit moderne de l'Italie. Vers le même temps, et peu d'années après cette grande conquête faite par la classe commerçante, l'ordonnance de Blois de 1579 ordonnait que les jurés de métiers ne seraient établis que par l'élection. L'édit de 1581, enregistré au Parlement de Paris le 7 mars 1583 seulement, et qu'il fallut renouveler en 1597, donna à l'institution des corps et communautés d'arts et métiers l'étendue et la forme d'une loi générale.

Le préambule de cet édit exprime deux ordres d'idées différents. Il expose d'abord l'utilité de l'extension des maîtrises à tout le royaume, et s'appuye sur l'exemple de plusieurs extensions partielles précédemment ordonnées, ainsi que sur le vœu des populations désireuses de voir les abus des artisans corrigés et amendés. En second lieu, il veut mettre un terme à quelques abus des maîtrises. Voici comment, en cette partie du préambule, ils sont signalés : « Désirant départir, comme bon père de famille, égalité et faveur de justice à tous nos sujets généralement..., et donner ordre aux excessives dépenses que les pauvres artisans des villes jurées sont contraints de faire ordinairement pour obtenir le degré de maîtrise, contre la teneur des anciennes ordonnances, étant quelquefois un an et davantage à faire un chef-d'œuvre tel qu'il plaît aux jurés ; lequel enfin est par eux trouvé mauvais, et rompu, s'il n'y est remédié par lesdits artisans avec infinis présents et banquets. Qui recule beaucoup d'eux de parvenir au degré, et les contraint de quitter les maîtres et besogner en chambres ; èsquelles étant trouvés et tourmentés par lesdits jurés, ils sont contraints d'aller de rechef besogner pour lesdits maîtres, bien souvent moins capables qu'eux ; n'étant, par lesdits jurés, reçus auxdites maîtrises que ceux qui ont plus d'argent et le moyen de leur faire des dons, présents et dépenses, encore qu'ils soient incapables au règard de beaucoup d'autres qu'ils ne veulent recevoir, parce qu'ils n'ont lesdits moyens. »

L'édit de 1581 acheva et accomplit la prise de possession, par la royauté, de la police du travail. Elle imposait des règles à tous les travailleurs, considérés individuellement ; s'immisçait dans l'organisation intérieure et dans les conditions d'existence de toutes les agrégations de travailleurs, réunis en communautés ; couvrait de sa protection le public et les consommateurs contre chaque marchand et artisan, et chaque marchand et artisan contre les oppressions et les abus des corporations ; en même temps, et à la faveur de cette double protection, elle prenait souveraineté sur les communautés et sur les individus. Accessoirement, elle battait monnaie; et, bien souvent, cette considération accessoire se fit prépondérante entre toutes les autres. Le trafic et la création des maîtrises était une branche d'exploitation financière. Avènement à la couronne, mariages ou naissances de princes et princesses, entrées des rois et des reines étaient des occasions pour créer de nouvelles maîtrises, habituellement accompagnées de la dispense des preuves ordinaires de capacité exigées pour la réception des maîtres. Le monopole était tempéré par la vénalité.

Un édit de Henri IV, de juillet 1608, témoigne énergiquement de ces abus et malversations par la flétrissure même qu'il leur imprime dans son préambule. Il révoque et annule toutes créations de lettres de maîtrise antérieures à son avènement, avec ordre de fermer les boutiques, étaux et ouvroirs de ceux qui en seraient pourvus, et défense de les mettre en vente à peine de faux et de punition corporelle et exemplaire. L'abus n'en continua pas moins. La suppression de ces concessions anciennes n'empêcha pas de faire argent par des concessions nouvelles, et y aida peut-être. Les ventes des maîtrises, qui blessaient fort les corporations, n'étaient pas ce qui opprimait le public.

Les peuples gémissaient sous la dureté du joug des maîtrises. Voici comment le tiers-état s'exprimait à cet égard dans les cahiers, si remarquables, qu'il a présentés aux derniers États-généraux, tenus à Paris en 1614 :

« Toutes maîtrises de métiers érigées depuis les États tenus en la ville de Blois, en l'an 1576, soient éteintes sans que, par ci-après, elles puissent être remises, ni aucunes autres de nouvel établies ; et soit l'exercice desdits métiers laissé libre à vos pauvres sujets, sous visitation de leurs ouvrages et marchandises par experts et prud'hommes qui à ce seront commis par les juges de la police.

« Tous édits d'arts et métiers, ensemble toutes lettres de maîtrise ci-devant accordées en faveur d'entrées, mariages, naissances, régences des rois et reines, leurs enfants, ou d'autres causes quelles qu'elles soient, soient révoqués, sans qu'à l'avenir il soit octroyé aucunes telles lettres de maîtrise, ni fait aucun édit pour lever deniers sur artisans, pour raison de leurs arts ou métiers; et où aucunes lettres de maîtrise seront faites et concédées au contraire, soit enjoint à vos juges n'y avoir aucun égard.

« Que les marchands et artisans, soit de métier juré ou autres métiers ne paient aucune chose pour leurs réceptions, lèvement de boutiques, ou autres, soit aux officiers de justice, soit aux maîtres jurés et visiteurs de métiers et marchandises, et ne fassent banquets ou dépenses quelconques, ni même pour droits de confréries ou autrement, sous peine de concussion à l'encontre desdits officiers, et de cent livres d'amende contre chacun desdits jurés ou autres, qui auront assisté auxdits banquets, pris salaires, droits de confrérie ou autres choses.

« Soit permis à tous marchands de faire trafic en la Nouvelle-France de Canada, et par toute l'étendue du pays, en quelques degrés et situation que ce soit, et en tous autres lieux, tant dedans que dehors votre royaume, de toutes sortes de denrées et marchandises; et à tous artisans et autres d'ouvrir et de faire ouvrir toutes sortes de manufactures, nonobstant tous privilèges concédés à aucuns, ou partis faits sur le trafic et les manufactures de castors, aluns, tapisseries, eaux-de-vie, vinaigre, moutarde, et autres quelconques, qui seront cassés; et toutes interdictions ci-devant faites à vos sujets, de trafiquer de certaines marchandises et denrées, et de n'ouvrir quelques manufactures, seront entièrement levées, et la liberté du commerce, trafic et manufactures, remise en tous lieux et pour toute chose. »

Ce cri de liberté du tiers-état, entendu par Turgot, ne devait être exaucé que par la révolution française. Le régime des maîtrises, des règlements, des restrictions, des privilèges, continua à étouffer et à dévorer l'industrie, sous les influences combinées des besoins du trésor, des largesses envers les gens en crédit, des nécessités de police, et de ce goût de tutelle dont la prétention est de prescrire aux intérêts privés comment ils se serviront eux-mêmes.

La mission réservée à Louis XIV dans l'histoire n'était pas d'inaugurer sciemment les droits individuels; il était destiné à servir leur cause par une voie non moins efficace, mais indirecte et inaperçue; celle d'un agrandissement immense dans les lettres, les arts, et la puissance nationale. Achever la concentration de l'autorité royale, telle était sa mission visible, celle dont il avait la conscience, et à laquelle il a répondu.

Louis XIV est redevable à Colbert de sa plus belle part dans les grandeurs de la paix. La gloire de Sully avait été de rétablir l'ordre dans les finances, de lutter contre les exacteurs et les dilapidations, d'encourager l'agriculture et la navigation intérieure; il n'aimait pas le commerce; et s'il voulut laisser un peu plus de liberté à l'exercice de l'industrie, ce fut, sans doute, par esprit de justice envers la classe souffrante, mais beaucoup aussi par antipathie contre le luxe, et pour ne pas l'encourager par trop de faveur envers les privilégiés des corporations. Colbert voulut fortement l'ordre dans les finances; il comprit toute la puissance du commerce, qu'il dota de grandes et belles lois, toute la puissance de l'industrie qu'il encouragea avec largesse; il ouvrit au dedans des routes et des canaux, au dehors des débouchés : il créa la marine.

Colbert trouva le régime réglementaire établi; il en usa beaucoup, et sembla ne s'en rapporter qu'à lui-même de la bonne direction de l'industrie. Nous donnerons, dans la section suivante, quelques détails sur ses règlements. Dans sa constante préoccupation pour la subordination et la discipline, il tendit à affermir et à étendre le régime des corporations.

La mémorable ordonnance de 1673, qui a donné un Code de commerce à la France, fut accompagnée d'un édit, enregistré le même jour, qui, à l'occasion de règlements pour la communauté des barbiers, baigneurs étuvistes et perruquiers, insistait sur l'exécution des édits de 1581 et de 1597, pour toutes les branches d'industrie et pour les localités qui ne se trouvaient pas encore atteintes. On institua partout des jurandes, et l'on établit des droits et taxes sur toutes les professions.

Cependant l'esprit d'égalité politique s'était fortifié au service des progrès de la royauté; l'esprit de liberté s'était trempé et popularisé dans les luttes religieuses; et, par les développements de la philosophie, par la diffusion des lettres et des arts, il prenait, de plus en plus, possession du domaine des idées. Des voix nouvelles s'élevaient chaque jour en faveur de la liberté et de l'égalité des travailleurs.

Ce n'étaient pas des voix sans autorité, ni des opinions isolées de littérateurs ou de savants. C'est Sully exposant à Henri IV les causes propres à la ruine ou à l'affaiblissement des monarchies et comptant dans ce nombre (¹) : « les subsides outrés; les monopoles, principalement sur le blé; le négligement du commerce, du trafic, du labourage, des arts et métiers; le grand nombre des charges; les frais de ces offices; l'autorité excessive de ceux qui les exercent...; l'oisiveté....; l'attachement opiniâtre à des usages indifférents ou abusifs; la multiplicité des édits embarrassants et des règlements inutiles. » C'est le tiers-état de 1614. C'est Colbert lui-même, écrivant au roi dans son *Testament politique :* « Les rigueurs qu'on tient dans la plupart des grandes villes de votre royaume, pour recevoir un marchand, est un abus

---

(¹) Mémoires, liv. 19.

que Votre Majesté a intérêt de corriger ; car il empêche que beaucoup de gens ne se jettent dans le commerce, où ils réussiraient mieux bien souvent que ceux qui y sont. Quelle nécessité y a-t-il qu'un homme fasse apprentissage ? Cela ne saurait être bon, tout au plus, que pour les ouvriers, afin qu'ils n'entreprennent point un métier qu'ils ne sauraient point ; mais, pour les autres, pourquoi leur faire perdre leur temps ? Et pourquoi aussi empêcher que des gens qui en ont quelquefois plus appris dans les pays étrangers qu'il n'en faut pour s'établir, ne le fassent pas, parce qu'il leur manque un brevet d'apprentissage ? Est-il juste, s'ils ont l'industrie de gagner leur vie, qu'on les en empêche sous le nom de Votre Majesté, elle qui est le père commun de ses sujets, et qui est obligé de les prendre en sa protection. Je crois donc que, quand elle ferait une ordonnance, par laquelle elle suprimerait tous les règlements faits jusqu'ici à cet égard, elle n'en ferait pas plus mal. Elle y trouverait même son compte, si elle voulait réduire cela à l'avenir à prendre des lettres pour lesquelles on lui payerait une somme modique ; car la quantité de ceux qui se présenteraient pour en avoir, suppléerait au bon marché qu'elle leur ferait. Ses peuples, d'ailleurs, lui en auraient obligation, puisque ce qu'ils payeraient leur serait bien moins à charge que ce qu'on leur fait faire, avant que de pouvoir tenir boutique. »

Les sages conseils laissés par Colbert, mort en 1683, se trouvaient neutralisés par la pénurie des finances. Le tort immense causé à l'industrie nationale par la vaste émigration qui suivit la révocation de l'édit de Nantes, en 1685, avait besoin de remède ; il ne fut, au contraire, suivi que d'une aggravation, toujours croissante, du régime prohibitif.

Un édit de mars 1691 supprima les élections des maîtres et gardes des corps de marchands, et des jurés, syndics ou

prieurs des arts et métiers, au lieu et place desquels des
maîtres et gardes dans chaque corps de marchands, et des
jurés dans chaque corps d'arts et métiers furent créés et érigés en titres d'offices héréditaires; le tout avec accompagne-
ment d'un grand nombre de dispositions fiscales. Voici le
préambule :

« Les rois, nos prédécesseurs, connaissant que les marchands et
artisans font une partie considérable de l'État, et qu'il n'y a point de
sujet, de quelque qualité qu'il soit, qui n'ait intérêt à la fidélité du
commerce et à la qualité des ouvrages auxquels les artisans travaillent,
ont donné, dans tous les temps, une attention particulière aux règlements et à la police des corps des marchands et des communautés des
arts et métiers. C'est par ces raisons importantes, que Henri III et
Henri IV, non contents des précautions que les anciennes ordonnances
du royaume avaient prises pour conserver les droits royaux, et maintenir l'ordre et la police dans les arts et métiers, ont fait plusieurs
règlements par les édits de 1581, 1585 et 1597, pour prescrire le temps
des apprentissages, la forme et la qualité des chefs-d'œuvre, les formalités de la réception des maîtres, des élections des jurés, des visites
qu'ils pourraient faire chez les maîtres, et les sommes qui seraient
payées par les aspirants, tant au domaine, à titre de droit royal, qu'aux
jurés et aux communautés. Mais, nonobstant toutes ces précautions,
leurs bonnes intentions ont été éludées, et le public a été privé de
l'utilité qu'il en devait recevoir; la longueur, les frais et les incidents
des chefs-d'œuvre ayant souvent rebuté les aspirants les plus habiles
et les mieux instruits dans leur art, qui ne pouvaient pas fournir aux
dépenses excessives des festins et buvettes auxquels on voulait les
assujétir. D'ailleurs, les brigues et les cabales qui se pratiquent dans
l'élection des jurés troublent les communautés, et les consomment
souvent en frais de procès, et ceux qui sont choisis et préposés pour
tenir la main à l'exécution des ordonnances, règlements et statuts, ne
devant exercer la jurande que pendant peu de temps, se relâchent de
la sévérité de leur devoir, et se croient obligés d'avoir pour les autres,
particulièrement pour ceux qu'ils croient leur devoir succéder dans
la jurande, la même indulgence dont ils souhaitent qu'ils usent dans
la suite à leur égard. Ce relâchement, si préjudiciable au public, a

donné une telle atteinte à la police des corps des marchands et des arts et métiers, qu'il y a très peu de règle dans les apprentissages, dans les chefs-d'œuvre, dans les réceptions des aspirants, dans les élections et dans les fonctions des jurés: que même, dans la plupart des communautés, il ne se tient point de registre de la réception des maîtres, ni des apprentis, et que, dans la multiplication des frais, dont les particuliers profitent indûment aux dépens des communautés, les droits de la couronne, fondés sur ce qu'il n'appartient qu'aux rois seuls de faire des maîtres des arts et métiers, se trouvent négligés et anéantis; et, au lieu du droit royal, qui nous appartient, et qui avait été fixé par l'édit de 1581, et modéré par celui de 1597, il se lève, par les receveurs et fermiers de nos domaines, plusieurs petits droits qui ne nous sont d'aucune utilité, et donnent souvent lieu à des procès et différends. Ces raisons nous ont fait prendre la résolution de nommer des commissaires de notre conseil pour régler la forme et la qualité des chefs-d'œuvre que les aspirants à la maîtrise seront obligés de faire, les frais de réception, et autres choses concernant l'ordre et la police des arts et métiers, et, à cette fin, se faire représenter les statuts et réglements desdits corps; et d'établir, au lieu et place des jurés électifs, des jurés en titre d'office, qu'une fonction perpétuelle et l'intérêt de la conservation de leurs charges qui répondraient des abus et malversations qu'ils pourraient commettre, engageront à veiller avec plus d'exactitude et de sévérité à l'observation des ordonnances, réglements et statuts; de supprimer les divers petits droits qui se lèvent au profit de notre domaine, pour la réception des maîtres, ou pour l'ouverture des boutiques; et de rétablir l'ancien droit royal sur un pied fixe et modéré; en sorte que nous puissions tirer, dans les besoins présents, tant du produit de ce droit que du prix des charges de maîtres et gardes des corps des marchands et de jurés des communautés d'arts et métiers, quelques secours pour soutenir les dépenses de la guerre, et maintenir les avantages dont Dieu a jusqu'à présent béni la justice de nos armes. »

Les choses furent portées au point que, de 1691 à 1709, on créa plus de quarante mille offices, qui tous furent vendus au profit du Trésor public. Toutes les fois, disait Pontchartrain à Louis XIV, que Votre Majesté crée un office, Dieu

crée un sot pour l'acheter. Aucune transaction ne pouvait
s'opérer, aucun achat se conclure, même pour les besoins les
plus urgents de la vie, sans qu'on appelât le *juré* qui avait
acheté le privilège exclusif de visiter, d'auner, de peser, de
mesurer, etc. « On créa, dit Voltaire([1]), des charges ridicules,
toujours achetées par ceux qui veulent se mettre à l'abri de
la taille ; car l'impôt de la taille étant avilissant en France, et
les hommes étant nés vains, l'appât qui les décharge de cette
honte fait toujours des dupes ; et les gages considérables attachés à ces nouvelles charges invitent à les acheter dans des
temps difficiles, parce qu'on ne fait pas réflexion qu'elles
seront supprimées dans des temps moins fâcheux. Ainsi, en
1707, on inventa la dignité des conseillers du roi rouleurs
et courtiers de vin, et cela produisit 180,000 liv. On imagina
des greffiers royaux, des subdélégués des intendants des
provinces. On inventa des conseillers du roi contrôleurs aux
empilements de bois, des conseillers de police, des charges
de barbiers-perruquiers, des contrôleurs-visiteurs de beurre
frais, des essayeurs de beurre salé. Ces extravagances font
rire aujourd'hui, mais alors elles faisaient pleurer. »

Outre le capital que le Gouvernement se procurait par la
vente de ces offices, dont un grand nombre était acquis par
les communautés, qu'on autorisait à emprunter pour en payer
la finance, il tirait, en outre, un revenu considérable des
droits attachés à la collation des grades et à la promotion aux
dignités dans les corporations, ainsi qu'aux droits de mutation parmi les titulaires. De plus, il exigeait, parfois, un
supplément de finance pour le maintien ou pour la confirmation des offices déjà existants, ou pour leur incorporation
aux communautés.

([1]) *Siècle de Louis XIV*, ch. 30.

La prospérité publique souffrait de ces extorsions. Les dépenses des communautés augmentaient les frais de production et renchérissaient les denrées; et, à son tour, le renchérissement des denrées diminuait la production. A l'argent qui se consumait ainsi, il faut ajouter une autre immense perte; celle du temps, élément essentiel du travail. Les plus intrépides apologistes des anciennes corporations seraient incapables de se défendre d'un sentiment très vif de compassion et d'effroi, s'ils pouvaient avoir sous les yeux la masse, ou seulement la liste, des procès nés de l'existence de ces institutions, à ne remonter même qu'à des époques assez récentes. Les passions des hommes, les obscurités des transactions, les calamités physiques, les besoins de la vie, les tentations de l'intérêt, ses ruses, ses fautes ne sont déjà cependant que de trop intarissables sources de contestations et de querelles! Pourquoi prendre à tâche de multiplier encore les occasions de débats par la création ou par le maintien de mille institutions qui ne répondent à aucun besoin réel, de mille obstacles factices élevés, comme à plaisir, au sein de la société, pour détourner les hommes de la vue de leurs devoirs naturels, en les asservissant à des devoirs de pure convention, fondés sur la vanité, entretenus par l'égoïsme?

Les procès intentés aux fripiers par les tailleurs de Paris, pour établir la ligne de démarcation entre un habit tout fait et un vieil habit, duraient depuis 1530, et n'étaient pas terminés en 1776. Les procès entre les cordonniers et les savetiers de la même ville, n'ont guère moins occupé les tribunaux. M. Costaz (¹) évalue à 800,000 fr. la somme que les communautés de Paris dépensaient annuellement en procès

---

(¹) Brochure publiée, en 1821, sur les corps de marchands et communautés d'arts et métiers.

pour les seuls intérêts de corps. « Ce résultat n'étonnera point, ajoute-t-il, si l'on réfléchit que les bouquinistes ne pouvaient vendre des livres neufs, cette faculté étant réservée aux libraires, qui ne manquaient pas d'en profiter pour tourmenter des hommes dont la concurrence diminuait leurs bénéfices. Il était défendu aux serruriers de fabriquer les clous dont ils ont besoin ; ce travail devait être fait par des individus d'une corporation différente. Des entraves dans l'exercice de professions ayant autant d'analogie entre elles, devaient amener de fréquentes contraventions, et, par suite, des plaintes sur la convenance de les réprimer. Le besoin d'acquitter les frais causés par les procès obligeait les communautés de faire souvent des emprunts ; ce qui avait rendu énormes leurs dettes, accrues encore par la nécessité d'avoir des bureaux, dont il fallait payer le loyer ; de tenir des registres, de donner des émoluments à des commis, etc. Pour faire face aux intérêts de ces emprunts et aux autres dépenses, elles étaient autorisées à établir des taxes sur les individus appartenant à la corporation ; et ces taxes, dont la répartition n'était pas toujours faite avec la justice convenable, on les percevait avec une rigueur qui désespérait ceux qui avaient de la peine à trouver dans leur travail des moyens d'existence. »

Le mémorable édit de février 1776, enregistré le 12 mars au parlement, supprima les jurandes et maîtrises. C'est un des grands actes de Turgot. Nous en rapportons, presque dans son entier, le remarquable préambule. La philosophie et l'économie politique y parlent un langage qui, s'il eût été avec constance celui des conseils de la couronne, aurait pu conjurer par des réformes pacifiques la crise sociale qui se préparait.

« Louis, etc. Nous devons à tous nos sujets de leur assurer la jouis-

sance pleine et entière de leurs droits ; nous devons surtout cette protection à cette classe d'hommes qui, n'ayant de propriété que leur travail et leur industrie, ont d'autant plus le besoin et le droit d'employer
dans toute leur étendue les seules ressources qu'ils aient pour subsister.

« Nous avons vu avec peine les atteintes multipliées qu'ont données
à ce droit naturel et commun des institutions, anciennes à la vérité,
mais que ni le temps, ni l'opinion, ni les actes mêmes émanés de
l'autorité qui semble les avoir consacrés, n'ont pu légitimer.

« Dans presque toutes les villes de notre royaume, l'exercice de différents arts et métiers est concentré dans les mains d'un petit nombre
de maîtres, réunis en communautés, qui peuvent seuls, à l'exclusion
de tous les autres citoyens, fabriquer ou vendre les objets de commerce particulier dont ils ont le privilège exclusif; en sorte que ceux
de nos sujets qui, par goût ou par nécessité, se destinent à l'exercice
des arts et métiers, ne peuvent y parvenir qu'en acquérant la maîtrise,
à laquelle ils ne sont reçus qu'après des épreuves aussi longues et
aussi nuisibles que superflues, et après avoir satisfait à des droits ou à
des exactions multipliées, par lesquels une partie des fonds dont ils
auraient eu besoin pour monter leur commerce ou leur atelier,
ou même pour subsister, se trouve consommée en pure perte.

« Ceux dont la fortune ne peut suffire à ces pertes sont réduits à
n'avoir qu'une subsistance précaire sous l'empire des maîtres, à lan-
guir dans l'indigence, ou à porter hors de leur patrie une industrie
qu'ils auraient pu rendre utile à l'État.

« Toutes les classes de citoyens sont privées du droit de choisir les
ouvriers qu'ils voudraient employer, et des avantages que leur donnerait la concurrence par le bas prix et la perfection du travail. On ne
peut souvent exécuter l'ouvrage le plus simple, sans recourir à plusieurs ouvriers de communautés différentes, sans essuyer les lenteurs,
les infidélités, les exactions que nécessitent ou favorisent les prétentions de ces différentes communautés, et les caprices de leur régime
arbitraire et intéressé.

« Ainsi les effets de ces établissements sont, à l'égard de l'État, une
diminution inappréciable de commerce et de travaux industrieux; à
l'égard d'une nombreuse partie de nos sujets, une perte de salaires et
de moyens de subsistance ; à l'égard des habitants des villes en général, l'asservissement à des privilèges exclusifs, dont l'effet est abso-

5.

lument analogue à celui d'un monopole effectif : monopole dont ceux qui l'exercent contre le public, en travaillant et en vendant, sont eux-mêmes les victimes dans tous les moments où ils ont, à leur tour, besoin des marchandises, ou du travail d'une autre communauté.

« Ces abus se sont introduits par degrés ; ils sont originairement l'ouvrage de l'intérêt des particuliers qui les ont établis contre le public ; c'est après un long intervalle de temps que l'autorité, tantôt surprise, tantôt séduite par une apparence d'utilité, leur a donné une sorte de sanction.

« La source du mal est dans la faculté même, accordée aux artisans d'un même métier, de s'assembler et de se réunir en un corps.

« Il paraît que, lorsque les villes commencèrent à s'affranchir de la servitude féodale, et à se former en communes, la facilité de classer les citoyens par le moyen de leur profession introduisit cet usage inconnu jusqu'alors. Les différentes professions devinrent ainsi comme autant de communautés particulières, dont la communauté générale était composée. Les confréries religieuses, en resserrant encore les liens qui unissaient entre elles les personnes d'une même profession, leur donnèrent des occasions plus fréquentes de s'assembler, et de s'occuper, dans ces assemblées, de l'intérêt commun des membres de la société particulière, qu'elles poursuivirent avec une activité continue, au préjudice des intérêts de la société générale.

« Les communautés, une fois formées, rédigèrent des statuts, et sous différents prétextes du bien public, les firent autoriser par la police. La base de ces statuts est d'abord d'exclure du droit d'exercer le métier quiconque n'est pas membre de la communauté ; leur esprit général est de restreindre, le plus qu'il est possible, le nombre des maîtres, de rendre l'acquisition de la maîtrise d'une difficulté presque insurmontable pour tout autre que pour les enfants des maîtres actuels. C'est à ce but que sont dirigées la multiplicité des frais et des formalités de réception, les difficultés du chef-d'œuvre toujours jugé arbitrairement, surtout la cherté et la longueur inutile des apprentissages, et la servitude prolongée du compagnonnage ; institutions qui ont encore l'objet de faire jouir les maîtres gratuitement, pendant plusieurs années, du travail des aspirants.

« Les communautés s'occupèrent surtout d'écarter de leur territoire les marchandises et les ouvrages des forains : elles s'appuyèrent sur le prétendu avantage de bannir du commerce des marchandises qu'elles supposaient être mal fabriquées. Ce motif les conduisit à demander pour elles-mêmes des règlements d'un nouveau genre, tendant à prescrire la qualité des matières premières, leur emploi et leur fabrication. Ces règlements, dont l'exécution fut confiée aux officiers des communautés, donnèrent à ceux-ci une autorité qui devint un moyen, non seulement d'écarter encore plus sûrement les forains, sous prétexte de contravention, mais encore d'assujétir les maîtres mêmes de la communauté à l'empire des chefs, et de les forcer, par la crainte d'être poursuivis pour des contraventions supposées, à ne jamais séparer leur intérêt de celui de l'association, et par conséquent à se rendre complices de toutes les manœuvres inspirées par l'esprit de monopole aux principaux membres de la communauté.

« Parmi les dispositions déraisonnables et diversifiées à l'infini de ces statuts, mais toujours dictées par le plus grand intérêt des maîtres de chaque communauté, il en est qui excluent entièrement tous autres que les fils de maîtres, ou ceux qui épousent des veuves de maîtres ; d'autres rejettent tous ceux qu'ils appellent étrangers, c'est-à-dire ceux qui sont nés dans une autre ville. Dans un grand nombre de communautés, il suffit d'être marié pour être exclu de l'apprentissage, et par conséquent de la maîtrise. L'esprit de monopole qui a présidé à la confection de ces statuts a été poussé jusqu'à exclure les femmes des métiers les plus convenables à leur sexe, tels que la broderie, qu'elles ne peuvent exercer pour leur propre compte.

« Nous ne suivrons pas plus loin l'énumération des dispositions bizarres, tyranniques, contraires à l'humanité et aux bonnes mœurs, dont sont remplis ces espèces de codes obscurs, rédigés par l'avidité, adoptés sans examen, dans des temps d'ignorance, et auxquels il n'a manqué, pour être l'objet de l'indignation publique, que d'être connus.

Ces communautés parvinrent cependant à faire autoriser dans toutes les villes principales leurs statuts et leurs privilèges, quelquefois par des lettres de nos prédécesseurs, obtenues sous différents prétextes et moyennant finance, et dont on leur a fait acheter la confirmation de règne en règne, souvent par des arrêts de nos cours, quelquefois par de simples jugements de police, ou même par le seul usage.

« Enfin l'habitude prévalut de regarder ces entraves mises à l'industrie comme un droit commun. Le gouvernement s'accoutuma à se faire une ressource de finance des taxes imposées sur ces communautés et de la multiplication de leurs privilèges.

« Henri III donna, par son édit de décembre 1581, à cette institution, l'étendue et la forme d'une loi générale. Il établit les arts et métiers en corps et communautés dans toutes les villes et lieux du royaume.

« L'édit d'avril 1597 en aggrava encore les dispositions, en assujé-
tissant tous les marchands à la même loi que les artisans. L'édit de
mars 1673, purement bursal, en ordonnant l'exécution des deux précédents, a ajouté au nombre des communautés déjà existantes d'autres
communautés jusqu'alors inconnues.

« La finance a cherché de plus en plus à étendre les ressources
quelle trouvait dans l'existence de ces corps. Indépendamment des
taxes des établissements de communautés et de maîtrises nouvelles,
on a créé dans les communautés des offices sous différentes dénominations ; et on les a obligées de racheter ces offices au moyen d'emprunts qu'elles ont été autorisées à contracter, et dont elles ont payé
les intérêts avec le produit des gages ou des droits qui leur ont été
aliénés.

« C'est sans doute l'appât de ces moyens de finance qui a prolongé
l'illusion sur le préjudice immense que l'existence des communautés
cause à l'industrie, et sur l'atteinte qu'elle porte au droit naturel. Cette
illusion a été portée chez quelques personnes jusqu'au point d'avancer
que *le droit de travailler* était un *droit royal* que le prince pouvait
vendre, et que les sujets devaient acheter.

« Nous nous hâtons de rejeter une pareille maxime.

« Dieu, en donnant à l'homme des besoins, en lui rendant nécessaire la ressource du travail, a fait, du droit de travailler, la propriété
de tout homme ; et cette propriété est la première, la plus sacrée, et
la plus imprescriptible de toutes.

« Nous regardons comme un des premiers devoirs de notre justice, et comme un des actes les plus dignes de notre bienfaisance, d'affranchir nos sujets de toutes les atteintes portées à ce droit inaliénable
de l'humanité : nous voulons, en conséquence, abroger ces institutions
arbitraires, qui ne permettent pas à l'indigent de vivre de son travail,
qui repoussent un sexe à qui sa faiblesse a donné plus de besoins et
moins de ressources, et semblent, en le condamnant à une misère inévitable, seconder la séduction et la débauche ; qui éloignent l'émulation et l'industrie, et rendent inutiles les talents de ceux que les circonstances excluent de l'entrée d'une communauté ; qui privent l'état
et les arts de toutes les lumières que les étrangers y apporteraient ;

qui retardent le progrès des arts par les difficultés multipliées que rencontrent les inventeurs, auxquels les différentes communautés disputent le droit d'exécuter les découvertes qu'elles n'ont point faites ; qui, par les frais immenses que les artisans sont obligés de payer pour acquérir la faculté de travailler, par les exactions de toute espèce qu'ils essuient, par les saisies multipliées pour de prétendues contraventions, par les dépenses et les dissipations de tous genres, par les procès interminables qu'occasionnent entre toutes ces communautés leurs prétentions respectives sur l'étendue de leurs privilèges exclusifs, surchargent l'industrie d'un impôt énorme, onéreux aux sujets, sans aucun fruit pour l'état ; qui, enfin, par la facilité qu'elles donnent aux membres des communautés de se liguer entr'eux, de forcer les membres les plus pauvres à subir la loi des riches, deviennent un instrument de monopole, et favorisent des manœuvres dont l'effet est de hausser, au-dessus de leur proportion naturelle, les denrées les plus nécessaires à la subsistance du peuple.

« Nous ne serons point arrêtés dans cet acte de justice par la crainte qu'une foule d'artisans n'usent de la liberté rendue à tous pour exercer des métiers qu'ils ignorent, et que le public ne soit inondé d'ouvrages mal fabriqués ; la liberté n'a point produit ces fâcheux effets dans les lieux où elle est établie depuis longtemps. Les ouvriers des faubourgs et des autres lieux privilégiés ne travaillent pas moins bien que ceux de l'intérieur de Paris. Tout le monde sait, d'ailleurs, combien la police des jurandes, quant à ce qui concerne la perfection des ouvrages, est illusoire, et que tous les membres des communautés étant portés par l'esprit de corps à se soutenir les uns les autres, un particulier qui se plaint se voit presque toujours condamné, et se lasse de poursuivre de tribunaux en tribunaux une justice plus dispendieuse que l'objet de sa plainte. »

Le reste du préambule de l'édit s'applique à démontrer que la liberté du travail est avantageuse à toutes les classes de citoyens ; il s'occupe des dettes des communautés, et de plusieurs dispositions transitoires, exceptions, et mesures de police.

La suppression provoquée par Turgot souleva la ligue des intérêts privés. La routine ne fut pas seule à élever la voix.

Si l'on parcourt les volumes de l'*Encyclopédie méthodique*,
en la partie contenant *la Police et les Municipalités*, on y
verra de fervents apôtres du philosophisme le plus radical
s'emporter contre cette mesure comme tendant à établir l'u-
niformité du despotisme. La vraie faute du réformateur avait
été de trop négliger les précautions transitoires, et les ménagements dûs à des intérêts préexistants.

L'édit et le ministre succombèrent. Un autre édit du mois
d'août de la même année 1776, enregistré le 28 au parlement, rapporta le premier, tout en modifiant le régime ancien
par des améliorations partielles. Mais le nouvel édit n'était
pas rendu en vue de réparer le seul tort du premier, c'est-à-
dire la suppression des privilèges sans indemnité pour les anciens privilégiés; car on força les anciens maîtres, qui
avaient payé une première maîtrise, à en acheter une seconde.

Ce dernier édit remédiait à plusieurs abus, abaissait les
droits, donnait à l'industrie un peu plus de latitude en réu-
nissant ensemble plusieurs branches d'industrie analogues,
et en enfermant ainsi chacune d'elle dans un cercle un peu
moins étroit. Il aurait été un grand bienfait pour le royaume
s'il avait précédé la suppression définitive. Venu après elle,
il n'était plus qu'un pas rétrograde, qu'une déviation de la
bonne route où l'on ne se sentait pas le courage de marcher
avec assurance.

Le nouvel édit réunissait les professions industrielles de la
ville de Paris en six corps de marchands et quarante-quatre
communautés d'artisans. Les six corps étaient les suivants:
1. Drapiers-merciers; 2. Épiciers; 3. Bonnetiers, pelletiers,
chapeliers; 4. Orfèvres, batteurs d'or, tireurs d'or; 5. Fabricants d'étoffes et de gazes, tissutiers, rubanniers; 6. Marchands de vins. L'édit permettait le libre exercice de vingt

professions faisant partie des communautés supprimées. Il n'est pas inutile d'en donner la liste, afin de montrer jusqu'où le système ancien portait ses entraves :

« Bouquetières. Brossiers. Boyaudiers. Cardeurs de laine et de coton. Coiffeurs de femmes. Cordiers. Fripiers-brocanteurs, achetant et vendant dans les rues, halles et marchés, et non en place fixe. Faiseurs de fouets. Jardiniers. Linières. Filassières. Maîtres de danse. Nattiers. Oiseleurs. Patenôtriers. Bouchonniers. Pêcheurs à verge. Pêcheurs à engin. Savetiers. Tisserands. Vanniers. Vidangeurs. »

Un édit du mois de janvier 1777 réforma les anciens corps d'arts et métiers de la ville de Lyon, et les organisa en quarante et une communautés. Plusieurs édits postérieurs réorganisèrent les anciennes communautés et en créèrent de nouvelles dans le ressort des parlements de Paris, de Normandie, de Nancy, de Metz.

Les choses en étaient là lorsqu'éclata la révolution française.

SECTION II.

DES RÈGLEMENTS ET PRIVILÈGES DE FABRICATION, ET DE LA CONDITION DES INVENTEURS DANS L'ANCIEN DROIT FRANÇAIS.

Nous n'avons pas, dans la section qui précède, parlé des inventeurs; et cependant nous avons beaucoup dit déjà sur leur histoire.

Une invention change les habitudes établies; elle ne serait point invention si elle n'innovait pas.

Or, quand toutes les professions industrielles, tous les exercices de métiers, sont étroitement classés en corporations jalouses, prêtes à batailler, à grand renfort de procédures, contre le plus léger empiètement, où y a-t-il place pour les innovations des inventeurs?

J'ai parlé du classement des corporations, de la difficulté, pour les profanes, d'y avoir accès, de la nécessité, pour qui y était entré, de rester enfermé dans les limites en dedans desquelles la profession était parquée; il me reste à faire connaître une autre entrave, celle des règlements, créés par les forces combinées des corporations privées et de la puissance publique.

Un exposé, même très succinct, de la législation des règlements, nous jeterait dans d'interminables détails. Sans remonter au-delà d'une époque moderne et importante, celle de Colbert, voici une très brève analyse, et comme une table des matières, d'un recueil imprimé en 1730 à l'imprimerie royale, en 4 volumes in-4°; et contenant les règlements généraux et particuliers concernant les manufactures et fabriques du royaume. « Indépendamment de ces volumes, dit Roland ('), nous avons, sur le seul fait des manufactures, plus de mille édits, déclarations, instructions, arrêts et ordonnances. »

Le recueil de 1730 est divisé en neuf parties.

La première partie a pour titre : *Jurisdiction des manufactures.* Elle s'ouvre par un édit de 1669, portant attribution aux maires et échevins des villes, et autres faisant pareilles fonctions, de la jurisdiction et connaissance des procès et différends concernant les manufactures. Cet édit est suivi de quatorze arrêts du conseil, instructions ou déclarations, de 1669 à 1726. On y distingue un arrêt et des lettres-patentes de 1699, qui conservent jurisdiction en cette matière à l'évêché-pairie de Beauvais.

(¹) Encyclopédie méthodique *Manufactures*, *arts et métiers;* v° *Manufacture.*

La seconde partie, *Inspecteurs des manufactures,* contient vingt-quatre instructions, arrêts du conseil ou déclarations, de 1669 à 1724, sur les fonctions de ces inspecteurs, leurs privilèges, exemptions et appointements, les visites, marques, condamnations, confiscations, la police et les registres des communautés, les enquêtes de toute sorte, les entrées en douane et sorties du royaume.

La troisième partie, *Conseil et bureau du commerce,* contient, de 1700 à 1724, neuf édits, ordonnances ou arrêts du conseil.

La quatrième partie contient, de 1650 à 1726, treize règlements, édits ou arrêts sur les *Chambres de commerce* de Marseille, Dunkerque, Lyon, Lille, Rouen, Bordeaux, La Rochelle, Nantes, Saint-Malo, Bayonne, Toulouse, Montpellier; et de plus, l'édit de 1669 pour la franchise du port de Marseille, et le règlement de 1685 concernant le commerce des Échelles du Levant.

La cinquième partie, *Règlements généraux concernant les manufactures et teintures, et tout ce qui en dépend,* est divisée en cinq paragraphes.

1° Quinze ordonnances, règlements ou arrêts du conseil, de 1669 à 1723, pour les longueurs, largeurs, qualités, apprêts, marques, des draps, serges et étoffes; droits et devoirs des manufacturiers, fabricants, apprentis, ouvriers, veuves. Les détails les plus minutieux de la fabrication sont prévus dans ces règlements; toute innovation constitue une contravention sévèrement punie; ce qui est un singulier encouragement aux progrès de l'industrie. Un arrêt du conseil, du 3 décembre 1697, renouvelant des ordonnances de 1508, 1560 et 1601, défend l'usage et même la possession des presses à fer, airain et à feu, parce que cette manière de presser les draps en cache les inégalités et les défauts.

2° Arrêt du 10 août 1700, portant règlement pour la fabrique des chapeaux. Un arrêt de 1699 ne permettait que des chapeaux de pur castor et de pure laine. Le nouvel arrêt permet, moyennant des précautions déterminées, l'emploi du poil de lapin, de chameau, et d'autres poils, mais défend et punit l'emploi du poil de lièvre.

3° Deux statuts de 1667 en soixante-deux et quatre-vingt-dix-huit articles, et sept arrêts du Conseil de 1671 à 1725, pour les teinturiers, en grand et bon teint, des draps, serges et autres étoffes de laine, et pour les teinturiers en soie, laine et fil.

4° Trois instructions à l'usage tant des maîtres-gardes-jurés ou égards, que des maîtres et ouvriers, excellentes comme simples conseils, et qui, à ce titre, sont un grand et beau témoignage de l'admirable sollicitude de l'administration pour la prospérité de l'industrie nationale, mais tyranniques comme appendices à des dispositions impératives; elles concernent les matières et ingrédients servant à la teinture, leur origine, leur culture, leurs qualités, espèces, propriétés, défauts. La seconde, de 1671, ne contient pas moins de trois cent dix-sept articles.

5° Treize arrêts du Conseil de 1670 à 1725, plus, dans le supplément, cinq arrêts de 1727 à 1729, contenant règlement pour la police et le commerce des manufactures d'étoffes, la marque de ces étoffes, et pour les matières qui entrent dans leur fabrication. Les partisans du système prohibitif pourront trouver là des autorités en faveur du régime qu'ils prônent et défendent encore aujourd'hui. Voici pour les partisans des mesures de rigueur : Un arrêt du 24 décembre 1670 ordonne ce qui suit : « Les étoffes manufacturées en France, qui seront défectueuses et non conformes aux règlements, seront exposées sur un poteau de la hauteur de neuf pieds, avec un écriteau portant le nom et le surnom du marchand ou de l'ouvrier trouvé en faute ; lequel poteau, avec un carcan, sera pour cet effet incessamment posé à la diligence des procureurs ou syndics des hôtels de ville, et autres juridictions sur le fait des manufactures, et aux frais des gardes et jurés des communautés des marchands et ouvriers, devant la principale porte où les manufactures doivent être visitées et marquées, pour y demeurer les marchandises jugées défectueuses, pendant deux fois vingt-quatre heures ; lesquelles passées, elles en seront ôtées par celui qui les y aura mises, pour être ensuite coupées, déchirées, brûlées ou confisquées, suivant qu'il aura été ordonné. Et en cas de récidive, le marchand ou l'ouvrier qui seront tombés pour la seconde fois en faute sujette à confiscation, seront blâmés par les maîtres et gardes ou jurés de la profession, en pleine assemblée du corps, outre l'exposition de leurs marchandises sur le poteau en la manière ci-dessus ordonnée ; et, pour la troisième fois, mis et attachés audit carcan, avec des échantillons des marchandises sur eux confisquées, pendant deux heures. » Un arrêt subséquent, du 5 février 1671, a déclaré les mêmes peines applicables aux marchandises étrangères jugées défectueuses. Un autre arrêt du Conseil, du 30 septembre 1688, veut que les marchands qui se trouveront saisis d'étoffes défectueuses portent seuls les peines ordonnées par les règlements ci-dessus cités, sans qu'ils puissent avoir recours contre celui ou ceux qui leur auront envoyé lesdites étoffes défectueuses, et desquels ils les auront achetées.

La sixième partie comprend les *Règlements particuliers concernant les manufactures de draps d'or, d'argent et de soie*, rangés sous quatre paragraphes : Paris, Lyon, Tours et Nimes.

La septième partie comprend les *Règlements particuliers*

*concernant les manufactures de draps, serges et autres étoffes
de laine pure, ou mêlées d'autres matières; les teintures, et
le commerce desdites étoffes.* Ils sont répartis sous trente-sept
titres correspondant aux lieux divers de fabrication.

La huitième partie comprend les *Règlements particuliers
concernant la fabrique des toiles et toileries*, divisés en neuf
paragraphes.

La neuvième et dernière partie comprend les *Règlements
concernant la fabrique des bas, et autres ouvrages de bonneterie au métier.* 1° Règlements généraux contenant seize
pièces de 1672 à 1724; plus, au supplément, un arrêt du
Conseil du 27 septembre 1729. 2° Règlements particuliers
pour Paris, Rouen, Caen, la Picardie, Bordeaux, le Béarn,
et le Languedoc. 3° Établissements de la fabrique de bas au
métier dans d'autres villes du royaume.

Les plus importants de ces règlements sont de Colbert;
ils contenaient la description exacte des meilleurs procédés
de fabrication alors connus. Mais il est de l'essence des règlements, quelque bons qu'ils soient lorsqu'ils paraissent,
de ne représenter que la bonne fabrication de la veille, et de
proscrire d'avance le perfectionnement du lendemain. En
vain Colbert recommandait-il de n'interpréter les règlements
qu'avec discernement, et de laisser quelque latitude dans
l'exécution; les entraves n'en existaient pas moins avec toutes
leurs fâcheuses conséquences. Colbert, qui s'efforçait d'extirper les anciennes routines alors en possession des ateliers,
et d'y introduire des procédés meilleurs, posait lui-même,
aussi fermement qu'il le pouvait, les fondements de routines
nouvelles, qui, dans un temps donné, ne pouvaient pas manquer de se trouver en arrière des connaissances, comme les
habitudes plus anciennes dont elles-mêmes prenaient la
place.

Il en advint des règlements de Colbert comme des prétentions de ces sciences présomptueuses qui se proclament ter-
minées, et qui, à l'instant où elles tiennent ce superbe langage, vieillissent, et sont obligées de céder la place à des
systèmes plus jeunes, destinés à leur tour à éprouver un semblable sort.

Le génie d'invention ne peut pas vivre dans cette atmos-
phère de règlements, où chacune de ses découvertes constitue une contravention.

Les inventeurs trouvaient un refuge contre les règlements
dans les privilèges, qui protégeaient aussi de grandes entreprises commerciales et industrielles. Les privilèges, véritablement alors lois privées, ouvraient au progrès une issue contre
le despotisme de la loi générale. Subordonnés à l'arbitraire
et au bon plaisir, ils étaient souvent distribués capricieuse-
ment; c'était un mode d'affranchissement partiel, irrégulier,
imparfait; mais ce n'en était pas moins un affranchissement.

La législation de l'ancien régime, en ce qui concerne l'industrie, se divisait donc : d'une part, en règles et statuts de
corporations, jurandes et maîtrises, ainsi qu'en règlements
qui enchaînaient officiellement les travailleurs : d'autre part,
en privilèges spéciaux, germe de la liberté future.

En cessant de parler de Colbert, je ne veux pas omettre de
rappeler ce que chacun sait; c'est que, s'il réglementait l'industrie, il savait aussi la protéger avec munificence. Il appela d'Angleterre Hindret pour importer le métier à bas et
l'établit au château de Madrid, dans le bois de Boulogne. Il fit
venir de Hollande Van-Robais, dont il fixa la manufacture de
draps à Abbeville. « Le roi, dit Voltaire ('), avançait au manufacturier 2,000 livres par chaque métier battant, outre

---

(') *Siècle de Louis XIV;* chap. xxix.

des gratifications considérables. On compta, dans l'année
1659, 44,200 métiers en laine dans le royaume. Les manufactures de soie perfectionnées produisirent un commerce de
plus de 50 millions de ce temps-là.... Depuis l'an 1653 jusqu'en 1672, chaque année de ce ministère fut marquée par
l'établissement de quelque manufacture.... On commença,
dès 1666, à faire d'aussi belles glaces qu'à Venise qui en
avait toujours fourni toute l'Europe; et bientôt on en fit dont
la grandeur et la beauté n'ont jamais pu être imitées ailleurs.
Les tapis de Turquie et de Perse furent surpassés à la Savon-
nerie. Les tapisseries de Flandre cédèrent à celles des Gobelins. Le vaste enclos des Gobelins était rempli alors de plus
de 800 ouvriers; il y en avait 300 qu'on y logeait.... Outre
cette belle manufacture de tapisseries, on en établit une autre
à Beauvais. Le premier manufacturier eut 600 ouvriers dans
cette ville; et le roi lui fit présent de 60,000 livres. Seize cents
filles furent occupées aux ouvrages de dentelles : on fit venir
30 principales ouvrières de Venise, et 200 de Flandre; et on
leur donna 36,000 livres pour les encourager. Les fabriques
des draps de Sédan, celles des tapisseries d'Aubusson, dégé-
nérées et tombées, furent rétablies. Les riches étoffes, où la
soie se mêla avec l'or et l'argent, se fabriquèrent à Lyon, à
Tours, avec une industrie nouvelle. On sait que le ministère
acheta en Angleterre le secret de cette machine ingénieuse
avec laquelle on fait les bas dix fois plus promptement qu'à
l'aiguille. Le fer-blanc, l'acier, la belle faïence, les cuirs ma-
roquinés, qu'on avait toujours fait venir de loin, furent tra-
vaillés en France... Le roi achetait, tous les ans, pour environ
800,000 de nos livres de tous les ouvrages de goût qu'on
fabriquait dans son royaume, et il en faisait des présents. »
   Ces largesses corrigeaient les rigueurs de la législation;
les privilèges étaient un correctif d'un autre genre, quelque-

fois plus efficace. Les manufactures royales en avaient souvent de fort étendus, qui offensaient l'égalité, mais prépa-
raient la liberté. Il existait, en outre, un grand nombre
d'autres privilèges, ou généraux, ou particuliers, accordés,
soit à des personnes privées, soit à certaines localités, ou à
certains établissements.

Citons, comme exemple de privilèges généraux, des lettres-patentes du 22 décembre 1602, qui permettaient aux
personnes n'étant point reçues maîtres, et demeurant dans la
galerie du Louvre, de travailler sans être inquiétées ni empêchées par les jurés des communautés, et de former des apprentis. Le faubourg Saint-Antoine, à Paris, était en possession de franchises assez considérables. On pourrait multiplier
ces citations.

Rien ne distinguait, parmi les privilèges particuliers, ceux
de la faveur et ceux de la justice. Beaucoup d'inventeurs en
obtenaient ; beaucoup étaient écartés. Le talent, l'invention,
les services rendus n'étaient que des arguments pour la sollicitation, et pas toujours les plus puissants.

J'ai, dans mon *Traité des droits d'auteurs* ('), donné, en
une matière analogue, d'amples explications historiques sur
les anciens privilèges en librairie. Je me bornerai à indiquer
ici, par voie d'exemples seulement, et en très petit nombre,
quelques privilèges d'industrie.

Des lettres-patentes du 13 juin 1551 octroyent à Theses
Mutio, de Bologne, faculté, permission et privilège de seul,
durant l'espace de dix ans, faire ou faire faire dans le royaume
les verres, miroirs, canons et autres verreries à la façon de
Venise, et iceux exposer ou faire exposer en vente dans le
royaume, et ailleurs où bon lui semblera ; à peine, contre

(') Première partie, chap. III, pages 106 à 193.

les contrevenants, de confiscation et d'amende arbitraire.

Des lettres d'août 1597 autorisent Sarrode et Ponte à établir une manufacture de cristal à Melun, avec interdiction à tous autres d'établir aucune verrerie de cristal à Paris, ni à trente lieues à la ronde; et leur accordent les privilèges qu'ils avaient déjà à Lyon et à Nevers. La durée de ce privilège est illimitée. Le préambule contient un pompeux éloge des arts et sciences, et des hommes « poussés à rechercher, non-seulement la perfection des premières inventions, mais encore à trouver, avec plus haute contemplation, plus hautes et plus belles choses non connues à l'antiquité, pour s'acquérir par là une honorable louange. »

Dans le préambule d'un édit de 1603 établissant à Paris une manufacture d'habits de draps et toiles d'or, d'argent et de soie, une des louanges données à l'établissement des arts et manufactures, est l'espérance « de ne plus recourir à nos voisins, comme mendiants et pauvres d'invention. »

Des lettres-patentes du 30 juin 1611 accordent à Bras-de-Fer un privilège exclusif de vingt ans pour un moulin de son invention; à peine, contre les contrevenants, de confiscation et d'une amende de 10,000 livres, applicable pour moitié au roi, pour moitié à Bras-de-Fer et ses associés. Ces lettres commencent ainsi : « Notre cher et bien amé Jehan de Bras-de-Fer, écuyer, sieur de Château-Fort, nous a fait dire et remontrer que, depuis quinze à vingt ans, il aurait, avec Adam Faucheron, charpentier, et autres, employé tout son temps et bien à la recherche de plusieurs secrets et inventions encore non trouvées ni découvertes, non moins nécessaires au public que rares, pour lesquelles faire voir il aurait été mandé par plusieurs princes et seigneurs étrangers, qui en auraient eu avis, avec offres de grandes faveurs et récompenses, qu'il aurait toujours refusées, pour les donner à notre royaume sa patrie. Entre lesquelles inventions, il a trouvé, etc.... »

Dans un privilège de 20 ans accordé l'année suivante, le 10 octobre 1612, pour « une invention qui n'a point encore été pratiquée pour garder qu'il ne fume aux chambres, » on lit dans le préambule : « Nous, ayant égard que ledit Regnault-Dezanville a travaillé, en cela, pour le public, et considérant aussi les bons et agréables services qu'il nous a faits en inventions de mathématiques qu'il a trouvées tant pour la guerre que pour autres occasions. » La peine contre les contrevenants est de cent écus d'amende, applicable, la moitié au roi, et l'autre moitié au dénonciateur. Le même nom figure parmi les concessionnaires d'un privilège exclusif pour dix ans, accordé, le 22 octobre 1617, concernant l'établissement de chaises à bras dans Paris.

J'abuserais de la patience du lecteur, et je grossirais sans utilité ce volume, si je poursuivais ces citations. Ce serait un travail instructif pour l'histoire des arts que d'évaluer, du moins approximativement, le nombre des privilèges ainsi octroyés à diverses époques, et d'indiquer leur nature. Mais je ne connais aucun document qui permette de hasarder une conjecture à ce sujet.

Tout, dans ces privilèges, était variable et dépendait du bon plaisir : les motifs de leur octroi ; leur durée ; leur circonscription ; leurs clauses et conditions ; leur sanction pénale. Chacun d'eux était comme une loi à part, indépendante de toute loi générale. Le pouvoir de qui ils émanaient les étendait ou les resserrait à son gré ; il n'existait, en cette matière, ni droit commun, ni règle fixe.

La nomenclature serait longue, si, comme contre-partie des octrois de privilèges, et en témoignage de l'imperfection d'un régime tout arbitraire, on énumérait les inventions

6

utiles qui ont été rebutées, découragées, exilées, proscrites ; et il faut renoncer à parler de celles qui ont été étouffées dans leur germe, et perdues pour le monde entier. Je me bornerai à indiquer quelques faits.

Leblanc (¹) imprimait ce qui suit en 1690 : « On ne doit pas être surpris que les inventions nouvelles, quelque utiles qu'elles soient, trouvent de l'opposition lorsqu'on les veut faire recevoir dans le monde. Combien d'obstacles ne fit-on point contre la machine du balancier dont on se sert aujourd'hui pour marquer les monnaies, lorsqu'on la voulut établir ! Non-seulement les ouvriers qui fabriquaient la monnaie au marteau, mais même la Cour des monnaies, n'oublièrent rien pour la faire rejeter. Tout ce que la cabale et la malice peuvent inventer fut mis en usage pour faire échouer les desseins de Nicolas Briot, tailleur-général des monnaies, le plus habile homme en son art qui fût alors en Europe (1617). Il fit une infinité d'épreuves en présence de MM. de Châteauneuf, de Boissise et de Marillac. Et quoique Briot eût fait voir que, par le moyen de la presse, du balancier, du coupoir et du laminoir, on pouvait fabriquer les monnaies dans une plus grande perfection, avec moins de longueur et de dépense que par la voie du marteau dont on se servait depuis le commencement de la monarchie, la cabale de ses ennemis prévalut contre tout cela, et sa proposition fut rejetée. Le chagrin qu'il eut de trouver si peu de protection en France pour une chose que nous admirons aujourd'hui l'obligea de passer en Angleterre, où l'on ne manqua pas de se servir utilement de ses machines, et de faire, par son moyen, les plus belles monnaies du monde. La France serait peut-être encore privée de cette merveilleuse invention sans M. le

_____

(¹) *Traité historique des monnaies.*

chancelier Séguier. Ce grand homme, la gloire de son siècle, passant pardessus toutes les chicanes que les ouvriers de la monnaie avaient faites contre Briot, et n'ayant aucune considération pour les arrêts qu'ils avaient obtenus contre lui, en fit donner d'autres lorsqu'on voulut fabriquer les louis d'or, qui y étaient entièrement contraires, et qui établirent en France l'usage de ses machines, malgré les fortes oppositions qu'on y forma encore. On s'en est si bien trouvé dans la suite que la manière de fabriquer les monnaies au marteau fut interdite l'an 1645. »

Boufflers (¹) cite cet exemple, et en ajoute d'autres. Il s'exprime ainsi : « Il semble que ce soit pour nos inventeurs français qu'ont été faits ces vers si connus : *Sic vos non vobis*.... Le moulin à papier et à cylindre, inventé en France en 1630, fut porté en Hollande, et n'est revenu que depuis peu dans sa véritable patrie. Le métier à bas fut d'abord inventé à Nîmes; l'inventeur, contrarié en France, passa en Angleterre, où il fut magnifiquement récompensé.... Les Anglais nous doivent de même une nouvelle matrice pour la monnaie, un nouveau métier à gaze, la teinture du coton en rouge, et plusieurs autres découvertes dont les auteurs n'ont point été prophètes dans leur pays. Ne regrettons rien; réparons tout; et tâchons seulement que désormais nos abeilles ne portent plus leur miel hors de la ruche. »

M. Vital Roux (²) cite le fait suivant : « Les fabricants de Nantes et de Rennes voulurent établir des manufactures d'étoffes de laine, fil et coton : ils avaient des préparations nouvelles pour les couleurs de bon teint; mais, comme cette

---

(¹) Note 4 du *Rapport à l'assemblée constituante*.
(²) Rapport fait, en 1805, à la Chambre de Commerce de Paris, contre les jurandes et maîtrises.

innovation n'avait pas été prévue par les règlements, à peine
ces établissements furent-ils formés, que la communauté des
sergers contesta le droit de fabriquer l'étoffe, et celle des
teinturiers réclama son privilège pour la teinture. On con-
somma en procédures les capitaux destinés à des établissements utiles, et, lorsque l'arrêt fut rendu (en 1660), toutes
les ressources des entrepreneurs étaient épuisées, et il ne
leur resta que la stérile faculté de continuer des établissements qu'ils n'étaient plus en état de soutenir. Les *sergers*
et les *teinturiers* eurent la satisfaction de ruiner des concurrents très dangereux, et très probablement ils admirèrent les
avantages des règlements et des privilèges. »

M. Costaz (¹) rapporte des exemples plus récents. L'art de
vernir et d'emboutir la tôle fut trouvé en France en 1761;
mais, pour l'exploiter, il faut employer des ouvriers et des
outils appartenant à diverses professions, ce que ne put faire
l'inventeur, qui, n'étant pas riche, se trouvait hors d'état de
payer les droits exigés pour être admis dans les corporations
dont ces professions dépendaient. Il alla s'établir à l'étranger, et sa découverte ne fut rendue à la France qu'en 1793.
— Lenoir, qui a porté à un si haut degré de perfection la
fabrication des instruments de physique et de mathématiques, avait besoin d'un petit fourneau pour préparer les
métaux. Il en construisit un; mais les syndics de la corporation des fondeurs vinrent eux-mêmes le démolir, parce
qu'il n'était point membre de leur communauté. Après plusieurs tentatives inutiles pour le rétablir, il fut obligé d'obtenir du roi une autorisation qui lui fut accordée par exception extraordinaire. — Si le royaume a été si tard en possession des manufactures de toiles peintes, il faut l'attribuer aux

---

(¹) *Essai sur l'administration.*

chefs des toiliers, des merciers, des fabricants de soie de
Lyon, de Tours et de Rouen. Ils présentèrent des mémoires,
où ils disaient : « Que la fabrication des toiles peintes ruine-
« rait le royaume, et réduirait à la mendicité la population
« ouvrière; que tout était perdu, si l'administration ne s'op-
« posait à l'établissement de la nouvelle industrie, etc. »
L'administration eut, pendant plusieurs années, la faiblesse
de céder à ces sollicitations. — Lorsque Argand eut inventé
les lampes à double courant d'air, il fut obligé de plaider
contre la communauté des ferblantiers, serruriers, taillan-
diers, maréchaux-grossiers, qui forma opposition à l'enregistrement de son privilège, sur le motif que les statuts ré-
servaient aux membres de la communauté le droit de faire
des lampes, et qu'Argand n'avait pas été reçu maître. — Ré-
veillon, qui a créé en France la fabrication des papiers peints,
fut longtemps en butte aux vexations de plusieurs communautés; il ne fut délivré de ces tracasseries qu'après avoir
obtenu le titre de *manufacture royale*, privilège qui, en lui-
même, était sujet à des abus, mais qui, du moins, fournissait
les moyens d'affranchir de la tyrannie des corporations quelques hommes industrieux. »

Cependant, le droit se faisait jour, et ses progrès deve-
naient de plus en plus visibles; les littérateurs, dont la domination sur l'opinion publique allait toujours s'accroissant,
faisaient cause commune avec les inventeurs, et réclamaient
hautement justice pour les produits de l'intelligence.

Les statuts et règlements pour la fabrique de Lyon, de
1737 et du 19 juin 1744, reconnurent la propriété des dessins pour étoffes.

Une déclaration du roi, du 24 décembre 1762, introduisit,
pour la première fois, quelques règles fixes et générales
dans cette partie de la législation, qu'elle laissait cependant

des plus imparfaites. Voici le texte de cette déclaration, qui
a été, jusqu'en 1791, la loi de la matière :

« Louis, etc. — Les privilèges, en fait de commerce, qui ont pour
objet de récompenser l'industrie des inventeurs, ou d'exciter celle qui
languissait dans une concurrence sans émulation, n'ont pas toujours
le succès qu'on en peut attendre, soit parce que ces privilèges, accordés pour des temps illimités, semblent plutôt être un patrimoine héré-
ditaire qu'une récompense personnelle à l'inventeur, soit parce que le
privilège peut être souvent cédé à des personnes qui n'ont pas la capacité requise, soit enfin parce que les enfants, successeurs et ayants-
cause du privilégié, appelés par la loi à la jouissance du privilège,
négligent d'acquérir les talents nécessaires. Le défaut d'exercice de
ces privilèges peut avoir aussi d'autant plus d'inconvénients, qu'ils
gênent la liberté, sans fournir au public les ressources qu'il en doit
attendre ; enfin le défaut de publicité des titres du privilège, donne
souvent lieu au privilégié de l'étendre et de gêner abusivement l'industrie et le travail de nos sujets ;

« A ces causes, etc. — Art. 1er. Tous les privilèges, en fait de commerce, qui ont été ou seront accordés à des particuliers, soit en leur
nom seul, soit en leur nom et compagnie, pour des temps fixes et limités, seront exécutés selon leur forme et teneur, jusqu'au terme fixé
par les titres des concessions d'iceux.

« Art. 2. Tous les privilèges qui ont été ou seraient, dans la suite,
accordés indéfiniment et sans terme, seront et demeureront fixés et
réduits au terme de quinze années de jouissance, à compter du titre
de concession, sauf au privilégié à obtenir la prorogation desdits privilèges, s'il y a lieu ; n'entendons cependant rien innover à l'égard
des concessions par nous faites en toute propriété, soit en franc-aleu,
soit en fief, soit à la charge de redevances annuelles.

« Art. 3. Les privilèges illimités dans leurs titres de concession, et
fixés par le précédent article au terme de quinze années, qui se trouveront expirés dans la quatorzième ou la quinzième année de leur
exercice, au jour de la publication de la présente déclaration, seront
prorogés jusqu'au terme de trois années, à compter du jour de ladite
publication, sauf au privilégié à obtenir de nouveau une prorogation
ultérieure, s'il y a lieu.

« Art. 8. En cas de décès du privilégié pendant la durée de son privilège, ses héritiers directs ou collatéraux, légataires universels, particuliers, ou autres ayants-cause, ne pourront succéder auxdits privilèges sans avoir obtenu de nous une confirmation, après avoir justifié de leur capacité, et ce, nonobstant toutes clauses, telles qu'elles puissent être, qui pourraient se rencontrer, soit dans le titre de concession, soit dans les titres et actes postérieurs, auxquels nous avons expressément dérogé par la présente déclaration.

« Art. 6. Tous les privilèges, dont les concessionnaires ont inutilement tenté le succès, ou dont ils auront négligé l'usage et l'exercice pendant le cours d'une année, ainsi que les arrêts et lettres-patentes, brevets ou autres titres constitutifs desdits privilèges, seront et demeureront nuls et révoqués, à moins que l'exercice desdits privilèges n'eût été suspendu pour quelques causes, ou empêchement légitime, dont les privilégiés seront tenus de justifier.

« Art. 7. Et afin que lesdits privilèges soient connus de ceux qui peuvent y avoir intérêt, voulons qu'après l'enregistrement desdit privilèges dans nos cours, il soit, à la diligence de nos procureurs-généraux, envoyé copie collationnée d'iceux aux baillages dans le ressort desquels ils doivent avoir leur exécution. — Donné à Versailles, le 24 décembre 1762. — *Signé*, Louis. — Et plus bas, par le Roi, *le duc* DE CHOISEUL. »

L'année 1776 vit mourir et renaître les maîtrises et jurandes ; mais de telles renaissances ne sont pas destinées à être viables ; l'édit de Turgot était un acte trop important pour que son influence pût être anéantie par l'édit qui le rapportait.

En 1777, les règlements sur les privilèges en fait de librairie ([1]) reconnurent hautement les droits des auteurs sur leurs œuvres.

En 1778, Necker consulta, sur la législation des règlements, le commerce, les manufacturiers, les inspecteurs-généraux, les intendants du commerce. On vit alors ce qu'on

---

([1]) V. mon *Traité des droits d'auteurs*, 1re partie, chap. 3.

avait déjà vu et ce qu'on reverra, l'engouement prohibitif
saisir et aveugler par ses calculs égoïstes et par sa fausse
prudence beaucoup de fabricants : « Les députés du commerce, dit M. Vincens (¹), furent contraires à la liberté proposée ; ils votaient pour le maintien absolu des règlements...
Les fabricants de Roubaix protestaient contre la liberté, sauf
à tolérer temporairement celle des étoffes nouvelles. La manufacture de Roubaix aurait dû être plus libérale ; peu d'années auparavant, Lille avait plaidé pour empêcher sa voisine
de fabriquer, et lui avait reproché de faire de mauvaises marchandises, puisqu'elle n'avait point d'inspecteurs : sans doute,
Roubaix n'en manqua pas longtemps. Les fabricants du Mans •
appelaient le régime intermédiaire de 1779 un moyen vio-
lent. Si l'on fabrique librement, disaient-ils, comment pourra-
t-on connaître l'étendue du commerce? comment les fabricants pourront-ils faire entre eux la répartition du commerce
et de l'industrie ? »

Les avis des inspecteurs-généraux et intendants du commerce furent presque tous favorables à une réforme. L'un
d'eux, Roland de la Plâtière, alors inspecteur-général des
manufactures de Picardie, si connu depuis comme ministre
pendant la révolution, a publié son mémoire dans la partie
de l'*Encyclopédie méthodique* qui porte son nom (²). Ce mémoire de Roland a pour titre la question de savoir « s'il est
« avantageux ou nuisible au commerce de statuer, par des
« règlements, sur les objets d'industrie qui en font la base,
« ou de la laisser entièrement libre. » En voici quelques
extraits :

« .... On a voulu maîtriser l'industrie, on a compromis la fortune et

---

(¹) *Revue de législation*; 1843, p. 75.
(²) *Manufactures, arts et métiers*, au mot *Règlement*.

jusqu'à l'honneur des citoyens, d'une manière si odieuse, avec tant de
légèreté et à la fois de dureté, que la postérité pourra opposer nos
règlements aux mémoires des académies, pour prouver aussi solide-
ment, par ceux-là, la barbarie des temps qui les ont produits, qu'on
prouvera par ceux-ci l'acquit des connaissances.

« Il n'y a pas de détail de préparation dans lequel l'administration
ne soit entrée; il semble qu'elle ait mis bien plus d'importance à ces
minuties qu'aux conséquences de leur résultat. Partout elle a pris l'ouvrier par la main; elle lui a tracé la route qu'il doit suivre, et toujours
avec défense de s'en écarter sous des peines rigoureuses. A Dieu ne
plaise, cependant, qu'elle entende mieux à assortir des matières, à
doubler des fils, à les retordre, etc., que celui qui en fait son métier,
et dont l'existence dépend de la manière de le faire!....

« L'exécution des règlements entraîne nécessairement la violation
du droit d'asile : elle fournit le prétexte de fouiller dans les ateliers,
d'y tout bouleverser; de dévoiler, de s'approprier les procédés secrets
qui font quelquefois la fortune de ceux qui les exercent; de suspendre
le travail, de connaître l'état des affaires, et d'exposer le crédit des
particuliers....

« J'ai vu couper par morceaux, dans une seule matinée, 80, 90,
100 pièces d'étoffes; j'ai vu renouveler cette scène, chaque semaine,
pendant nombre d'années; j'ai vu les mêmes jours en faire confisquer
plus ou moins avec amendes plus ou moins fortes; j'ai vu en brûler en
place publique, les jours et heures de marché; j'en ai vu attacher au
carcan avec le nom du fabricant, et menacer celui-ci de l'y attacher
lui-même en cas de récidive : j'ai vu tout cela à Rouen, et tout cela
était voulu par les règlements, ou ordonné ministériellement. Et pourquoi? uniquement pour une matière inégale, ou pour un tissage irrégulier, ou pour le défaut de quelque fil en chaîne, ou pour celui de
l'application d'un nom, quoique cela provînt d'inattention, ou enfin
pour une couleur de faux teint, quoique donnée pour telle....

« J'ai vu faire des descentes chez des fabricants avec une bande de
satellites, bouleverser leurs ateliers, répandre l'effroi dans leur famille,
couper des chaînes sur le métier, les enlever, les saisir, assigner, ajourner, faire subir des interrogatoires, confisquer, amender, les sentences
affichées, et tout ce qui s'en suit, tourments, disgrâces, la honte, frais,
discrédit. Et pourquoi? pour avoir fait des pannes en laine, qu'on
faisait en Angleterre, et que les Anglais vendaient partout, même en

France; et cela parce que les règlements de France ne faisaient mention que de pannes en poil. J'en ai vu user ainsi pour avoir fait des camelots en largeurs très usitées en Angleterre, en Allemagne, d'une abondante consommation en Espagne, en Portugal et ailleurs, demandés en France, par nombre de lettres vues et connues; et cela parce que les règlements prescrivaient d'autres largeurs pour les camelots. J'ai vu tout cela à Amiens; et je pourrais citer vingt sortes d'étoffes, toutes fabriquées à l'étranger, toutes circulant dans le monde, toutes demandées en France, toutes occasionnant les mêmes scènes à leurs imitateurs...,

« J'ai vu tout cela, et bien pis; puisque la maréchaussée a été mise en campagne, et qu'il en a résulté en outre des emprisonnements, uniquement parce que des fabricants compâtissants, au lieu d'exiger que des ouvriers abandonnés des leurs et les abandonnant chaque jour ou chaque semaine vinssent de deux, trois à quatre lieues travailler en ville, leur donnaient à travailler chez eux, ouvriers pauvres, ne vivant que du travail de leurs mains, et ayant besoin de tout leur temps. J'ai vu, sentence en main, huissiers et cohorte, poursuivre à outrance, dans leur fortune et dans leurs personnes, de malheureux fabricants, pour avoir acheté leurs matières ici plutôt que là, et pour n'avoir pas satisfait à un prétendu droit créé par l'avidité, vexatoirement autorisé, perçu avec barbarie....

« Pour faire un règlement en France, il faut d'abord le demander, ensuite en proposer les articles au gouvernement; il faut consulter le commissaire départi; on consulte aussi l'inspecteur; l'intendant consulte les corps de commerce; ces consultations reviennent au commissaire départi, qui dirige son avis d'après; il le fait passer au conseil, qui renvoie le tout pour en conférer dans des bureaux établis *ad hoc*. Voilà la marche la plus courte; et il n'est guerre possible qu'il faille moins d'un an pour établir un règlement quelconque. Or, dans cet intervalle, tout est changé : les relations, les objets, les moyens, les goûts; et le règlement, qui aurait été excellent il y a un an, est détestable à présent; il deviendrait tel bientôt, quand il serait possible de le jeter en fonte, de le créer comme la lumière fut faite.

« ..... Je cherche vraiment quels règlements de fabriques il conviendrait de laisser subsister pour le bien du commerce; je les ai tous lus, j'ai longtemps médité sur cette froide et lourde compilation; j'en ai envisagé les faits et suivi les conséquences : je crois qu'on les doit tous supprimer. J'ai également cherché s'il résulterait quelqu'avantage de leur en substituer d'autres; partout, en tout, je n'ai rien vu de mieux que la liberté.... »

Les lettres-patentes données à Marli, le 5 mai 1779, registrées le 19 au parlement, firent faire un pas considérable vers l'affranchissement de l'industrie.

« Il sera désormais, dit l'article 1er, libre à tous les fabricants et manufacturiers, ou de suivre dans la fabrication de leurs étoffes telles dimensions ou combinaisons qu'ils jugeront à propos, ou de s'assujétir à l'exécution des règlements. »

Une marque devrait être apposée sur les étoffes pour distinguer les produits libres de ceux qui étaient confectionnés d'après les règlements.

L'article 12 était ainsi conçu : « Il ne sera dorénavant accordé aucun titre de *manufacture royale*, excepté pour les établissements uniques dans leur genre. Et à l'égard desdits titres ci-devant concédés, voulons que les entrepreneurs qui les ont obtenus soient tenus de rapporter en notre conseil, dans le délai de trois mois, les arrêts en vertu desquels ils en jouissent, pour être par nous déterminé l'époque à laquelle ledit privilège doit cesser; et faute par eux de se conformer aux dispositions du présent article dans le délai ci-dessus prescrit, avons dès à présent déclaré ledit titre de *manufacture royale* éteint et supprimé. »

Le tort causé aux droits et à la propriété des inventeurs par le régime réglementaire est reconnu dans le préambule des lettres-patentes, qui, toutefois, par leur article, 15, laissaient subsister les dispositions des édits relatifs aux communautés d'arts et métiers : « Nous avons remarqué que si les règlements sont utiles pour servir de frein à la cupidité mal entendue, et pour assurer la confiance publique, ces mêmes

institutions ne devaient pas s'étendre jusqu'au point de cir-
conscrire l'imagination et le génie d'un homme industrieux,
et encore moins, jusqu'à résister à la succession des modes,
et à la diversité des goûts. »

Les règlements de fabrication annoncés par les lettres-
patentes de 1779 furent promulgués successivement en 1780
et 1781. Ils sont nombreux et étendus. Beaucoup de précautions furent prises pour l'apposition des marques sur les produits réglés et non réglés, et pour les inspections et visites.

« En 1779, raconte M. Vincens (¹), j'étais, à quinze ans,
attaché... à une grande maison de manufacture qui appartenait à ma famille.... C'était à Nîmes, où nos pères avaient obtenu, vers 1750, la liberté de fabriquer, sans plus s'astreindre
aux anciens règlements : les inspecteurs avaient cessé d'exploiter le pays. Cette tolérance était tacite ; les marchandises
devaient continuer à porter le plomb de visite, mais le fabricant était autorisé à frapper lui-même l'empreinte fleurde-
lisée. Sous ce régime, l'industrie de Nîmes prospéra rapide-
ment... La ville prit un développement considérable et chan-
gea d'aspect. Vous pouvez juger si, à l'apparition de l'édit
de 1779, l'option pour le plomb *non réglé* fut unanime, si
personne s'avisa de demander qu'on retournât au *réglé*. Mais
ce plomb, gage de liberté, devait maintenant être apposé
dans un bureau public ; et je me souviens encore de l'excessive gêne que causa cette seule formalité, quand il fallut
transporter les marchandises, retarder les expéditions, compromettre la fraîcheur des apprêts. Les réclamations s'élevèrent de toutes parts ; et bientôt on reconnut l'insignifiance
de cette intervention de l'administration publique. »

Plus le temps marchait, plus les droits des inventeurs et

(¹) *Revue de législation*; 1843, p. **72**.

de l'esprit d'invention à la liberté de leur travail et à sa rémunération, apparaissaient fréquemment, non-seulement
dans les réclamations privées et sous la plume des écrivains,
mais encore dans le langage de l'administration publique.
On en pourrait citer beaucoup d'exemples.

Un arrêt du Conseil du 14 juillet 1787, assure pour quinze
ans à tous les fabricants d'étoffes du royaume, la jouissance
exclusive des dessins qu'ils ont composés ou fait composer; à
la charge par eux de faire, suivant certaines formalités prescrites, le dépôt de l'esquisse originale ou d'un échantillon. Il
est dit dans le préambule : « que l'émulation qui anime les
fabricants et dessinateurs, s'anéantirait s'ils n'étaient assurés
de recueillir les fruits de leurs travaux; que cette certitude,
d'accord avec les droits de la propriété, a maintenu, jusqu'à
présent, ce genre de fabrication, et lui a mérité la préférence
dans les pays étrangers. S. M. aurait, en conséquence, jugé
nécessaire, pour lui conserver tous ses avantages, d'étendre
aux autres manufactures de soieries de son royaume, les règlements faits en 1737 et 1744 pour celle de Lyon, sur la
copie et contrefaction des dessins; et, en donnant aux véritables inventeurs la faculté de constater à l'avenir d'une manière sûre et invariable leur propriété, d'exciter de plus en
plus les talents par une jouissance exclusive, proportionnée
dans sa durée aux frais et mérite de l'invention. »

Tout était prêt pour une réforme dans la législation sur
les inventions et découvertes d'industrie, lorsque la révolution vint précipiter toutes les réformes.

———

SECTION III.

DE LA LÉGISLATION ANGLAISE SUR LES INVENTIONS INDUSTRIELLES AVANT LES LOIS
FRANÇAISES DE 1791.

Les lois françaises de 1791 ont adopté la législation établie en Angleterre par le statut de 1623. La connaissance de ce statut, modifié depuis par plusieurs actes, importe donc à l'intelligence des origines de notre législation.

En en donnant ici le texte, nous le ferons précéder de quelques considérations, que nous abrégerons beaucoup, sur l'état de la législation industrielle de l'Angleterre, à l'époque où il fut rendu.

Le régime des corporations de commerce et d'industrie n'était pas particulier à la France; il s'étendait sur toutes les nations modernes.

Lorsque Édouard III appela en Angleterre des ouvriers flamands, pour établir des fabriques de draps fins, la cause principale qui encouragea les émigrations, fut le mécontentement excité par l'esprit de monopole des corporations de Flandre, habituées à opprimer tous les artisans qui ne faisaient point partie de leurs communautés. Ce ne fut pas sans peine qu'Édouard III parvint à protéger ses nouveaux hôtes contre l'égoïsme des corporations d'Angleterre, et contre l'aveugle nationalité du vulgaire.

De même que la France était divisée en villes *jurées* et *non-jurées*, l'Angleterre a des villes *incorporées* et d'autres qui ne le sont point. L'établissement des corporations, ainsi que les concessions de monopoles, ont longtemps été considérés comme des droits réservés à la prérogative royale.

Les corporations sont, en Angleterre, des corps politiques, capables d'acquérir et de posséder des biens réels ou personnels, et ayant des droits particuliers qui dérivent, soit de la nature et du but de leur institution, soit des concessions qui leur ont été faites par les chartres et statuts qui les ont créées. Elles sont laïques ou ecclésiastiques, spirituelles ou temporelles. Les universités, les collèges, les hôpitaux sont des corporations spirituelles. Les sociétés de commerce ou d'industrie, depuis la banque et la compagnie des Indes jusqu'à la communauté des ramoneurs, les sociétés de littérature, de sciences, de beaux-arts, la société royale, la société des antiquaires, les collèges de médecins, de chirurgiens, d'apothicaires, sont des corporations civiles. Les corporations charitables sont en grand nombre, depuis les universités d'Oxford et de Cambridge jusqu'aux moindres écoles fondées dans les paroisses, depuis l'hôpital royal de Greenwich jusqu'à la société des dispensaires et des secours à domicile d'un bourg.

Les corporations sont créées par des chartres ou lettres-patentes, revêtues du grand sceau, et, plus particulièrement, depuis la révolution, par des statuts du Parlement. Une corporation se dissout par la forfaiture de sa chartre, par le défaut d'existence de l'objet de son institution, par la négligence de ses membres à nommer leurs officiers, enfin par l'omnipotence du parlement.

L'existence des corporations n'a rien que de conforme aux principes de liberté, lorsqu'on les considère comme des êtres moraux formés par la collection de plusieurs individus qui se sont réunis librement, et qui sont entrés volontairement dans ces associations, placées sur la même ligne que la généralité des citoyens, et jouissant de tous les bénéfices du droit commun, sans aucun droit exclusif. Mais l'existence des corporations cesse d'être équitable, quand elles sont des instruments de fiscalité ou de monopole; quand on est contraint de s'y aggréger, pour exercer une industrie qui devrait être libre, ou pour user d'un droit naturel ; quand il faut, malgré soi, y enchaîner sa volonté à celle d'une majorité qui peut devenir oppressive et aux décisions de laquelle on ne s'est pas soumis spontanément.

Il existe en Angleterre des corporations de l'une et de l'autre nature.

Dans ce pays, où la crainte des innovations et la fidélité aux coutumes nationales s'allient à la nouveauté des idées et à l'audace des entreprises, il se présente, dans l'application des statuts relatifs aux corporations privilégiées, comme dans beaucoup d'autres parties de l'organisation sociale, un spectacle assez bizarre d'idées nouvelles luttant contre des lois vieillies, que l'on consent à éluder, mais que l'on ne peut se décider à détruire. Laissons parler Adam Smith (¹) :

« Le statut de la cinquième année d'Élisabeth, appelé communément *le statut des apprentis*, régla que nul ne pourrait à l'avenir exercer aucun métier, profession ou art pratiqué alors en Angleterre, à moins d'y avoir fait préalablement un apprentissage de sept ans au moins ; et ce qui n'avait été jusque-là que le statut de quelques corporations particulières, devint la loi générale et publique de l'Angleterre, pour tous les métiers établis dans les *villes de marché ;* car, quoique les termes de la loi soient très généraux et semblent renfermer sans distinction la totalité du royaume, cependant, en l'interprétant, on a limité son effet aux *villes de marché* seulement, et on a tenu que, dans les villages, une même personne pouvait exercer plusieurs métiers différents, sans avoir fait un apprentissage de sept ans pour chacun, cela étant indispensable au besoin des habitants, et n'y ayant pas

---

(¹) Liv. I, chap. X.

souvent assez de monde pour fournir autant de bras qu'il y a de métiers nécessaires.

« De plus, par une interprétation stricte des termes du statut, on en a limité l'effet aux métiers seulement qui étaient établis en Angleterre avant la cinquième année d'Élisabeth, et on ne l'a jamais étendu à ceux qui y ont été introduits depuis cette époque. Cette limitation a donné lieu à plusieurs distinctions, qui, considérées comme règlements de police, sont bien ce qu'on peut imaginer de plus absurde. Par exemple, on a décidé qu'un *ouvrier en carosses* ne pouvait faire, ni par lui-même, ni par des ouvriers employés par lui à la journée, les roues de ses carosses, mais qu'il était tenu de les acheter d'un maître *ouvrier en roues*, ce dernier métier étant pratiqué en Angleterre antérieurement à la cinquième année d'Élisabeth. Mais l'*ouvrier en roues,* sans avoir jamais fait d'apprentissage chez un *ouvrier en carosses*, peut très bien faire des carosses, soit par lui-même, soit par des ouvriers à la journée, le métier d'*ouvrier en carosses* n'étant pas compris dans le statut, parce qu'à cette époque il n'était pas pratiqué en Angleterre. Il y a, pour la même raison, un grand nombre de métiers dans les manufactures de Manchester, Birmingham et Wolverhampton, qui, n'ayant pas été exercés en Angleterre antérieurement à la cinquième année d'Élisabeth, ne sont pas compris dans le statut. »

Un acte particulier ouvre à tout individu la fabrication de la toile. Les filatures de coton, les fabrications de machines, et beaucoup d'autres branches d'industrie de la plus haute importance n'ayant pris leurs développements que postérieurement au statut d'Élisabeth, on s'est bien gardé de les asservir aux entraves de ce statut. Elles ont servi puissamment la prospérité de l'Angleterre.

La cité de Londres est soumise au régime des corporations;

l'industrie y est divisée en quarante-neuf états, qui forment autant de corporations, lesquelles jouissent à la fois de droits mercantiles, municipaux et politiques fort étendus. Parmi les plus influentes, on cite celle des marchands de poissons, des marchands de draps, des marchands de fer. Ce qui donne une extrême importance à ces corporations, auxquelles les plus grands personnages, et même les princes du sang, se font souvent aggréger, c'est qu'on ne saurait participer aux droits de la cité si l'on n'est pas membre de quelqu'une d'entre elles. La réunion de toutes les corporations forme le corps civique de Londres, *the livery*. Les droits électoraux pour les places de la commune et du Parlement sont exercés par les membres des corporations; les emplois municipaux ne sont remplis que par eux.

Malgré ces privilèges, on a remarqué que l'industrie manufacturière abandonne la cité de Londres, et qu'elle fleurit de préférence dans *South-Wark* et *Westminster*, autres quartiers où elle se trouve affranchie des entraves que les corporations établissent dans la cité. « A Birmingham (¹) (ville qui d'abord était trop peu considérable pour obtenir l'honneur d'être élevée au rang des bourgs incorporés), l'industrie, libre des entraves qu'apportent les corporations, a pris, par cela même, un essor prodigieux. Tous les habiles artisans, qui, dans les villes à privilèges, ne pouvaient obtenir la maîtrise, refluèrent dans Birmingham. Ils y trouvèrent la liberté d'exercer leur propre industrie, et la fortune qu'ils acquirent bientôt tourna toute au profit de la patrie. » Les mêmes remarques sont applicables à Manchester, Liverpool, Halifax, et à beaucoup d'autres villes de fabrique.

(¹) M. Charles Dupin. *Considérations sur quelques avantages de l'industrie et des machines en Angleterre et en France*, 1821, in-8°, pag. 26. — *Voy. aussi :* Say, *Économie politique*, liv. I, chap. XVII, § 2.

C'est ainsi qu'en France les privilèges dont le Temple et le faubourg Saint-Antoine jouissaient avant la révolution y avaient fixé la principale industrie manufacturière de la ville de Paris.

Si les corporations se sont maintenues dans quelques parties de l'Angleterre, principalement, sans doute, par respect pour la conservation des droits acquis, du moins le monopole y a-t-il été aboli formellement, presqu'en tout le reste, dès 1623, par un statut de la 21ᵉ année du règne de Jacques Iᵉʳ. Les découvertes nouvelles se trouvant nécessairement placées hors du cercle des industries expressément désignées dans les anciens statuts des corporations, le génie d'invention échappe à ces fâcheuses entraves, et n'est point retenu dans les chaînes dont les maîtrises, jurandes et règlements le chargeaient autrefois en France.

Lorsque les créations de monopole étaient abandonnées sans restriction ni limite à la prérogative royale, il arrivait souvent que les rois d'Angleterre conféraient des privilèges exclusifs, soit pour suppléer à la pénurie de leurs revenus particuliers, soit pour récompenser des serviteurs ou des favoris. Personne n'usa de cette ressource autant que la reine Élisabeth. Elle avait pour politique de ne jamais recourir au Parlement dans ses besoins d'argent, tant qu'elle pouvait se passer de lui. Le nombre des monopoles s'accrut, sous son règne, d'une manière alarmante pour la prospérité du commerce, et la nation appela une réforme à grands cris. La reine, craignant que le Parlement n'intervînt, et voulant prévenir l'échec qu'un acte de réforme aurait apporté à son autorité, prit le parti d'annuler et de révoquer elle-même celles des patentes de monopole qui étaient considérées comme les plus oppressives.

Les monopoles furent abolis par le Parlement sous Jac-

ques Ier, successeur d'Élisabeth; mais en laissant la faculté
d'autoriser les individus qui produiront des inventions nouvelles à établir des monopoles temporaires. Toute autre création de monopole est interdite à la couronne, et ne peut appartenir qu'au Parlement, qui n'a usé, à cet égard, de sa
toute-puissance que dans des cas assez rares.

Le roi Charles Ier essaya inutilement de ressusciter le régime des monopoles. Les dispositions du statut de 1623 opposèrent à ses tentatives une barrière insurmontable.

Voici ce statut, reproduit avec exactitude, et dans la prolixité de rédaction qui est de style en Angleterre pour ces
sortes d'actes et qui en rend la lecture si fatigante.

« Considérant que Votre très excellente Majesté, dans son royal jugement, et sa bénie disposition pour la prospérité et le repos de ses
sujets, a fait, en l'année de Notre Seigneur 1610, publier par tout le
royaume, et à toujours, que tous privilèges et monopoles, et ceux
d'exemption de quelques lois pénales, ou de faculté pour dispenser de
la loi, ou composer pour confiscation, sont contraires aux lois de Votre
Majesté; déclaration vraiment concordante et conforme avec les lois
anciennes et fondamentales de votre royaume ;

« Considérant qu'en outre il a plu à Votre Majesté de commander
expressément qu'aucune supplique ne lui fût adressée pour essayer
d'ébranler sa résolution sur ces matières, et que néanmoins, par mauvaises informations et faux prétextes de bien public, beaucoup de privilèges de cette nature ont été indûment obtenus, et illégalement mis
à exécution, au grand préjudice et détriment des sujets de Votre Majesté, contrairement aux lois de votre royaume, et aux royales et bénies
intentions de Votre Majesté, publiées en la manière susdite ;

« Afin d'éloigner ce mal, et d'en prévenir un semblable pour l'avenir, plaise à Votre excellente Majesté, sur l'humble requête des lords
spirituels et temporel et des communes formant le présent Parlement,
déclarer et ordonner et qu'il soit déclaré et ordonné par l'autorité de
ce présent Parlement :

« I. Que tous monopoles et toutes commissions, privilèges, licences,
chartres, et lettres-patentes précédemment donnés ou octroyés, ou qui

seraient, par la suite, donnés ou octroyés à toute personne ou toutes personnes, corps politique, ou corporations quelconques, d'acheter, vendre, fabriquer, mettre en œuvre, employer exclusivement quelque objet dans ce royaume ou dans la principauté de Galles; comme aussi pour tout autre monopole; ou pour liberté, pouvoir ou faculté de créer des dispenses, ou d'accorder licence et tolérance de faire, employer, ou exercer quelque chose contre la teneur ou le sens de quelque loi ou statut; où pour donner et faire quelqu'ordre pour semblables dispenses, licences ou tolérances; ou pour traiter et composer avec quelques autres sur quelque peine de confiscation déterminée par quelque statut; ou pour garantir et promettre exemption, profit ou avantage sur quelque confiscation, condamnation ou amende pécuniaire qui sont ou seront prononcées par quelques statuts, avant le jugement; que, pareillement, toutes proclamations, inhibitions, empêchements, ordres de main-forte, et toutes autres matières ou choses, quelles qu'elles soient, pouvant tendre à instituer, ériger, affermir, continuer ou favoriser tout ou partie de ce qui précède, sont totalement contraires aux lois de ce royaume, et ainsi sont et seront entièrement nuls et de nul effet, sans pouvoir être aucunement mis en usage et à exécution.

« II. Que tous monopoles, et toutes semblables commissions, privilèges, licences, chartres, lettres-patentes, proclamations, inhibitions, empêchements, ordres de main-forte et toutes autres matières et choses tendant aux fins susdites, ainsi que les effets et la validité de tout ou partie d'entr'eux, doivent être maintenant et seront désormais pour toujours examinés, entendus, pesés et jugés, par les dispositions et en conformité des lois communes de ce royaume, et non autrement.

« III. Que toute personne ou toutes personnes, corps politique, et corporations quelconques qui existent maintenant, ou existeront par la suite, demeureront et seront hors d'état et incapables, d'avoir, d'employer, d'exercer ou de mettre en usage aucun monopole ni semblables commissions, privilèges, licences, chartres, lettres-patentes, proclamations, inhibitions, empêchements, ordres de main-forte, ni aucune autre matière ou chose tendant aux fins susdites, ni liberté, pouvoir, ou faculté, fondés, ou prétendus fondés, sur tout ou partie d'entr'eux.

« IV. Que si une ou plusieurs personnes, dans quelque temps que ce soit après le terme de quarante jours qui suivront la présente session du Parlement, viennent à être empêchées, lésées, troublées, inquiétées dans leurs biens ou fortune, saisies, appréhendées, arrêtées,

prises, enlevées, détenues à l'occasion ou sous le prétexte d'aucun monopole, ou de quelque commission, privilège, licence, pouvoir, liberté,
faculté, lettres-patentes, proclamation, inhibition, empêchement, ordre
de main-forte, ou autre matière ou chose tendant aux fins susdites,
et si elles poursuivent le redressement des torts sus-énoncés; alors,
et dans chacun de ces cas, ladite personne ou lesdites personnes auront
et obtiendront réparation pour lesdits griefs, conformément à la loi
commune, par une ou plusieurs actions fondées sur le présent statut;
que ladite ou lesdites actions seront ouïes et jugés dans les Cours
du banc du roi, des plaids communs, et de l'échiquier, ou dans
l'une d'elles, contre celui ou ceux par lequel ou lesquels cette personne ou ces personnes auront été ainsi empêchées, lésées, troublées
ou inquiétées, ou auront été, dans leurs biens et fortunes, saisies,
appréhendées, arrêtées, prises, enlevées, détenues; qu'en conséquence
toutes et chacune personne qui auront été ainsi empêchées, lésées,
troublées, inquiétées, ou dont les biens ou fortunes auront été saisis,
appréhendés, arrêtés, pris, enlevés, détenus, obtiendront trois fois
autant que les dommages qu'elles auront éprouvés pour cause ou à
l'occasion d'avoir été ainsi empêchées, lésées, troublées, inquiétées,
et, dans leurs biens ou fortunes, appréhendées, arrêtées, prises, enlevées, détenues, avec le double des frais; et sur de pareilles demandes
ou pour les délais ou remises d'icelles, nulle excuse, défense, offre de
serment, aide, supplique, privilège, injonction, ordre d'empêchement,
ne seront en aucune manière demandés, octroyés, admis, approuvés;
et il n'y aura pas plus d'un interlocutoire. Et si une ou plusieurs personnes, après notification à elles donnée que l'action pendante est
fondée sur le présent statut, sont cause ou font qu'une action conforme
à la loi commune, fondée sur le présent statut, soit renvoyée ou remise
avant le jugement, sous le prétexte ou par le moyen de quelqu'ordre,
mandat, pouvoir ou autorité, sauf seulement ceux qui émaneraient de
la Cour où l'action serait portée et pendante, ou, après le jugement
rendu sur pareille action, sont cause ou font que l'exécution de ce jugement soit renvoyée et remise sous le prétexte ou par le moyen de
quelqu'ordre, mandat, pouvoir ou autorité, sauf seulement les cas
d'appel ou de plainte; qu'alors ladite personne ou lesdites personnes,
ainsi en faute, encourront et supporteront les peines, condamnations
et confiscations ordonnées et prévues par le statut de provision et de
præmunire passé dans la seizième année du règne de Richard II.

« V. Que, néanmoins, nulle des déclarations ci-dessus mentionnées ne s'étendra à aucune des lettres-patentes, ou concessions de privilège, pour le terme de 21 ans ou au-dessous, antérieurement délivrées, à l'effet de travailler et de faire exclusivement toute espèce de nouvelle fabrication dans ce royaume, au premier et véritable inventeur, ou inventeurs, de ces fabrications, desquelles d'autres, pendant la durée de la concession de ses lettres-patentes et privilège, n'ont pu faire usage; pourvu qu'elles ne soient point contraires à la loi, ni préjudiciables à l'état, par élévation des prix des marchandises à l'intérieur, ou détriment du commerce, ou incommodité générale; mais qu'elles auront même force qu'elles avaient ou auraient eue, si le présent acte n'avait point été passé, et nulle autre. Et si elles ont été délivrées pour plus de 21 ans, qu'alors, pour le terme de 21 ans seulement, à compter de la date des premières lettres patentes et concessions, elles conserveront même force qu'elles avaient ou auraient eue, si elles n'eussent été délivrées que pour un terme de 21 ans seulement, et comme si le présent acte n'avait jamais été fait ou passé, et nulle autre.

« VI. Que, de plus, nulle des déclarations ci-dessus mentionnées ne s'étendra à aucune des lettres-patentes et concessions de privilège pour le terme de 14 ans ou au-dessous, à délivrer ultérieurement, à l'effet de travailler et faire exclusivement toute espèce de nouvelle fabrication dans ce royaume, au premier et véritable inventeur, ou inventeurs, de ces fabrications, desquelles d'autres, pendant la durée de la concession de ces lettres-patentes et privilège, ne pourront faire usage; pourvu également qu'elles ne soient point contraires à la loi, ni préjudiciables à l'état, par élévation du prix des marchandises à l'intérieur, ou détriment du commerce, ou incommodité générale : lesdites 14 années à compter de la date des premières lettres-patentes ou concessions de ces privilèges à délivrer ultérieurement. Mais qu'elles auront même force qu'elles auraient eue si le présent acte n'avait jamais été passé, et nulle autre.

« VII. Que, de plus, le présent acte, ni rien de son contenu, ne s'étendra en aucune façon, ni ne préjudiciera, à toute concession ou privilège, faculté ou autorité quelconque antérieurement créés, octroyés, approuvés ou confirmés par quelqu'acte du Parlement maintenant en vigueur aussi longtemps que cedit acte continuera à être en vigueur. »

VIII. Cet article est relatif au maintien des pouvoirs de l'ordre judiciaire.

« IX. Que le présent acte, ni rien de son contenu, ne s'étendra en aucune façon, ni ne préjudiciera à la cité de Londres, ni à aucune cité, bourg, ville, incorporés de ce royaume, pour ou concernant aucunes concessions, chartres ou lettres patentes faites et octroyées à tout ou partie d'entr'eux, pour ou concernant une ou plusieurs coutumes en usage pour ou dans eux, ou partie d'entr'eux ; non plus qu'à aucune corporation, compagnie ou association de métier, commerce, affaires ou négoce, ni à aucunes compagnies ou sociétés de négociants dans ce royaume, établies pour le maintien, l'agrandissement, ou la conduite, de quelque commerce de marchandises ; mais que lesdites chartres, coutumes, corporations, compagnies, associations, sociétés, ainsi que leurs libertés, privilèges, facultés et immunités auront et conserveront mêmes force et effets qu'ils avaient avant la confection du présent acte ; et nuls autres ; nonobstant toutes dispositions contraires, précédemment énoncées dans le présent acte. »

Les articles suivants sont relatifs à la conservation de divers privilèges particuliers.

Le système anglais, devenu, en 1791, le système français, s'est introduit, depuis cette époque, avec des modifications diverses, dans la législation de toutes les nations civilisées. Un seul peuple, l'Amérique du Nord, avait précédé la France dans l'adoption du principe, mais ne l'a organisé que plus tard par plusieurs lois successives, dont la première est du 21 février 1793. La constitution des États-Unis du 17 septembre 1787, article 1er, section 8, § 8, a placé dans les attributions fédérales, c'est-à-dire parmi les rares matières destinées à être régies par une législation s'étendant à tous les États : « Exciter les progrès des sciences et des arts utiles, en assurant, pour des espaces de temps limités, aux auteurs et inventeurs, un droit exclusif sur leurs écrits et découvertes. »

SECTION IV.

DROIT FRANÇAIS SUR LES BREVETS D'INVENTION DE 1791 A 1844.

—

§ I. — *Loi du 7 janvier* 1791.

L'Assemblée constituante ne voulait pas seulement détruire, elle voulait aussi fonder ; et si supérieur que soit aux
forces ordinaires du génie humain l'accomplissement de
cette double mission, l'histoire, néanmoins, reconnait à cette
assemblée la gloire d'avoir fondé beaucoup.

Elle avait proclamé la liberté du commerce et de l'industrie, supprimé les corporations d'arts et métiers, les maîtrises et les jurandes : elle devait une législation aux inventeurs.

L'ancien régime ne lui offrait, sur ce point, aucune institution dont on pût tirer parti. La déclaration de 1762, seul
essai de législation générale en cette matière, ne posait aucune des bases sur lesquelles on peut asseoir le règlement de
ce droit.

Une seule nation, l'Angleterre, avait, jusqu'à cette époque,
donné aux inventions industrielles une place suffisante dans
la législation, par le statut de 1623.

L'introduction en France de la loi anglaise avait déjà été
sollicitée. La chambre de commerce de Normandie en avait
exprimé le vœu dans ses observations sur le traité de commerce entre la France et l'Angleterre, publiées en décembre 1787. La même opinion avait été émise au commencement de 1788 par les députés du commerce, et, le 13 février 1789, par les inspecteurs-généraux du commerce,

d'accord avec Barthélemy (¹), ministre plénipotentiaire du roi Louis XVI à Londres. Plusieurs des cahiers présentés aux États-Généraux, notamment celui du tiers-état de la ville de Paris, formaient également cette demande.

Une pétition en ce sens ayant été, au mois d'août 1790, adressée à l'Assemblée constituante par des artistes inventeurs, de Boufiers (²) fut chargé, au nom du comité d'agriculture et de commerce, de présenter à l'Assemblée un projet de décret; ce qu'il fit à la séance du 30 décembre 1790.

Le rapport de Boufiers, écrit spirituellement, mais entaché d'incorrection et d'emphase, est trop étendu pour être donné ici textuellement. Je me bornerai à en présenter l'analyse et à transcrire quelques passages principaux, en m'abstenant de développements critiques qui feraient double emploi avec ce que j'ai dit sur la théorie de ce droit, dans le premier chapitre de la présente partie. Mais une remarque essentielle à faire, c'est que la nécessité de reconnaître un privilège embarrasse visiblement le rapporteur; il ose à peine avouer qu'il propose un privilège, et que certains privilèges sont équitables. S'il eût ainsi abordé franchement la question, ses raisonnements auraient été plus justes; mais le projet de décret aurait bien pu ne pas être adopté.

La première question que Boufiers pose est celle-ci : « Quels sont les droits des inventeurs, et quelles obligations la société peut-elle leur imposer? » On va voir que la réponse s'appuie

---

(¹) François, marquis de Barthélemy, neveu de l'auteur d'*Anacharsis*, né à Aubagne, (Bouches-du-Rhône) le 20 octobre 1747, est mort à Paris le 3 avril 1830. Son neveu, qui a succédé à sa pairie, a été rapporteur de la loi de 1844 à la Chambre des pairs.

(²) Stanislas, chevalier, puis marquis de Boufiers, membre de l'Académie française, né à Lunéville en 1737, est mort à Paris le 18 janvier 1815.

sur une théorie excellente en quelques points, mais incomplète; car si l'on peut en déduire la conséquence, qu'au reste le rapporteur n'en a point lui-même tirée explicitement, que l'inventeur, après avoir exécuté et publié son invention, en demeure pleinement propriétaire, on se trouvera forcé de convenir que la jouissance temporaire à laquelle la société le réduit, en retour de la protection qu'elle lui accorde, exagèrerait alors jusqu'à la spoliation le prix de cette protection.

« S'il existe pour un homme une véritable propriété, c'est sa pensée; celle-là, du moins, paraît hors d'atteinte; elle est personnelle, elle est indépendante, elle est antérieure à toutes les transactions; et l'arbre qui naît dans un champ n'est pas aussi incontestablement au maître de ce champ que l'idée qui vient dans l'esprit d'un homme n'appartient à son auteur. L'invention, qui est la source des arts, est encore celle de la propriété : elle est la propriété primitive; toutes les autres ne sont que des conventions..... Tant qu'un inventeur n'a pas dit son secret, il en est le maître, et rien ne l'empêche, ou de le tenir caché, ou de fixer les conditions auxquelles il consent de le révéler. Il est libre en contractant avec la société comme la société en contractant avec lui; le contrat une fois passé, elle est engagée envers lui comme il l'est envers elle; et, tant qu'il est fidele à ses engagements, elle ne lui doit pas moins de protection dans les moyens qu'il prend pour le développement de sa nouvelle idée, qu'elle ne lui en accorderait pour l'exploitation de son patrimoine.... »

« ..... Pour que l'inventeur ne soit point troublé dans sa jouissance par des concurrents avides ou jaloux, il faut qu'il soit ouvertement protégé par la puissance publique, envers laquelle, dès-lors, il contracte deux obligations. Sa première obligation est de témoigner une confiance entière dans l'autorité protectrice, et de lui donner une connaissance exacte de l'objet pour lequel il la requiert, afin que la société sache positivement à quoi elle s'engage, et afin que, dans tous les cas, l'inventeur ait un titre clair et précis auquel il puisse recourir. La seconde obligation du citoyen protégé par la société est de s'acquitter envers elle ; ce qu'il ne peut faire qu'en partageant avec elle, de manière ou d'autre, l'utilité qu'il attend de sa découverte. Or la forme la plus naturelle de ce partage est, que le particulier jouisse, pendant un intervalle donné, sous la protection du public, et qu'après cet intervalle expiré, le public jouisse du consentement du particulier.

Cependant, comme les avantages que l'inventeur promet à la société, et qu'il se promet à lui-même, sont encore éloignés et douteux, et que la protection qu'il en réclame et la sécurité qu'il lui doit sont un bien actuel et réel, il convient qu'il dépose des arrhes entre les mains du corps social avec lequel il vient de transiger....

« Ceux qui voudraient donner à un pacte aussi raisonnable et aussi juste le nom devenu odieux de privilège exclusif, reviendraient bientôt de cette erreur et reconnaîtraient la différence immense qui existe entre la protection assurée à tout inventeur, et la prédilection accordée à tout autre privilégié.... »

La seconde question posée dans le rapport est celle-ci : « Quelle a été jusqu'à présent notre législation ? » Cette partie du rapport ne laisse pas que d'être instructive, car elle dénote toute la vivacité du sentiment public contre le régime oppressif dont on délivrait l'industrie ; mais elle abonde trop en rhétorique pour qu'il soit utile de la donner textuellement. L'orateur expose les maux causés par le fisc : « Ignorant dans le bien, habile dans le mal..., toujours enhardi par les besoins publics que ses perfides secours ne cessaient d'augmenter. » C'est surtout sur l'influence du fisc qu'il fait tomber ce reproche qu'il adresse aux corporations : « Les arts eux-mêmes... se sont montrés inquiets, jaloux, intéressés, ennemis les uns des autres; et ce beau royaume de France, où tout les appelait pour étonner l'univers, est devenu le théâtre de leurs guerres, au lieu d'être celui de leurs prodiges. » Il fait la peinture d'un inventeur présentant à un commis son mémoire, objet de tant d'espérances et fruit de tant de veilles : « On le reçoit d'un air importuné, on le parcourt d'un air distrait, on le rend d'un air dédaigneux... Si par hasard il obtenait que son affaire fût portée à l'administrateur en chef, ordinairement on lui nommait des commis-

saires, c'est-à-dire une censure pour donner et motiver un
avis sur la chose proposée. » Quels étaient ces censeurs?
Les mieux choisis étaient des savants, quelquefois partie au
procès ; pas toujours justes, car l'étude a peine à croire à
l'inspiration. « Quelquefois les censeurs étaient des agents
du fisc, attachés par état, et comme par religion, à l'intolé-
rance administrative; quelquefois c'étaient des membres de
ces corporations exclusives d'arts et métiers, qui, dans toute
nouveauté, voient le germe d'une concurrence dangereuse,
et qui regardent un inventeur comme un ennemi qu'il faut
étouffer en naissant. » Après un pathétique tableau des mi-
sères de l'inventeur repoussé, l'orateur passe à ceux qui,
« plus heureux ou plus adroits, se présentaient avec des attestations souvent équivoques, avec des recommandations souvent mendiées, et recevaient une récompense arbitraire pour
un mérite encore incertain. » Il s'élève ensuite contre le système qui consiste à acheter en herbes les moissons du génie :

« Protégez-le et ne le payez point; en ne le protégeant pas, vous
lui refuseriez ce qui lui est dû; en le payant, vous lui donneriez autre
chose que ce qui lui est dû : en un mot, point de marché; car ce
marché sera libre ou forcé; s'il est forcé, vous êtes tyrans; s'il est libre,
vous êtes téméraires. Dans cet étrange marché, qui sera l'appréciateur?
Sera-ce le gouvernement qui achète, ou l'inventeur qui vend? Et dans
tous les cas, où est l'acheteur assez riche pour payer un homme ce
qu'il s'estime? Où est l'homme assez modeste pour ne s'estimer que
ce qu'il vaut? Où est l'expert en état de les mettre d'accord? »

Ici le rapporteur, en s'entourant de ménagements ora-
toires, réfute de nouveau les partisans de la liberté indéfinie,
qui, défendant le mot contre la chose, voient dans la loi proposée un privilège attentatoire à la liberté. Puis il combat
encore le système de transactions entre l'inventeur et le gouvernement, avec ou sans essais préalables, et sauf à laisser à

l'administration la faculté d'accorder des encouragements.

Voici la troisième question : « Quelle est la législation des autres nations, et quels sont les effets différents des législations différentes? » Cette partie est consacrée à exposer la législation anglaise et à en conseiller l'adoption : « Sur ce point tous les peuples de l'Europe sont encore plus ou moins éloignés de connaître leurs vrais intérêts; un seul a vu la lumière, un seul a pris sur les autres les avantages des clairvoyants sur les aveugles. » S'emparant, en faveur de l'adoption de loi anglaise, d'un exemple alors fort à la mode, celui des Américains, il termine ainsi son rapport, qui finirait fort bien, si la dernière phrase était supprimée :

« Ils n'ont point eu ces vains scrupules, ces fiers et sages Américains, ces dignes amis de toute liberté, qui, dans leur nouvelle constitution, ont adopté la législation de l'industrie anglaise, comme le plus sûr moyen d'assurer aussi l'affranchissement et la prospérité de leur industrie. Eh quoi! cette manie d'imitation, dont nous avons été trop souvent et trop justement accusés, ne portera-t-elle jamais que sur des objets frivoles, et s'arrêtera-t-elle au moment où l'imitation devient raisonnable? Tout adopter est d'un enfant; tout rejeter est d'un insensé.—La sagesse ennoblit l'imitation même; celui qui n'imite qu'après avoir examiné se rend indépendant de ses modèles et ne les suivrait point dans leurs erreurs; il ne suit personne, il marche à la perfection; et, comme disait un ancien, s'il est l'ami de Platon, il l'est encore plus de la vérité. »

Le projet de décret fut adopté, après une courte discussion, dans la séance même du 30 décembre 1790, où le rapport avait été entendu. Il fut sanctionné par le roi le 7 janvier 1791.

Voici le texte de cette loi. J'ai placé en note les articles du projet modifiés dans la rédaction définitive. Pour faciliter les recherches, j'indique, à la suite de chaque article, tant de cette loi que de chacune des lois suivantes, l'article correspondant de la loi de 1844.

Loi du 7 janvier 1791, relative aux découvertes utiles et aux moyens d'en assurer la propriété aux auteurs.

Louis, etc.

L'assemblée nationale, considérant que toute idée nouvelle, dont la manifestation ou le développement peut devenir utile à la société, appartient primativement à celui qui l'a conçue, et que ce serait attaquer les *droits de l'homme* dans leur essence, que de ne pas regarder une *découverte industrielle* comme la propriété de son auteur;

Considérant, en même temps, combien le défaut d'une déclaration positive et authentique de cette vérité peut avoir contribué jusqu'à présent à décourager l'industrie française, en occasionnant l'émigration de plusieurs artistes distingués, et en faisant passer à l'étranger un grand nombre d'inventions nouvelles, dont cet Empire aurait dû tirer les premiers avantages;

Considérant, enfin, que tous les principes de justice, d'ordre public et d'intérêt national, lui commandent impérieusement de fixer désormais l'opinion des citoyens français sur ce genre de propriété, par une loi qui la consacre et qui la protège;

Décrète ce qui suit :

Art. 1er. Toute découverte ou nouvelle invention, dans tous les genres d'industrie, est la propriété de son auteur; en conséquence, la loi lui en garantit la pleine et entière jouissance, suivant le mode et pour le temps qui seront ci-après déterminés.—Loi de 1844; 1.

2 (¹). Tout moyen d'ajouter à quelque fabrication que ce puisse être un nouveau genre de perfection, sera regardé comme une invention. —2.

3. Quiconque apportera le premier, en France, une découverte étrangère, jouira des mêmes avantages que s'il en était l'inventeur. — 29; 31.

4. Celui qui voudra conserver ou s'assurer une propriété industrielle du genre de celles énoncées aux précédents articles, sera tenu :

(¹) *Article du projet.* II. Tout moyen inconnu d'ajouter, à quelque genre d'industrie que ce puisse être, un nouveau degré de perfection, sera regardé comme une invention.

1° De s'adresser au secrétariat du directoire de son département, et d'y déclarer, par écrit, si l'objet qu'il présente est d'invention, de perfection ou seulement d'importation;

2° De déposer sous cachet une description exacte des principes, moyens et procédés qui constituent la découverte, ainsi que les plans, coupes, dessins et modèles qui pourraient y être relatifs, pour ledit paquet être ouvert au moment où l'inventeur recevra son titre de propriété.—5.

5. Quant aux objets d'une utilité générale, mais d'une exécution trop simple et d'une imitation trop facile pour établir aucune spéculation commerciale, et, dans tous les cas, lorsque l'inventeur aimera mieux traiter directement avec le Gouvernement, il lui sera libre de s'adresser, soit aux assemblées administratives, soit au Corps législatif, s'il y a lieu, pour confier sa découverte, en démontrer les avantages, et solliciter une récompense.

6. Lorsqu'un inventeur aura préféré aux avantages personnels, assurés par la loi, l'honneur de faire jouir sur-le-champ la nation des fruits de sa découverte ou invention, et lorsqu'il prouvera, par la notoriété publique et par des attestations légales, que cette découverte ou invention est d'une véritable utilité, il pourra lui être accordé une récompense, sur les fonds destinés aux encouragements de l'industrie.

7. Afin d'assurer à tout inventeur la propriété et la jouissance temporaire de son invention, il lui sera délivré un *titre* ou *patente*, selon la forme indiquée dans le règlement qui sera dressé pour l'exécution du présent décret.—1.

8. Les patentes seront données pour cinq, dix ou quinze années, au choix de l'inventeur; mais ce dernier terme ne pourra jamais être prolongé sans un décret particulier du Corps Législatif.—4; 15.

9. L'exercice des patentes accordées pour une découverte importée d'un pays étranger ne pourra s'étendre au-delà du terme fixé, dans ce pays, à l'exercice du premier inventeur.—29.

10. Les patentes expédiées en parchemin, et scellées du sceau national, seront enregistrées dans les secrétariats des directoires de tous les départements du royaume; et il suffira, pour les obtenir, de s'adresser à ces directoires, qui se chargeront de les procurer à l'inventeur.

Cet article a été remplacé ainsi qu'il suit par décret du 14 mai 1791 sanctionné le 25 :

« 10. L'inventeur sera tenu, pour obtenir lesdites patentes, de
« s'adresser au directoire de son département, qui en requerra l'expé-
« dition. La patente envoyée à ce directoire y sera enregistrée ; et il
« en sera, en même temps, donné avis par le ministre de l'intérieur au
« directoire des autres départements. »—9 ; 14.

11 (¹). Il sera libre à tout citoyen d'aller consulter, au secrétariat de
son département, le catalogue des inventions nouvelles ; il sera libre,
de même, à tout citoyen domicilié de consulter, au dépôt général établi à cet effet, les *spécifications* des différentes patentes actuellement
en exercice ; cependant les *descriptions* ne seront point communi-
quées dans le cas où l'inventeur, ayant jugé que des raisons politiques
ou commerciales exigent le secret de sa découverte, se serait présenté
au Corps Législatif, pour lui exposer ses motifs, et en aurait obtenu
un décret particulier sur cet objet.

Dans le cas où il sera déclaré qu'une description demeurera secrète,
il sera nommé des commissaires pour veiller à l'exactitude de la description, d'après la vue des moyens et procédés, sans que l'auteur
cesse, pour cela, d'être responsable, par la suite, de cette exactitude.
—23.

12 (²). Le propriétaire d'une patente jouira privativement de l'exercice et des fruits des découverte, invention ou perfection pour lesquelles ladite patente aura été obtenue ; en conséquence il pourra, « *en
« donnant bonne et suffisante caution, requérir la saisie des objets
« contrefaits et* » traduire les contrefacteurs devant les tribunaux ; lors-

---

(¹) *Article du projet*. XI. Il sera libre à tout citoyen d'aller consulter, au
greffe de son département, le catalogue des inventions nouvelles ; mais si quelque inventeur juge que, pour des raisons politiques ou commerciales, sa découverte exige le secret, il sera tenu de se présenter au Corps législatif pour exposer les motifs sur lesquels il se fonde, afin d'obtenir un décret particulier sur
cet objet.

(²) *Article du projet*. XII. Le propriétaire d'une patente jouira privativement
de l'exercice des découverte, invention, perfection, pour lesquelles ladite patente aura été obtenue ; en conséquence il pourra, sous sa caution, requérir la
saisie des objets contrefaits et traduire les contrefacteurs devant les tribunaux ;
et les contrefacteurs, lorsqu'ils seront convaincus, seront condamnés, en sus de
la confiscation, à six mille livres d'amende, à verser dans la caisse des pauvres
du district où la contravention aura eu lieu ; et au double en cas de récidive ;
sauf aux tribunaux à prononcer sur les dommages-intérêts, relativement à l'importance de la contrefaçon.

que les contrefacteurs seront convaincus, ils seront condamnés, en sus de la confiscation, à payer à l'inventeur des dommages-intérêts proportionnés à l'importance de la contrefaçon, et, en outre, à verser dans la caisse des pauvres du district une amende fixée au quart du montant desdits dommages-intérêts, sans toutefois que ladite amende puisse excéder la somme de trois mille livres, et au double en cas de récidive. —1; 40 à 49.

Les mots en italiques ont été retranchés par décret du 14 mai 1791, sanctionné le 25.

13 (¹). Dans le cas où la dénonciation pour contrefaçon , « *d'après laquelle la saisie aurait eu lieu,* » se trouverait dénuée de preuves, l'inventeur sera condamné envers sa partie adverse à des dommages et intérêts proportionnés au trouble et au préjudice qu'elle aura pu en éprouver, et en outre à verser dans la caisse des pauvres du district une amende fixée au quart du montant desdits dommages et intérêts, sans toutefois que ladite amende puisse excéder la somme de trois mille livres, et au double en cas de récidive. — 48.

Les mots en italique ont été retranchés par décret du 14 mai, sanctionné le 25.

14 (²). Tout propriétaire de patente aura droit de former des établissements dans toute l'étendue du royaume, et même d'autoriser d'autres particuliers à faire l'application et l'usage de ses moyens et procédés; et, dans tous les cas, il pourra disposer de sa patente comme d'une propriété mobiliaire. — 20.

15. A l'expiration de chaque patente, la découverte ou invention devant appartenir à la société, la description en sera rendue publique, et

---

(1) *Article du projet.* XIII. Dans le cas où la dénonciation pour contrefaçon, d'après laquelle la saisie aurait eu lieu, se trouverait dénuée de preuves, l'inventeur serait condamné aux mêmes peines pécuniaires qui auraient été infligées au contrefacteur, avec cette différence que, dans le cas de fausse accusation, l'amende, au lieu d'être appliquée aux pauvres du district, sera tout entière au profit de l'accusé.

(²) A la place de la dernière partie de cet article on lit dans l'article XIV du projet :

Il pourra ainsi engager, céder, vendre, transporter, donner ou léguer sa patente à qui bon lui semblera, par un acte pardevant notaires, sans que sa famille ou ses héritiers puissent rien y prétendre, à moins qu'il ne soit mort sans avoir fait de dispositions à cet égard; dans ce cas, la patente sera regardée comme propriété mobiliaire.

l'usage en deviendra permis dans tout le royaume, afin que tout citoyen puisse librement l'exercer et en jouir ; à moins qu'un décret du
Corps Législatif n'ait prorogé l'exercice de la patente, ou n'en ait ordonné le secret, dans les cas prévus par l'article 11. — 24; 26.

16. La description de la découverte énoncée dans une patente sera
de même rendue publique, et l'usage des moyens et procédés relatifs
à cette découverte sera aussi déclaré libre dans tout le royaume, lorsque le propriétaire de la patente en sera déchu, ce qui n'aura lieu que
dans les cas ci-après déterminés. — 39.

1° (¹) Tout inventeur convaincu d'avoir, en donnant sa description,
recélé ses véritables moyens d'exécution, sera déchu de sa patente.—
30-5° et 6°.

2° (²) Tout inventeur convaincu de s'être servi, dans sa fabrication, de moyens secrets qui n'auraient point été détaillés dans sa description, ou dont il n'aurait pas donné sa déclaration pour les faire
ajouter à ceux énoncés dans sa description, sera déchu de sa patente.
— 30-5° et 6°.

3° Tout inventeur, ou se disant tel, qui sera convaincu d'avoir obtenu une patente pour des découvertes déjà consignées et décrites
dans des ouvrages imprimés et publiés (³), sera déchu de sa patente.
— 30-1°; 31.

4° (⁴) Tout inventeur qui, dans l'espace de deux ans, à compter de
la date de sa patente, n'aura point mis sa découverte en activité, et
qui n'aura point justifié les raisons de son inaction, sera déchu de sa
patente. — 32-2°.

5° Tout inventeur qui, après avoir obtenu une patente en France,
sera convaincu d'en avoir pris une pour le même objet en pays étranger, sera déchu de sa patente. — 32-3°.

6° Enfin, tout acquéreur du droit d'exercer une découverte énoncée
dans une patente, sera soumis aux mêmes obligations que l'inventeur;

(¹) *Article XVI du projet.* 1° Tout inventeur convaincu d'avoir donné une description insuffisante, et d'après laquelle on ne pourrait exécuter son invention,
sera déchu de sa patente.

(²) Le projet ne contenait pas ces mots : *ou dont il n'aurait pas donné sa déclaration pour les faire ajouter à ceux énoncés dans sa description.*

(³) Le projet disait : *imprimés et publiés* en langue européenne.

(⁴) Le projet ne contenait pas ces mots : *et qui n'aura point justifié les raisons
de son inaction.*

et, s'il y contrevient, la patente sera révoquée, la découverte publiée, et l'usage en deviendra libre dans tout le royaume.

17. N'entend l'Assemblée nationale porter aucune atteinte aux privilèges exclusifs ci-devant accordés pour *inventions et découvertes*, lorsque toutes les formes légales auront été observées pour ces privilèges, lesquels auront leur plein et entier effet ; et seront, au surplus, les possesseurs de ces anciens privilèges, assujétis aux dispositions du présent décret.

(¹) Les autres privilèges, fondés sur de simples arrêts du Conseil, ou sur des lettres-patentes non enregistrées, seront convertis sans frais en *patentes*, mais seulement pour le temps qui leur reste à courir, en justifiant que lesdits privilèges ont été obtenus pour découvertes et inventions du genre de celles énoncées aux précédents articles.

Pourront les propriétaires desdits anciens privilèges enregistrés, et de ceux convertis en patentes, en disposer à leur gré, conformément à l'article 14.

18. Le comité d'agriculture et de commerce, réuni au comité des impositions (²), présentera à l'Assemblée nationale un projet de règlement qui fixera les taxes des patentes d'inventeurs, suivant la durée de leur exercice, et qui embrassera tous les détails relatifs à l'exécution des divers articles contenus au présent décret.

———

§ II. — *Loi du 25 mai* 1791.

La loi du 7 janvier 1791 devait être suivie d'un règlement d'exécution, ainsi qu'elle l'avait prévu et ordonné par son article 18. Une seconde loi était donc nécessaire, car le pouvoir réglementaire n'était exercé, à cette époque, que par le législateur lui-même.

(¹) *Article XVII du projet, paragraphe second.* Les autres privilèges d'inventions, fondés sur de simples arrêts du Conseil, ou sur des lettres patentes non vérifiées, seront convertis en nouvelles patentes, afin que ceux qui les ont obtenus en jouissent pour le temps qui leur reste à courir; et alors les propriétaires de ces nouveaux privilèges, ainsi que des anciens, pourront en disposer à leur gré, conformément à l'article 14.

(²) Le projet ne contenait pas ces mots : *réuni au comité des impositions.*

On lit ce qui suit dans une pétition des artistes inventeurs, du 2 avril 1791, imprimée dans plusieurs recueils :

« Animés du désir de faire tourner promptement la loi du 7 janvier au plus grand avantage de l'industrie, des artistes citoyens se hâtèrent de se réunir sous le nom de : *Société nationale des inventions et découvertes*. Cette société s'empressa d'offrir à l'Assemblée nationale l'hommage de sa vive gratitude par une adresse où elle exposait le but de ses travaux, et qui fut lue à la barre le mardi soir, 8 février. M. de Mirabeau, alors président, fit à cette députation la réponse suivante : « Les découvertes de l'industrie et des arts étaient une propriété avant que l'Assemblée nationale l'eût déclaré ; mais le despotisme avait tout enchaîné, jusqu'à la pensée. Il est des inventions que, sans doute, l'amour de l'humanité publiera sans en faire une source d'intérêts particuliers, mais ce sacrifice sera du moins volontaire, et la reconnaissance publique deviendra pour leurs auteurs une véritable propriété. Une société consacrée à favoriser les découvertes acquitte une dette de la société entière ; l'art de créer le génie n'est peut-être que l'art de le seconder ; et la société des inventions est déjà une invention d'autant plus utile qu'elle deviendra la source de beaucoup d'autres. L'Assemblée nationale applaudit à vos vues, et vous invite à assister à la séance. »

Un décret du 2 mars, sanctionné le 17, avait supprimé les maîtrises et jurandes, et établi les patentes.

Les comités firent distribuer, le 19 mars, leur projet divisé en trois titres. Il fut mis à l'ordre du jour du 29, et ce jour-là le premier titre fut adopté en masse et sans discussion, avec un seul amendement.

Le 30 mars, des discussions s'élevèrent sur le second titre. On demanda l'ajournement. On voulut remettre en question la loi du 7 janvier, à laquelle on reprocha d'avoir été votée précipitamment, et sans une attention suffisante. On décida que la discussion du reste du projet aurait lieu article par article ; et le lendemain, 31 mars, les six premiers articles du second titre furent décrétés, avec un article additionnel destiné à calmer les craintes de Rœderer et autres qui objectaient que les brevets pourraient fournir un prétexte d'échapper au payement des patentes de négoce que l'on venait de créer.

Le 7 avril, jour auquel la discussion avait été ajournée, on adopta d'abord l'article 5 du titre 2 et les articles 8 à 16 du même titre. Le rapporteur fit lecture de l'article 1er du titre 3, portant que le directoire des brevets d'invention sera placé à Paris dans un édifice national, où les archives et les bureaux seront établis. Le *Moniteur* du 9 indique sommairement, ainsi qu'il suit, le débat qui s'éleva :

« *M. Prieur*. La surveillance de ce directoire sera nulle ; ses fonctions ne serviront qu'à faire naître un privilège fatal au commerce ; je demande qu'on passe à l'ordre du jour, et même qu'on ordonne le rapport de tous les articles décrétés. —*M. Folleville*. J'appuie cette proposition d'autant plus que, depuis que les visites domiciliaires sont impossibles, cette institution devient inutile , ou ne servira qu'à faire naître des procès. — *M. Dionis*. Il me semble, en effet, que le projet du comité manque dans un point essentiel, et le voici : Si le directoire des brevets n'était établi que pour recevoir de l'argent, il n'y aurait point d'inconvénients ; s'il était juge arbitraire des découvertes, il serait le destructeur de l'industrie ; si, comme le propose le comité, il ne peut refuser les brevets, cet établissement donne lieu à une foule d'inconvénients : chaque charlatan , chaque imposteur s'appropriera des privilèges exclusifs, et de là une foule de contestations· Que faut-il donc ? C'est un contradicteur. Autrefois le lieutenant de police convoquait la communauté du métier auquel était relatif le brevet qu'on demandait. Il faut un moyen quelconque. Je demande que tous les articles relatifs à cette distribution de brevets soient renvoyés au comité. »

Voici comment le procès-verbal rend compte de la décision qui suivit ce débat : « La discussion a été ajournée de nouveau, avec ordre au comité d'agriculture et de commerce de présenter un moyen d'exécution plus simple, et en même temps de modifier deux dispositions du titre 2, dont l'une, dans l'article 10, accorde la provision au breveté en cas de contestation, et l'autre, dans l'article 11, a paru entraîner les visites domiciliaires. »

La discussion fut reprise et terminée le 14 mai. Les articles 10, 12 et 13 de la loi du 7 janvier furent modifiés et remplacés par une rédaction nouvelle. On adopta la nouvelle rédaction proposée par les comités d'impositions et d'agriculture pour les articles 10 et 11 du titre 2 du projet en discussion, ainsi que l'article unique qui remplaçait la totalité du titre 3 du projet. On adopta également les trois modèles qui ont été annexés à la loi et le tarif. Le décret a été sanctionné par le roi le 25 mai 1791.

Dans le cours de cette discussion, Bouflers, au nom du comité d'agriculture et du commerce, fit, aux objections élevées contre la loi du 7 janvier, une réponse qui fut imprimée par ordre de l'assemblée, et qui est comme un second rapport sur cette loi. Il est, à mon avis, fort supérieur au premier, et par le style plus naturel et plus ferme, et par la discussion plus directe et plus complète.

Après avoir écarté le reproche de précipitation, le rapporteur présente des considérations générales sur la protection due au génie d'invention, et rappelle l'explication qu'il a donnée sur le contrat entre la société et l'inventeur. Il continue ainsi :

« Après avoir introduit l'auteur de l'invention devant la société

rassemblée, faisons paraître, à son tour, l'auteur de la perfection.
« Vous venez, dirait-il, d'accueillir la proposition de cet inventeur, et
vous avez pensé, et je pense comme vous, que son invention peut être
utile ; mais il en pouvait tirer plus de parti, comme il me serait facile
de le prouver par une nouvelle idée qui s'accorde parfaitement avec
la sienne, et qui lui donne encore plus de mérite ; assurez-moi donc
la même protection qu'à lui, et tous les deux, ensemble ou séparément,
nous travaillerons pour votre utilité. Que risquez-vous ? Rien. Que ris-
que-t-il ? Rien. Car, ou je me trompe, et alors vous vous en tiendrez
à son idée ; ou j'ai raison, et alors vous adopterez mon idée avec la
sienne. Je lui laisse ce qui est à lui ; laissez-moi ce qui est à moi. »
Cherchons un exemple, et remontons par la pensée à la première enfance du plus beau de tous les arts, de la navigation. Supposons qu'un
homme vienne d'inventer la coque du navire, que peu après un autre
a inventé la rame, un autre le gouvernail, un autre la voile, etc. Il est
clair que chacun de ces hommes a pu faire un traité particulier avec la
société, et se faire assurer une propriété particulière ; il est clair qu'une
nouvelle perfection est aussi distincte de l'invention première que le
navire et le gouvernail ; il est clair, enfin, qu'on a mis cent fois plus
d'esprit à confondre ces deux choses qu'il ne fallait de bon sens pour
les distinguer.

« On abandonne le principe, et l'on en vient aux conséquences.
Cette loi, dit-on, sera dangereuse par sa facilité. Et où sont donc ces
dangers ? Est-ce que les plus grandes inepties seraient admises sans
examen ? Oui ; mais aussi elles seraient rejetées sans scrupule, et alors
elles tourneraient au détriment de leur auteur. Mais, dira-t-on, pourquoi jamais de contradicteurs ? Mais, dirai-je à mon tour, pourquoi
toujours des contradicteurs ? Le contradicteur que vous demandez est
absolument contraire à l'esprit de la loi ; l'esprit de la loi est d'abandonner l'homme à son propre examen, et de ne point appeler le jugement d'autrui sur ce qui pourrait bien être impossible à juger. Souvent ce qui est inventé est seulement conçu et n'est point encore né ;
laissez-le naître, laissez-le paraître, et puis vous le jugerez. Vous voulez un contradicteur : je vous en offre deux, dont l'un est plus éclairé
que vous ne pensez, et l'autre est infaillible : l'intérêt et l'expérience.
Me direz-vous que la loi ne doit rien faire qu'après un examen approfondi ? Cela est vrai pour les récompenses et les punitions qu'elle as-
signe à tel ou tel individu, mais non point pour la protection qu'elle

accorde indistinctement à tous les êtres qui la réclament... Enfin, quels étaient donc ces contradicteurs si regrettés ?.....

« On vous a dit que tous les agents de l'industrie ordinaire étaient effrayés d'avance des suites d'une loi qui va leur susciter de dangereux concurrents. J'ai peine à supposer que cette partie de nos concitoyens, au lieu de chercher dans leurs professions respectives la perfection de l'art et l'avantage de la patrie, se livre à des terreurs si contraires à toute espèce de bien public ; et, dans tous les cas, ceux d'entre eux qui seraient capables de les concevoir mériteraient que, pour eux du moins, elles fussent réalisées.... Faut-il s'arrêter pour l'intérêt de ceux qui restent derrière?

« Vous croyez, nous dit un autre, allumer le flambeau des arts, et ce sera celui de l'envie. Il me semble qu'il y a deux sortes d'envie : l'une utile et l'autre nuisible, l'émulation et la jalousie ; l'une est le sentiment de ses forces, et l'autre celui de sa faiblesse ; l'une excite l'homme à s'élever, s'il le peut, au-dessus des autres ; l'autre le porte à rabaisser les autres, s'il le peut, à son niveau. Voyez, dans la guerre que vous annoncez entre les inventeurs et les agents de l'industrie ordinaire, de quel côté serait l'émulation, de quel côté la jalousie.....

« J'aperçois ici, comme en beaucoup d'autres occasions, l'intérêt des vendeurs en opposition avec celui des acheteurs, l'intérêt des riches en opposition avec celui des pauvres, l'intérêt du petit nombre en opposition avec le grand nombre. Mais est-ce donc un si grand mal que le public puisse opter entre la supériorité des nouvelles fabrications et le bon marché des anciennes? Est-ce un si grand mal que le pauvre ouvrier soit plus sûr d'avoir du travail ? Est-ce un si grand mal que ce travail soit un peu mieux payé?.....

« On fait une autre difficulté : on suppose qu'un homme a mis en lumière une idée jusqu'alors inconnue, et d'une telle influence et d'une telle utilité, que sur-le-champ elle prévaut sur tout ce qui l'avait précédée, en sorte que l'usage en devient soudainement indispensable et général. Voilà, dit-on, une branche de l'industrie nationale..... tout entière à la disposition d'un seul homme ! Mais observez qu'elle y était encore bien davantage avant que cet homme l'eût procurée à la nation ; car, à présent du moins, vous la connaissez et vous la possédez ; au lieu qu'auparavant il dépendait de lui de la faire connaître ou de la tenir cachée, de la produire chez vous ou ailleurs. Ne lui enviez point un avantage que vous lui devez, que vous n'auriez peut-être jamais connu sans lui, et que, sans lui, sûrement, vous n'auriez point connu aussitôt; un avantage auquel il vous associe, et qui est bien moins pour lui que pour vous; un avantage dont il ne jouit qu'en partie et pour un temps, et qu'il va bientôt vous laisser en entier et pour toujours; enfin, ne disputez point à votre bienfaiteur une part de son bienfait...

« Cet homme, dira-t-on, peut n'avoir fait qu'une simple importation... Vaut-il mieux pour une nation avoir plus tôt les découvertes et les payer davantage, que de les attendre plus longtemps pour en jouir à meilleur marché? Eh quoi! faudrait-il donc payer d'avance l'espoir très incertain d'acheter un jour à meilleur marché ces produits d'une nouvelle découverte, par des années de non jouissance, par des années de stagnation, par des années de dépendance envers l'industrie d'une autre nation? Il me semble entendre demander, en d'autres termes, lequel vaut mieux d'ignorer ou de savoir, de ne rien faire ou de travailler, d'acheter ou de vendre, d'attendre ou de jouir. C'est sans doute une grande différence d'avoir à meilleur compte ou chèrement ce qui se fabrique sur notre terrain; mais c'en est une plus grande encore de fabriquer chez nous, ou de nous pourvoir ailleurs, et c'en est une incommensurable que de vouloir fournir à l'étranger ou d'être forcé à lui acheter... Si une nation pouvait supputer tout ce qu'elle gagne à posséder la première une invention utile, et tout ce qu'elle gagne à se l'approprier le plus tôt possible, elle conviendrait sans peine qu'en ce genre, comme en beaucoup d'autres, la patience est le plus mauvais calcul.....

« Vous craignez les procès, et vous nous rappelez ceux dont les tribunaux ont retenti sur ces matières avant que la loi eût parlé. Mais pensez-vous à tous les encouragements qui existaient alors pour la chicane, et qui désormais n'existeront plus?.... Faites que l'industrie soit active et florissante; faites qu'il n'y ait point de bras oisifs dans le royaume; faites que chacun, occupé de ses affaires, ne se mêle point de celles d'autrui; faites qu'il y ait plus de profit à travailler qu'à plaider et vous diminuerez le nombre des procès. Ne vous laissez donc pas égarer par une crainte qui deviendrait d'autant plus dangereuse que le motif en est plus respectable, et songez que ces disputes particulières, aisées à éclaircir, aisées à terminer, iront pour la plupart s'éteindre au tribunal paternel du juge de paix : craignez, en cherchant à les prévenir de trop loin, de les trancher au désavantage de la nation ; et pour éviter quelques procès d'ouvrier, ne faites pas perdre le grand procès de l'industrie nationale contre l'industrie étrangère.

« Enfin, et voici, je l'avouerai, de toutes les raisons contraires, celle qui m'a fait le plus d'impression. Pourquoi des privilèges exclusifs, nous dit-on ? Est-ce que la liberté ne suffit point ? Sans m'arrêter à l'intention qui, dans cette circonstance, fait employer l'expression de privilège exclusif de préférence à d'autres qui seraient tout aussi justes et moins odieuses, je crois que l'on peut, et même que l'on doit, distinguer le privilège en offensif et défensif.... L'un est une véritable invasion, l'autre une simple garantie.... Vous dites que la liberté suffit; nous le disons comme vous. Mais comment suffit-elle ? C'est en admettant tout ce qui ne lui est pas contraire. La liberté suffit, mais avec la propriété ; et la propriété de l'inventeur est son invention....

« Vous ne l'ignorez point ; au moment où elle a été rendue, cette loi qu'on vous propose d'oublier, elle a retenti jusqu'aux extrémités de l'Europe ; et tous les arts ont cru entendre une proclamation universelle qui les rappelait de leur sommeil ou de leur exil. Aussitôt, parmi nos concitoyens, une foule d'hommes habiles en tous genres ont repris un nouveau courage et même un nouvel être ; ils se sont dit à eux-mêmes qu'enfin ils allaient être récompensés par leurs propres travaux, que même ils seraient honorés, mais surtout qu'ils seraient utiles. Cet espoir leur suffisait ; et tandis que, de tous côtés, ils vous bénissent, tandis qu'ils s'agitent, qu'ils se préparent, qu'ils se mettent à l'œuvre, et qu'ils s'efforcent de hâter les destinées qui leur sont promises, une foule d'hommes utiles, attirés des états voisins et des contrées lointaines, sont prêts à se fixer dans la patrie des talents, et à l'enrichir de leur ingénieux tribut. Quelques uns peut-être ont eu trop de confiance dans leurs forces ; le temps nous en instruira. Mais faudra-t-il tous les accuser de trop de confiance en vos décrets ?...... »

Voici le texte de la loi du 25 mai 1791 :

Loi du 25 mai 1791 portant règlement sur la propriété des auteurs d'inventions et découvertes en tout genre d'industrie.

TITRE PREMIER. — (*Décrété le 29 mars.*)

Art. 1er. En conformité des trois premiers articles de la loi du 7 janvier 1791, relative aux nouvelles découvertes et inventions en tout genre d'industrie, il sera délivré sur une simple requête au Roi, et

sans examen préalable, des *patentes nationales*, sous la dénomination
de *brevets d'invention* (dont le modèle est annexé au présent règlement sous le nᵒ 2) à toutes personnes qui voudront exécuter ou faire
exécuter dans le royaume des objets d'industrie jusqu'alors inconnus.
— L. de 1844; 1.

2. Il sera établi à Paris, conformément à l'article 11 de la loi, sous la
surveillance et l'autorité du ministre de l'intérieur, chargé de délivrer
lesdits brevets, un dépôt général sous le nom de *Directoire des brevets d'invention*, où ces brevets seront expédiés ensuite des formalités préalables, et selon le mode ci-après déterminé. — 11.

3. Le directoire des brevets d'invention expédiera lesdits brevets
sur les demandes qui lui parviendront des secrétariats des départements. Ces demandes contiendront le nom du demandeur, sa proposition et sa requête au Roi; il y sera joint un paquet, renfermant la
description exacte de tous les moyens qu'on se propose d'employer, et
à ce paquet seront ajoutés les dessins, modèles et autres pièces jugées
nécessaires pour l'explication de l'énoncé de la demande; le tout avec
la signature et sous le cachet du demandeur. Au dos de l'enveloppe de
ce paquet sera inscrit un procès-verbal (dans la forme jointe au présent règlement sous le nᵒ 1ᵉʳ) signé par le secrétaire du département
et par le demandeur, auquel il sera délivré un double dudit procès-
verbal, afin de constater l'objet de la demande, la remise des pièces,
la date du dépôt, l'acquit de la taxe, ou la soumission de la payer
suivant le prix et dans le délai qui seront fixés au présent règlement.
— 5 à 14.

4. Les directoires des départements, non plus que le directoire des
brevets d'invention, ne recevront aucune demande qui contienne plus
d'un objet principal, avec les objets de détail qui pourront y être
relatifs. — 6.

5. Les directoires des départements seront tenus d'adresser au directoire des brevets d'invention les paquets des demandeurs, revêtus
des formes ci-dessus prescrites, dans la semaine même où la demande
aura été présentée. — 9.

6. A l'arrivée de la dépêche du secrétariat du département au directoire des brevets d'invention, le procès-verbal inscrit au dos du paquet sera enregistré; le paquet sera ouvert, et le brevet sera sur-le-
champ dressé d'après le modèle annexé au présent règlement (sous le
nᵒ 2). Ce brevet renfermera une copie exacte de la description, ainsi

que des dessins et modèles annexés au procès-verbal ; ensuite de quoi ledit brevet sera scellé et renvoyé au département, sous le cachet du directoire des brevets d'invention. Il sera en même temps adressé à tous les tribunaux et départements du royaume une *proclamation du Roi,* relative au brevet d'invention, et dans la forme ci-jointe (no 5), et ces proclamations seront enregistrées par ordre de date, et affichées dans lesdits tribunaux et départements.— 10 ; 14.

7. Les descriptions des objets dont le Corps-Législatif, dans les cas prévus par l'article 11 de la loi du 7 janvier, aura ordonné le secret, seront ouvertes et inscrites par numéros au directoire des inventions, dans un registre particulier, en présence de commissaires nommés à cet effet, conformément audit article de la loi ; ensuite ces descriptions seront cachetées de nouveau, et procès-verbal en sera dressé par lesdits commissaires. Le décret qui aura ordonné de les tenir secrètes sera transcrit au dos du paquet, il en sera fait mention dans la proclamation du Roi, et le paquet demeurera cacheté jusqu'à la fin de l'exercice du brevet, à moins qu'un décret du Corps-Législatif n'en ordonne l'ouverture.

8. Les prolongations des brevets qui, dans des cas très rares et pour des raisons majeures, pourront être accordées par le Corps-Législatif, seulement pendant la durée de la législature, seront enregistrées dans un registre particulier au directoire des inventions, qui sera tenu de donner connaissance de cet enregistrement aux différents départements et tribunaux du royaume. — 15.

9. Les arrêts du Conseil, lettres-patentes, mémoires descriptifs, tous documents et pièces relatifs à des priviléges d'invention, ci-devant accordés pour des objets d'industrie, dans quelque dépôt public qu'ils se trouvent, seront réunis incessamment au directoire des brevets d'invention.

10. Les frais de l'établissement ne seront point à la charge du trésor public ; ils seront pris uniquement sur le produit de la taxe des brevets d'invention, et le surplus employé à l'avantage de l'industrie nationale (¹).

_____

(¹) Cet article ne se trouvait pas dans le projet présenté par les comités. Il a été ajouté par amendement de Lanjuinais.

TITRE II. — (*Articles 1 à 8 décrétés le 31 mars.*)

1 (¹). Celui qui voudra obtenir un brevet d'invention sera tenu, conformément à l'article 4 de la loi du 7 janvier, de s'adresser au secrétariat du directoire de son département, pour y remettre sa requête au Roi, avec la description de ses moyens, ainsi que les dessins et modèles relatifs à l'objet de sa demande, conformément à l'article 5 du titre 1ᵉʳ; il y joindra un état fait double et signé par lui de toutes les pièces contenues dans le paquet; un de ces doubles devra être renvoyé au secrétariat du département par le directeur des brevets d'invention, qui se chargera de toutes les pièces par son récépissé au pied dudit état. — 5.

2. Le demandeur aura le droit, avant de signer le procès-verbal, de se faire donner communication du catalogue de tous les objets pour lesquels il aura été expédié des brevets, afin de juger s'il doit ou non persister dans sa demande. — 23; 24; 25.

5. Le demandeur sera tenu, conformément à l'article 5 du titre 1ᵉʳ, d'acquitter, au secrétariat du département, la taxe du brevet, suivant le tarif annexé au présent règlement (sous le nᵒ 4); mais il lui sera libre de ne payer que la moitié de cette taxe, en présentant sa requête, et de déposer sa soumission d'acquitter le reste de la somme dans le délai de six mois. — 4.

4. Si la soumission du breveté n'est point remplie au terme prescrit, le brevet qui lui aura été délivré sera de nul effet; l'exercice de son droit deviendra libre, et il en sera donné avis à tous les départements par le directoire des brevets d'invention. — 4; 52-1ᵒ.

5 (²). Toute personne pourvue d'un brevet d'invention sera tenue d'acquitter, en sus de la taxe dudit brevet, la taxe des patentes annuelles imposées à toutes les professions d'arts et métiers par la loi du 17 mars 1791.

(¹) La fin de cet article, depuis les mots : *il y joindra, etc.*, ne se trouvait pas dans le projet, et a été ajoutée dans la discussion.

(²) Cet article ne se trouvait pas dans le projet. Il a été ajouté par amendement sur la proposition de Rœderer et Pétion, et adopté, le 31 mars, en ces termes : « Tout propriétaire de brevet d'invention sera soumis au droit de patente annuel, établi par la loi du 2 mars pour l'exercice de toute profession d'arts et métiers. » La rédaction actuelle a été adoptée, le 7 avril, sur la proposition des comités.

6. Tout propriétaire de brevet qui voudra faire des changements à l'objet énoncé dans sa première demande, sera obligé d'en faire sa déclaration, et de remettre la description de ses nouveaux moyens au secrétariat du département, dans la forme et de la manière prescrites par l'article 1er du présent titre, et il sera observé, à cet égard, les mêmes formalités entre les directoires des départements et celui des brevets d'invention. — 16.

7. Si ce breveté ne veut jouir privativement de l'exercice de ses nouveaux moyens que pendant la durée de son brevet, il lui sera expédié, par le directoire des brevets d'invention, un certificat dans lequel sa nouvelle déclaration sera mentionnée, ainsi que la remise du paquet contenant la description de ses nouveaux moyens.

Il lui sera aussi libre de prendre successivement de nouveaux brevets pour lesdits changements, à mesure qu'il en voudra faire, ou de les faire réunir dans un seul brevet, quand il les présentera collectivement.

Ces nouveaux brevets seront expédiés de la même manière et dans les mêmes formes que les brevets d'invention, et ils auront les mêmes effets. — 16 ; 17.

(*La fin de ce titre, depuis l'article 8, a été décrétée le 7 avril, sauf les articles 10 et 11.*)

8. Si quelque personne annonce un moyen de perfection pour une invention déjà brevetée, elle obtiendra, sur sa demande, un brevet pour l'exercice privatif dudit moyen de perfection, sans qu'il lui soit permis, sous aucun prétexte, d'exécuter ou de faire exécuter l'invention principale, et réciproquement, sans que l'inventeur puisse faire exécuter par lui-même le nouveau moyen de perfection.

Ne seront point mis au rang des *perfections industrielles*, les changements de formes ou de proportions, non plus que les ornements, de quelque genre que ce puisse être. — 18 ; 19.

9. Tout concessionnaire de brevet obtenu pour un objet que les tribunaux auront jugé contraire aux lois du royaume, à la sûreté publique, ou aux règlements de police, sera déchu de son droit, sans pouvoir prétendre d'indemnité, sauf au ministère public à prendre, suivant l'importance du cas, telles conclusions qu'il appartiendra. — 50-4°.

10. (¹) Lorsque le propriétaire d'un brevet sera troublé dans l'exercice de son droit privatif, il se pourvoira, dans les formes prescrites pour les autres procédures civiles, devant le juge-de-paix, pour faire condamner le contrefacteur aux peines prononcées par la loi. — 40.

11. (¹) Le juge-de-paix entendra les parties et leurs témoins, ordonnera les vérifications qui pourront être nécessaires, et le jugement qu'il prononcera sera exécuté provisoirement, nonobstant l'appel. — 46.

12. Dans le cas où une saisie juridique n'aurait pu faire découvrir aucun objet fabriqué ou débité en fraude, le dénonciateur supportera les peines énoncées dans l'art. 15 de la loi, à moins qu'il ne légitime sa dénonciation par des preuves légales, auquel cas il sera exempt desdites peines, sans pouvoir néanmoins prétendre aucuns dommages-intérêts. — 48; 49.

13. Il sera procédé de même en cas de contestation entre deux brevetés pour le même objet; si la ressemblance est déclarée absolue, le brevet de date antérieure demeurera seul valide; s'il y a dissemblance en quelques parties, le brevet de date postérieure pourra être converti, sans payer de taxe, en brevet de perfection, pour les moyens qui ne seraient point énoncés dans le brevet de date antérieure.

14. Le propriétaire d'un brevet pourra contracter telle société qu'il lui plaira pour l'exercice de son droit, en se conformant aux usages du commerce; mais il lui sera interdit d'établir son entreprise par *actions*, à peine de déchéance de l'exercice de son brevet.

15. Lorsque le propriétaire d'un brevet aura cédé son droit, en tout ou en partie (ce qu'il ne pourra faire que par un acte notarié), les deux parties contractantes seront tenues, à peine de nullité, de faire enre-

---

(¹) *Articles* 10 *et* 11 *du projet:* « Art. X. En cas de contestation juridique entre un breveté et un prévenu de contrefaction, le breveté continuera d'exercer privativement jusqu'à jugement définitif.

« Art. XI. Toute personne pourvue d'un brevet d'invention pourra, en donnant bonne et suffisante caution, requérir, conformément à l'article XII de la loi, la saisie des contrefactions totales ou partielles des objets spécifiés dans son brevet. Les contraventions de ce genre seront constatées et poursuivies dans les formes prescrites pour les procédures civiles, et devant les tribunaux de district du lieu où la saisie aura été faite. »

Ces deux articles ayant été renvoyés aux comités dans la séance du 7 avril, la rédaction actuelle a été proposée par les comités, le 14 mai, et adoptée le même jour.

gistrer ce transport (suivant le modèle sous le numéro 3) au secrétariat de leurs départements respectifs, lesquels en informeront aussitôt le directoire des brevets d'invention, afin que celui-ci en instruise les autres départements. — 20; 21; 22.

16. En exécution de l'article 17 de la loi du 7 janvier, tous les possesseurs de privilèges exclusifs, maintenus par ledit article, seront tenus, dans le délai de six mois après la publication du présent règlement, de faire enregistrer au directoire d'invention les titres de leurs privilèges, et d'y déposer les descriptions des objets privilegiés, conformément à l'article 1er du présent titre; le tout à peine de déchéance.

TITRE III. — (*Décrété le 14 mai*).

1. L'Assemblée nationale renvoie au Ministre de l'intérieur les mesures à prendre pour l'exécution du règlement sur la loi des brevets d'invention; et le charge de présenter incessamment à l'Assemblée les dispositions qu'il jugera nécessaires pour assurer cette partie du service public.

A cette loi sont annexés trois modèles inutiles à rapporter ici : 1° d'un procès-verbal de dépôt; 2° de brevet d'invention; 3° d'enregistrement d'un transport de brevet; et 4° un tarif qu'on va lire. A la suite de la loi sont placées les modifications aux articles 10, 12 et 13 de celle du 7 janvier.

Tarif des droits à payer au directoire d'invention. (*décrété le 14 mai.*) — L. de 1844; 4; 7; 11; 16; 20; 22.

Taxe d'un brevet pour cinq ans	300 liv.
Taxe d'un brevet pour dix ans	800
Taxe d'un brevet pour quinze ans	1300
Droit d'expédition des brevets.	30
Certificat de perfectionnement, changement et addition.	24
Droit de prolongation d'un brevet	600
Enregistrement du brevet de prolongation. . . .	12
Enregistrement d'une cession de brevet, en totalité ou en partie	18
Pour la recherche et la communication d'une description.	12

Tarif des droits à payer au secrétariat du département.

Pour le procès-verbal de remise d'une description, ou

9

—

§ III.— *Loi du 20 septembre 1792, relative aux brevets d'invention délivrés pour des établissements de finance.*

Après la promulgation des lois de 1791, les hommes à projets imaginèrent de faire breveter des plans financiers de toutes sortes. Le premier brevet de ce genre fut pris le 22 août 1791, par Lafarge et Mitouflet pour leur célèbre tontine. On fit breveter des tarifs pour le remboursement des droits féodaux, des caisses de crédit, des caisses hypothécaires, des banques, des bureaux d'échange, de contrôle, de garantie pour les assignats. Quatorze brevets de ce genre ([1]) avaient été délivrés lorsque le législateur jugea qu'au milieu des angoisses publiques causées par le désordre des finances et les convulsions du papier-monnaie, son intervention était nécessaire pour prévenir le débordement des plans financiers brevetés. Le 20 septembre 1792, l'assemblée législative, qui devait, le lendemain, tenir sa dernière séance, décréta, sur la proposition de Baignoux, l'abolition de ces brevets, et les interdit pour l'avenir. C'est au *Bulletin des lois* le dernier acte de cette assemblée.

De cette loi est résultée, sinon une dérogation formelle au principe de délivrance des brevets par le gouvernement sans examen préalable, du moins un examen préjudiciel de la demande que la loi de 1844 a également consacré.

([1]) Voir le 1er volume de la *Description des brevets expirés*; in-4°.

L'Assemblée nationale, considérant que les brevets d'invention qui sont autorisés par la loi du 7 janvier 1791 ne peuvent être accordés qu'aux auteurs de toute découverte ou nouvelle invention dans tous les genres d'industrie, seulement relatifs aux arts et métiers; que les brevets d'invention qui pourraient être délivrés pour des établissements de finances deviendraient dangereux, et qu'il est important de prendre des mesures pour arrêter l'effet de ceux qui ont été déjà délivrés, ou qui pourraient l'être par la suite; — Décrète qu'il y a urgence.

L'Assemblée nationale, après avoir décrété l'urgence, décrète que le pouvoir exécutif ne pourra plus accorder de brevets d'invention aux établissements relatifs aux finances, et supprime l'effet de ceux qui auraient été accordés. — L. de 1844; 3; 30-2°.

—

§ IV. — *Projet de résolution du Conseil des Cinq-cents.*

La constitution de l'an III, après avoir, dans ses articles 355 et 356, proclamé la liberté du commerce et la prohibition des privilèges, maîtrises et jurandes, disait, par l'article 357 : « L aloi doit pourvoir à la récompense des inventeurs, « ou au maintien de la propriété exclusive de leurs décou- « vertes ou de leurs productions. » Cette confirmation constitutionnelle du principe des lois de 1791 ne le sauva pas des attaques.

Le 14 pluviôse an VI, 2 février 1798, Eude (¹) présenta au Conseil des Cinq-cents un projet de résolution au nom d'une commission dont les autres membres étaient : Hardy, Cabanis, Andrieux et Bonnaire. Voici comment ce rapport indique l'occasion et le but de ce projet :

« Avant le 18 fructidor, un orateur éleva à cette tribune des doutes sur la légitimité de ces sortes de brevets; il mit

---

(¹) Eude (Jean-François), né à Pont-Audemer, le 20 juin 1759, est mort, premier président de la Cour royale de Rouen, le 7 septembre 1841.

en question le point de savoir s'ils n'étaient point contraires
à la constitution et à la liberté. Cette question fut renvoyée
à l'examen d'une commission qui s'est trouvée dissoute sans
avoir présenté son travail; celle qui la remplaça, et dont je
suis l'organe, n'aura pas de grands efforts à faire pour lever à
vos yeux la difficulté; car elle est prévue par la constitution
même. »

Le projet de résolution, en 14 articles, supprimait le directoire des brevets d'invention. « Il a jusqu'à présent, disait
le rapport, rendu si peu de services qu'il y a lieu de douter
qu'il ait jamais été organisé ;..... et il ne faut pas le confondre
avec le Conservatoire des arts et métiers,..... établissement
très intéressant à maintenir. » Le projet donnait au directoire exécutif le droit d'accorder les brevets et de les révoquer;
il organisait un jury spécial d'examen préalable, sur l'avis
duquel les demandes de brevets seraient admises ou refusées;
il supprimait la communication des descriptions, plans et
dessins, et en commandait le secret pendant toute la durée
du brevet; il rétablissait les dispositions sur la saisie retran-
chées de la loi du 7 janvier à la suite de la loi du 25 mai; et
contenait quelques autres dispositions accessoires.

Ce projet bouleversait les lois de 1791. Bailleul publia de
courtes observations pour les défendre. La commission se
livra à un examen plus approfondi, reçut des mémoires et
observations, entendit un grand nombre de personnes; et le
12 fructidor an VI, 29 août 1798, elle fit, par l'organe du
même rapporteur, un second rapport qui était comme la rétractation du premier, et présenta un autre projet de résolution, où les deux principes fondamentaux, de délivrance des
brevets sans examen préalable et de libre communication
des descriptions, étaient pleinement respectés.

Cette rétractation solennelle honore la commission et le

rapporteur. Elle est une autorité très puissante en faveur des deux principes rétablis, dans toute leur force, par ceux-là même qui, à une première vue, les avaient méconnus et détruits. Molard, dans le premier volume de la *Description officielle des brevets*, et les recueils qui ont reproduit les pièces par lui imprimées, donnent le premier rapport et le premier projet, et ne disent pas un mot des seconds, sur lesquels *Le Moniteur* garde également le silence. Il est indispensable de signaler cette omission; le crédit de notre législation spéciale y est intéressé; car on voit par là que deux de ses principes essentiels, loin d'avoir été ébranlés, ont reçu, au contraire, une confirmation éclatante par suite des atteintes mêmes qu'on avait voulu leur porter.

Je regrette de ne pas donner ici le second rapport de Eude, où les vrais principes de la matière sont très bien exposés. Mais il est fort étendu; et je dois éviter les longueurs et les redites. Je ne reproduis même pas le texte du second projet, que j'ai donné dans ma première édition. La survenance d'une loi nouvelle lui a ôté de l'intérêt; car il est resté à l'état de simple projet et n'a pas été discuté publiquement. Qu'il me suffise d'avoir insisté sur son existence, et marqué la place qu'il doit occuper dans un exposé historique de notre législation sur les brevets.

———

§ V. — *Arrêté du 17 vendémiaire an VII* (8 octobre 1798), *du Directoire exécutif, qui ordonne la publication de plusieurs brevets d'invention dont la durée est expirée.*

Le Directoire exécutif, sur le rapport du ministre de l'intérieur ;

Considérant qu'aux termes de l'article 15 de la loi du 7 janvier 1791, relative aux découvertes utiles et aux moyens d'en assurer la propriété à leurs auteurs, tout brevet d'invention obtenu pour une découverte industrielle doit être publié à l'expiration du terme fixé pour sa durée, et que les procédés qui en sont l'objet deviennent d'un usage libre et permis dans toute la république;

Que l'établissement des brevets d'invention remonte au 25 mai 1791, et que plusieurs de ceux expédiés depuis cette époque ont atteint le terme prescrit à leur durée, et doivent être publiés conformément à la loi;

Qu'il importe de rendre cette publication aussi utile qu'elle peut l'être aux progrès des arts et à l'instruction publique;

Arrête ce qui suit;

Art. 1er. — Les brevets d'invention expédiés depuis la loi du 25 mai 1791, et qui ont atteint le terme prescrit à leur durée, seront incessamment publiés par les soins du ministre de l'intérieur. L'usage des procédés industriels qu'ils ont pour objet est déclaré libre et permis dans toute la république. — L. de 1844; 24; 29.

2. Les originaux desdits objets seront déposés au Conservatoire des arts et métiers, pour y avoir recours au besoin. Le ministre chargera les membres du Conservatoire de faire imprimer les descriptions et graver les dessins nécessaires pour leur intelligence, et il adressera des exemplaires de chaque brevet, ainsi publié, aux administrations centrales de département. — 25; 26.

3. La dépense qu'exigera cette publication sera prise sur le produit de la taxe des brevets, et subsidiairement sur les fonds généraux destinés à l'encouragement des arts.

4. Le directoire exécutif, en conformité de la loi, déclare expirés, et dans le cas de la publication à la date du présent arrêté, les brevets suivants:

(*Suit l'énonciation de quatorze brevets*).

Le présent arrêté sera inséré au *Bulletin des Lois.*

———

§ VI. — *Arrêté du 5 vendémiaire an IX (27 septembre 1800), relatif au mode de délivrance des brevets d'invention.*

Le principe de non examen préalable a eu le sort d'être toujours combattu et de toujours sortir victorieux du combat. C'est encore à son occasion que l'arrêté de l'an IX a été rendu. Voici dans quelles circonstances.

Des spéculateurs, voulant exploiter un phénomène d'acous-
tique au moyen duquel des réponses étaient adressées à des
questions faites à voix basse, sans que l'on vît la personne
qui répondait, avaient requis un *brevet d'invention pour une
femme invisible.* Lucien Bonaparte, alors ministre de l'intérieur, présenta ce brevet, avec beaucoup d'autres, à la signature du premier Consul. Celui-ci jeta le papier sous la table,
trouvant fort mauvais qu'on lui fît signer des billevesées. Le
Ministre fit ses efforts pour lui démontrer que la législation
ordonnait de délivrer les brevets sans examen préalable, et
quelqu'inutile, quelqu'absurde même, que leur objet pût
être. Sur cette explication, le Consul posa les trois questions
suivantes : « 1ʳᵉ s'il ne serait pas possible d'adopter un mode
« d'exécution qui suppléât à la signature du premier Consul;
« 2ᵉ si on doit accorder des brevets d'invention pour des
« sujets qui paraissent minutieux; 3ᵉ s'il n'y aurait pas un
« mode d'expédition de brevet qui préviendrait : 1° les contes-
« tations sur le fait de la priorité d'invention ou d'importa-
« tion; 2° l'abus que peuvent faire les brevetés de leur titre
« en le faisant considérer comme un certificat et une attes-
« tation favorable du gouvernement, et en induisant, de cette
« manière, en erreur les personnes qui ignorent que les
« brevets sont accordés sans examen préalable. » Ces questions furent adressées aux bureaux consultatifs des arts et du
commerce réunis; et c'est sur leur rapport, du 4 messidor
an VIII, qu'a été pris l'arrêté des Consuls du 5 vendémiaire
an IX. Je tiens cette anecdote de Molard, rédacteur du rapport.

Les Consuls de la République, le Conseil d'État entendu, arrêtent :

Art. 1ᵉʳ. A compter de ce jour, le certificat de demande d'un brevet
d'invention sera délivré par le ministre de l'intérieur; et les brevets
seront ensuite délivrés, tous les trois mois, par le premier Consul, et

promulgués dans le *Bulletin des Lois*. — L. de 1844; 11, 14.

2. Pour prévenir l'abus que les brevetés peuvent faire de leurs titres, il sera inséré, par annotation, au bas de chaque expédition, la déclaration suivante :

> « Le gouvernement, en accordant un brevet d'invention
> « sans examen préalable, n'entend garantir en aucune ma-
> « nière, ni la priorité, ni le mérite, ni le succès d'une inven-
> « tion. » — 33.

5. Le ministre de l'intérieur est chargé de l'exécution du présent arrêté, qui sera inséré au *Bulletin des lois.*

———

§ VII. — *Décret impérial qui abroge une disposition de la loi du 25 mai* 1791 *sur la propriété des auteurs de découvertes.*

Au quartier impérial de Berlin, le 25 novembre 1806.

Napoléon, etc. Sur le rapport de notre Ministre de l'intérieur, notre Conseil d'État entendu, etc.

Art. 1er. La disposition de l'article 14 du titre 2 de la loi du 25 mai 1791, portant règlement sur la propriété des auteurs de découvertes en tous genres d'industrie, est abrogée, en ce qui concerne la défense d'exploiter les brevets d'invention par *actions*.

Ceux qui voudraient exploiter leurs titres de cette manière seront tenus de se pourvoir de l'autorisation du gouvernement.

2. Notre Ministre de l'intérieur est chargé de l'exécution de notre présent décret.

———

§ VIII.—*Décret impérial qui fixe l'époque à laquelle commencent à courir les années de jouissance des brevets d'invention, de perfectionnement et d'importation.*

De notre camp impérial de Varsovie, le 25 janvier 1807.

Napoléon, etc. Sur le rapport de notre Ministre de l'intérieur, notre Conseil d'État entendu, nous avons décrété et décrétons ce qui suit :

Art. 1er. Les années de jouissance d'un brevet d'invention, de perfectionnement ou d'importation, commencent à courir de la date du certificat de demande, délivré par notre Ministre de l'intérieur : ce certificat établit en faveur du demandeur une jouissance provisoire, qui devient définitive par l'expédition du décret qui doit suivre ce certificat. — L. de 1844; 8.

2. La priorité d'invention, dans le cas de contestation entre deux brevetés pour le même objet, est acquise à celui qui le premier a fait, au secrétariat de la préfecture du département de son domicile, le dépôt de pièces exigé par l'article 4 de la loi du 7 janvier 1791.—8.

3. Notre Ministre de l'intérieur est chargé de l'exécution du présent décret.

§ IX. — *Décret impérial, du 13 août 1810, portant que la durée des brevets d'importation sera la même que celle des brevets d'invention et de perfectionnement.*

Ce décret, et je pense qu'il a fallu s'en féliciter, n'ayant été inséré ni au *Bulletin des lois*, ni au *Moniteur*, n'a jamais acquis force exécutoire. Nous en donnons cependant le texte parce que c'est un document historique important. Nous en expliquerons l'intention et la portée dans la seconde partie, chapitre III, section 1, n° 52.

Napoléon, etc. Voulant mettre en harmonie les articles 5 et 9 de la loi du 7 janvier 1791, dont l'un décide que l'importateur en France d'une découverte étrangère jouira des mêmes avantages que s'il en était l'auteur, et l'autre que la durée de cette jouissance ne pourra s'étendre au-delà du terme fixé dans l'étranger à l'exercice du droit du premier inventeur;

Notre Conseil d'État entendu, nous avons décrété et décrétons ce qui suit :

La durée des brevets d'importation sera la même que celle des brevets d'invention et de perfectionnement. Tout particulier qui aura le premier apporté en France une découverte étrangère, est, en conséquence, libre de prendre des brevets de cinq, de dix, ou quinze ans, à son choix, en se conformant aux dispositions prescrites par les lois des 7 janvier et 25 mai 1791.

§ X. — Loi du 25 mai 1838 sur les Justices de paix.

En présentant à la Chambre des Députés, le 29 mars 1837, le rapport sur cette loi, je m'exprimais ainsi relativement à l'article qui concerne les brevets d'invention :

« ...... Ces sortes d'affaires, auxquelles les progrès de l'industrie donnent une importance toujours croissante, engagent des intérêts souvent considérables, et des questions de propriété d'une solution très difficile. Ce sont des matières qui excèdent visiblement les bornes ordinaires de la compétence des juges de paix. A ne considérer même que les actions en contrefaçon, il est incontestable qu'elles portent habituellement sur des valeurs considérables; qu'elles entraînent des expertises, des appréciations scientifiques et industrielles; qu'en un mot, ce sont de grandes et difficiles affaires. Votre commission a été unanime sur la convenance d'ôter cette matière à la jurisdiction des justices de paix.

« Une seule difficulté s'est présentée. On sait que le gouvernement s'occupe de préparer une loi nouvelle sur les brevets d'invention..... Cette loi devra contenir des dispositions de procédure et de compétence sur les saisies, sur les constatations de fait, sur les contrefaçons, les déchéances, les nullités, les cessions de titres. Nous nous sommes demandé s'il ne serait pas utile d'attendre cette loi générale, plutôt que de la faire précéder d'un article qui, sans aviser à toutes les mesures et précautions accessoires, se contente de changer les jurisdictions. Cette objection ne nous a pas arrêtés. L'article du projet est susceptible d'une exécution immédiate, et nous nous sommes assurés qu'il est en parfaite harmonie avec le projet de loi sur les brevets d'invention que le gouvernement a préparé. »

Mon rapport émet ensuite l'opinion que si, devant un tribunal correctionnel saisi d'une action en contrefaçon, la nullité ou la déchéance du brevet est invoquée, on devra surseoir jusqu'à ce que les tribunaux civils aient statué sur la validité du brevet. Cette question a soulevé de vives controverses devant les tribunaux; elle s'est présentée plusieurs fois et à divisé la jurisprudence. Tranchée aujourd'hui dans le sens contraire, par l'article 46 de la loi de 1844, elle devient sans intérêt pratique.

ART. 20. Les actions concernant les brevets d'invention seront portées, s'il s'agit de nullité ou de déchéance des brevets, devant les tribunaux civils de première instance; s'il s'agit de contrefaçon, devant les tribunaux correctionnels. — L. de 1844; 54, 40, 46.

—

SECTION V.

Loi du 5 juillet 1844.

Une longue élaboration, aux phases diverses de laquelle il peut n'être pas inutile de faire assister le lecteur, a préparé la loi du 5 juillet 1844. Dans notre temps de critique et de doute, la confiance publique s'accorde difficilement même aux lois. Le crédit de celle qui nous occupe doit gagner à ce que chacun sache de quels travaux patients et consciencieux elle a été le produit.

En 1828, M. Vincens, alors chef de la division du commerce intérieur et des manufactures, homme dont la longue expérience, affermie et éclairée par la théorie, a rendu à l'administration et à l'industrie de vrais services, dont beaucoup resteront ignorés, présenta au ministre du commerce un rapport simple et substantiel, qui n'a point été rendu public, et que la nécessité de me borner m'empêche de donner ici.

Sur ce rapport, le ministre, M. le comte de Saint-Cricq, prit, le 13 octobre 1828, un arrêté dont l'article 1er est ainsi conçu : « Il est formé une commission spéciale chargée de revoir, dans l'ensemble et dans les détails, le régime des brevets d'invention, de perfectionnement et d'importation.

La commission est autorisée à comprendre dans son rapport la proposition de toute mesure législative ou administrative, amendement ou rédaction nouvelle, qu'elle estimerait convenable. » L'article 2 nomme membres de cette commission : MM. Girod de l'Ain président, comte de Laborde, baron Thénard, Molard aîné, Ternaux, Boigues, de Saint-Cricq-Cazeaux, Charles Renouard, Théodore Regnault, Cochaud, et Guillard-Senainville secrétaire.

La commission résuma la matière en 27 questions, que le ministre publia le 4 mars 1829, et qui ouvrirent une enquête générale, à laquelle répondirent 16 chambres de commerce, 2 chambres consultatives des manufactures, 2 tribunaux de commerce, 8 conseils de prud'hommes, 21 Académies ou sociétés savantes, 25 particuliers ou fonctionnaires publics (¹). Jusqu'au 14 juillet 1829, la commission tint vingt séances et fit elle-même ses réponses aux questions qu'elle avait posées.

Voici ces questions, avec un abrégé, très sommaire, des réponses de la commission :

QUESTION PRÉLIMINAIRE.

Continuera-t-on de délivrer, pour les inventions industrielles, des titres qui, sous la dénomination de brevets, conféreront le droit privatif d'exploiter ces inventions pendant un temps déterminé ? — *Réponse.* Oui.

En cas d'affirmative, quelle solution doit-on donner aux questions suivantes ?

I.

Quelles seront les inventions susceptibles d'être brevetées ? Délivrera-t-on des brevets pour celles qui ont pour but de mettre dans le commerce : 1° des produits matériels jusque-là inconnus ; 2° des pro-

---

(¹) L'analyse de ces réponses a été publiée dans le *Recueil industriel,* dirigé par M. De Moléon.

duits matériels déjà connus, mais exécutés par des moyens qui étaient inconnus ou n'avaient jamais reçu la même application; 3° des machines, appareils, instruments, outils, procédés et autres agents matériels d'industrie, qui seraient également nouveaux?

Refusera-t-on, au contraire, de breveter les inventions dont les produits sont immatériels, et n'exigent l'emploi d'aucun moyen dépendant des arts et métiers?

De quelles exceptions serait susceptible l'une ou l'autre de ces catégories? — *Réponse*. Seront susceptibles d'être brevetées les inventions industrielles comprises au 1er §. — Ne seront point réputés produits inconnus : les compositions pharmaceutiques, remèdes, cosmétiques résultant seulement d'un mélange de produits déjà connus. Toutes ces préparations ne pourront être brevetées. Il ne sera également délivré aucun brevet pour des inventions d'instruments ou appareils relatifs à l'art de guérir, lesquels resteront soumis aux lois spéciales concernant l'exercice de la médecine. On refusera, en outre, de breveter les inventions dont les produits sont immatériels, et n'exige l'emploi d'aucun moyen dépendant des arts et métiers.

II.

Y a-t-il lieu d'apporter des modifications aux lois existantes, en ce qui concerne la propriété des dessins et modèles pour les fabriques? — Il est inutile de rapporter ici la réponse à cette question étrangère aux brevets d'invention.

III.

L'invention d'un perfectionnement à une industrie préexistante doit-elle donner des droits pour ce perfectionnement? — Quels seraient ces droits? — *Réponse*. Maintenir la législation actuelle.

IV.

Les importations d'industries étrangères inconnues en France méritent-elles d'être brevetées? — *Réponse*. Non.

Quels seraient les droits attachés à ces brevets?

Y aurait-il lieu à distinguer entre les importations de procédés et moyens d'industrie connus dans l'étranger quoiqu'inconnus en France, et les importations de procédés et moyens d'industrie tenus secrets à l'étranger? — *Réponse*. Il y aura toutefois matière à brevet pour les procédés et moyens d'industrie qui seront tenus secrets à l'étranger.

V.

Dans quelle forme doivent être conçues les demandes de brevets?

Que doivent-elles contenir? A quelle autorité doivent-elles être adressées et remises? — *Réponse*. Maintenir les formes actuelles. Les descriptions devront être intelligibles, complètes, sincères, et distinguer ce qui est nouveau d'avec ce qui était connu.

VI.

La délivrance des brevets doit-elle être soumise à un examen préalable? — *Réponse*. Non.

VII.

Introduira-t-on, en faveur des tiers, un moyen quelconque de s'opposer à la délivrance du brevet après la demande formée? — *Réponse*. Non.

VIII.

Quel sera le mode de délivrance des brevets? — *Réponse*. Ils seront délivrés par le ministre, et non plus par ordonnance du roi. Le droit du breveté datera du jour du dépôt.

IX.

Quelles seraient les formalités que les propriétaires de brevets auraient à remplir, dans le cas où, postérieurement à la demande ou à la délivrance de leur titre, ils voudraient apporter des changements ou additions à l'invention qui y est décrite? — *Réponse*. Maintenir la législation actuelle.

X.

Les demandes de brevets doivent-elles être rendues publiques? — *Réponse*. Non.

XI.

Doit-il en être de même des descriptions d'inventions brevetées. — *Réponse*. Elles doivent être rendues publiques.

XII.

La publicité devrait-elle être facultative ou obligatoire? Serait-elle susceptible d'exceptions? Comment et à quelle époque aurait-elle lieu? — *Réponse*. A partir de la délivrance du brevet, sa publicité sera obligatoire, et sa publication facultative ; sans aucune exception.

XIII.

Quelle serait l'époque précise de l'entrée en jouissance d'un brevet? Cette époque sera-t-elle la même pour l'ouverture du droit et pour son exercice? — *Réponse*. La jouissance commencera au jour du dépôt.

Celui qui sera poursuivi entre le dépôt et la délivrance aura la faculté de prouver sa bonne foi.

XIV.

Quelle sera la durée des brevets? —*Réponse*. Maintenir la législation actuelle.

XV.

Les brevets peuvent-ils être prorogés ? Dans quel cas, par qui et suivant quelles formes ? — *Réponse*. Jamais.

XVI.

Les brevets doivent-ils être assujétis au payement d'une taxe spéciale ? Quelle en serait la quotité ? — *Réponse*. Pour 5 ans, 500 francs; pour 10 ans, 1,500 fr.; pour 15 ans, 5,000 fr.; pour certificat d'addition 50 fr. Tous autres droits actuels seront supprimés.

XVII.

A quelle époque ou à quelles époques et de quelle manière sera-t-elle payée? — *Réponse*. En une seule fois, en formant la demande.

XVIII.

Quelles personnes pourront être brevetées et propriétaires de brevets? *Réponse*. — Toutes personnes ayant capacité d'après le code de commerce, et les étrangers. Les nullités pour incapacité ne pourront être invoquées que dans l'intérêt des incapables.

XIX.

Quels seront les droits des propriétaires des brevets? — *Réponse*. Ces droits resteront ceux de la législation actuelle. Un breveté, en France, ne pourra, sous peine de déchéance, importer de l'étranger, postérieurement à la délivrance du brevet, des produits identiques à ceux qui font l'objet de ce même brevet. Cette faculté sera également interdite à toute autre individu ; et quiconque sera pris en contravention sera assimilé aux contrefacteurs.

XX.

Pour être recevable à revendiquer les droits attachés à un brevet, sera-t-on tenu d'apposer une marque distinctive sur les produits des inventions brevetées ? — *Réponse*. Non.

XXI.

Comment doivent être opérées les cessions partielles ou totales des brevets, ou les autorisations pour se servir de brevets? — *Réponse*. Conformément au droit commun.

XXII.

Quelles sont les réparations dues aux brevetés en cas de violation de leurs droits? — *Réponse*. La confiscation, l'affiche facultative des jugements, et des dommages-intérêts payables par corps.

XXIII.

Quelles seront les causes de nullité de brevets et celles de déchéance? — *Réponse*. L'insuffisance de description, le défaut de nouveauté, la non exécution dans les deux ans.

XXIV.

Devant quels juges seront portées les actions en nullité ou en déchéance de brevets, et celles pour trouble et contrefaçon, et quelle est la meilleure procédure à suivre? — *Réponse*. La commission répondait à cette question par une longue série de dispositions qui organisaient une juridiction et une procédure entièrement nouvelles. Toutes actions, tant en nullité et déchéance qu'en contrefaçon, devaient être portées devant les justices de paix. Le juge de paix était juge du droit; le jugement du fait était dévolu à trois experts. Un premier jugement devait régler la position et l'ordre des questions, soit de fait, soit de droit. On revenait ensuite, pour faire décider le fond, devant le jury présidé par le juge de paix, et celui-ci appliquait la loi à la décision du jury. Les jugements sur les exceptions de procédure, sur le règlement des questions, sur les décisions de droit, et le jugement définitif, étaient susceptibles d'appel, et l'appel était porté devant le tribunal civil du ressort. La décision de fait prononcée par le jury était souveraine, et ne pouvait être attaquée, devant le tribunal civil, que pour nullité ou vice de forme. C'est tout un système fort détaillé, et assez analogue à celui qui a été introduit en 1833 pour le règlement des indemnités, par suite d'expropriation pour cause d'utilité publique; mais qui donnait au jury une mission plus difficile, plus compliquée, et beaucoup plus étendue.

XXV.

Comment devront être réglés les effets de la chose jugée en matière de brevets? — *Réponse*. Non résolue.

XXVI.

Quelles seront les peines en cas de contravention à la loi sur les brevets? — *Réponse*. Des dommages-intérêts, avec les condamnations accessoires énoncées sur la vingt-deuxième question. Le juge pourra, en cas de récidive, prononcer un emprisonnement de trois jours à trois mois. — Lorsque le marchand ou débitant chez lequel des marchandises contrefaisantes auront été trouvées fera connaître, soit son vendeur, soit le fabricant, et donnera caution de leur solvabilité, il sera déchargé de toute condamnation personnelle, à moins qu'il n'ait agi sciemment et par complicité.

XXVII.

Convient-il de donner aux inventeurs, à l'imitation du *Caveat* existant en Angleterre, un moyen d'assurer, par déclaration, inscription ou autre acte authentique conservatoire de leurs droits, une date certaine aux premiers résultats de leurs méditations et de leurs recherches, en attendant qu'ils amènent leurs inventions à un degré de maturité suffisant pour se faire délivrer un titre définitif? — *Réponse*. Six mois seront accordés à l'inventeur pour assurer, au moyen d'une déclaration préalable, la garantie de ses droits, l'expérience, même publique, de sa découverte, et son perfectionnement.

La commission n'avait point encore rédigé son projet, lorsque ses travaux se trouvèrent suspendus par l'avènement du ministère du 8 août 1829. M. le comte d'Argout les fit rereprendre au mois de juillet 1832 et adjoignit à la commission MM. Gay-Lussac, Azévédo et Quenault.

Un projet fut rédigé, et arrêté le 22 novembre 1833.

Les premières résolutions de la commission furent développées, et quelquefois modifiées, par plusieurs dispositions importantes. Le jugement par jury des actions en contrefaçon fut conservé : mais les actions en nullité ou déchéance furent centralisées devant le conseil d'État; le droit de refuser les demandes de brevets pour objets non brevetables fut donné au ministre, sauf recours au conseil d'État. Des brevets provisoires d'un an furent créés, avec droit exclusif pour le breveté de faire, pendant ce temps, des additions à l'invention; et avec obligation de déterminer, pendant ce délai, s'il optait pour une durée de 5, de 10 ou de 15 ans.

10

On maintint la proclamation des brevets par ordonnances royales. Le chiffre des trois taxes fut de 250, 950 et 1750 francs. On régla les formalités des cessions; on compléta l'énonciation des cas de nullité et de déchéance. On rédigea ainsi l'article 3 : « Ne seront pas susceptibles d'être brevetés : 1° Les industries contraires aux lois, aux bonnes mœurs, ou à la sûreté publique; 2° Les cosmétiques, les compositions pharmaceutiques, spécifiques ou remèdes résultant d'un mélange de substances connues; lesdits objets demeurant soumis aux lois et règlements spéciaux sur la matière; 3° les nouvelles préparations de comestibles et de boissons, si elles ne présentent que des mélanges de substances connues ; 4° les inventions dont les résultats seraient purement immatériels, telles que les combinaisons de finances, les méthodes d'enseignement, et généralement les théories et principes; leurs applications industrielles seront seules susceptibles d'être brevetées. »

Trois années s'écoulèrent sans qu'on donnât suite à ce projet. Au mois de décembre 1836, M. le ministre, Martin (du Nord), réunit une commission dont il présida les travaux, et de laquelle j'avais l'honneur de faire partie. Le seul changement important apporté au projet de 1833 fut relatif à la juridiction. Le projet de faire juger les faits de contrefaçon par des experts-jurés fut abandonné comme offrant une innovation trop hasardeuse et des complications imprévues de procédure; on renonça également à concentrer devant le conseil d'État le jugement des nullités et déchéances. Ces actions furent conservées aux tribunaux civils, conformément à la législation existante; et les actions en contrefaçon attribuées aux tribunaux correctionnels.

Le projet de la loi fut, en cet état, soumis aux délibérations des conseils généraux d'agriculture, du commerce et des manufactures dans leur session de 1837. Il fut ensuite discuté et adopté par le conseil d'État.

Après ces longs travaux préparatoires, utiles et approfondis, mais trop souvent interrompus, le projet de loi fut enfin porté devant les chambres législatives par M. le ministre du commerce, Cunin-Gridaine, avec quelques nouvelles modifications. Nous n'entrerons ici dans aucun détail sur les exposés de motifs, les rapports de commissions, et les discussions des chambres; parce que nous donnerons place à l'examen de ces divers documents dans la seconde partie de ce traité.

Le projet de loi fut d'abord porté à la chambre des Pairs par M. Cunin-Gridaine, le 10 janvier 1843. M. Sénac fut commissaire du roi.

La commission de la chambre des Pairs chargée de l'examen du projet a été composée par M. le Chancelier, de MM. le marquis de Barthélemy, le baron Davillier, Félix-Faure, Ferrier, Gauthier, Odier, le comte Pelet de la Lozère. Le rapport de cette commission a été fait par le M. le marquis de Barthélemy le 20 mars 1843.

La chambre des Pairs consacra sept séances à la discussion du projet, du 24 au 31 mars 1843. Il fut adopté, avec plusieurs amendements, à 93 voix contre 14.

Présenté à la chambre des Députés le 17 avril 1843, il fut renvoyé à une commission composée de MM. Denis, Philippe Dupin, marquis de La Grange, comte de Las-Cases, Mathieu, Molin, Pascalis, Rivet, Terme. Le rapport de cette commission fut fait par M. Philippe Dupin le 5 juillet 1843; mais la session fut close sans que le projet pût être discuté.

Le projet fut repris en 1844 par la chambre des Députés; et discuté pendant 6 séances, du 10 au 17 avril. Il fut adopté, avec de nombreux amendements, à 219 voix contre 15.

Reporté le 29 avril à la chambre des Pairs, il fut renvoyé à la commission ancienne. Conformément à un rapport fait par M. le marquis de Barthélemy le 4 juin, le projet fut adopté, sans nouvel amendement, le 13 juin, et voté le 18 par 93 voix contre 4.

La loi, contresignée par M. Cunin-Gridaine, a été sanctionnée par le roi sous la date du 5 juillet 1844. Elle a été promulguée le 8 juillet. Cette loi, d'après son article 50, n'a dû avoir effet que trois mois après sa promulgation.

Le même article 50 dit que des ordonnances royales, portant règlement d'administration publique, arrêteront les dispositions nécessaires pour l'exécution de cette loi; et l'article 51 que des ordonnances, rendues dans la même forme, pourront en régler l'application dans les colonies, avec les modifications qui seront jugées nécessaires.

SECTION VI.

LÉGISLATIONS ÉTRANGÈRES.

En toute matière, la connaissance des législations étrangères et l'étude du droit comparé sont une source féconde d'enseignements. En matière d'inventions industrielles, la connaissance des législations en vigueur chez les autres peuples est, pour chaque peuple, une nécessité pratique et un besoin quotidien. L'industrie, en effet, ne s'enferme point dans les limites d'un seul territoire; et un inventeur, à quelque pays qu'il appartienne, est grandement intéressé à connaître les conditions qui favorisent ou qui entravent la propagation de sa découverte chez les nations étrangères.

A côté de cet avantage pratique se place un avantage

théorique. La législation sur les inventions industrielles est d'origine moderne, et répond à des besoins sociaux dont l'antiquité s'était fort peu occupée. Le droit romain, qui a si admirablement achevé en tant de parties la philosophie juridique, ne verse point ici ses lumières. Quoique ce soit à la théorie seule qu'il appartienne de proclamer les principes et de dire la raison des lois, on dispute encore, en cette matière, sur les théories.

La comparaison des législations qui régissent les diverses nations industrielles, en montrant comment la pratique de tous les peuples tranche par le bon sens et l'expérience les questions posées par la nécessité, est très propre à éclairer cette partie de la philosophie du droit.

Un jour viendra peut-être où les nations placeront au rang de leurs préoccupations les plus civilisatrices de sages efforts pour s'unir au lieu de s'isoler, et où le droit universel ramènera vers des principes communs le plus grand nombre possible de leurs lois. La fréquence des emprunts réciproques que se font aujourd'hui les législations des divers pays est, pour l'avenir des relations internationales, un heureux symptôme; chacun de ces subsides pacifiques marque un progrès de celui qui emprunte et de celui qui prête. Les codes français ont une large et glorieuse part dans cet enseignement mutuel des peuples, que l'une des plus hautes missions actuelles des jurisconsultes est de favoriser de tous leurs efforts.

La matière qui nous occupe est l'une de celles où l'accord entre les législations serait le plus visiblement profitable. Elle mériterait le nom de sainte, l'alliance qui étendrait d'un pays à l'autre la protection des droits du génie. C'est la dette de tous les peuples, car les bienfaits du génie d'invention profitent à toute l'humanité.

J'ai donné beaucoup de textes et peu d'analyses; car les

textes sont toujours plus fidèles que les analyses les plus consciencieuses. On y verra que, dans les législations modernes sur les inventions industrielles, les ressemblances sont beaucoup plus nombreuses que les différences.

---

§ I. — *Grande-Bretagne.*

La législation anglaise sur les inventions industrielles a été fondée par le statut de 1623, dont nous avons donné le texte (¹).

Une loi du 10 septembre 1835 (²), en sept articles, a apporté à cette matière plusieurs modifications.

L'article 1er permet au patenté ou à ses ayants-cause de faire à la spécification de la patente obtenue des retranchements ou modifications. Une patente anglaise est nulle, si des objets ou parties d'objets, déjà connus dans le royaume, se trouvent compris dans la description, sans y être indiqués comme déjà connus. Une première erreur ou inexactitude en ce point était irrémédiable. La disposition nouvelle permet désormais de la corriger.

L'article 2 permet qu'après un verdict de jury portant déclaration qu'une patente a été obtenue pour une industrie déjà, en tout ou en partie, découverte ou exécutée par d'autres personnes, le patenté ou ses ayants-cause puissent, s'ils prouvent que la patente a été obtenue dans l'ignorance de cette antériorité de découverte, et alors qu'aucune publication ni aucun usage général de l'invention n'avait encore eu lieu, obtenir du roi, en Conseil et sur rapport spécial, la con-

---

(¹) V. ci-dessus p. 100.
(²) 4ᵉ et 5ᵉ année de Guillaume IV; c. 83.

firmation des premières lettres-patentes ou l'octroi de lettres nouvelles.

L'article 3 permet que si la validité d'une patente a été une première fois reconnue judiciairement, et est ensuite remise en question pour un second procès, le juge du second procès puisse, si le patenté gagne encore sa cause, lui adjuger, suivant les circonstances, le triple des dépens.

L'article 4 autorise le gouvernement à accorder des prolongations de sept ans à la durée des patentes, que le statut de 1623 fixait à quatorze ans.

L'article 5 est relatif aux communications des griefs, et l'article 6 au règlement des dépens.

L'article 7 prononce une amende de 50 livres, applicable pour moitié au roi et pour moitié au poursuivant, contre toute personne qui, pendant la durée de la patente, usurpera le nom ou la marque du patenté, ou sa qualité de patenté.

Les formalités pour l'obtention d'une patente se résument, d'après Godson, ainsi qu'il suit :

1. *La pétition*. La première démarche à faire par un inventeur est de présenter au roi une pétition (qui s'écrit sur papier libre), afin d'obtenir des lettres-patentes.

Il y expose qu'il a fait une découverte (il la désigne) paraissant devoir être d'une utilité générale, de laquelle il est le véritable et premier inventeur, et qui n'a jamais été mise en usage auparavant. Il sollicite donc des lettres-patentes pour lui garantir l'usage exclusif de son invention pendant quatorze années.

La patente est, en général, délivrée pour l'Angleterre seulement, mais elle s'étend aux colonies si on les mentionne dans la pétition.

Un *affidavit* (affirmation sous serment), juré devant un

maître, ou un maître extraordinaire en chancellerie, doit accompagner et appuyer les allégations de la pétition.

La *pétition* et l'*affidavit* sont ensuite laissés au bureau du secrétaire d'État pour le département de l'intérieur.

2. *Rapport de l'attorney-général.* Lorsque la pétition est restée quelques jours au bureau du département de l'inté- rieur, on y fait une réponse qui consiste à dire que le secré- taire d'État en réfère à l'attorney ou au solliciteur général pour avoir son avis. Ce renvoi est ordinairement écrit au dos ou à la marge de la pétition qui, ainsi apostillée, est remise à l'un de ces deux officiers judiciaires de la couronne, afin d'obtenir leur rapport au bout de quelques jours.

Le rapport, après avoir relaté le renvoi, la pétition et l'*af- fidavit*, expose qu'attendu que le pétitionnaire prend sur lui la nouveauté et le succès de son invention, et attendu qu'il est raisonnable que Sa Majesté encourage les arts et les inven- tions qui peuvent contribuer au bien public, l'opinion du rapporteur est que des lettres-patentes du roi soient octroyées au pétitionnaire, suivant son désir, à la charge toutefois qu'une *description spéciale* de l'invention soit enregistrée à la cour de chancellerie, dans un temps donné.

C'est cette condition de l'enregistrement d'une *description spéciale* de l'invention qui donne naissance à l'acte important qu'on nomme *la spécification.*

Ce rapport n'est qu'une simple affaire de forme, sans em- barras pour le pétitionnaire, à moins qu'il n'y ait eu enregis- trement d'un *caveat* dont nous parlerons ci-après.

3. Le *bill pour la patente.* Ce rapport est porté du bureau de l'attorney-général à celui du secrétaire d'État pour la per- mission du roi.

Cette permission est une répétition du rapport, et donne autorisation à l'officier judiciaire de Sa Majesté de préparer pour la signature royale un bill contenant l'octroi du privilège. Dans ce bill, on fixe définitivement le délai dans lequel la spécification devra être enregistrée.

La permission va au bureau des patentes de l'attorney ou du solliciteur-général, où le bill est apostillé et examiné par lui. A la fin, Sa Majesté est informée par son attorney-général que toutes les clauses, prohibitions et conditions qui y sont insérées, sont d'usage et de nécessité dans les privilèges de cette nature.

Le bill sera reproduit dans la patente qui en contient tout le libellé. Ils sont mot pour mot la même chose, sauf la formule finale de la patente.

Lorsque le bill est préparé, il est porté du bureau du secrétaire d'État à la signature de la main du roi, puis il passe au bureau du sceau. Le clerc du sceau prépare une permission au lord garde-du-sceau-privé, dont le clerc donne une autre permission, dans laquelle le corps de la patente est relaté, et qui est adressée au lord chancelier.

4. *La patente.* La permission du lord garde-du-sceau-privé est portée au bureau des patentes du lord chancelier, où la patente est expédiée et scellée.

Lorsqu'une patente a une fois passé au grand sceau, sa date ne peut pas être changée.

5. *La spécification.* La jurisprudence anglaise est d'une extrême sévérité sur l'exactitude et la clarté des spécifications, dont la validité est une condition indispensable de la validité des patentes. La spécification doit être signée et scellée par l'inventeur ; elle est quelquefois, à la marge, accompagnée d'un dessin ou d'un plan auquel le corps de la patente doit renvoyer pour l'intelligence du tout.

Avant de décrire particulièrement l'invention dans la spécification, l'on expose qu'une patente a été octroyée à l'inventeur pour lui assurer la totalité du bénéfice qui en proviendra, qu'il y a été mis pour condition que l'invention serait décrite, et que c'est afin d'y satisfaire que la patente fait cette spécification.

Le délai accordé pour la production de la spécification était autrefois de quatre mois; mais il est maintenant borné ordinairement à un mois, à moins que l'inventeur ne déclare, dans un affidavit, qu'il a l'intention de demander des patentes pour l'Écosse ou l'Irlande, et alors le délai est étendu à six mois. Un petit nombre de cas se sont présentés dans lesquels il a été accordé un temps encore plus long; mais le lord chancelier a refusé d'apposer le grand sceau à une patente, dans laquelle la faculté de ne point produire la spécification avait été laissée pour un espace de temps considérable. L'attorney-général, dans certains cas particuliers, reculera de quelques moments l'époque ordinaire après laquelle la patente est scellée.

Lorsque la patente est une fois scellée, la spécification doit être reconnue devant un maître en chancellerie, et déposée au bureau de l'enregistement avant l'expiration du terme désigné. Le jour du terme est compris dans le délai; si donc la patente est enregistrée le dernier jour du mois, lorsque le délai est d'un mois, elle le sera utilement.

La législature peut seule relever de cette déchéance. Le lord chancelier a refusé d'intervenir en cette occasion.

Si le temps de la production est expiré, ou que quelque autre obstacle se soit rencontré pendant l'obtention de la patente, et qu'elle se trouve ainsi exposée à être nulle, le parti à prendre est de tenir l'invention secrète, et de recommencer *de novo* les démarches, en présentant une autre pétition. C'est le vrai moyen de salut contre tous les défauts de forme.

Un certificat de l'enregistrement, qui est toujours mis

au dos de la spécification, peut en même temps être levé.

Les spécifications sont gardées ouvertes pour l'inspection du public, et des copies peuvent en tout temps en être obtenues. Des tentatives ont été faites pour déterminer le lord chancelier à dispenser de l'enregistrement de la spécification, ou à la tenir close : elles ont toujours été sans succès. Dans quelques cas, la législature a cependant permis le secret de la spécification. M. Lee a obtenu, la 53e année de Georges III, un acte du parlement en vertu duquel la spécification fut déposée dans la cour de chancellerie, pour y être gardée secrète pendant quinze mois, et pour n'être produite que sur l'ordre du lord chancelier, afin d'être par lui examinée lorsque le cas l'exigerait.

6. *Le caveat* est un acte public par lequel la personne qui le fait enregistrer requiert qu'il lui soit donné connaissance de toute demande de patente pour telle invention déterminée qui y est décrite en termes généraux.

Un *caveat* est laissé à *l'attorney-général*, un autre au *solliciteur-général*. Ils doivent être renouvelés annuellement.

S'il est fait demande d'une patente pour une invention semblable, par sa nature, à celle qui est mentionnée dans le *caveat*, alors toutes les parties sont citées à comparaître devant *l'attorney* ou le *solliciteur-général*, qui interroge séparément chacune d'elles. Si son avis est que les inventions ne sont pas les mêmes, les deux parties sont admises à recevoir leurs patentes ; si, au contraire, il est d'avis que c'est une même invention, alors son rapport déclare à qui la patente doit être délivrée.

Si la partie repoussée pense qu'il lui a été fait grief, elle peut immédiatement enregistrer un *caveat* au bureau des patentes *de la chancellerie* ; et, lorsque le titre y arrive pour être revêtu du grand sceau, le lord chancelier interroge en particulier toutes les parties intéressées, et prononce entre elles.

D'autres motifs peuvent engager à enregistrer un *caveat* au bureau de la chancellerie, ainsi que cela est arrivé, dans une espèce, pour empêcher l'apposition du grand sceau à une patente dans laquelle le requérant avait obtenu *quinze mois* pour produire sa spécification. Le lord chancelier refusa, en effet, d'y apposer le sceau. C'est ainsi, également, qu'au moment où une demande de patente était formée pour certains perfectionnements à des machines à vapeur, survint un *caveat* motivé sur l'existence d'un privilège antérieur, auquel on alléguait que le sujet de la patente nouvelle était emprunté. Le lord chancelier a scellé la patente sur la lecture des *affi-davit*, dont l'un, émané d'un constructeur de machines, établissait le défaut d'identité des deux objets.

Quand même le lord chancelier, dans le dernier état de l'affaire, aurait entièrement rejeté les prétentions de l'auteur du *caveat*, cependant s'il pense que l'opposition n'a pas été déraisonnable, il ne condamnera pas aux dépens.

Voilà ce qui concerne le *caveat*, son enregistrement, son exercice.

Sa nature et ses effets ont donné lieu à beaucoup d'erreurs. Il ne crée aucun droit; c'est simplement une demande formée pour obtenir *la faveur* d'une enquête. Si l'auteur du *caveat* pense qu'il a été privé mal à propos d'une invention, après qu'il a été entendu devant le lord chancelier, il n'a de recours que par une *scire facias* (ordre d'informer), pour faire révoquer le titre qui a été revêtu du sceau.

Au total, donc, enregistrer un *caveat* n'est rien faire de plus que donner information qu'il existe une invention prête à devenir complète, et que présenter requête, afin que, si quelque autre personne veut demander une patente pour le même objet, la préférence demeure à l'auteur du *caveat*.

Cette requête est accueillie par la prérogative gracieuse de la couronne, lorsque celle-ci le juge raisonnable, sur le rapport de *l'attorney-général*, ou d'après l'opinion du lord chancelier. Et si la patente est délivrée, c'est une affaire à juger comme si un *caveat* n'avait jamais été enregistré.

7. Les privilèges, dérivant d'une patente, n'ont d'effet qu'en Angleterre; ils s'étendent aux colonies lorsqu'elles y sont dénommées.

Si l'inventeur désire avoir la jouissance exclusive de son invention dans les trois royaumes, il doit prendre des patentes séparées pour l'Écosse et l'Irlande.

Par acte du parlement, le privilège exclusif de l'inventeur peut lui être garanti partout ailleurs où s'étend l'autorité du gouvernement, et, par exemple, pour les Indes orientales.

8. Un acte du parlement est nécessaire pour prolonger la durée d'une patente.—On a vu, par la loi de 1835, que cette règle n'est plus applicable aux prorogations de sept ans.

9. Le patenté ne peut pas substituer à son privilège plus que le nombre de personnes ci-après déterminé, à moins d'un acte spécial du parlement qui porte ce nombre plus haut et indique quel il pourra être. — Ce nombre, qui était originairement de cinq, a été porté à douze en 1832. Les représentants, héritiers, créanciers ou autres, ne comptent ensemble que comme la personne représentée.

Voici les titres de plusieurs ouvrages publiés en Angleterre sur cette matière :

Colliers's Essay on the law of Patents for inventions

The law and pratice of Patents for inventions; by William Hands. London 1808. Ce volume in-8°, de 148 pages, se compose de deux parties. La première contient un court précis de la législation, et la seconde des modèles d'actes.

A Collection of the most important cases respecting Patents of invention, etc. — Recueil des causes les plus importantes, relatives à des patentes pour invention, et aux droits des patentés, qui ont été jugées depuis le statut pour la restriction du monopole; suivies de quelques observations pratiques: par John Davies. Londres, 1816. — Ce recueil estimé diffère de nos journaux d'arrêts, par la grande étendue qu'il consacre à la relation de la plupart des affaires. Il forme un volume de 452 pages grand in-8°. Les observations pratiques occupent de la page 415 à la page 552.

A Pratical treatise on the law of Patents, etc.—Traité pratique sur la législation des patentes pour invention, et des droits d'auteurs; précédé d'une introduction sur les monopoles; et accompagné de notes contenant la jurisprudence: par Richard Godson. Londres, 1823. Un vol. in-8° de 452 pages. — Ce traité pratique est rédigé avec clarté. Les questions décidées par la jurisprudence y sont recueillies et classées méthodiquement. L'introduction sur les monopoles occupe jusqu'à la page 43, et l'exposé sur la législation des patentes jusqu'à la page 201.

An epitome of the law relating to patents for inventions; by J. W. Smith. London, 1836.

———

§ II. — *États-Unis de l'Amérique du Nord.*

Les États-Unis avaient, avant la France, et par la constitution de 1787, adopté le principe de la législation anglaise ([1]). Ils ne l'ont organisé que postérieurement aux lois françaises, par actes des 21 février 1793 et 17 août 1800, dont j'ai donné le texte dans ma première édition. Quelques modifications ont été faites en 1832.

([1]) V. page 104.

Une loi du 4 juillet 1836, modifiée en quelques points le
3 mars 1837, a abrogé la législation antérieure, en y apportant des changements profonds. Les plus graves consistent
dans l'introduction d'un examen préalable; dans la possibilité
de prolonger jusqu'à 21 ans la durée des brevets qui ne pouvait être que de 14 ans; dans la faculté pour l'inventeur
d'obtenir un brevet quoiqu'il soit déjà breveté à l'étranger.

Loi du 4 juillet 1836.

L'article 1er établit un bureau des patentes, dont le chef, *commis-
sioner of patents*, sera nommé par le président, et avec le consentement du Sénat. Le même article et les trois suivants règlent l'organisation et les attributions de ce bureau.

Art. 5. « Toutes les patentes émanant du bureau seront délivrées
au nom des États-Unis, revêtues du sceau, signées par le secrétaire
d'État, et contresignées par le commissaire du bureau; elles seront
enregistrées au bureau avec les mémoires descriptifs, spécifications et
dessins y relatifs, dans des livres tenus à cet effet. Toute patente contiendra une courte description de l'invention, en désignant avec exactitude sa nature et son plan; elle accordera à ceux qui l'ont requis, à
leurs héritiers, exécuteurs testamentaires ou ayants-cause, pour un
terme qui ne dépassera pas quatorze ans, droit et faculté exclusive de
fabriquer, exploiter, et vendre à d'autres pour leur usage, l'invention
ou la découverte telle qu'elle est en détail expliquée dans la spécification, dont une copie sera jointe à la patente. »

L'article 6 est relatif à la demande, à la description, aux dessins,
renseignements, échantillons ou modèles à y joindre. La description
devra être écrite dans des termes assez explicites, clairs et exacts, en
évitant cependant toute prolixité inutile, pour mettre à même toute
personne versée dans l'art ou la science à laquelle l'objet appartient
ou se rattache plus ou moins, de le confectionner, composer et employer. L'impétrant spécifiera expressément et désignera la partie, le
perfectionnement ou la combinaison qu'il réclame comme étant de son
invention. Il prêtera serment et affirmera qu'il se croit vraiment l'inventeur primitif. Il déclarera de quel pays il est citoyen.

Art. 7. « La demande, description et spécification, ainsi que les

sommes exigées par le présent acte ayant été déposées, le commissaire
procédera et fera procéder à l'examen de l'invention alléguée. Si de
cet examen il ne résulte pas, aux yeux du commissaire, que le même
objet a été antérieurement inventé ou découvert par une autre personne dans ce pays, ou que l'invention a été brevetée, ou même seulement décrite dans une publication imprimée, soit dans ce pays, soit
à l'étranger, ou qu'elle a été mise publiquement en usage, ou qu'elle
a été vendue du consentement de l'impétrant avant sa demande; enfin, si le commissaire la juge suffisamment utile et importante, il en
délivrera la patente. Mais toutes les fois que cet examen apprendra au
commissaire que l'impétrant n'a pas été l'inventeur originaire et primitif; que ce n'est pas lui qui a fait la découverte, ou qu'une partie
de ce qu'il prétend être neuf a été antérieurement inventé ou découvert, breveté, décrit dans une publication en ce pays ou à l'étranger,
ou que la description est défectueuse et insuffisante, il en informera
le requérant, en lui communiquant en peu de mots les avis et renseignements nécessaires sur le mode à suivre dans la présentation d'une
nouvelle demande, ou sur les changements à apporter à la description,
pour qu'elle embrasse seulement la partie véritablement neuve de la
découverte. Dans tous les cas, si le requérant préfère retirer sa demande, il aura droit au remboursement de 20 dollars sur les sommes
déposées... Si le requérant persiste dans la réclamation d'une patente,
avec ou sans changement de sa description, il sera obligé de prêter
de nouveau serment ou affirmation de la manière sus-énoncée; et, s'il
n'a pas modifié sa description et sa demande de manière à donner
droit à la patente, selon l'avis du commissaire, il pourra, par appel et
sur requête par écrit, obtenir qu'il en soit référé à la décision d'un
comité d'experts, composé de trois personnes non intéressées à la
question, qui seront nommées à cet effet par le secrétaire d'État; l'une,
au moins, de ces personnes sera distinguée par sa connaissance et
habileté dans l'art, la fabrication ou la science spéciale, auxquels se
rapporte l'invention alléguée. Ces experts prêteront serment ou affirmation d'accomplir fidèlement et impartialement leur mission. Le
commissaire mettra sous les yeux du comité d'experts son avis et sa
décision établissant les motifs spéciaux de son refus, et indiquant les
parties de l'invention qu'il juge non susceptibles d'une patente. Les
experts feront connaître au requérant, ainsi qu'au commissaire, l'é-
poque et le lieu de leur réunion, pour les mettre en état de présenter

les faits et preuves nécessaires à la décision. Le commissaire fournira aux experts tous les renseignements qu'il possède sur l'objet soumis à leur examen. Ce comité pourra, après avoir tout examiné et pris en considération, statuant à la majorité des voix, annuler la décision du commissaire en tout ou en partie; et leur sentence, communiquée par écrit au commissaire, lui servira de règle à l'avenir dans les cas semblables. Avant que tout comité puisse se constituer par statut dans une espèce, le requérant devra verser au Trésor... la somme de 25 dollars, et chacun des experts nommés aura droit à une rétribution qui ne pourra excéder 10 dollars; cette rétribution sera fixée et payée par le commissaire sur les sommes qui se trouvent entre ses mains. »

Art. 8. « Toutes les fois que la demande d'une patente contrarierait, selon l'avis du commissaire, soit une autre patente pour laquelle on est en instance, soit une patente déjà délivrée et non encore expirée, le commissaire donnera connaissance de cet état de choses tant au requérant qu'au patenté; et si l'un d'eux n'est pas satisfait de la décision du commissaire sur la priorité de son droit ou de son invention, il pourra, après avoir été entendu sur ce point, appeler de cette décision dans les termes et conditions indiqués à l'article précédent. On suivra le même mode de procédure pour décider lequel des prétendants aura la préférence et obtiendra la patente. — Mais les dispositions de la présente loi ne priveront point l'inventeur originaire et primitif du droit de se faire délivrer une patente, par la raison qu'antérieurement il en aurait pris une en pays étranger, et que ce brevet étranger aurait reçu de la publicité dans les premiers six mois antérieurs au dépôt de sa description et de ses dessins. Et toutes les fois que l'impétrant le requerra, la patente prendra date du jour de ce dépôt, pourvu néanmoins qu'il n'eût pas eu lieu plus de six mois avant la délivrance effective de la patente et le payement des droits ci-après énoncés; la description et ses dessins seront déposés aux archives secrètes du bureau, en attendant qu'il ait fourni le modèle, et que la patente lui soit délivrée. Dans cet intervalle, qui ne pourra excéder un an, le requérant recevra communication de toute demande formée en concurrence avec la sienne. »

Art. 9. « Avant que la demande d'une patente soit prise en considération par le commissaire, le requérant devra verser.... la somme de 30 dollars s'il est citoyen des États-Unis, ou étranger ayant résidé pendant la dernière année dans les États-Unis et ayant affirmé par serment

11

son intention d'en devenir citoyen. Cette somme sera de 500 dollars s'il est sujet du roi de la Grande-Bretagne. A l'égard de toute autre personne elle est de 500 dollars... »

L'article 10 règle les droits des héritiers ou ayant-cause de la personne qui décède après la demande de patente et avant sa délivrance.

Art 11. « Les droits résultant d'une patente pourront être cédés et transportés légalement, en tout ou pour une part indivise, par un acte écrit; ces cessions, ainsi que toute permission ou vente accordant à un tiers, soit en général la faculté de faire usage des droits privatifs conférés par la patente, soit seulement la faculté d'exploiter l'objet de la patente dans une partie déterminée des États-Unis, seront enregistrés au *patent-office*, dans les trois mois de leur date, moyennant un droit de 5 dollars, payable, par le cessionnaire ou ayant-cause, dans les mains du commissaire. »

Art. 12. « Tout citoyen.... inventeur.... qui demandera du temps pour faire arriver ses idées à leur maturité, pourra obtenir protection de son droit jusqu'à cette époque, en payant au trésor la somme de 20 dollars.... et en déposant au bureau des patentes un acte appelé *caveat*, qui fait connaître son intention et les caractères distinctifs de sa découverte... Ledit *caveat* sera conservé aux archives secrètes du bureau. Si, dans l'année du dépôt du *caveat*, une autre personne requiert une patente pour une invention avec laquelle celle du déposant serait en opposition d'une manière quelconque, le commissaire déposera aux mêmes archives les descriptions, spécifications, dessins et modèles du second requérant, et il en donnera connaissance par la poste au déposant du *caveat*; si ce dernier veut profiter de l'avantage de son *caveat*, il sera tenu de remettre des descriptions, spécifiations et modèles au bureau, dans les trois mois du jour où il aura reçu ladite communication; et si, selon l'avis du commissaire, les deux descriptions se trouvent en opposition, on suivra en tout la procédure prescrite par la présente loi en cas de concurrence de deux demandes.—Il est entendu qu'aucun avis ni décision d'un comité d'experts, constitué d'après la présente loi, ne priveront les tiers, intéressés au maintien ou à l'annulation de la patente accordée ou à accorder, du droit de la débattre devant une cour de justice dans tout procès où sa validité sera mise en question. »

L'article 13 permet qu'en cas d'annulation d'une patente par suite d'une nullité provenant d'inadvertance, accident, ou méprise, sans qu'il y ait eu intention de fraude, une patente nouvelle soit, moyennant une taxe de 15 dollars, délivrée à l'inventeur, ou à ses cessionnaires, héritiers ou ayant-cause ; et pour le reste de la durée de la première patente, mais conformément à la description corrigée. — « Et toutes les fois qu'un patenté voudra ajouter la description ou spécification d'un nouveau perfectionnement qu'il aurait inventé postérieurement à la date de sa patente, il pourra, en suivant les voies indiquées pour la demande primitive, et moyennant le payement de 5 dollars comme ci-dessus, obtenir que les nouvelles descriptions et spécifications seront annexées aux anciennes. Le commissaire certifiera, dans ce cas, en marge des annexes, le jour de cette annexion et de l'enregistrement. La nouvelle spécification vaudra.... comme si elle avait été comprise dans la première. »

Art. 14. « Lorsque, sur l'action intentée par le patenté contre ceux qui auront confectionné l'objet dont la patente lui aura assuré le droit exclusif, ou contre ceux qui en auront fait usage, ou qui l'auront débité, le verdict aura été rendu en faveur des demandeurs, la Cour pourra accorder une somme excédant le montant du dommage actuel éprouvé par le plaignant, pourvu que cette somme ne dépasse pas le triple de ce montant, le tout suivant les circonstances du fait, avec les frais ; et ces dommages-intérêts pourront être recouvrés par une action portée devant toute cour compétente, au nom des parties intéressées, qui sont : le breveté, ou ses cessionnaires, ou les ayant-cause auxquels il a conféré la faculté exclusive d'exploiter son droit dans une partie déterminée des Etats-Unis. »

L'article 15 règle la procédure de défense, et entre dans de longs détails sur les articulations de faits. Il se termine par une disposition qui, conformément à la jurisprudence anglaise, considère comme nulle, même en la partie inventée et nouvelle, toute spécification contenant plus que ce qui a été réellement inventé ; cette rigueur contre le patenté n'est tempérée qu'en ce qui concerne les frais. Mais l'article 9 de la loi de 1837, suivant l'exemple de la loi anglaise de 1835, a notablement modifié cette disposition.

L'article 16, en cas d'incompatibilité de deux patentes, ou en cas de refus d'une demande de patente par le motif qu'elle serait en opposition avec une patente antérieure non expirée, ouvre aux intéressés un recours devant la Cour compétente. L'arrêt rendu en faveur du requérant autorisera le commissaire à lui délivrer la patente, après le dépôt préalable d'une copie de cet arrêt, et l'accomplissement des autres formalités de la loi. Il est entendu qu'aucun de ces arrêts ne pourra préjudicier à d'autres personnes qu'aux parties du procès, ou à celles qui, par des titres postérieurs à l'arrêt, tiennent leurs droits de celles-ci.

L'article 17 confère juridiction aux cours de circuit, ou aux cours de district ayant même juridiction. Les appels sont portés devant la Cour suprême des États-Unis.

L'article 18 s'occupe des demandes de prolongation ; y attache une taxe de 5 dollars ; donne des règles sur leur publication, sur les oppositions, sur la décision du comité, chargé d'apprécier les motifs de la demande, en ayant égard à l'intérêt public. Il se termine ainsi : «En conséquence de cette décision, le commissaire renouvellera et prolongera la patente en délivrant un certificat de cette extension, pour la durée de 7 années ; ce certificat, joint au procès-verbal constatant l'avis et le jugement du comité, sera enregistré au bureau des patentes ; et la patente ainsi prolongée aura le même effet que si elle avait été primitivement accordée pour 21 ans. L'avantage de ce renouvellement sera commun aux cessionnaires et ayant-cause des droits de l'impétrant, en prolongeant la durée de leurs intérêts respectifs attachés à l'usage de l'objet patenté. Il est toutefois entendu qu'aucune prolongation ne pourra être accordée à des patentes dont la durée, fixée au commencement, est déjà expirée. »

L'article 19 établit, pour l'usage du bureau, une bibliothèque qui sera achetée sous la direction du comité de la bibliothèque du congrès ; et y affecte 1500 dollars payables sur le fond des patentes.

L'article 20 établit pour les modèles, échantillons, et fabrications patentées, des salles et galeries qui seront ouvertes au public.

L'article 21 et dernier abroge les lois antérieures, et règle les effets de la promulgation de la présente loi.

Loi du 3 mars 1837.

Les cinq premiers articles autorisent un nouvel enregistrement des patentes antérieures au 15 décembre 1836 ; ils statuent sur les conséquences des pertes de titres détruits à cette époque par incendie ; ils ouvrent un crédit de 100,000 dollars pour le remplacement des plus intéressants de ceux des modèles qui ont péri par le feu.

Par l'article 6, aucune patente ne sera, à l'avenir, délivrée aux cessionnaires de l'inventeur, à moins que la cession n'ait été préalablement enregistrée, sur la réquisition de la partie intéressée, et que l'inventeur n'ait affirmé par serment l'exactitude de la spécification. Les dessins joints aux demandes seront fournis en double original.

Art. 7. « Toutes les fois que par inadvertance, accident, ou erreur, le patenté aura donné trop d'étendue à la spécification de l'objet de sa demande, de manière à réclamer plus que ce dont il était l'inventeur primitif, si les parties substantielles et constitutives de l'objet patenté sont réellement et véritablement de son invention, le patenté lui-même, ses administrateurs, exécuteurs, et les cessionnaires de tout ou partie de ses droits, pourront désavouer celles des parties de l'objet patenté qu'ils n'entendent pas réclamer en vertu de la patente, ou de la cession qui constate leur intérêt dans cette patente : le désaveu sera rédigé par écrit, attesté par un ou plusieurs témoins, et enregistré au bureau des patentes, à la charge, par celui qui fait le désaveu, de payer 10 dollars.... Lorsque le désaveu aura été enregistré, il sera considéré comme partie intégrante de la spécification originaire, en proportion de l'intérêt que celui dont il émane aura dans la patente et dans les droits qui en résultent. Le désaveu ne pourra exercer aucune influence sur une action pendante à l'époque où il aura été fait, excepté dans le cas où s'élèverait la question de savoir si, dans la procédure, il a été commis une négligence injuste, ou s'il a été signifié des délais disproportionnés. »

Art. 8. « Toutes les fois qu'une personne réclamera du commissaire une addition à faire à une patente existante à raison d'un perfectionnement nouveau, ou qu'une patente aura été renvoyée pour être corrigée et délivrée de nouveau, la spécification annexée à cette patente sera sujette à révision et restriction, et comme le sont les demandes originaires. Si le commissaire juge nécessaire la révision ou restriction, il n'ajoutera le perfectionnement à l'ancienne patente, et n'accordera la délivrance de la nouvelle patente, qu'après que l'impétrant lui aura fait passer un désaveu, ou aura changé la spécification de l'objet de sa demande : dans tous les cas, si l'impétrant n'est pas satisfait de la décision du commissaire, il pourra exercer le même recours, et aura droit aux privilèges et modes de procéder qui sont établis par la loi pour les demandes originaires de patentes. »

Art. 9. « Il est dérogé à la disposition contraire contenue en l'article 13 de la loi du 4 juillet 1836 ; et toutes les fois qu'un patenté, par erreur, accident, ou inadvertance, sans faute ou intention de tromper le public, aura prétendu dans sa spécification être l'inventeur primitif d'une partie substantielle et essentielle de l'objet de la patente, sans l'avoir inventée réellement, et sans être, par suite, légalement fondé à y prétendre, la patente sera considérée comme bonne et valable, en tant qu'il y aura réellement et de bonne foi une nouvelle invention, pourvu que cette invention porte sur une partie substantielle et essentielle de l'objet patenté, et qu'elle se distingue positivement des autres parties qu'on avait prétendu, sans droit, être également de nouvelle invention. Le possesseur de cette patente, ses exécuteurs, administrateurs et cessionnaires, et toute personne ayant un intérêt quelconque dans la même patente, seront fondés à soutenir une action, en loi ou équité, contre toute infraction à celle de ces parties qui sont de véritables inventions, quoique la spécification continue plus qu'il ne sera en droit de réclamer. Mais, dans tous les cas où un jugement ou verdict sera rendu en faveur du demandeur, celui-ci ne pourra réclamer le remboursement de ses frais contre le défendeur, à moins qu'il n'ait fait présenter au bureau des patentes, avant le commencement du procès, un désaveu de toutes les parties de l'objet patenté qui étaient indûment présentées comme invention. Le demandeur en pareille action ne pourra invoquer le bienfait des dispositions contenues en cet article s'il a négligé ou différé, sans raison valable, de faire présenter ledit désaveu au bureau des patentes. »

Les articles 10 et 11 sont relatifs à la nomination d'agents secondaires par le commissaire, et aux fonctions et appointements de divers commis et employés.

Art. 13. « Dans tous les cas où la présente loi, ou celle du 4 juillet 1836, exige la prestation d'un serment, si la personne qui doit le prêter a des scrupules de conscience contre le serment, on y pourra substituer une simple affirmation. »

L'article 14 et dernier pose des règles de comptabilité; et ordonne de soumettre chaque année au congrès un état des fonds spéciaux, et le tableau des patentes accordées et expirées.

§ III. — *Russie.*

Un ukase du 17 juin 1812 dispose ainsi qu'il suit :

I. *De la teneur des privilèges pour inventions et découvertes.*

Art. 1. Le privilège accordé pour des inventions et découvertes dans les arts et métiers est un certificat qui constate que l'invention y mentionnée, a été, en son temps, présentée au gouvernement comme propriété de la personne nommée dans ledit privilège.

2. En accordant un tel privilège, le gouvernement ne garantit pas que l'invention appartient effectivement à la personne qui l'a présentée; mais il témoigne seulement de l'état de l'invention lors de sa présentation.

3. Le privilège concédé par le gouvernement n'ôte à personne le droit de prouver légalement que l'invention ou la découverte y mentionnée n'appartient pas à la personne qui l'a présentée.

4. Jusqu'à ce que cette propriété ait été légalement contestée, celui qui a obtenu le privilège jouit des droits suivants : 1º Il peut, durant le temps spécifié par le privilège, user de l'invention comme d'une propriété inaltérable et exclusive, et par conséquent : 2º introduire cette invention, l'employer ou la vendre à d'autres, ainsi que transmettre le privilège lui-même; 3º poursuivre devant les tribunaux toute contrefaçon, et réclamer un dédommagement pour les pertes que les contrefacteurs lui auront fait essuyer; 4º Sera reconnue pour contrefaçon toute production exactement semblable à l'invention ou découverte, quand même il y aurait été apporté quelques modifications peu importantes et étrangères à la partie essentielle.

5. La personne qui désire un privilège est obligé : 1º de présenter au gouvernement une description exacte de son invention, avec tous les détails essentiels, le mode de son emploi, sa manipulation, avec les plans et dessins qui y appartiennent, sans rien cacher de ce qui peut avoir trait à l'exécution effective; 2º de payer l'impôt fixé pour le privilège.

6. Il ne sera point accordé de privilège pour les découvertes dont on n'aura pas présenté la description exacte et détaillée ci-dessus mentionnée.

7. Il ne sera également point accordé de privilège pour des objets

qui ne sont d'aucune utilité pour l'État, ni même pour les particuliers, ou qui, encore, peuvent servir à leur détriment.

8. Des privilèges pourront être accordés pour des inventions faites à l'étranger, mais dont la description détaillée n'aurait pas été publiée et dont l'emploi n'est point introduit en Russie.

9. Les privilèges accordés pour de pareilles introductions et applications ont la même vertu que les privilèges pour inventions faites en Russie, tant qu'on n'aura pas prouvé que l'objet inventé avait été introduit en Russie avant le privilège, et y avait été mis à exécution ; ou que, pendant le temps où la pétition a été présentée, cette invention a été décrite dans les papiers publics ou dans des livres, de manière à ce que l'objet pût être confectionné et mis œuvre sans description nouvelle.

II. *Ordre à suivre dans la concession des privilèges.*

10. La personne qui désire obtenir un privilège doit présenter une pétition au ministère de l'intérieur, en y annexant la description mentionnée dans l'article 5 qui doit spécifier l'utilité à retirer de l'invention.

11. Le ministre de l'intérieur, après avoir examiné la pétition dans le conseil de son ministère, et après s'être convaincu que l'invention peut effectivement être de quelqu'utilité, présente, dans ce cas seulement, son opinion au conseil de l'Empire.

12. Lors de l'examen de la pétition, le ministère de l'intérieur est tenu de s'informer, au préalable, si un privilège n'a pas déjà été accordé pour le même objet ; et, dans le cas où l'on recevrait plus d'une pétition pour la même découverte, le privilège est accordé à celui qui s'est présenté le premier ; et les demandes postérieures sont rejetées.

III. *Forme des privilèges.*

13. Le privilège porte : 1º le nom de l'inventeur ; 2º le jour de la présentation ; 3º la description de l'invention ; 4º le terme du privilège ; 5º l'impôt payé ; 6º la signature du ministre de l'intérieur ; 7º le sceau du ministère de l'intérieur.

14. Les privilèges sont écrits sur parchemin, et les frais sont compris dans l'impôt à payer pour leur obtention.

IV. *Du terme et de l'impôt.*

15. Les privilèges sont accordés, d'après la demande, pour 3, 5 ou 10 années, mais pas au-delà.

16. L'impôt perçu est : 1° pour 3 années, de 300 roubles (333 fr.); pour 5 années, de 500 roubles; pour 10 années, de 1,500.

V. *De l'abrogation des privilèges.*

17. Les privilèges sont suspendus : 1° par l'échéance du terme; 2° s'il est prouvé pardevant les tribunaux que la même invention, dans le temps qu'on a présenté la pétition, a été décrite dans les feuilles publiques, ou dans des ouvrages qui ont paru en Russie et hors de l'Empire, de manière à ce quelle a pu être mise en œuvre sans description nouvelle; 3° s'il est prouvé pardevant les tribunaux que l'invention a déjà été introduite en Russie, d'une manière exactement semblable, avant le privilège accordé; 4° s'il est prouvé qu'en suivant la description publiée, il est impossible, même d'après l'instruction de l'inventeur, d'atteindre le but indiqué; 5° l'échéance du terme du privilège est immédiatement publiée par le ministère de l'intérieur dans les gazettes des deux capitales, et alors tout le monde a le droit d'user de la découverte pour laquelle avait été accordé le privilège.

VI. *De la poursuite devant les tribunaux.*

18. Les affaires litigieuses relativement au privilège sont examinées dans le conseil du ministère de l'intérieur, auquel on associe des personnes expérimentées, selon le choix des parties contendantes, en nombre égal des deux côtés.

19. L'affaire est jugée d'après la pluralité des voix.

20. Les opposants appellent des jugements au sénat, où l'affaire se termine selon l'ordre établi.

21. Toutes les règles émises dans le présent ukase entrent en vigneur à dater de sa publication.

Une opinion du conseil de l'empire, approuvée par l'empereur le 24 avril 1829, contient les dispositions suivantes:

1° Les pétitions des personnes qui désirent obtenir un privilège ne seront acceptées que lorsqu'il y sera annexé tout ce qui est exigé par les articles 5 et 10 du *Manifeste*. Les pétitions présentées au ministère de l'intérieur sans lesdites annexes seront immédiatement rendues au pétitionnaire.

2° On n'admettra en aucun cas des pétitions envoyées par la poste; et l'on publiera que les inventeurs, en cas d'absence, doivent donner à quelqu'un procuration, pour la présentation de la pétition avec toutes les annexes requises.

5° En outre ce fondé de pouvoirs se chargera de l'obligation de payer l'impôt établi pour le privilège, en cas de concession.

4° Si quelqu'un autre présente une pétition avec les documents nécessaires pour pareille invention ou découverte, dont l'emploi n'a été introduit nulle part en Russie, et pour laquelle le premier pétitionnaire n'a pas annexé à sa pétition les documents nécessaires; en ce cas, en se fondant sur le manifeste suprême, et conformément à la conclusion du ministre de l'intérieur, le privilège sera accordé au second pétitionnaire; sous la réserve que si le premier veut défendre son droit, tous deux pourront porter leur affaire devant les tribunaux, d'après l'article 5 dudit manifeste.

---

§ IV. — *Belgique et Hollande.*

La législation sur les brevets a été réglée pour le royaume des Pays-Bas par une loi du 25 janvier 1817. Depuis la séparation de la Belgique et de la Hollande, cette même loi a continué à régir les deux royaumes. «Seulement, dit M. Varlet ([1]), il paraît que le mode d'exécution de la loi diffère dans les deux pays, au moins en ce qui concerne les brevets d'importation; et que, tandis qu'en Belgique on se montre restrictif à l'égard de cette espèce de brevets, en Hollande on les assimile entièrement aux brevets d'invention. »

([1]) Page 261.

La loi de 1817, qui diffère de la nôtre en ce point essentiel qu'elle admet l'examen préalable par le gouvernement, a été suivie, le 26 mars de la même année, d'un règlement d'exécution en vingt articles, auquel sont annexés plusieurs modèles d'actes. Il a, depuis, été publié plusieurs arrêtés et instructions.

On peut consulter avec fruit sur la législation belge, les deux ouvrages suivants :

Recueil des lois et règlements en vigueur en Belgique sur les brevets d'invention, avec des annotations destinées à faire connaître la jurisprudence judiciaire et administrative admise en cette matière ; suivi d'un catalogue des brevets accordés depuis le 1er *octobre* 1830, *d'un ensemble des arrêts rendus par les cours supérieures de France et de Belgique*, *et de la législation des principaux pays étrangers en la même matière ;* par Varlet, chef de bureau au ministère de l'intérieur et des affaires étrangères. Bruxelles, 1838, in-8° de 312 pages.

De la législation en matière de brevets d'invention, de perfectionnement et d'importation ; par A.-L. Tardieu, avocat, sténographe de la chambre des représentants. Bruxelles, 1842, in-8° de 16 pages ; extrait des *Archives de droit et de législation.*

L'ouvrage suivant développe avec talent une thèse que je repousse de tous points. Il propose, entr'autres conclusions : « De constituer en propriétés perpétuelles toutes celles qui ne sont encore que temporaires et provisoires ; telles que : les inventions industrielles, artistiques et littéraires, les recettes, les modèles, les secrets, les méthodes ; le droit d'auteur, de graveur, de moulage et d'estampage ; les firmes, les étiquettes, les marques, les timbres, les estampilles, les plombs, les poinçons, les griffes, les devises, les emblèmes, et jusqu'aux enseignes, aux clientèles, et aux dénominations quelconques dûment patentées ou déposées. » Voici le titre de cet ouvrage :

Création de la propriété intellectuelle. De la nécessité et des moyens d'organiser l'industrie, de moraliser le commerce, et de discipliner la concurrence ; par M. Jobard, membre de la Légion-d'Honneur, directeur du musée de l'industrie belge, contrôleur-aviseur au département des finances, commissaire du gouvernement belge à l'exposition française de 1839. Bruxelles, 1843, in-8° de 68 pages.

Loi du 25 janvier 1817.

1. Des droits exclusifs pourront être accordés par nous, pour un temps limité, par lettres-patentes, sous le nom de brevets d'invention ([1]), sous la demande qui nous en sera faite, à ceux qui, dans le royaume, auront fait une invention ou un perfectionnement essentiel dans quelque branche des arts, ou de l'industrie, ainsi qu'à ceux qui, les premiers, introduiront ou mettront en œuvre, dans le royaume, une invention ou un perfectionnement fait à l'étranger.

2. La concession des brevets d'invention se fera sans préjudice des drois acquis d'un tiers, et sera nulle s'il est prouvé que l'invention ou le perfectionnement pour lesquels quelqu'un aura été breveté ont été employés, mis en œuvre ou exercés par un autre, dans le royaume, avant l'obtention du brevet.

3. Les brevets d'invention seront accordés pour l'espace de 5, 10, ou 15 ans. Les droits à payer par l'obtenteur seront proportionnés à la durée du brevet et à l'importance de l'invention ou du perfectionnement ([2]); mais ne pourront jamais surpasser la somme de fl. 750 (1,587 fr. 50 c.) ni être moindre de fl. 150 (317 fr. 46 c.).

([1]) La loi ayant établi, par le fait, des brevets, non-seulement pour les inventions proprement dites, mais encore pour les perfectionnements et les importations, le gouvernement, pour mieux caractériser chacun de ces brevets, les accorde sous le titre de *brevets d'invention, de perfectionnement*, ou *d'importation. (Note de M. Varlet.)*

·([2]) L'article 16 du règlement du 26 mars 1817, règle ainsi qu'il suit le tarif des droits à payer : brevet de 5 ans, 150 florins; de 10 ans, 300 ou 400 florins, suivant l'importance de l'invention ou du perfectionnement; de 15 ans, 600 ou 750 florins; pour une cession, ou acquisition par droit de succession, 9 florins.

4. Un brevet d'invention accordé pour l'espace de 5 ou 10 ans, pourra aussi être prolongé à l'expiration de ce terme, s'il existe des raisons majeures pour accueillir la demande faite à cet effet; mais sa durée totale ne pourra jamais excéder le terme de 15 années.

5. Les brevets d'invention pour l'introduction ou l'application d'inventions ou de perfectionnements faits en pays étrangers, et dont les auteurs y seraient brevetés, ne seront point accordés pour un plus long espace de temps que celui de la durée du droit exclusif accordé, pour ces objets, à l'étranger, et contiendront la clause expresse que les objets mentionnés seront fabriqués dans le royaume.

6. Les brevets d'invention donneront à leurs possesseurs ou ayant-droit la faculté :

a. De confectionner et de vendre exclusivement, par tout le royaume, pendant le temps fixé pour la durée du brevet, les objets y mentionnés, ou de les faire confectionner et vendre par d'autres qu'ils y autoriseraient ;

b. De poursuivre devant les tribunaux ceux qui porteraient atteinte au droit exclusif qui leur aura été accordé, et de procéder contre eux en justice, à l'effet d'obtenir la confiscation, à leur profit, des objets confectionnés en contravention du brevet d'invention, et non encore vendus, et du prix d'achat des objets qui seraient déjà vendus; ainsi que d'instituer une action de dommages et intérêts, en tant qu'il y aura lieu.

7. Celui qui formera une demande à l'effet d'obtenir un brevet d'invention sera tenu d'y joindre, sous cachet, une description exacte, détaillée, et signée par lui, de l'objet ou du secret pour lequel le brevet est demandé, accompagnée des plans et dessins nécessaires. Cette description sera publiée après l'expiration du temps de la durée du brevet d'invention, soit originaire, soit prolongé, ou plus tôt, au cas que le brevet, pour quelqu'un des motifs à mentionner ci-dessous, soit déclaré nul. Le Gouvernement pourra néanmoins différer cette publication, s'il juge convenir, pour des raisons importantes.

8. Un brevet d'invention sera déclaré nul (') pour les causes suivantes :

(') Le Gouvernement stipule, dans tout octroi de brevet, qu'il pourra le déclarer nul pour l'une des causes prévues dans cet article. La nullité résultant d'ailleurs du cas prévu par l'article 2 ne peut, au contraire, être prononcée que par les tribunaux. (*Note de M. Varlet.*)

a. Lorsque l'obtenteur, dans la description jointe à sa demande, aura, avec intention, omis de faire mention d'une partie de son secret, ou l'aura indiqué d'une manière fausse ;

b. S'il paraissait que l'objet pour lequel un brevet aurait été accordé fût déjà décrit antérieurement à cette époque, dans quelque ouvrage imprimé et publié ;

c. Lorsque l'acquéreur, dans l'espace de deux années à compter de la date de son brevet, n'en aura pas fait usage, sinon pour des raisons majeures dont le Gouvernement jugera ;

d. Si celui qui aura obtenu un brevet d'invention en obtenait ensuite un pour la même invention dans un pays étranger ;

e. S'il paraissait que l'invention pour laquelle un brevet d'invention aurait été accordé, fût par sa nature, ou dans son application, dangereuse pour la sûreté du royaume ou de ses habitants.

9. Il sera tenu un compte séparé des droits à payer par ceux qui obtiendront un brevet d'invention, et le produit en sera employé en primes ou en récompenses pour l'encouragement des arts et de l'industrie nationale ([1]).

10. Sont abrogés et mis hors de vigueur, par la présente, les lois et règlements existant sur les brevets d'invention, et autres droits exclusifs semblables : bien entendu néanmoins que ceux à qui des octrois de brevets d'invention ont été délivrés et accordés jusqu'à ce jour, seront maintenus dans la jouissance de tous leurs droits. »

Du catalogue donné par M. Varlet résultent les chiffres suivants : Brevets délivrés en 1831, 15; 1832, 30; 1833, 42; 1834, 48; 1835, 62; 1836, 75; 1837, 132.

([1]) Cet article est abrogé par la deuxième disposition de l'article 115 de la constitution, ainsi conçue : « Toutes les recettes et dépenses de l'État doivent être portées au budget et dans les comptes. » Les recettes relatives aux brevets d'invention sont portées au budget des voies et moyens, et les dépenses au budget du département de l'intérieur. *(Note de M. Tardieu.)*

§ V. — *Espagne.*

Une loi décretée par les cortès, et sanctionnée le 14 octobre 1820 par le roi, avait établi en Espagne pour les brevets d'invention un régime fort analogue à celui de la législation française. Cette loi, dont j'ai donné le texte dans ma première édition, ayant été abolie en 1823, a été remplacée par la loi suivante, du 27 mars 1826, qui y est conforme en la plupart de ses dispositions essentielles; et à laquelle sont annexés quatre modèles d'actes :

« Art. 1er. Toute personne, à quelque condition ou pays qu'elle appartienne, qui propose d'établir ou qui établit une machine, un appareil, un instrument ou un procédé, ou opération mécanique ou chimique, qui soit en tout ou en partie nouveau, ou qui n'ait pas encore été établi de la même manière et dans la même forme dans ces royaumes, aura la propriété et l'usage exclusifs de la totalité de ladite invention, ou de la partie de cette invention qui n'aura pas encore été mise en pratique dans ces royaumes; et cela d'après les règles et aux conditions déterminées ci-après; lesquelles sont néanmoins subordonnées aux lois, ordonnances royales, et règlements et édits de police.

2. Pour assurer la propriété exclusive à la partie intéressée, il lui sera délivré un *brevet royal de privilège*, sans examen préalable de la nouveauté ou de l'utilité de l'objet, et sans que la concession du brevet soit en aucune manière considérée comme une reconnaissance de cette nouveauté ou utilité; la partie intéressée demeurera soumise au résultat conformément aux conditions stipulées ci-après.

3. Les brevets seront délivrés pour 5, 10 ou 15 ans, au choix des parties, lorsqu'elles les solliciteront pour des objets de leur propre invention; mais seulement pour 5 ans lorsqu'ils seront sollicités pour des importations de pays étrangers. Il est entendu que les privilèges concédés pour ces dernières, et qui seront appelés *brevets d'introduction*, seront accordés pour l'exécution et la mise en pratique d'une invention dans ces royaumes, mais non pas pour l'importation d'articles confectionnés à l'étranger; lesquels sont soumis aux dispositions du tarif

et aux ordonnances concernant l'entrée de marchandises étrangères.

4. Un privilège concédé pour 5 ans peut être prolongé de 5 autres années, lorsqu'il y a de bonnes raisons pour le faire ; les privilèges concédés pour 10 et 15 ans ne peuvent être prolongés.

5. Sera considéré comme pouvant être l'objet d'un *brevet d'invention*, ce qui n'aura pas été pratiqué en Espagne, ni dans aucun pays étranger ; ce qui n'aura pas été pratiqué en Espagne, mais l'aura été à l'étranger, sera l'objet d'un *brevet d'introduction*. Néanmoins toutes les inventions dont les modèles, ou les descriptions en langue espagnole, sont déposés au *Conservatoire royal des Arts* ne peuvent être l'objet d'un privilège, à moins qu'il ne se soit écoulé trois ans depuis leur dépôt sans qu'elles aient été mises en pratique ; dans lequel cas elles pourront être l'objet d'un privilège d'introduction pour 5 ans seulement.

6. Les parties intéressées doivent solliciter le *brevet royal de privilège*, par elles-mêmes ou par un agent, au moyen d'un mémoire conforme au modèle n° 1, qui doit être remis à l'intendant de la province dans laquelle elles résident; elles peuvent toutefois, si elles le préfèrent, le présenter directement à l'intendant de Madrid.

7. Le mémoire doit être accompagné : 1° D'une supplique à ma royale personne, écrite sur papier timbré grand in-4°, exprimant l'objet du privilège, portant s'il a été inventé par le pétitionnaire ou importé d'un pays étranger, et mentionnant le temps pour lequel est sollicité le privilège, conformément à l'article 5 ; cette représentation sera littéralement conforme au modèle n° 2 ; la même supplique ne peut concerner qu'une seule invention; 2° d'un plan ou modèle avec la description et l'explication de l'invention, spécifiant quel est le mécanisme ou le procédé particulier qu'elle présente, et qui n'a pas encore été appliqué ; le tout établi avec la plus grande précision et clarté, de manière qu'en aucun temps il ne puisse y avoir le moindre doute sur l'identité de l'invention, ni sur la particularité qu'elle présente comme n'ayant pas encore été pratiquée jusque-là. Le privilège ne peut être concédé qu'à ces conditions.

8. Les modèles doivent être remis dans une boîte fermée et scellée; les plans, descriptions, et explications, et autres détails, doivent également être enfermés sous scellé. Le tout doit porter une suscription conforme au modèle n° 3.

9. L'intendant écrira sous cette suscription : *présenté;* signera de

son chiffre, fera sceller la boîte ou le paquet, et remettra à la partie intéressée un certificat de dépôt, ainsi qu'une dépêche par laquelle il l'adressera à mon secrétaire d'État, ou à des personnes de son département; de manière que la partie intéressée, ou une autre personne en son nom, puisse se charger du tout.

10. Lorsque je trouverai bon de concéder le *brevet royal de privilège* (¹), lesdits documents seront transmis à mon Conseil suprême d'État; là, les boîtes et paquets seront ouverts; et, les documents exigés par l'article 7 y étant trouvés renfermés, le brevet sera délivré conformément au modèle n° 4.

11. Avant la remise de ce brevet, les parties devront présenter un reçu certifiant qu'elles ont payé au *Conservatoire royal des Arts* les sommes suivantes :

Pour un privilège de 5 ans, 1,000 réaux vellón (270 fr.); de 10 ans, 5,000 réaux; de 15 ans, 6,000 réaux; d'introduction ou d'importation, 3,000 réaux.

Il sera payé en outre 80 réaux pour les frais de l'expédition du brevet royal.

12. Lorsque le brevet sera délivré, les documents, enfermés et scellés comme il est dit ci-dessus, seront remis au *conservatoire*, et y demeureront déposés dans un local à ce destiné; ils ne seront ouverts qu'en cas de contestation, et sur l'ordre officiel d'un juge compétent (²).

13. Les concessions de brevets seront publiées dans la *Gazette de Madrid*.

14. Conformément aux dispositions des articles 6 et 21 de l'ordonnance royale de 1824, instituant un *Conservatoire royal des arts*, il sera ouvert dans cet établissement un registre dans lequel tous les brevets royaux de privilège qui auront été délivrés, seront inscrits par ordre de dates, avec mention de la date, des noms, prénoms et domicile de la partie intéressée, de l'objet du privilège, et de la durée pour

---

(¹) L'article 2 de la loi de 1820 n'autorisait le Gouvernement à refuser de brevet que si l'objet en était contraire aux lois, à la sûreté publique, aux bonnes mœurs, aux ordonnances ou règlements.

(²) Les articles 11 et 12 de la loi de 1820, consacraient, au contraire, la communication des descriptions au public; sauf le cas où, à l'imitation de l'article 15 de la loi du 7 janvier 1791, le secret aurait été ordonné.

laquelle il aura été concédé. Ce registre sera communiqué à toutes les personnes qui demanderont à le voir.

15. Le possesseur d'un privilège jouira de l'usage et de la propriété exclusifs de l'invention pour laquelle il aura été concédé (sans qu'il soit permis à personne de l'appliquer ou de la pratiquer sans le consentement du possesseur de brevet), soit pour le tout, soit pour la partie qu'il aura déclarée être nouvelle et ne pas avoir été pratiquée auparavant dans ces royaumes, selon la manière dont il aura présenté son invention dans les modèles, plans et descriptions qu'il aura déposés pour être produits en témoignage à une époque quelconque.

16. La propriété datera du jour et de l'heure de la présentation des pièces à l'intendant, et, dans le cas où deux ou plusieurs personnes auraient sollicité un privilège pour la même invention, le privilège de celui qui aura le premier présenté les pièces sera seul valable.

17. Le droit conféré par le privilège peut être transféré, donné, vendu ou échangé, et légué par testament, de la même manière que toute autre propriété personnelle.

18. Tout transfert doit être opéré par acte public portant si le transfert du droit s'étend à tout le royaume, ou seulement à une ou plusieurs provinces, à des villes ou districts particuliers; si le transfert ou la renonciation sont absolus, ou s'ils contiennent réserve de l'usage du privilège en faveur du propriétaire; si le transfert comprend le droit de transférer de nouveau ou non; et si le possesseur a déjà transféré son privilège à une ou plusieurs personnes.

19. La personne qui fait le transfert sera obligée d'en adresser un acte à l'intendant, devant lequel la présentation pour l'obtention du privilège aura été faite. Celui-ci, après avoir pris connaissance du transfert, transmettra cet acte au Conseil-d'État, lequel fera une communication semblable au Conservatoire royal des arts, afin que la chose soit annotée au registre mentionné à l'article 14. Le transfert sera nul, si l'expédition de l'acte de transfert n'est pas remise à l'intendant dans les trente jours après sa date.

20. La durée du privilège comptera de la date du *brevet royal*.

21. L'effet du *brevet royal* cessera, et le privilège deviendra nul et sans force : 1º Lorsque le temps fixé dans la concession sera écoulé; 2º lorsque la partie intéressée ne se présentera pas pour recevoir le *brevet royal* dans les trois mois du jour où elle aura présenté sa pétition; 3º lorsqu'elle n'aura pas fait usage de l'invention pour laquelle

le privilège aura été concédé, soit pour son propre compte, soit pour
le compte d'autrui, dans un an et un jour après la date du brevet ;
4° lorsque la partie intéressée abandonne l'invention, c'est-à-dire lorsqu'elle cesse d'en appliquer l'objet pendant un an et un jour non interrompus ; 5° lorsqu'il est prouvé que l'invention a auparavant été
appliquée dans une partie quelconque du royaume, ou qu'elle a été
décrite dans des livres imprimés, ou dans des gravures, peintures,
modèles, plans ou descriptions se trouvant au Conservatoire royal des
arts, ou qu'elle aura été exécutée ou établie dans d'autres pays, alors
que la partie intéressée l'aurait présentée comme nouvelle et comme
sa propre invention.

22. Lorsque la durée de la concession du privilège sera écoulée, le
Conservatoire fera connaître le jour de l'expiration au Conseil-d'État,
et celui-ci déclarera la cessation.

23. Dans tous les autres cas de cessation qui viennent d'être mentionnés, un juge compétent procédera, à la requête d'une partie quelconque, à l'examen des cas ; si la cessation est prouvée, ce juge donnera avis au Conseil-d'État que la cessation du privilège peut être
publiquement déclarée.

24. Les juges qui prendront publiquement connaissance de ces
matières seront les *intendants*, dans leurs provinces respectives ; les
demandes ou plaintes seront adressées à l'intendant de la province
où réside le défendeur. Les appels seront portés devant le Conseil-
d'État.

25. Lorsque le privilège aura été déclaré nul pour l'une des causes
mentionnées à l'article 21, la boîte ou le paquet de pièces déposées au
Conservatoire sera ouvert par le directeur de cette institution, et le
tout sera livré à l'inspection du public ; la cessation sera annoncée
dans la *Gazette*.

26. Le possesseur d'un privilège obtenu à un titre quelconque aura
le droit de citer et de poursuivre devant les tribunaux quiconque em-
piéterait sur son droit. L'intendant de la province où réside le défendeur connaîtra de ces causes ; les appels seront portés devant le Conseil-d'État.

27. Le fait étant prouvé, l'offenseur sera condamné à la confiscation
de toutes les machines, appareils, ustensiles et ouvrages d'art faits en
violation du privilège, et au payement d'une amende égale à trois fois

la valeur desdits objets, d'après une évaluation faite par des personnes compétentes ; le tout au profit du possesseur du privilège.

28. Les privilèges concédés avant cette époque demeureront en vigueur aux conditions de leurs concessions ; ceux qui ont été concédés avec la réserve que les conditions en seraient réglées par le présent décret royal sont soumis aux dispositions du présent.

—

§ VI. — *Autriche.*

Une ordonnance du 8 décembre 1820, dont j'ai donné le texte dans l'*Encyclopédie progressive*, avait établi la législation des États autrichiens. Elle a été remplacée par l'ordonnance suivante, du 31 mars 1832, à laquelle sont annexés quatre modèles d'actes. La nouvelle ordonnance reproduit tous les principes de la première. L'addition la plus considérable est celle qui concerne les dispositions relatives aux inventeurs étrangers.

CHAPITRE Ier. — *Objet des brevets ; formalités à remplir pour les obtenir.*

1. Tout individu, Autrichien ou étranger, peut obtenir un privilège pour l'exploitation exclusive de toute découverte, invention et amélioration dans une branche quelconque d'industrie.

2. Il ne sera pas délivré de privilège pour les préparations de comestibles, boissons ou médicaments.

Quiconque aura obtenu à l'étranger un brevet d'invention pour une découverte ou un perfectionnement qu'il voudra introduire dans les États autrichiens, pourra, lui ou son cessionnaire duement reconnu, obtenir un privilège pour ces objets ; mais la durée de ce privilège n'excédera pas celle du brevet qu'il aura obtenu à l'étranger ; et, dans aucun cas, cette durée ne pourra dépasser quinze ans, à moins d'une permission spéciale de notre part.

L'importation dans les États autrichiens d'une invention ou d'un perfectionnement, ne pourra être l'objet d'un privilège exclusif qu'au-

tant que cette invention ou perfectionnement seront brevetés à l'é-
tranger.

3. Celui qui voudra s'assurer la propriété exclusive d'une découverte
ou d'un perfectionnement industriel devra remettre à l'autorité du
lieu de son domicile une pétition conforme au modèle A, déclarer le
nombre d'années du brevet qu'il veut obtenir, payer la moitié de la
taxe fixée ci-après, et joindre à sa pétition, et sous enveloppe cachetée,
une description détaillée de la découverte ou du perfectionnement à
breveter.

La description doit être écrite en allemand, ou dans la langue de la
province où la pétition est déposée.

Elle doit être conçue de manière que toute personne à ce connaissant puisse exécuter l'objet breveté avec le seul secours de cette description.

Le point précis qui forme l'objet du privilège doit y être complètement distinct et formellement indiqué ; cette indication doit être
claire, précise, et sans aucune ambiguïté capable d'égarer ou de contrarier la mise à exécution de l'objet breveté.

Est de plus formellement interdite toute réticence, soit dans les
moyens, soit dans le procédé d'exécution, toute indication de moyens
plus chers ou autres que ceux qui sont employés, et toute dissimulation de l'une des manipulations essentielles de l'opération.

La description sera accompagnée de plans, ou dessins, ou modèles,
toutes les fois qu'ils seront indispensables pour l'intelligence de la
description.

4. L'autorité qui reçoit la pétition délivre au réclamant un certificat
indiquant les noms et domicile du demandeur, le jour et l'heure du
dépôt de la pétition, et contenant quittance du payement de la première moitié de la taxe, et récépissé de la description.

5. Le droit du breveté date de ce moment, relativement à la priorité
de la découverte ou du perfectionnement ; toute demande postérieure,
relative au même objet, sera nulle et de nul effet.

6. L'autorité locale doit inscrire sur l'enveloppe cachetée de la description le nom et le domicile du demandeur, le jour et l'heure du
dépôt de la demande ; le montant de la taxe payée et l'indication de
la découverte ou du perfectionnement. Cette inscription doit être
faite immédiatement et en présence du demandeur ; la description ca-

chetée et le montant de la taxe reçue doivent être ensuite transmis, dans les trois jours au plus tard, à l'autorité provinciale.

7. L'autorité provinciale ne connaît pas de l'utilité de la découverte ; elle s'assure seulement que l'objet est licite, qu'il n'est pas contraire à l'intérêt public, et qu'aux termes de la présente ordonnance il est susceptible d'être breveté.

Suivant le résultat de cet examen, l'autorité provinciale refuse le privilège ou en requiert la concession ; le titre est ensuite délivré au demandeur ; l'insertion dans les journaux et la publication au domicile du breveté en sont faites à la requête de l'autorité.

En cas de refus de la part de l'autorité provinciale, le demandeur peut se pourvoir près de la Chambre impériale.

8. Aussitôt après la délivrance et la proclamation des brevets, les descriptions, restées cachetées jusqu'à ce moment, sont ouvertes, à moins que le secret n'en ait été demandé, et elles sont transcrites sur le registre spécial affecté à cet usage, et soumises à l'examen du public toutes les fois que la communication en est demandée.

Lorsque le demandeur a réclamé le secret de sa découverte, la description produite par lui reste cachetée pendant la durée de son privilège, à moins qu'il ne s'agisse de préparations intéressant la santé publique, et qui, d'après les lois, doivent être soumises à examen préalable de la Faculté de médecine.

Tout privilège, délivré pour un objet illicite ou contraire aux mesures de police ou de salubrité, ou aux intérêts de l'État, est nul de plein droit.

CHAPITRE II. — *Avantages et droits attachés au brevet.*

9. Le brevet d'invention assure et garantit au titulaire l'usage exclusif de sa découverte, invention ou perfectionnement, telle qu'elle est détaillée dans sa description, et pour le nombre d'années qui est spécifié dans son brevet.

10. Le brevet donne au titulaire le droit d'ouvrir, pour l'exploitation de son privilège, autant d'ateliers, et d'y employer autant d'ouvriers que bon lui semble, de former dans toute l'étendue du royaume des établissements et magasins pour la confection et le dépôt de ses produits ; de délivrer des licences pour l'exploitation de sa découverte, sous le bénéfice et l'autorité de son privilège ; de s'associer des tiers ; d'agrandir son exploitation ; de disposer à son gré de son privi-

lège ; de le léguer, vendre ou affermer ; enfin, de faire breveter son invention à l'étranger. Ces droits sont toutefois circonscrits et limités au seul objet de l'invention, découverte ou perfectionnement qui fait l'objet du brevet, et ne peuvent être étendus à d'autres objets sous prétexte de rapport ou de connexité, ou exercés en opposition aux lois du commerce ou à tous autres droits légitimes.

11. Tout brevet délivré pour un perfectionnement ou un changement apporté à une invention privilégiée, doit être restreint à ce perfectionnement ou à ce changement ; il ne confère aucun droit, soit sur l'invention elle-même, soit sur tout autre procédé industriel appartenant au domaine public ; de même que l'inventeur primitif ne peut exécuter le changement ou le perfectionnement qui est l'objet d'un brevet.

Chapitre iii. — *Taxe des brevets.*

12. La taxe des brevets est proportionnée à la durée des privilèges. Le demandeur fixe lui-même la durée du privilège qu'il veut obtenir.

13. La taxe est de 10 florins de convention (25 fr.) pour chacune des 5 premières années ; pour la 6e, 15 ; la 7e, 20 ; la 8e, 25 ; la 9e, 30 ; la 10e, 35 ; la 11e, 40 ; la 12e, 45 ; la 13e, 50 ; la 14e, 55 ; la 15e, 60 ; en tout 425 florins pour 15 ans, maximum de la durée.

14. La taxe se paye, moitié en présentant la demande, et le reste par annuités au commencement de chaque année, sous peine de déchéance.

15. Afin de donner aux inventeurs le moyen d'essayer leur découverte, en mettant leurs droits à l'abri au moyen d'un privilège provisoire, tout individu pourra demander, sauf à le faire prolonger, un privilège de moins de 15 années, et aura le droit, avant l'expiration de son privilège, d'en requérir la prolongation jusqu'au terme de 15 ans, en acquittant d'avance la moitié de la taxe pour toute la durée de la prolongation, et l'autre moitié en annuités payables au commencement de chaque année.

16. La taxe, une fois payée, est acquise à l'État, et le remboursement ne peut jamais être réclamé, quand bien même des circonstances particulières empêcheraient la mise en exécution de la découverte ; à moins que l'inexécution ne provienne du refus de délivrance ou de l'annulation du privilège pour cause d'utilité publique. Dans ces cas, la taxe payée est restituée à qui de droit.

17. Les droits à payer pour l'obtention d'un brevet consistent dans la taxe ci-dessus mentionnée, dans un droit d'expédition de 3 florins pour chaque brevet, et dans le remboursement du timbre et des frais de l'enquête destinés à constater l'innocuité de la découverte. Les titres sont délivrés d'office, de la même manière que tous autres actes d'autorisation.

CHAPITRE IV. — *Commencement, durée, étendue, publication et extinction des brevets.*

18. Le maximum de la durée des privilèges est fixé à 15 années. Nous nous réservons toutefois d'étendre cette durée dans des cas particuliers et sur le rapport des autorités provinciales.

19. La durée du privilège commence de la date du brevet; mais son effet, relativement aux peines encourues par le contrefacteur, ne commence que du jour de la publication du brevet dans les journaux.

20. Les privilèges sont valables dans toutes les parties de l'empire où la présente ordonnance a force de loi.

21. Les privilèges prennent fin, soit par la déchéance, soit par l'expiration des titres.

La déchéance est de droit :

Lorsque la description de la découverte ou du perfectionnement ne remplit pas toutes les conditions prescrites par l'article 3 ;

Lorsqu'il peut être démontré dans la forme légale que la découverte ou le perfectionnement n'était pas nouveau au jour et à l'heure où le brevet a été délivré ; ou que la découverte ou le perfectionnement a été importé de l'étranger, sans que l'importateur fût titulaire ou cessionnaire du brevet délivré à l'étranger ;

Lorsque le titulaire d'un brevet en vigueur peut prouver que l'invention ou le perfectionnement pour lequel a été accordé un privilège postérieur au sien est identique avec son invention ou son perfectionnement ;

Lorsque le breveté, Autrichien ou étranger, a laissé écouler une année depuis la date d'expédition de son titre, sans mettre à exécution son invention ou son perfectionnement ;

Lorsque, sans motifs légitimes, le breveté interrompt pendant une année la mise à exécution de son invention ou de son perfectionnement.

Lorsque le breveté n'acquitte pas dans les délais déterminés la seconde moitié de la taxe.

Le privilège, arrivé à son terme, cesse de plein droit, hors le cas de prolongation exceptionnelle.

Les dispositions qui précèdent s'appliquent au breveté primitif et à ses cessionnaires et ayant-droit.

Après l'extinction du privilège, l'invention ou perfectionnement brevetés entrent dans le domaine public.

CHAPITRE V.—*Enregistrement des brevets.*

22. Les administrations compétentes feront transcrire les brevets sur les registres établis à cet effet; on y inscrira en même temps le nom des brevetés, leur domicile, la date de la description du breveté; et l'on y mentionnera la durée et le terme de chaque privilège, afin que tout individu qui veut obtenir un brevet puisse examiner tous les titres délivrés antérieurement. Il sera ouvert dans chaque registre une colonne pour les observations. Le registre général sera tenu au ministère du commerce.

23. Toutes les fois qu'il y a transmission du privilège, par vente, échange, donation, héritage, bail, ou autre mode d'aliénation, l'avis doit en être donné à l'autorité compétente, qui annote la mutation de propriété au dos du titre, l'inscrit sur le registre des brevets, et la notifie au ministère du commerce.

24. Tout breveté qui voudra exploiter son privilège sous un autre nom que le sien devra néanmoins déclarer son nom à l'autorité qui l'inscrira au registre, à côté du nom adopté pour l'exploitation du titre; et dans le cas où ce nom serait déjà adopté par un autre individu, il devra justifier du consentement de ce dernier.

CHAPITRE VI.—*Contestations, Procédure, Peines.*

25. La description de l'invention ou du perfectionnement forme le titre du breveté et constitue le fondement de son droit : c'est d'après cette description que doivent être jugées les contestations qui viendraient à s'élever.

Est réputée découverte toute reproduction d'un procédé industriel anciennement exercé, mais qui serait perdu depuis, ou qui serait inconnu en Autriche.

Est réputée invention la confection d'un nouveau produit par des moyens nouvaux, ou d'un nouveau produit par des moyens connus, ou enfin d'un produit connu par des moyens différents de ceux employés jusqu'à ce jour pour la confection du même produit.

Est réputé perfectionnement ou changement tout nouveau moyen ou procédé appliqué à la confection d'un produit déjà connu, privilégié ou non, et donnant lieu à une réussite plus complète ou à une dépense moins considérable.

Est réputée nouvelle toute découverte, invention, perfectionnement ou changement non encore connu en Autriche, soit par son application, soit par sa description dans un ouvrage imprimé; cependant la nouveauté ne peut être attaquée pour cause de description antérieure dans un ouvrage imprimé qu'autant que cette description est suffisamment claire et précise pour être mise à exécution par un homme du métier.

26. C'est aux autorités politiques qu'il appartient de prononcer, soit sur le refus de délivrance, soit sur l'annulation d'un privilège, pour cause d'utilité publique, soit sur le cas de déchéance pour défaut de mise à exécution ou d'accomplissement des obligations imposées aux titulaires de brevets.

27. Les juges ordinaires connaissent des actions en empiètement ou en contrefaçon, de l'application des peines établies par la loi, des indemnités pour dommage résultant du fait d'autrui, et des contestations relatives à la propriété du brevet, soit pour cause de priorité d'invention, soit par l'effet d'un titre particulier. Les règles ordinaires de la procédure seront suivies en cette matière.

28. Le breveté qui croit avoir à se plaindre d'une contrefaçon doit se pourvoir, pour la faire cesser, près le tribunal compétent relativement au domicile du défendeur.

Lorsqu'il s'agit d'une invention dont la description est restée secrète, le contrefacteur n'encourra pour la première fois qu'une injonction de s'abstenir de toute fabrication ultérieure et de tout débit du produit breveté.

Dans le cas de récidive, ou dans celui de contrefaçon d'un produit dont la description a été transcrite sur le registre des brevets, le demandeur peut requérir la saisie immédiate du produit de la contrefaçon, soit entre les mains du fabricant, soit dans celles d'un tiers, quand bien même il aurait été importé de l'étranger. Le juge saisi des demandes doit, dans la limite de son pouvoir, assurer le maintien du privilège. Il suivra les règles du Code de procédure, et observera, autant que l'analogie le permettra, les dispositions des ordonnances concernant les prohibitions et saisies. Il veillera à ce qu'il ne soit pas causé sans nécessité au défendeur des dommages irréparables, et, dans tous les cas, il n'admettra l'effet des mesures conservatrices qui pourront être ordonnées dans l'intérêt du demandeur qu'autant qu'elles ne s'appliquent qu'au produit faisant l'objet de la contestation.

29. Les envahissements à l'égard des privilèges dont la description n'aura pas été publiée ne seront soumis, pour la première fois, qu'à l'injonction de s'abstenir à l'avenir de toute fabrication du produit breveté ; en cas de récidive, la peine sera une amende qui pourra s'élever à 100 ducats (1186 fr.), moitié au profit du breveté, et moitié au profit des pauvres du lieu ; les produits de la contrefaçon seront en outre saisis au profit de la partie lésée.

30. Sont révoquées, à dater de la présente loi, sauf les droits qu'elles ont pu créer, les dispositions de l'ordonnance du 8 décembre 1820, et les dispositions règlementaires publiées postérieurement pour son exécution.

M. le conseiller aulique Antoine de Krauss a publié un ouvrage remarquable sur l'esprit de la législation autrichienne en matière de brevets.

———

§ VII. — *États allemands de l'Union douanière.*

Les gouvernements des États faisant partie de l'union douanière allemande, *zollverein*, se sont, lors de la rédaction des traités d'union, réservé d'adopter des principes uniformes en matière de brevets d'invention et d'importation. En exécution de cette réserve, une convention générale a été arrêtée, en 1842, pour toute la durée de l'union. Nous en donnons le texte. Quant aux législations particulières des divers · États, nous nous bornerons à quelques indications.

Voici la convention du 21 septembre 1842 :

« Il est abandonné à chacun des États faisant partie de l'union de décréter les dispositions qu'il jugera convenables relativement à la délivrance des brevets et privilèges ayant pour but l'usage exclusif d'inventions nouvelles en matière d'industrie , qu'il s'agisse de brevets d'invention ou de brevets d'importation ; toutefois, tous les États de l'union, dans le but d'écarter d'une part, autant que possible, les restrictions qui pourraient résulter de ces privilèges pour la liberté du commerce dans les États de l'union, et d'arriver, d'autre part, à une certaine uniformité de principes, se sont accordés de faire exécuter partout les principes suivants en matière de brevets.

1. Il ne sera délivré nulle part de brevet d'invention que pour des objets réellement neufs et d'une nature particulière. Ainsi , il ne sera point délivré de brevets d'objets qui, avant la délivrance du brevet, étaient déja pratiqués ou connus, de quelque manière que ce soit, dans le territoire de l'union; spécialement le brevet ne sera pas accordé pour des objets qui, déjà, auront été expliqués par l'impression ou par le dessin dans des ouvrages publiés dans le pays ou à l'étranger, en langue allemande ou en langue étrangère, de manière que l'exécution en sera facile pour tout le monde. L'appréciation de la nouveauté et de la particularité de l'objet susceptible d'être breveté est abandonné à l'appréciation de chaque gouvernement. Il ne sera plus , dans les États de l'union, délivré de brevet d'aucun objet dont l'invention aura été constatée par le brevet au profit d'un sujet de l'union, à d'autres personnes qu'à l'inventeur ou à ses successeurs légitimes.

2. Il pourra également, sous les conditions exprimées par l'article 1, être délivré des brevets de perfectionnement d'objets déjà connus ou brevetés, pourvu que le changement opéré soit nouveau et spécial. Ces brevets , toutefois , dans les cas où ils s'appliqueront au perfectionnement d'objets déjà brevetés, ne porteront aucun préjudice aux brevets déjà délivrés , et il faudra que la participation aux brevets originairement délivrés soit acquise par un traité spécial.

5. La délivrance d'un brevet ne pourra désormais donner aucun droit de faire défendre ou de faire restreindre soit l'importation d'objets conformes à ceux du brevet, soit l'écoulement et la vente de ces objets. Elle ne pourra, non plus , donner aucun droit au détenteur du brevet de faire défendre l'usage de ces objets qui ne seraient pas vendus par lui, sauf le cas unique où il s'agira de machines et d'outils préparés pour la production et la fabrication, et non de marchandises destinées à l'usage général du public.

4. Mais il est abandonné à chaque gouvernement de l'union d'ac-

corder au détenteur, par la délivrance d'un brevet, le droit exclusif de production et d'exportation de l'objet dans l'étendue de son territoire. De même il est laissé à chaque gouvernement, dans les limites de son territoire, d'accorder au détenteur d'un brevet le droit exclusif d'appliquer, soit une nouvelle méthode de fabrication, soit de nouvelles machines et outils nécessaires à la fabrication, de manière à pouvoir interdire l'application de la méthode, ou l'usage des objets brevetés, à quiconque n'aura pas acquis le droit, ou ces objets, du détenteur breveté.

5. Dans chaque pays de l'union, les sujets des autres pays de l'union seront assimilés aux sujets du pays, tant par rapport à la délivrance de brevets que par rapport à la garantie des droits résultant de cette délivrance. Cependant, la délivrance d'un brevet obtenu dans un pays ne pourra pas être alléguée comme motif suffisant d'un brevet semblable dans les autres pays de l'union. La décision de la question de savoir si un objet est susceptible d'être breveté reste au contraire, dans le territoire de l'union, abandonnée à la discrétion de chaque gouvernement, sans qu'il soit permis d'invoquer contre celle-ci le précédent des autres gouvernements. De plus, la délivrance d'un brevet accordé à un sujet d'un autre pays de l'union n'emporte pas le droit de prendre domicile et d'exercer la profession attachée à la nature de l'objet breveté; mais ce droit ne pourra être acquis que conformément aux lois de chaque pays.

6. Lorsque, après la délivrance d'un brevet, il sera établi que la présomption de la nouveauté et de la spécialité n'était pas fondée, le brevet sera retiré immédiatement. Si l'objet breveté avait été déjà connu par quelques personnes, et qu'il ait été tenu caché par celles-ci, le brevet conservera sa force à l'égard de tous autres que ces personnes, à moins qu'il n'existe d'autres causes de nullité.

7. La délivrance d'un brevet obtenu dans un état de l'union sera immédiatement rendue publique dans les journaux officiels, avec désignation générale de l'objet, du nom et du domicile des détenteurs, et de la durée du brevet. Seront de même rendues publiques la prorogation d'un brevet ou sa suppression avant l'expiration du délai primitivement accordé.

8. Tous les gouvernements de l'union se communiqueront, à la fin de chaque année, des registres complets des brevets accordés dans le cours de l'année. »

En Prusse, les brevets d'invention sont réglés par une instruction du 15 octobre 1815, rendue en vertu d'une ordonnance royale du 27 septembre précédent. Ils ne sont accordés qu'après examen préalable, et le gouvernement peut les refuser. Leur durée est de six mois à quinze ans au choix du requérant. Le brevet doit, à peine de déchéance, entrer en exécution dans les six mois. Les brevets ne sont délivrés qu'aux bourgeois ou membres d'une commune. Pour qu'un étranger obtienne un brevet, il faut, ou qu'il acquière le droit de bourgeoisie, ou qu'il cède son droit à un citoyen des États prussiens, sous le nom duquel le brevet est délivré. (Lettre du ministre de l'intérieur du 18 septembre 1828.)

Dans la Bavière rhénane, la matière est régie par l'ancienne loi française. Elle l'est, pour l'ancienne Bavière au-delà du Rhin, par les dispositions suivantes. Une loi sur l'industrie, du 26 septembre 1825, autorise, par son article 9, les délivrances de brevets, et fixe à quinze ans le maximum de durée. Une instruction du 28 décembre 1825 contient, articles 48 à 68, les développements sur la matière : Les brevets sont délivrés pour quinze ans, ou pour cinq ou dix ans avec faculté de prolongation jusqu'à quinze ans; ils le sont sans examen préalable; le montant de la taxe est réglé eu égard à chaque cas particulier. Les importations d'industries non en usage en Bavière étaient, par cette instruction, assimilées aux inventions; mais une ordonnance royale du 15 août 1834 restreint les brevets d'importation aux cas où il s'agira d'objets garantis à l'étranger par des brevets, en maintenant le maximum de durée à quinze ans.

Dans le royaume de Wurtemberg, les brevets d'invention sont l'objet de la section 7, articles 141 à 160, d'une loi du 5 août 1836, relative à l'industrie; et d'une instruction ministérielle du 12 octobre 1837.

La concession des brevets n'est point laissée à l'arbitraire du gouvernement, qui, cependant, est investi, mais dans des limites restreintes, d'un droit d'examen préalable. L'article 145 est ainsi conçu : « Le brevet réclamé conformément aux dispositions qui précèdent, sera accordé, excepté dans les trois cas suivants : 1° lorsque la fabrication pour laquelle on demande le brevet, ou les moyens destinés à y être employés, sont inconciliables avec les lois existantes; 2° lorsqu'il a déjà été délivré un brevet pour le même objet; 3° lorsque notoirement la prétendue invention a déjà été mise en usage dans le royaume. »

D'après l'article 146, la durée des brevets délivrés par le gouvernement ne peut dépasser dix ans; un acte de la législature peut seul en accorder pour une durée plus longue. L'article 149 permet de prolonger jusqu'à dix ans un brevet délivré pour une moindre durée.

L'article 148 fixe la taxe à 25 florins (53 fr. 25 c.) par an.

L'article 156 est ainsi conçu : « Le breveté qui, dans l'intention de conserver le secret de son procédé, même après l'expiration de la durée du brevet, aura gardé le silence, dans la description présentée, sur une partie essentielle de son invention, sera condamné aux peines portées contre l'escroquerie, et, en outre, à de plus fortes peines si son procédé porte préjudice au public. »

D'après l'article 158, le brevet d'importation s'éteint lorsque le brevet, sous la protection duquel l'invention se trouvait placée à l'étranger au moment où le brevet a été accordé dans le royaume de Wurtemberg, a cessé d'avoir effet.

—

§ VIII. — *Sardaigne.*

Les décrets royaux de 1826 et 1829 ne sont point, comme

les législations des autres peuples modernes, empruntés aux
lois de l'Angleterre et de la France. On doit plutôt les rap-
procher du régime que la déclaration de 1762 avait réglé
dans l'ancienne France, et auquel ils ajoutent des précautions de bonne exécution, et des garanties pour le public.

Patentes royales du 28 février 1826.

Charles-Félix, etc. Nous sommes informés que parmi les personnes
honorées et encouragées par nos concessions de privilèges exclusifs, il
en est qui, ou négligent tout-à-fait, ou retardent excessivement la mise
en œuvre des machines et la mise en activité des fabriques pour lesquelles elles ont obtenu le privilège ; et qu'en conséquence l'industrie
cesse de profiter de la protection et de la faveur que trouvent auprès
de nous les auteurs des nouvelles et utiles découvertes, ainsi que ceux
qui les perfectionnent ou introduisent les premiers dans nos États des
inventions avantageuses de pays étrangers. C'est pourquoi il nous a
paru convenable d'ordonner certaines mesures au moyen desquelles,
tout en continuant notre protection efficace aux inventeurs et aux importateurs de quelque industrie utile, nous préviendrons néanmoins le
dommage résultant de leur négligence. A ces causes, etc.

Art. 1er. Les auteurs de découvertes propres à créer on à perfectionner quelque branche d'industrie, ainsi que les premiers introducteurs, dans nos États, d'utiles inventions étrangères, et les éditeurs
d'ouvrages qui nous paraîtront en être dignes, pourront seuls obtenir
un privilège.—Nous nous réservons de rémunérer autrement, si toutefois ils le méritent, les inventeurs ou importateurs de découvertes qui,
bien qu'avantageuses, ne seront pas assez importantes pour pouvoir
obtenir la faveur du privilège.

2. Les privilèges seront temporaires. Leur durée se comptera à partir de la date des patentes de concessions ; mais celles-ci n'auront leur
effet à l'égard du public que du jour de leur publication.

3. Les demandes pour obtenir des privilèges nous seront adressées
par l'entremise de notre secrétaire d'État pour les affaires de l'intérieur.—Elles contiendront la description du genre d'industrie ou de
découverte pour lequel le privilège est sollicité ; on y déclarera pour
quel temps et en quel lieu on entend s'en servir ; elles seront en outre

accompagnées de modèles, dessins, échantillons, et de tous les éclaircissements suffisants pour donner de la chose une démonstration claire
et facile.

4. Après l'octroi de patentes de privilèges, les susdits modèles, dessins, échantillons et éclaircissements seront envoyés à notre Académie
des sciences de Turin, où ils resteront en dépôt.

5. Les magistrats préposés au commerce, et les corps auxquels, à
raison de leurs fonctions, la connaissance de ces objets serait nécessaire, pourront toujours en demander communication.

6. Dans les patentes de privilège sera établi un délai dans lequel
devront être mis en œuvre les travaux d'industrie pour lesquels elles
sont concédées.

L'article 7 est relatif à l'enregistrement des patentes, et à leur publication dans les trois mois de leur date ; faute de quoi elles n'auront
point effet.

8. Ceux qui auront obtenu un privilège devront faire preuve devant
le consulat de Turin, et en outre devant le consulat ou tribunal de
commerce dans le ressort duquel ils exercent l'industrie privilégiée,
qu'ils l'ont mise en œuvre dans le délai établi par les patentes de concession.

L'article 9 déclare les articles 7 et 8 applicables aux privilèges antérieurs non expirés.

10. Les concessionnaires devront chaque année faire constater au
consulat, ou au tribunal de commerce du ressort, et toujours au consulat de Turin, qu'ils tiennent en activité la branche particulière d'industrie pour laquelle ils ont obtenu le privilège, et qu'ils ont, en outre,
présenté et déposé à notre Académie des sciences de Turin un échantillon des travaux faits dans l'année précédente, quand le privilège
concerne quelque fabrique ou manufacture.

11. Quand les travaux de l'industrie privilégiée seront reconnus dé-
fectueux, l'Académie des sciences de Turin en informera notre secrétairerie d'État pour les affaires de l'intérieur ; et dans ce cas, si le privilège s'étend à tout le royaume, la secrétairerie d'État en donnera avis
au consulat de Turin, à l'effet par celui-ci de prononcer la déchéance
du privilège : que si le privilège est limité à une portion du territoire,
l'avis sera donné, pour la même fin, au consulat ou au tribunal de commerce du ressort ; toujours avec avertissement au consulat de Turin.

12. Le magistrat du consulat de Turin, et les consulats et tribunaux

13

de commerce du ressort où vaut le privilège, feront connaître régulièrement et en temps opportun à notre secrétairerie d'État pour les affaires de l'intérieur si les concessionnaires ont, ou non, satisfait aux obligations à eux imposées par les patentes de concession. → Ceux qui n'y auraient pas satisfait, et qui n'auraient point exécuté les conditions prescrites par les articles 7, 8, 9 et 10, seront déchus du privilège.

13. A l'expiration de la durée des privilèges, et toutes les fois que les concessionnaires en seront déchus, le consulat de Turin en donnera avis au public par un manifeste officiel, et l'exercice de l'industrie privilégiée demeurera libre pour chacun. — Quand il ne s'agira pas d'un privilège valable pour tout le royaume, outre le manifeste du consulat de Turin, il en sera spécialement publié un par le consulat ou le tribunal de commerce dans le ressort duquel le privilège était valable. — Ces manifestes seront toujours insérés dans la *Gazette Piémontaise*.

14. Les consulats et tribunaux de commerce sont spécialement chargés de veiller à ce qu'il ne soit point fait fraude aux personnes qui ont obtenu des privilèges.

15. Notre Académie des sciences de Turin publiera une liste des privilèges concédés, dans laquelle seront exprimés leur objet et leur durée. — Elle publiera également une liste des privilèges expirés, avec la description de leurs procédés, accompagnée des figures et dessins nécessaires pour la commune intelligence.

16. L'époque de la publication des listes sus-énoncées sera déterminée par notre premier secrétaire d'État pour les affaires de l'intérieur, lequel nous proposera le mode de subvenir aux dépenses à ce nécessaires.

17. Les cessions et les renonciations de privilèges seront nulles lorsqu'elles n'auront pas été préalablement approuvées par nous. — Dans ce cas, sera tenu immédiatement pour révoqué le privilège objet de la cession ou de la renonciation.

L'article 18 et dernier accorde un privilège de 15 ans aux auteurs de livres et de dessins, et détermine les conditions de ce droit exclusif (¹).

Des patentes royales du 2 juin 1829 étendent à six mois le délai fixé à trois mois par l'article 7 du décret précédent;

(¹) Voir mon *Traité des droits d'auteur*, t. I, p. 294.

et simplifient les formalités d'enregistrement et de publication des patentes de concessions.

—

§ IX. — *États Romains.*
Édit du 3 septembre 1833.

1. Quiconque, citoyen des États du pape ou étranger, découvrira ou introduira un nouveau genre de culture important, ou un nouvel art utile non connu précédemment, ou non encore mis en pratique, ou un nouveau procédé utile de culture ou de fabrication, ou un perfectionnement utile dans les moyens déjà connus, aura droit à un privilège exclusif pendant le temps et suivant les conditions expliquées dans les articles suivants.

2. Ceux qui découvriront un nouveau produit naturel, inventeront ou introduiront dans l'État une nouvelle branche de culture ou de fabrication ; ceux qui trouveront un nouveau moyen d'application ou de perfectionnement utile dans un moyen déjà connu, obtiendront un droit exclusif pendant un temps qui ne sera pas moindre de cinq ans et qui ne pourra excéder quinze années.

3. Ceux qui, ayant obtenu un privilège dans un État étranger, introduiront dans les États romains de nouvelles méthodes ou de nouveaux perfectionnements utiles non encore pratiqués et connus dans lesdits États, jouiront du droit exclusif pour tout le temps restant à courir sur la durée du privilège obtenu à l'étranger.

4. Enfin, ceux qui introduiront dans l'État de nouveaux moyens ou perfectionnements utiles, soit pour l'agriculture, soit pour les arts, si ces moyens ont déjà été publiés par la voie de l'impression, obtiendront un privilège de trois à cinq ans, suivant l'importance de l'invention ou du perfectionnement, le montant de la dépense nécessaire pour le mettre en pratique, le plus ou le moins d'avantage à retirer du privilège. Les mêmes motifs seront pris en considération, soit pour étendre les privilèges à tous les États romains, soit pour les restreindre à une seule partie de ces États.

5. Tout individu ayant obtenu un privilège de moins de quinze ou de moins de cinq ans, suivant le cas, pourra obtenir une prolongation proportionnée de durée, soit lorsqu'il justifiera de dommages importants et imprévus éprouvés dans sa jouissance, soit dans le cas d'utilité publique.

6. La demande de privilège devra contenir la désignation de la découverte, invention, méthode ou perfectionnement faisant l'objet de la
demande ; l'utilité que l'État peut en attendre, et, s'il y a lieu, les dommages qui peuvent en résulter pour le public ou pour les intérêts particuliers.

7. La demande sera accompagnée d'une description en double expédition de la découverte, invention, etc...., assez claire et assez complète pour pouvoir être mise à exécution par tout agriculteur ou fabricant ; on y joindra les plans, dessins, coupes, modèles ou échantillons
qui seraient nécessaires. Le tout sera placé dans une enveloppe re-
vêtue du cachet particulier du demandeur, et indiquant la date du jour
de la présentation et le sommaire de l'objet auquel elle s'applique.

8. La date indiquée sur l'enveloppe de la description et des objets
y annexés, après avoir été contresignée par l'autorité locale, qui ne
pourra dans aucun cas refuser ou retarder le contreseing, fera foi pour
la priorité de la découverte, etc...

9. Lorsque la durée du privilège aura été déterminée conformément
à l'article 5, il sera délivré au réclamant une patente de propriété qui,
après avoir été publiée dans le *Diario di Roma*, sera notifiée aux car-
dinaux et prélats des légations et délégations.

10. La patente fera foi en justice tant pour le fait de la concession
du privilège que pour la date de sa délivrance ; mais elle ne garantira
ni le mérite, ni l'utilité d'une découverte, invention, introduction,
nouveauté de méthode ou perfectionnement, ni aucun autre droit que
ceux qui sont formellement décrits aux articles qui précèdent.

11. Tout individu qui, pour défaut de priorité ou toute autre cause,
voudra contester au breveté son droit de propriété, pourra le faire en
introduisant une instance devant le tribunal compétent ; mais cette instance devra être introduite dans le délai de six mois à partir de la
date de la patente, passé lequel délai, si l'instance n'est pas introduite,
son droit de réclamation sera censé abandonné.

12. A dater du jour de la publication de la patente, le privilégié
aura le droit exclusif de mettre en usage sa découverte, son nouveau
genre de culture ou de fabrication, sa nouvelle méthode ou son perfectionnement ; et il ne sera permis à personne, pendant la durée de
son privilège, de le troubler dans sa jouissance ou de lui contester en
aucune manière l'objet spécifié dans sa patente.

13. Le breveté pourra, en outre, pendant la durée de son privilège

et sous les conditions imposées par la présente loi, user de son droit de la même manière que de tout autre droit de propriété, le céder à autrui, s'associer des tiers pour son exploitation, ou en accorder l'usage partiel ainsi qu'il le jugera à propos.

14. Le patenté aura d'ailleurs le droit de poursuivre devant les tribunaux compétents tout individu qui entreprendra de le troubler dans sa jouissance ou contestera la découverte mentionnée dans sa patente.

15. La patente cessera d'avoir son effet tant à l'égard du patenté que vis-à-vis des tiers, dans les cas suivants :

1o S'il appert que la découverte peut nuire à la sécurité et sûreté publique.

2o S'il est jugé par les tribunaux que d'autres que le breveté avaient avant lui introduit ou mis en pratique dans les États romains, culture, art, invention, nouvelle méthode ou perfectionnement faisant l'objet de la patente.

3o Si la nouvelle méthode ou le perfectionnement étaient déjà connus par l'impression ou avaient été l'objet d'une patente de propriété, sans que ce fait ait été déclaré dans la demande du pétitionnaire.

4o Si dans la description présentée le pétitionnaire se trouve avoir dissimulé, altéré ou falsifié quelqu'un des moyens nécessaires, utiles ou plus économiques d'appliquer la découverte, etc...

5o S'il s'est écoulé une année depuis la publication de la patente, sans que la découverte, etc..., ait été mise en pratique, ou si, pendant la durée du privilège, la pratique en a été interrompue durant le même espace de temps.

6o Si le patenté a laissé écouler un mois après l'échéance sans acquitter les droits mentionnés aux articles précédents.

7o Si l'examen des échantillons levés chaque année par les autorités locales sur les produits du patenté fait reconnaître une altération dans la culture ou la fabrication du patenté.

16. Après l'expiration du privilège ou dans le cas de déchéance, la description sera rendue publique dans les légations et délégations, et il demeurera libre à tous d'exercer la découverte, etc..., qui en faisait l'objet.

17. La taxe payée pour l'obtention d'une patente sera proportionnée au nombre d'années de sa durée, et comprendra désormais tous les payements divers qui jusqu'à ce jour s'étaient faits à divers titres.

18. Cette taxe pour les nouvelles découvertes, inventions, etc...,

méthodes ou perfectionnements inconnus précédemment, sera de dix scudis (53 fr. 80 c.) par an ; et pour les importations de culture, art, invention, méthode ou perfectionnements déjà connus, mais non pratiqués dans les États romains, de 15 scudis (80 fr. 70 c.) par an.

19. Toute prorogation de privilège sera payée à raison d'un tiers en sus de la taxe qui précède.

20. Le payement sera fait en deux parties égales, la première en recevant la patente, et la seconde dans le premier mois de la seconde moitié de la durée du privilège.

21. La somme provenant de ces taxes pourra, suivant l'occasion, être employée en encouragements à l'agriculture et aux arts.

Les articles 22, 23 et 24 déterminent les conditions du maintien des privilèges spéciaux antérieurement concédés.

25. Les contrevenants à l'article 15 seront assujétis à la perte des objets contrefaits, par moitié au bénéfice du patenté et par moitié au bénéfice de l'accusateur ou de l'action publique, sans préjudice des dommages et intérêts, lorsqu'il y aura lieu, envers le patenté.

SECTION VII.

BIBLIOGRAPHIE FRANÇAISE ET STATISTIQUE.

La bibliographie d'une science fait partie de son histoire. J'ai cherché à donner le catalogue complet de ce qui, en France, a été publié à part sur la branche du droit objet de ce traité. De nombreux chapitres ou articles sur ce sujet se trouvent dans des ouvrages de droit plus étendus, généraux ou particuliers, et dans des dictionnaires, répertoires, recueils, dont les plus estimés sont fort usuels et bien connus du public, ainsi que dans les journaux quotidiens et autres. Je ne les ai point indiqués, quoique plusieurs de ces travaux aient plus d'importance réelle qu'une partie des écrits dont je donne le titre; ces citations m'auraient entraîné dans trop de détails et exposé à trop d'omissions.

Les chiffres qui terminent ce chapitre, et qui portent témoignage des progrès de l'industrie, sont puisés dans les documents officiels où chacun pourra facilement en trouver les développements.

Description des machines et procédés spécifiés dans les brevets d'invention, de perfectionnement et d'importation dont la durée est expirée. in-4°.

Ce recueil est officiel. Il contient les descriptions des brevets expirés, accompagnées d'un grand nombre de planches. Le 1er volume a été publié en 1811; le 2mo en 1818. La collection s'est ensuite continuée avec rapidité et exactitude; le 21me volume a été publié en 1831; le 51me en 1844. Le 1er volume est le seul qui contienne des documents juridiques. Molard, par les soins duquel il a été publié, y a rassemblé les rapports, lois et décrets relatifs à la législation française; avec une notice, incomplète et fautive, sur la législation anglaise, et une traduction des deux actes de 1793 et 1800, décrétés par les États-Unis.

Catalogue des spécifications de tous les principes, moyens et procédés pour lesquels il a été pris des brevets d'invention, de perfectionnement et d'importation depuis le 1er juillet 1791, époque de la mise à exécution des lois des 7 janvier et 25 mai précédents. in-8°.

Ce recueil, comme le précédent, est publié officiellement par l'administration. Les lois de 1791 exigeaient qu'un catalogue des brevets délivrés fût déposé aux secrétariats de départements. Un premier catalogue, imprimé en 8 pages petit in-folio, comprenait, par ordre chronologique, les brevets délivrés depuis le 1er juillet 1791 jusqu'au 25 prairial an XI, 15 juin 1803. Un second catalogue, en 26 pages grand in-folio, fut imprimé en 1812 : il était distribué par ordre alphabétique des noms des brevetés, et indiquait 696 brevets, délivrés du 1er juillet 1791 au 1er janvier 1812. Ces publications ne répondaient qu'imparfaitement au vœu de la loi, et leur insuffisance devint manifeste lorsque les brevets se multiplièrent. En 1826, M. le comte Corbière, ministre de l'intérieur, fit publier le catalogue général des brevets délivrés jusqu'au 1er juillet 1825. Ce catalogue a, depuis, été tenu constamment au courant par des suppléments successifs publiés d'année en année. Il ne publie pas, comme le recueil in-4°, les spécifications ou descriptions, il en indique sommairement l'objet. Les brevets y sont d'abord rangés, suivant l'ordre alphabétique des matières, sous le mot qui caractérise leur objet principal; puis une table alphabétique des brevetés et de leurs cessionnaires ou ayants-cause renvoie au catalogue par ordre de matières.

Code des brevets d'invention, de perfectionnement et d'importation; par le chevalier Blanc-Saint-Bonnet, avocat à la Cour royale de Lyon. 1823, in-8°.

Ce recueil reproduit les pièces rassemblées par Molard. L'auteur en a ajouté quelques autres, et diverses observations. Le même auteur a publié, sans date, en 1826, en une brochure in-8° de 23 pages, une *Pétition à MM. les Députés,* en partie extraite de l'ouvrage précédent. Cette pétition demandait la suppression des brevets de perfectionnement et d'importation, et l'attribution des contestations sur contrefaçon aux tribunaux de commerce.

De la législation et de la jurisprudence concernant les brevets d'invention, de perfectionnement et d'importation; par Théodore Regnault, avocat à la Cour royale de Paris. 1825, in-8° de xiv et 378 pages.

La première partie, contenant la législation, reproduit les pièces recueillies par MM. Molard et Blanc-Saint-Bonnet; les deux lois de 1791 y sont accompagnées d'utiles annotations. La seconde partie renferme la jurisprudence : aux arrêts rap-

portés par les journaux judiciaires, M. Regnault a joint les
relations, fort développées, de plusieurs autres procès. L'auteur, qui était membre de la commission de 1828 et 1832, a
publié sur cette matière un grand nombre de consultations,
plusieurs articles dans divers recueils, et de nombreuses observations dans le cours de la discussion de la loi nouvelle.

*Traité des brevets d'invention, de perfectionnement et d'im-
portation; suivi d'un appendice contenant le texte des lois et
règlements rendus en France, un précis de la législation anglaise, les lois des États-Unis de l'Amérique septentrionale et
des Cortès d'Espagne;* par Augustin-Charles Renouard, avocat
à la Cour royale de Paris. 1825, in-8° de XII et 501 pages.

C'est la première édition du présent ouvrage.

Encyclopédie progressive. Brevets d'invention; par Augustin-Charles Renouard. 1826, in-8° de 105 pages.

Ce travail, où sont résumées les doctrines exposées dans
mon traité, est suivi d'un appendice qui contient les textes de
législation, et qui donne quelques lois étrangères non comprises dans le volume précédent. Il a été publié avec l'annonce de l'ouverture d'un concours pour un prix de trois
mille francs, fondé par Ternaux, et destiné à l'auteur du
meilleur projet de loi sur les inventions et découvertes. Le
prix devait être décerné par une commission composée de
MM. Bérard, Bertin-de-Veaux, duc de Broglie, duc de Dal-
berg, Girod de l'Ain, Jacques Laffite, Jacques Lefebvre, baron Louis, Paravey, Joseph Périer, Charles Renouard, Émile
Vincens. Mais le concours n'a pas eu de suite. La Commission ne s'est jamais réunie. *L'Encyclopédie progressive,* dans
laquelle ont pris place quelques grands écrits, fort supérieurs
à celui-ci, a été malheureusement interrompue après une
trop courte existence.

Code général et progressif. Brevets d'invention; par A. De-
courdemanche et T. Regnault. 1828, in-8°.

Ce Code ne contient que les textes de la législation française, classés par ordre de matières.

Réflexions sur la manière de procéder aux expertises concernant les discussions en matière de brevets pour les découvertes industrielles; par J. R. Armonville. 1828, in-8° de 13 pages.

Instruction théorique et pratique sur les brevets d'invention, de perfectionnement et d'importation; par le chef du bureau des manufactures au ministère du commerce. 1829, in-8° de xiv et 143 pages.

Cochaud, auteur de cet ouvrage, avait une longue expérience de la matière. Il était membre de la commission formée en 1828 pour préparer un projet de loi. Il a pris sa retraite en 1831 après 42 ans de services administratifs, et est mort en 1840.

Projet de loi pour les brevets d'invention; par Legris, auteur de plus de 1200 inventions publiées. Paris. 1829, petit in-fol. de 3 feuilles.

Considérations sur la législation des brevets d'invention; par Charles Sallandrouze de Lamornaix, propriétaire de la manufacture royale d'Aubusson; suivies d'un *Rapport*, par le même, *présenté à la commission d'Aubusson, en réponse aux questions adressées par le ministre*, etc. 1829, in-8° de 110 pages.

Considérations et opinion sur cette question : Continuera-t-on de délivrer, pour les inventions industrielles, des titres qui, sous la dénomination de brevets, conféreront le droit privatif d'exploiter ces inventions pendant un temps déterminé? Par A.-B. Vigarosy; suivies d'une *Ode à l'industrie*. Castelnaudary. 1829, in-8° de 72 pages.

L'auteur résout négativement cette question, la première de celles que la commission de 1828 avait posées. Il propose de remplacer les brevets par la création d'un ordre du mérite industriel, ou de Saint-Charles, pour servir de récompense et d'encouragement aux inventions nouvelles.

Aperçu sur les législations relatives aux inventions industrielles, tant en Europe qu'aux États-Unis d'Amérique. 1829, in-8° de 21 pages.

Extrait du *Recueil industriel*, publié par M. De Moléon.

Analyse des réponses aux questions proposées pour la révision des lois sur les brevets d'invention. 1829, in-8° de 86 pages.

Ce résumé des réponses adressées au ministère du commerce sur les questions posées par la commission de 1828, est extrait du même recueil, qui a aussi donné, entre autres articles sur cette matière, une *délibération de la chambre de commerce de Lille*, en date du 31 juillet 1829.

Des brevets d'invention accordés aux méthodes pour l'enseignement, et de l'autorité compétente pour statuer sur leur validité; par Victor Augier, avocat à la Cour royale de Paris. 1829, in-8° de 34 pages.

L'auteur soutient que les méthodes d'enseignement sont brevetables, que le gouvernement ne doit juger ni la priorité, ni le mérite, ni le succès d'une invention, mais qu'il est seul compétent pour en apprécier la brevetabilité. Cette doctrine est contraire à deux arrêts rendus depuis par la Cour de cassation les 21 février 1837 et 15 juin 1842.

French law and practice of patents; par Antoine Perpigna. Paris, 1832, in-8° de 9 feuilles 1/4.

Manuel des inventeurs et des brevetés; par le même. Première édition, 1834. — Sixième édition, 1843, in-8° de 528 pages.

M. Perpigna est auteur de l'article *Brevets d'invention* dans le *Dictionnaire du commerce et des marchandises.*

Traité théorique, pratique et complet des brevets d'invention, de perfectionnement et d'importation; par MM. Giraudeau et

Goetschy, avocats à la Cour royale de Paris. 1837, in-18 de 188 pages.

Traité de la contrefaçon et de sa poursuite en justice; par Étienne Blanc, avocat à la Cour royale de Paris. 1838, in-8°.

Cet ouvrage est divisé en trois livres. Le premier, pages 11 à 145, a pour objet les brevets d'invention.

Guide de l'inventeur dans les principaux États de l'Europe, on Précis des lois et règlements en vigueur sur les brevets d'invention, de perfectionnement et d'importation en France, Belgique, Hollande, etc.; par Ch. Armangaud jeune. Paris, 1840, in-8° de 10 feuilles.

Essai sur les brevets d'invention obtenus par les industriels de la Normandie, depuis l'origine de cette institution; par MM. J. Girardin et Ballin. Communiqué à l'Académie royale des sciences, belles-lettres et arts de Rouen, dans la séance du 26 novembre 1841.

Imprimé dans l'*Annuaire des cinq départements de l'ancienne Normandie*, publié par l'association normande. — Huitième année, 1842, pages 527 à 540.

La discussion sur la nouvelle loi des brevets a donné naissance, en 1843 et 1844, à de nombreuses publications sous le titre de *Pétitions, Observations, Examen du projet;* notamment :

Par M. Philippe Mathieu, breveté, in-8° d'une feuille; par M. Perpigna, in-8° de 3 feuilles 1/4; par M. H. Truffaut, in-8° de 4 feuilles; par M. Théodore Regnault, in-8° de 7 feuilles 1/4, et plusieurs pétitions in-4°; par M. J.-B. Viollet, in-8° de 2 feuilles 1/2, et autre d'une demi-feuille. La société d'encouragement, les pharmaciens de Paris, des réunions d'industriels et d'inventeurs, ont également publié des observations ou présenté des amendements.

Examen du projet relatif aux brevets d'invention; par M. Renouard, conseiller à la Cour de cassation.

Article inséré dans le *Journal des Économistes*, n° 25, décembre 1843 ; tome VII, pages 6 à 22.

Le tableau suivant donne le chiffre des brevets d'invention, de perfectionnement et d'importation délivrés annuellement en France depuis 1791.

ANNÉES.	NOMBRE de brevets délivrés.	ANNÉES.	NOMBRE de brevets délivrés.
1791, 2ᵉ semestre.	34	1817	162
1792	29	1818	153
1793	4	1819	158
II	4	1820	151
III.	5	1821	180
IV.	8	1822	175
V	4	1823	187
VI.	10	1824	217
VII	22	1825	321
VIII	16	1826	281
IX.	34	1827	333
X	29	1828	388
XI.	45	1829	432
XII	44	1830 (¹) . . .	366
XIII	65	1831	220
XIV, 1ᵉʳ trimestre.	17	1832	287
1806	84	1833	431
1807	66	1834	576
1808	61	1835	556
1809	52	1836	582
1810	93	1837	872
1811	66	1838	1312
1812	96	1839	730
1813	88	1840	1947 (²)
1814	53	1841	937
1815	77	1842	1609
1816	115	1843	1398

(¹) Premier semestre 235. — 2ᵉ semestre 131.
(²) Un travail général a été fait, en cette année, sur les demandes arriérées : c'est l'une des causes de l'élévation de ce chiffre.

Ces chiffres donnent pour moyennes annuelles, en négligeant les fractions :

De 1791 à l'an XII, ou 1804 : 19. De 1804, année de l'établissement de l'Empire, au 1er janvier 1815 : 71. De 1815 au 1er janvier 1831 : 231. Pendant la période décennale de 1831 à 1841 : 751. On a vu, par le tableau précédent, que cette dernière moyenne a, depuis, été beaucoup dépassée.

Voici comment se divisent les brevets délivrés jusqu'au 1er janvier 1844, et formant un total général de 16,180 : 6,043 brevets de 5 ans. 3,208 de 10 ans. 2,457 de 15 ans. 4,472 de changement et addition à de précédents brevets.

Le recueil officiel publié en 1837 sous le titre d'*Archives statistiques du ministère des travaux publics, de l'agriculture et du commerce,* donne, n° XXIII, un tableau des brevets délivrés de 1791 à 1836 inclusivement. Il y a de légères différences entre ses chiffres et ceux du catalogue.

Ainsi ce tableau donne pour total des brevets délivrés jusqu'au 1er janvier 1837, 2,913 brevets de 5 ans, au lieu de 2,946, chiffre du catalogue; 1,433 de 10 ans au lieu de 1477; 1,188 de 15 ans au lieu de 1,218. Il passe entièrement sous silence les brevets de perfectionnement et d'addition que le catalogue porte jusqu'à cette époque à 1,734.

Ce tableau offre une division assez curieuse; celle des délivrances de brevets par département; en faisant toutefois cette remarque essentielle : que les inventeurs des départements viennent très fréquemment prendre leur brevets à la préfecture de la Seine. Le total général de 5534 brevets porté pour les 46 années de ce tableau se subdivise ainsi qu'il suit entre les départements :

Seine, 3,624.—Rhône, 287.—Seine-et-Inférieure, 127.—Gironde, 110.—Bouches-du-Rhône, 85.—Loire, 83.—Gard, 76.—Hérault, Nord, 68,—Bas-Rhin, 59.—Haut-Rhin,

56.—Côte-d'Or, 47.—Ardennes, 45.—Seine-et-Oise, 44.—Pas-de-Calais, 39.—Loire-Inférieure, 37.—Somme, 35.—Isère, 30.—Marne, 29.—Aisne, 28.—Charente-Inférieure, 26.—Eure, 25.—Aude, 23.—Saône-et-Loire, 22.—Loiret, 21.—Doubs, Haute-Garonne, 20.—Oise, 19.—Drôme, 18.—Aube, Gers, 17.—Calvados, Meurthe, 14.—Dordogne, Indre-et-Loire, Moselle, Vaucluse, 13.—Ardèche, Var, 12.—Ile-et-Vilaine, Nièvre, Vosges, 11.—Puy-de-Dôme, Seine-et-Marne, 10.—Finistère, Jura, Manche, Haute-Saône, Sarthe, 9.—Lot-et-Garonne, Maine-et-Loire, 8.—Landes, Haute-Marne, Haute-Vienne, 7.—Eure-et-Loir, Meuse, Yonne, 6.—Orne, Pyrénées-Orientales, 5.—Ain, Arriège, Charente, Côtes-du-Nord, Lozère, 4.—Loir-et-Cher, Basses-Pyrénées, Hautes-Pyrénées, Deux-Sèvres. 3. — Hautes-Alpes, Cher, Lot, Mayenne, Tarn, Tarn-et-Garonne, 2.—Allier, Basses-Alpes, Aveyron, Corse, Creuse, Indre, Haute-Loire, Morbihan, 1.—Vendée, Vienne, 0.—Le Cantal et la Corrèze sont omis dans ce tableau.

SECONDE PARTIE.

PRATIQUE DE LA LÉGISLATION FRANÇAISE SUR LES BREVETS D'INVENTION.

—

CHAPITRE I.

PRINCIPES GÉNÉRAUX DE LA LÉGISLATION, ET DIVISION DE LA SECONDE PARTIE.

1. La *cause* de notre législation sur les inventions industrielles est, ainsi qu'on l'a vu dans la première partie, le besoin de régler conformément à la justice, et selon des conditions d'utilité réciproque, les rapports entre chaque inventeur d'une part, et la société d'autre part.

Le *moyen* employé par notre législation pour satisfaire ces droits et ces intérêts, est d'établir un contrat d'échange entre l'inventeur et la société.

La *matière* de cet échange est, de la part de l'inventeur, la livraison d'une invention industrielle; c'est, de la part de la société, la concession et la garantie d'un monopole temporaire, pour l'exploitation de cette invention.

Afin de constater leurs prétentions à une jouissance exclusive, et afin d'être armés d'un *titre*, et reçus à exercer des poursuites contre quiconque ferait usage de leur invention, pendant tout le temps pour lequel l'exploitation leur en est exclusivement réservée, celui ou ceux qui prétendent avoir droit sur une invention, se font délivrer par l'autorité administrative, sur leur réquisition, à leurs risques et périls, sans examen préalable, et par conséquent sans garantie, un acte

14

qui leur sert de titre, et qui, en France, avait d'abord été appelé *patente*, comme il l'est en Angleterre, et a définitivement reçu la dénomination de *brevet d'invention*.

Les *obligations de l'inventeur envers la société* sont de lui faire, dans les formes établies par la loi, la livraison réelle et efficace d'une industrie, qui soit licite et qui soit nouvelle.

Les *obligations de la société envers l'inventeur* sont de lui assurer, conformément aux règles tracées par la loi, les moyens de poursuivre ceux qui, pendant la durée de sa jouissance exclusive, exploiteraient son invention sans son consentement, et les moyens d'obtenir, contre ces contrefacteurs, des condamnations réparatrices du dommage qu'ils lui auraient fait éprouver.

2. Nous examinerons, dans l'ordre suivant les dispositions que notre matière embrasse.

Droits résultant des brevets : nature et étendue de ces droits; contrefaçon; délit de vente, recel et introduction; limites des droits du breveté.

Objets de brevets : invention d'une industrie licite; importations d'inventions; perfectionnements et additions.

Sujets de brevets : personnes ayant droit à des délivrances de brevets; personnes ayant droit aux brevets délivrés.

Formes des brevets; leur transmission; leur publication : demandes et descriptions; taxe; transmission et cession; communication et publication des descriptions et dessins.

Durée des brevets : pour quel temps ils sont délivrés; quand ils commencent; quand ils prennent fin.

Actions en nullité et en déchéance.

Actions en contrefacon.

Texte de la loi du 5 juillet 1844 : avec renvoi, après chaque article, aux passages du présent traité y relatifs.

CHAPITRE II.

DROITS RÉSULTANT DES BREVETS.

3. Objet du présent chapitre.

4. Domaine public et domaine privé.

5. Le droit attaché au brevet est le privilège exclusif d'exploitation par fabrication et par vente.

6. Définition de la contrefaçon.

7. Le droit du brevet s'étend à chacune de ses parties qui constituent l'invention.

8. Le droit du brevet ne s'étend que sur ses parties essentielles, constitutives de l'invention.

9. La fabrication est contrefaçon, même sans exploitation commerciale ni mise en vente.

10. La fabrication commencée peut être contrefaçon.

11. Les délits de vente, recel et introduction de contrefaçons sont spécialement prévus.

12. Ce qu'on entend par vente et exposition en vente.

13. Recel d'objets contrefaisants.

14. Introduction en France de contrefaçons.

15. L'introduction par le breveté d'objets de brevet fabriqués à l'étranger n'est pas contrefaçon, mais cause de déchéance.

16. La pénalité est la même contre la contrefaçon et contre le recel, la vente et l'introduction.

17. On peut poursuivre les débitants et recéleurs sans poursuivre le fabricant.

18. L'ignorance ou la bonne foi du contrefacteur n'effacent point son délit.

19. L'ignorance ou la bonne foi effacent le délit de recel, vente ou introduction.

20. Détention ou usage d'un objet de brevet.

21. Chacun peut user des objets acquis du breveté ou de ses ayants-droit.

22. L'acquéreur d'un objet contrefaisant ne peut l'exploiter par fabrication ni par vente.

23. La détention ou l'usage d'un objet contrefaisant, non accompagnés d'exploitation, ne peuvent être poursuivis.

24. Droit du breveté à faire seul pendant la première année, breveter les changements, perfectionnements et additions.
25. Nature juridique des droits résultant du brevet.
26. Suppression de l'ancienne interdiction au breveté français de prendre un brevet à l'étranger.
27. Déchéance du breveté s'il introduit en France des objets de son brevet fabriqués à l'étranger.
28. Exception en faveur de certains modèles de machines.
29. Déchéance pour non exploitation du brevet.
30. L'usurpation de la qualité de breveté, ou le défaut de mention, par l'ayant-droit à cette qualité, qu'elle est sans garantie du gouvernement, constituent un délit.
31. Les perfectionnements et les importations sont soumis, en général, aux règles des brevets d'invention.
32. La taxe des brevets est distincte de la patente commerciale.

3. Les propriétaires légitimes de brevets valables ont le droit exclusif d'exploiter à leur profit l'invention décrite au brevet pendant le temps déterminé par le titre qui confère ce privilège, et sous les conditions réglées par la loi.

Nous verrons dans les chapitres subséquents quelles personnes sont légitimes propriétaires de brevets, quels brevets sont valables, combien ils durent, comment et pourquoi le privilège ne s'étend pas au-delà de ce qui est décrit au brevet. Le présent chapitre exposera en quoi consiste l'exploitation exclusive accordée au brevet, et quelle est la nature des droits existants sur le brevet, qui est son titre.

4. Nous aurons souvent à employer les expressions *domaine public*, *domaine privé*. Ces mots, susceptibles d'acceptions diverses dans la langue du droit, ont en cette matière un sens déterminé : les idées et les choses du domaine privé y sont celles dont l'exploitation est privativement réservée aux personnes investies d'un droit exclusif en vertu de brevet; sont du domaine public les idées ou les choses sur

lesquelles a droit chacun des individus dont le public se compose.

5. L'article 1er, § Ier de la loi de 1844 est ainsi conçu : « Toute nouvelle découverte ou invention dans tous les « genres d'industrie confère à son auteur, sous les condi- « tions et pour le temps ci-après déterminés, le droit exclu- « sif d'exploiter à son profit ladite découverte ou inven- « tion. »

Ce paragraphe a, au fond, le même sens que l'article 1er de la loi du 7 janvier 1791 ; mais il présente deux différences de rédaction essentielles à noter.

Voici l'ancien article : « Toute découverte ou nouvelle invention, dans tous les genres d'industrie, *est la propriété de son auteur ;* en conséquence, la loi lui en garantit *la pleine et entière jouissance,* suivant le mode et pour le temps qui seront ci-après déterminés. »

La loi nouvelle a écarté le mot de *propriété.* Le gouvernement, dans l'intention d'éviter des controverses, avait déclaré ne vouloir, par cette suppression, préjuger aucune des graves questions qui s'élèvent sur la théorie du droit des inventeurs, et que nous avons trop amplement exposées dans le chapitre premier de la première partie pour y revenir ici. Mais la discussion de la loi, et notamment les rapports des commissions des deux Chambres, ont rendu à la suppression de cette expression caractéristique sa signification naturelle. M. le marquis de Barthélemy, indiquant les conditions philosophiques de l'établissement de privilèges temporaires maintenu par le projet, en a tiré ce principe, qui en est une conséquence nécessaire : « Le législateur est maître de fixer les conditions de la jouissance exclusive que l'inventeur ne tient que de lui. » M. Philippe Dupin s'est prononcé encore plus explicitement ; son esprit rigoureux et ferme a résolu-

ment combattu la théorie de la perpétuité ou de la propriété.
Il a très bien remarqué que si l'Assemblée Constituante avait
quelquefois, dans les mots, parlé le langage du système de
propriété, elle avait constamment, dans ses actes et par le
fond de ses dispositions, donné gain de cause à la doctrine
opposée.

Le projet présenté à la Chambre des Pairs, se servant d'expressions analogues à celles de la loi de 1791, disait que
l'invention *confère à son auteur un droit de jouissance entière
et exclusive*. M. le marquis de Barthélemy, dans son rapport,
a fait remarquer que cette rédaction manquait d'exactitude;
qu'une fois vendue, la chose produite par l'invention est
tombée dans la jouissance commune, dans le droit commun,
chacun pouvant se la procurer en l'achetant; que ce qui appartient exclusivement au breveté, ce n'est pas la jouissance,
ce sont les profits. La rédaction adoptée ne contrarie nullement, ainsi qu'on l'a parfaitement reconnu dans la discussion, les droits des cessionnaires ou autres ayants-cause.

La loi nouvelle explique donc plus clairement cette proposition, déjà évidente sous la loi ancienne : que la jouissance exclusive résultant du brevet consiste dans l'exercice
exclusif de la production ou fabrication, et dans la vente exclusive des produits.

6. Le nom légal de toute production ou fabrication exercée en violation du privilège attaché au brevet, est *contrefaçon*. Toute question de contrefaçon est nécessairement complexe et offre à juger l'existence du privilège et le fait de sa
violation.

7. Le droit exclusif du propriétaire de brevet s'étend sur
le brevet tout entier. En conséquence, il y aura contrefaçon,
alors même qu'au lieu de copier identiquement, et dans chacun de ses détails, l'invention décrite au brevet, on aurait

ntroduit quelques différences, ou usurpé certaines parties
seulement. Ce sera aux tribunaux, appréciateurs des faits,
à discerner ce qui constitue essentiellement et sérieusement
l'invention, non-seulement dans son ensemble, mais aussi
dans ses détails.

8. De même que le droit du brevet s'étend à chacune de
ses parties essentielles, et que l'on n'échapperait pas à une
poursuite en contrefaçon en alléguant que toutes les parties
du brevet n'ont pas été contrefaites, de même aussi il n'y a
pas contrefaçon si la partie de brevet copiée ou imitée n'est
point essentielle à l'invention et ne la constitue pas. L'arrêt
suivant (¹) constate ce principe, et déclare en même temps
que c'est aux juges du fait à en apprécier les applications :
« Attendu qu'il appartient aux juges du fait d'apprécier,
parmi les procédés et moyens à l'aide desquels s'exécute et
se met en œuvre le brevet, ce qui constitue réellement la
combinaison nouvelle, l'invention, et ce qui n'est qu'un
moyen d'action indifférent, et qu'on peut changer à volonté
sans que l'idée de l'inventeur en soit modifiée ou altérée;
que, dans l'espèce, le jugement attaqué décide que la différence entre les appareils, relativement à la manière dont ils
sont mis en mouvement, est assez importante pour que l'un
ne puisse être considéré comme une contrefaçon de l'autre,
et qu'une telle décision ne peut fournir d'ouverture à cassation. »

9. Il ne faut pas interpréter dans un sens restrictif ces
mots de l'article : *droit exclusif d'exploiter à son profit.* Ils
ne détruisent pas ce principe fondamental : que le droit de
fabrication n'appartient qu'au propriétaire du brevet; et l'allégation de n'avoir pas fait de la fabrication un objet d'ex-

---

(¹) C. de cassation, ch. crim., 50 décembre 1843.

ploitation commerciale ne serait pas une défense snffisante contre l'accusation de contrefaçon. Le breveté sera reçu à se plaindre toutes les fois que sa propre exploitation souffrira de la fabrication d'autrui, et qu'il se sera vu ainsi privé du profit qu'il aurait légitimement obtenu si l'on s'était adressé à lui. La question sera donc toujours celle de savoir, non si le tiers a profité de l'exploitation, mais s'il a diminué les profits de l'exploitation du breveté. La seule limite que le bon sens indique, et qui explique l'emploi des expressions de l'article, est dans le droit qui appartient naturellement à tout individu de se livrer, à part lui, à des études, à des expériences. L'appréciation de l'intention, et, plus encore, celle du préjudice possible, devront, en de tels cas, guider les tribunaux, qui, dans le doute, se prononceront en faveur du breveté, tant le prétexte du droit personnel d'étude peut facilement glisser jusqu'à l'abus.

Il résulte d'ailleurs très clairement de l'article 40 que le fait de fabrication suffit à lui seul, et indépendamment de toute mise en vente, pour constituer la contrefaçon.

10. Le fait d'une fabrication non encore terminée suffit-il pour constituer la contrefaçon?

S'il ne s'agit que d'une fabrication imparfaite, restée sans achèvement et abandonnée sans avoir été mise à fin, les tribunaux pourront déclarer qu'il n'y a pas eu fabrication. Mais ce cas est exceptionnel.

Nous avons vu, n° 9, que la fabrication est contrefaçon, alors même qu'elle n'a pas été suivie de mise en vente, et, n° 7, que la fabrication d'une partie seulement du brevet est contrefaçon. Il suit de là que la fabrication commencée, et en cours d'exécution, pourra être l'objet de justes poursuites. Ce n'est pas là une simple tentative; la contrefaçon partielle est déjà consommée.

Après avoir cité deux arrêts, l'un de la Chambre criminelle du 2 juillet 1807, l'autre de la Cour de Paris du
11 mars 1837, qui ont résolu affirmativement cette question, au sujet de l'impression commencée de livres de domaine privé, j'ai ajouté, dans mon *Traité des droits d'auteurs* (¹), les observations suivantes applicables à notre matière : « Cette jurisprudence me semble bien fondée. Ce
n'est pas seulement sur le préjudice déjà éprouvé, c'est aussi
sur le préjudice possible que doit s'étendre la garantie assurée au privilège. Si l'on s'en tenait à la réparation du
préjudice déjà causé effectivement, il faudrait donc, lorsqu'une édition contrefaisante (²) est saisie, n'accorder de
réparations qu'eu égard au nombre d'exemplaires qui auraient été réellement vendus. Ce serait éluder la loi, et presque consacrer l'impunité. Le caractère de contrefaçon s'attache à toute fabrication illicite, de nature à porter préjudice à l'exploitation vénale de l'auteur, et à troubler cette
exploitation par des risques dont la loi a expressément voulu
le garantir. »

11. Le droit exclusif de trafiquer des produits de l'invention, et de les vendre ou faire vendre, est un des attributs essentiels du brevet.

Sous la législation de 1791, la dénomination de contre-

(¹) Tome II, n° 20.

(²) J'ai expliqué ce néologisme dans mon *Traité des droits d'auteurs*, t. II, n° 7. Je continue à m'en servir, quoique la législation ne
l'ait point adopté. Il me paraît indispensable, si l'on veut éviter la confusion qui naît de l'emploi du mot *contrefait* dans un double sens
actif et passif. Une telle phrase, *le propriétaire de l'édition contrefaite ou du procédé contrefait a droit de poursuivre l'édition contrefaite ou le procédé contrefait*, n'offre-t-elle pas un imbroglio pire
qu'un néologisme? C'est cependant ainsi qu'il faudrait écrire pour se
conformer à la langue adoptée par l'usage et par les lois.

facteurs s'étendait à tous les violateurs du brevet : les fabricants d'objets contrefaisants, les débitants, dépositaires, introducteurs, étaient considérés comme co-participants à un
fait complexe que la loi prenait dans son ensemble, et traitait comme un fait unique. C'est ce qui résultait d'un grand
nombre d'arrêts, parmi lesquels je n'en citerai qu'un seul,
rendu par la chambre des requêtes le 12 novembre 1839:
« Attendu que l'article 12 de la loi du 7 janvier 1791.... ne
distingue point entre les personnes qui fabriquent et celles
qui débitent un objet contrefait ; qu'il résulte de cette disposition que les marchands débitants et dépositaires d'objets
contrefaits peuvent être poursuivis et condamnés comme le
fabricant même. » On pouvait, à l'appui de cette solution,
invoquer le texte formel de l'article 12, titre 2, de la loi du
25 mai 1791, qui plaçait sur la même ligne les objets, ou
fabriqués, ou débités en fraude.

Un article spécial de la loi de 1844, l'article 41, prévoit
et punit le délit qui consiste à recéler, vendre, exposer en
vente, introduire sur le territoire français un ou plusieurs
objets contrefaisants.

12. L'exposé des motifs à la chambre des députés, comparant la rédaction de l'article 41 à celle de l'article 426 du
Code pénal, s'exprime ainsi : « Notre article emploie le mot
vente, qui s'applique à un fait, même isolé, au lieu du mot *débit*, qui semble entraîner l'idée d'habitude, ou au moins de
répétition du même fait. » On pourrait contester cette distinction ; mais ce que l'on doit en conclure avec certitude,
c'est que la loi actuelle veut atteindre les faits de vente isolés.

L'article assimile l'exposition en vente à la vente même.
Les mots : *exposés en vente*, ne doivent point être interprétés
dans un sens restrictif. Un marchand dans le magasin duquel
des objets contrefaisants seraient trouvés devrait être consi-

déré comme débitant, alors même que l'on ne prouverait contre lui, ni des faits particuliers de vente effective, ni leur exposition publique en vente. Il sera débitant, s'il résulte des circonstances qu'il a acheté avec l'intention de revendre; et, dans bien des cas, l'absence d'exposition publique, loin de venir à sa décharge, servira, au contraire, à prouver qu'il n'a tenu ces objets cachés que parce qu'il a eu conscience du délit par lui commis.

13. Le projet primitif se taisait sur les dépositaires; ce silence ne les aurait pas affranchis de poursuites, quand ils auraient su qu'ils avaient en dépôt des objets contrefaisants. Ils sont alors, en effet, ou complices soit du fabricant, soit du débitant, ou débitants eux-mêmes s'ils ne gardent les objets que dans la vue de les vendre un jour après avoir attendu l'opportunité de la vente. La commission de la chambre des pairs a expressément atteint les dépositaires, en comprenant dans la nomenclature de l'article 41 les recéleurs.

14. Le droit exclusif assuré en France au breveté serait anéanti, si l'on permettait que les contrefaçons faites à l'étranger pussent impunément être introduites et vendues en France. L'article 426 du Code pénal a puni ces importations, et les lois des douanes les prohibent. Un arrêt de la chambre civile, du 20 juillet 1830, déclare qu'il y a juste application de la loi, et participation du délit de contrefaçon, dans les faits qualifiés par un jugement du tribunal civil de Nancy, où on lit : « Que la déclaration faite par Germain à l'administration des douanes, la remise du dessin et du plan de la machine qu'il voulait faire entrer en France, les droits qu'il a acquittés pour cette introduction, ne peuvent écarter de lui la qualité de contrefacteur, et le soustraire à la peine de la loi; que la contrefaçon d'une découverte brevetée est relative au propriétaire du brevet, et tout-à-fait étrangère à l'admi-

nistration et au service des douanes, dont la surveillance s'é-
tend sur les objets dont l'entrée est prohibée ou sujette à
des droits, et non sur des objets (il eût mieux valu dire sur
des questions) d'art et d'industrie. »

Aucune difficulté de ce genre ne reste possible sous la loi
nouvelle. L'article 41 atteint expressément ceux qui introduisent sur le territoire français des contrefaçons ; sans créer
d'exception en faveur de l'introducteur qui destine l'objet à
son usage personnel, et n'entend pas en faire commerce.

15. L'introduction, par le breveté, d'objets fabriqués en
pays étranger, et semblables à ceux qui sont garantis par son
brevet, ne viole point, à son préjudice, les droits qu'il tient
de son privilège, mais constitue, de sa part, une violation du
contrat moyennant lequel la société le lui a accordé. Cette
infraction du contrat n'est pas une contrefaçon ; mais l'article 32 en a fait une cause de déchéance, sur laquelle nous
nous expliquerons plus complètement ci-après, n° 27.

16. Les projets du gouvernement et de la chambre des
pairs établissaient, à l'exemple des articles 425 et suivants
du Code pénal, une moindre pénalité contre le recel, la vente
ou l'introduction que contre le délit de fabrication. Était-ce
à dire qu'on voulait, en cette matière, effacer la règle générale de l'article 62 du Code pénal qui définit la complicité ;
et qu'on affranchissait des peines de la complicité avec le
contrefacteur celui qui l'aurait provoqué à la contrefaçon, ou
lui aurait donné des instructions pour la commettre, celui
qui lui aurait fait la commande, fourni des fonds, procuré des
éléments, des instruments, des moyens, prêté aide et assis-
tance ? Évidemment non. Le délit qu'on réputait moindre,
celui de débit, ne pouvait recevoir la vertu d'absorber et d'effacer le délit plus grave de contrefaçon si le débitant en avait
été reconnu complice. De là seraient nées inévitablement de

fréquentes difficultés pratiques. La commission de la chambre des députés a prévenu ces embarras en établissant, contre les deux délits, parité de peines, et en ramenant ainsi, avec plus de simplicité et de justice, le délit de débit à sa vraie nature, celle d'une complicité dans le délit de contrefaçon. « Les complicités, dit le rapport de M. Philippe Dupin, étaient réprimées par le projet plus faiblement que le délit principal. La commission a cru devoir maintenir le principe général de l'égalité des peines entre les auteurs d'un délit et leurs complices. En cette matière plus qu'en toute autre la culpabilité est identique; et si les circonstances appellent une différence, le juge trouvera le moyen de l'établir, dans l'intervalle qui sépare le maximum et le minimum sur l'échelle des répressions. »

17. Le second de ces délits suppose nécessairement l'existence du premier; car la vente, le recel ou l'introduction ne peuvent être tenus pour coupables que si l'existence de la contrefaçon est prouvée. Mais il est manifeste que le second délit pourra toujours être poursuivi, sans que des poursuites soient exercées contre les auteurs du premier. La fraude aurait beau jeu, et les droits des brevetés seraient mis au néant, si, lorsque le fabricant se cache, les débitants et recéleurs ne pouvaient être directement atteints.

18. La loi de 1844, par ses articles 40 et 41, établit une différence très notable entre le délit de fabrication et le délit de recel, vente ou introduction. Cette différence consiste en ce que la circonstance de l'ignorance ou de la bonne foi n'efface point le premier délit, et efface le second.

Avant d'expliquer ces deux articles de la nouvelle loi, il convient d'exposer l'état antérieur de la législation et de la jurisprudence.

Les lois de 1791 ne se prononçaient point, en termes explicites, sur la question de savoir si l'individu poursuivi comme contrefacteur pouvait alléguer, à titre d'excuse et d'exception, sa bonne foi ou son ignorance; mais cette question était résolue négativement par la jurisprudence.

Elle a été agitée devant la Cour de cassation dans une espèce où la cassation était demandée, parce que le tribunal avait prononcé une condamnation, en se fondant sur ce que l'appareil poursuivi offrait similitude de principes avec l'appareil breveté : on disait à l'appui du pourvoi que le tribunal n'aurait pu condamner que s'il eût déclaré expressément qu'il y avait eu intention de contrefaire, le délit de contrefaçon ne pouvant exister sans intention coupable; un arrêt de la Chambre des requêtes, du 25 mai 1829, sans développer la question, l'a jugée implicitement en décidant qu'il y a contrefaçon lorsqu'un ouvrage est calqué sur un autre de manière qu'il en résulte entre eux une similitude parfaite; qu'ainsi le jugement, en prononçant qu'il y avait eu contrefaçon, avait fait une juste application de la loi.

La question a été explicitement et nettement tranchée dans le même sens par un arrêt de la Chambre civile, du 27 décembre 1837, où on lit : « En droit, le brevet d'invention étant porté, par son insertion au *Bulletin des lois,* à la connaissance de tous les citoyens, et les avertissant ainsi du droit privatif conféré au breveté, le fait seul de l'emploi, non autorisé par celui-ci, des procédés consignés dans son mémoire descriptif, constitue, de la part de celui qui en est convaincu, le fait de contrefaçon, sans qu'il lui soit loisible d'exciper du droit des tiers, et quelles que puissent être, d'ailleurs, les conventions, valables ou non dans leur forme, qui seraient intervenus entre le breveté et d'autres personnes; d'où il suit que l'excuse tirée de la bonne foi ne saurait être admise pour échapper à la poursuite de contrefaçon; quoique la bonne foi, quand elle existe, soit prise en considération pour l'appréciation des dommages et intérêts réclamés par le porteur du brevet. »

La Cour royale de Paris a appliqué ces principes contre des débitants, par un arrêt du 3 juillet 1839 (¹), dont les motifs mêlent l'appréciation du fait aux considérations de droit : « Attendu que l'obtention des brevets de 1836 et 1837 a été rendue publique, non-seulement par les moyens ordinaires prévus par la loi, mais encore par l'affiche des jugements de condamnation rendus précédemment contre divers contrefacteurs, et par les circulaires et prospectus que Pujet avait eu le soin de répandre chez les principaux négociants et coiffeurs de la capitale, et dont il avait fait insérer l'extrait dans les journaux; que, dès-lors, les prévenus sont non recevables à invoquer leur ignorance et leur prétendue bonne foi pour légitimer ou excuser l'illégitimité de la possession des peignes saisis chez eux. »

La Cour royale de Rouen, par arrêt du 4 mars 1841, cassé depuis sur d'autres points, a posé à cet égard une distinction. Il avait à statuer tant sur l'action du ministère public que sur l'action civile du breveté. Statuant sur l'action publique, il a affranchi de condamnations correctionnelles le cessionnaire des contrefacteurs par ce motif : « que les faits de la cause n'établissant pas suffisamment qu'il ait su que les machines par lui achetées étaient contrefaites, les principes en matière de complicité ne peuvent pas lui être appliqués. » Mais, statuant sur l'action civile, il a condamné, même par corps, à des dommages et intérêts ce cessionnaire dont il venait de proclamer la bonne foi; il a en outre condamné, en leur qualité, les syndics de la faillite de ce cessionnaire, qui

_____

(¹) Dalloz, 39, 2, 272.

avaient continué à exploiter les machines par lui achetées, à des dommages et intérêts à prélever sur la masse par préférence à tous autres créanciers.

La même Cour de Rouen, jugeant correctionnellement, avait par l'arrêt suivant, du 6 juillet 1841, infirmé un jugement qui condamnait le prévenu comme contrefacteur : « Attendu que Viel avait acheté de Denise la machine à l'occasion de laquelle des poursuites ont été dirigées contre lui; que Denise avait obtenu un brevet d'invention, et que la connaissance que Viel avait de ce fait à l'époque où il a acheté la machine contrefaite est de nature à prouver sa bonne foi; que c'est postérieurement que Denise a été condamné comme contrefacteur quoique breveté; que rien ne prouve que, jusqu'alors, Viel ait eu connaissance de la contrefaçon dont il s'était rendu coupable. » Cet arrêt a été cassé par arrêt de la Chambre criminelle, du 3 décembre 1841. Après avoir établi que l'emploi d'une machine constitue une contrefaçon, l'arrêt de cassation s'exprime ainsi sur la question de bonne foi : « que l'insertion des brevets au *Bulletin des lois*, en exécution de l'arrêté des consuls du 5 vendémiaire an IX, et la faculté donnée par l'article 11 de la loi du 7 janvier 1791 à tout citoyen domicilié de consulter, au dépôt général établi à cet effet, les spécifications des brevets d'invention, ne permettent pas à ceux qui employent les procédés décrits dans ces brevets d'exciper de leur bonne foi, puisqu'ils ont à s'imputer d'avoir négligé de recourir au moyen que la loi leur offrait pour reconnaître préalablement si ces procédés n'étaient pas l'objet d'un brevet....; que la Cour royale, pour repousser l'action du demandeur, s'est uniquement fondée sur la bonne foi de Viel et sur le brevet de Denise; en quoi elle a formellement violé l'article 12 de la loi du 7 janvier 1791. »

La loi nouvelle a adopté ces principes, quant au délit de ontrefaçon; elle s'en est écarté, quant au délit de recel, entc ou introduction.

C'est ce qui résulte, avec évidence, des textes mêmes. L'ar- icle 41, relatif au second délit, ne punit que ceux qui ont gi sciemment; le mot *sciemment* n'a point été inséré dans 'article 40, relatif au premier délit.

Les discussions de la loi attestent que cette différence de édaction a été volontaire, et que l'on s'est pleinement rendu ompte de ses conséquences.

Le premier exposé de motifs disait : « Le mot *sciemment* ous a paru devoir être ajouté dans la disposition relative aux ntroducteurs et débitants qui, à la différence du contrefac- eur, peuvent, même sans négligence ou imprudence vérita- lement imputable, ignorer l'existence du brevet ou la qualité es objets dont ils sont détenteurs. » Dans le projet de loi ue cet exposé de motifs accompagnait, le 2e § de l'article 40 tait ainsi conçu : « Quiconque se sera rendu coupable de e délit (de contrefaçon) sera puni, etc. »

La commission de la Chambre des pairs rédigea ainsi le aragraphe : « Ce délit sera puni, etc. » Voici comment le apport de M. le marquis de Barthélemy s'explique sur ce hangement : « Pour établir d'une manière plus nette la istinction que le projet établit entre le fabricant et le débi- ant, nous avons fait disparaître de la rédaction le mot *cou- able*, le fabricant étant toujours présumé connaître le pri- ilège du breveté, tandis que, pour le débitant, il faut qu'il oit établi qu'il a agi sciemment. »

L'exposé des motifs à la Chambre des députés donne, dans es termes non moins formels et à peu près les mêmes, les xplications déjà contenues dans l'exposé devant la Chambre es pairs.

Dans la discussion à la Chambre des Députés ([1]), et après l'adoption de l'article 40, MM. Bethmont, Aylies et Crémieux ont soutenu que les tribunaux ne pourront déclarer le délit de contrefaçon qu'autant qu'ils reconnaîtront l'intention frauduleuse. MM. Philippe Dupin, Vivien et Isambert ont repoussé cette interprétation. « L'article, a dit M. Vivien, est absolu. La contrefaçon résulte des circonstances qu'il énumère : le fait matériel suffit. La loi n'admet point que des questions d'intention puissent être soulevées pour effacer le délit. Les circonstances spéciales à chaque poursuite pourront seulement influer sur la gravité de la peine, qui pourra, grâce à l'article 463, être réduite à l'amende la plus faible. »

Le second exposé de motifs à la Chambre des pairs, après avoir cité le texte des articles 40 et 41, et rappelé les exposés de motifs précédents, continue ainsi : « Malgré cette explication, on a pensé que l'article 40 ne devait s'entendre que d'une atteinte portée frauduleusement aux droits du breveté, et on a, au moins, exprimé le désir de voir expliquer cette disposition dans ce sens. Nous ne pouvons admettre ce système. S'il est vrai que, en principe général, l'intention frauduleuse est nécessaire pour constituer le délit, il est également vrai que cette règle admet de nombreuses exceptions commandées par des circonstances particulières et par les nécessités de la répression ; les exemples en sont nombreux, non-seulement dans les matières spéciales, mais encore dans les lois pénales ordinaires, et ce serait une erreur que de croire que ces lois ne prononcent jamais, en pareil cas, la peine de l'emprisonnement. Vouloir, pour se rattacher à un principe général, sujet à beaucoup d'exceptions, exiger du poursuivant qu'il établisse l'intention frauduleuse contre le

---

([1]) Séance du 16 avril 1844.

prévenu de contrefaçon, c'est rendre la répression souvent impossible, et changer la législation actuelle d'une manière extrêmement défavorable aux inventeurs, dont les plaintes les mieux fondées portent précisément sur les difficultés de la poursuite et l'insuffisance de la répression. »

19. La loi nouvelle, moins sévère que la jurisprudence antérieure, ne punit, par son article 41, les recéleurs, vendeurs et introducteurs, que lorsqu'ils ont agi sciemment, c'est-à-dire lorsque le poursuivant prouvera contre eux qu'ils avaient connaissance du fait de contrefaçon.

J'avais combattu cette disposition (¹), et écrit, entr'autres choses, ce qui suit : « Cette question avait beaucoup occupé la commission de 1828 et 1832. Pas plus que le projet de loi elle n'avait voulu confondre l'innocent avec le coupable, et ne tenir de la bonne foi aucun compte. Elle était arrivée à une solution fort simple, fort humaine, mais moins naïve et moins crédule. Cette solution était dictée par la considération, toute vraie et toute pratique, que le principal intérêt du breveté est d'atteindre l'atelier de contrefaçon. On peut le faire, avec efficacité, en intéressant le débitant lui-même à signaler cet atelier, s'il est réellement de bonne foi, ou seulement s'il veut s'exempter de peine. La commission préparatoire proposait donc d'absoudre le détenteur d'effets contrefaisants qui ferait sérieusement connaître la personne de qui il les tient. Cette désignation est une épreuve de la bonne foi; elle ne s'établit point par des paroles menteuses, par des dénégations générales, par un défi d'administrer la preuve de la culpabilité d'intention ; elle se produit par des faits réels: des marchandises ne tombent pas des nues chez un marchand ; s'il est de bonne foi, qu'il dise de qui il les tient.

(¹) *Journal des Économistes*, décembre 1843.

Laisser peser sur le breveté le lourd fardeau de la preuve, si rarement possible, que le détenteur d'objets contrefaisants a agi sciemment, c'est ouvrir à l'absolution des plus coupables organisateurs de contrefaçons une issue par trop facile. »

Aucun amendement n'a été proposé en ce sens; et je le regrette. Mais d'autres objections que je dirigeais contre le même article ont été levées par un amendement introduit dans l'article 49, et qui permet de prononcer, même en cas d'acquittement, la confiscation et des dommages-intérêts. « Le projet de loi, écrivais-je, ne statue sur le sort, ni des objets argués de contrefaçon, ni des saisies, pour les cas où le débitant serait acquitté parce qu'il n'aurait pas débité sciemment. Il suit de là qu'en vertu de tous les principes de droit commun, et dans le silence de la loi, les marchandises contrefaisantes resteraient la propriété du débitant et dépositaire ou de ses commettants ; en telle sorte que le breveté, non-seulement perdrait son procès, mais ne pourrait pas mettre la main sur les objets qui ont été fabriqués en violation de ses droits, et dont la présence, à la face de la justice, raconterait à tous les yeux l'existence de la contrefaçon et son impunité. »

20. La détention, ou l'usage d'un objet de brevet, peuvent-ils être réputés violation du privilège ?

Cette question se subdivise en plusieurs autres qui ont besoin d'être examinées avec détails.

21. Il est manifeste que nulle difficulté n'est possible s'il s'agit d'un objet fabriqué ou vendu par l'ayant-droit au brevet. Par vous, ou par ceux qui tiennent l'objet de vous, m'ont été vendus une lampe, un vêtement, une cheminée; je puis m'éclairer, me vêtir, me chauffer avec l'objet que j'ai acheté à cette fin. Mon droit à la légitimité de cet usage repose sur deux motifs : l'un que je ne me livre à aucune exploitation

vénale ; l'autre que je suis votre cessionnaire à titre particulier.

Ce dernier motif est tout puissant. Il protège efficacement,
à lui seul, celui-là même qui a acheté l'objet pour en tirer
des produits vénaux. J'ai acheté une machine ; je puis exploiter et vendre ses produits. Il n'y aura à mon exploitation
ou à celle de mes ayant-cause par vente ou autrement que les
limites qui y auraient été mises par une stipulation expresse ;
mon droit d'exploitation sera indéfini, si aucune clause qui
le restreigne formellement n'est écrite, ni dans mon contrat
d'acquisition, ni dans une convention spéciale.

Les difficultés ne naissent que s'il s'agit de la détention ou
de l'usage d'objets contrefaisants.

22. L'acquéreur d'un tel objet ne pourra, ni par fabrication, ni par vente, en exploiter les produits.

Le breveté pour une machine a le droit de poursuivre
comme contrefaçons tous les produits d'une machine contrefaisante qui seront mis dans le commerce. Cette proposition
est fort bien développée dans le jugement, déjà cité (nº 14),
du tribunal de Nancy, du 20 mars 1837, dont l'arrêt de rejet
de la Cour de cassation, du 20 juillet 1830, a approuvé la
doctrine. On y lit : « Que les titulaires de brevets ont la jouissance privative et exclusive de l'exercice et des produits de
leur industrie, ainsi que des procédés à l'aide desquels ils
ont obtenu ces produits ; que cette jouissance comprend, à
double titre, les machines, qui sont des procédés d'une organisation permanente, en même temps que cette organisation
les rend susceptibles de produire des fruits à celui qui en est
le détenteur, et d'être livrées au commerce, comme fruits
immédiats de la découverte ; qu'ainsi, il y a trouble apporté
à la jouissance privative du brevet, et par la confection ou la
vente d'une machine semblable à celle qui est due à son in-

dustrie; et par l'emploi de cette machine contrefaite dans le
but d'obtenir les produits pour la fabrication spéciale desquels la machine originale a été conçue et imaginée; emploi
qui, s'il pouvait être toléré, stériliserait la propriété consacrée
par le brevet, et rendrait impuissante la protection de la loi,
qui y a pourvu en établissant des peines contre les auteurs de
ce trouble. »

A la Chambre des députés, M. Delespaul (¹) exprima la
crainte que la loi nouvelle ne fût pas assez claire sur ce point.
Il cita l'exemple d'un instrument agricole, d'une herse, et fit
tenir ce langage par le cultivateur poursuivi : « Je n'exploite
pas, c'est-à-dire je ne fabrique pas, je ne vends pas; votre
herse, je n'en fais pas le commerce; je m'en sers; mais la loi
nouvelle ne vous confère point, comme celle de 1791, un droit
exclusif, non-seulement sur l'exploitation, sur l'exercice,
mais même sur l'usage, sur la jouissance des fruits. Renfer-
mez-vous donc dans le droit limité que la nouvelle loi vous
accorde. » M. Philippe Dupin répondit : « Le mot exploiter
comprend tout; il est assez étendu pour entraîner dans son
application toute manière d'utiliser le brevet, soit qu'on l'exploite par soi-même, soit qu'on transmette à un autre la faculté d'en jouir. » M. Delespaul se déclara satisfait; il retira
un amendement tendant à changer le mot : *exploiter*. Nous
verrons cependant, sous le n° 23, que la question soulevée
par l'hypothèse de M. Delespaul, et qui reste ce qu'elle aurait
été sous la législation de 1791, devrait, contrairement au vœu
qu'il formait, être résolue par un acquittement.

Si, pour la confection d'un produit, breveté ou non, il a été
fait emploi d'une matière brevetée, celui qui a confectionné
le produit pour le commerce, avec la matière par lui achetée,

---

(¹) Séance du 10 avril 1844.

mais fabriquée ou vendue en-violation des droits du brevet, doit être condamné comme contrefacteur. Cette proposition a été établie par arrêt de la chambre civile du 27 décembre 1837. Dans cette espèce, Janvier avait fabriqué des.bretelles avec du fil en caoutchouc, pour lequel Rattier et Guibal étaient brevetés : il avait acheté ce fil de Daubrée, que Rattier et Guibal avaient autorisé à le fabriquer, mais sous la condition de ne le vendre que hors de France. La circonstance que Janvier avait acheté en France de Daubrée le fil que ce dernier n'avait pas le droit d'y vendre a fait, et dû faire, considérer Janvier comme contrefacteur.

23. Si un particulier a la détention ou l'usage d'un objet qu'il sait être contrefaisant, mais dont il ne fait point commerce, le bréveté pourra-t-il le poursuivre ?

Cette question, qui était la même sous la législation de 1791, n'est pas sans difficultés. On peut dire que celui qui sciemment reçoit ou achète le produit d'une contrefaçon, se fait le complice et le fauteur du contrefacteur ou du débitant; qu'il n'y aurait pas de vendeurs de contrefaçons, si la moralité publique empêchait qu'elles ne trouvassent des acheteurs. Dans le sens contraire, on dit qu'il y aurait danger à autoriser de telles poursuites, qui dégénéreraient trop facilement en vexations et en recherches inquisitoriales. Un arrêt de la Chambre criminelle, du 3 décembre 1841, renferme un motif qui tient pour évidente la dernière solution conforme au sentiment le plus général : « Attendu que si le particulier qui achète, pour son usage personnel, un objet contrefait est à l'abri de toute poursuite, il n'en saurait être de même de celui qui achète une machine contrefaite pour faire commerce de ses produits, et établir par là une concurrence préjudiciable aux droits du breveté. »

De ces deux opinions, la plus logique et la plus strictement équitable est la première; mais la seconde, plus prudente et plus praticable, sera suivie, et le silence de la loi s'interprétera en faveur de la sécurité du possesseur.

Cette solution sera facilement appliquée à beaucoup de faits; et, par exemple, on ne mettra pas en doute qu'il n'y a pas à poursuivre pour contrefaçon l'acheteur qui aura à ses pieds ou dans son armoire des bottes, des guêtres ou des socques contrefaisants. Mais la ligne de démarcation entre le simple usage personnel et l'usage pour fabrication n'est pas toujours précise. L'outil de l'ouvrier est, à parler le langage exact de la science, une machine avec laquelle on fabrique, et dont les produits entrent dans le commerce; saisira-t-on cependant l'aiguille ou les ciseaux de la couturière ou du tailleur, le rabot du menuisier? J'en dis autant de la charrue ou de la herse citées n° 22. Il faut qu'ici les déductions rigoureuses de la logique et la stricte application de la langue technique fassent visiblement défaut, et se taisent devant le sens usuel et commun des mots. On assimilera les outils et instruments de labourage aux objets à usage personnel dont la possession est déclarée affranchie de poursuites par l'arrêt du 3 décembre 1841.

24. Les développements qui précèdent ont montré en quoi consiste le droit du breveté à une exploitation exclusive. Un autre privilège fort considérable a été accordé par l'article 18 de la loi de 1844 au breveté ou à ses ayants-droit.

Ce privilège consiste à pouvoir seul, pendant la première année du brevet, faire breveter valablement les changements, perfectionnements ou additions à l'invention primitive.

Il était nécessaire d'indiquer ici l'existence de ce privilège particulier, parce qu'il tient une place importante parmi les droits qui résultent du brevet, et que le présent chapitre est destiné à constater et à décrire. Mais, afin d'éviter les

redites et de ne point scinder les explications, je crois utile
de renvoyer tous les développements sur ce point à la partie
du chapitre suivant où je traiterai spécialement des changements, perfectionnements et additions.

25. Nous venons de voir en quoi consistent les droits de
monopole attachés au brevet. Disons maintenant quelle est
la nature juridique de ce privilège.

Si le titre de brevet est chose corporelle, le monopole que
ce titre confère ne l'est pas. L'ensemble des droits dérivant
d'un brevet constitue donc une propriété de bien incorporel.
Ici l'expression de propriété n'est plus ni impropre, ni trom-
peuse; car ce n'est plus à l'invention inappropriable qu'elle
s'applique, c'est à des droits certains et déterminés dont l'ensemble forme le privilège dont le brevet est le titre.

Cette propriété, tant qu'elle dure, est soumise aux règles
de droit commun qui régissent les autres propriétés; sauf,
en certains cas, l'accomplissement de certaines formalités et
conditions spéciales.

Elle se transmet, conformément à l'article 711 du Code
civil, par succession, par donation entre-vifs ou testamentaire, et par l'effet des obligations; nous exposerons dans les
chapitres suivants les conditions et formalités des transmissions et cessions de brevets.

Elle peut être possédée conjointement par plusieurs, ou
par un être moral collectif.

Elle est divisible en ce sens que les droits à elle garantis
sont susceptibles de dispositions séparées et distinctes, qu'ils
peuvent, ou dans leur ensemble, ou pris divisément et par-
tiellement, se transmettre et s'aliéner avec ou sans restrictions conventionnelles, avec ou sans limitation de personnes,
de temps et de lieux.

Nous aurons à reproduire et à développer plusieurs de

ces propositions, quand nous arriverons au chapitre relatif aux personnes sujets de brevets.

Cette propriété, si libre que la loi ait voulu la faire, n'emporte cependant pas aussi pleinement que la propriété ordinaire la faculté d'abuser aussi bien que d'user. On en comprend le motif. Effet d'un contrat et création de la loi, elle n'a droit d'exister qu'avec les précautions nécessaires pour que le contrat ne devienne ni préjudiciable, ni inutile au public.

Ici se placent, même pour les brevets régulièrement délivrés, et valables soit par leur objet soit par leur sujet, certaines conditions essentielles qui sont de véritables restrictions apportées à l'exercice complet du droit ordinaire de propriété, et dont l'inaccomplissement entraîne soit des déchéances, soit des peines.

26. Parlons d'abord d'une restriction que la législation de 1791 avait mise aux droits du propriétaire, et dont elle avait fait une cause de déchéance. La loi nouvelle, en supprimant cette restriction, a reconnu que la faculté de prendre des brevets à l'étranger fera désormais partie des droits résultant du brevet.

L'article 16, § 5, de la loi de janvier 1791, était ainsi conçu : « Tout inventeur qui, après avoir obtenu une patente en France, sera convaincu d'en avoir pris une pour le même objet en pays étranger, sera déchu de sa patente. »

L'intention qui avait dicté cette disposition était louable. On avait craint de porter atteinte à la prospérité de notre industrie, en faisant jouir l'étranger de la découverte, et en ouvrant par là une voie de concurrence, nuisible à nos fabrications intérieures. Mais l'industrie des peuples étrangers ne s'enchaîne pas ainsi par la magie de quelques paroles de nos lois prohibitives. Le seul résultat certain de cette interdiction était de nuire aux inventeurs nationaux et à l'industrie nationale que l'on croyait servir.

Une nation, considérée dans ses rapports avec une industrie, se divise en consommateurs et en producteurs.

Le bien-être auquel tendent les consommateurs est de parvenir à se procurer des produits au meilleur prix, de la meilleure qualité, et avec la plus grande facilité qu'il sera possible. Si c'est en France seulement qu'une industrie est fabriquée, les produits existeront en moindre quantité que si la fabrication avait lieu simultanément en France, en Angleterre, en Belgique. La présence sur un seul marché d'une seule sorte de fabrication sera toujours moins favorable à l'acheteur que la présence, sur plusieurs marchés, de deux, de trois, de quatre sortes, entre lesquelles il pourrait choisir celle qu'il préférerait, soit pour le prix, soit pour la qualité, soit pour la commodité de l'acquisition. On voit clairement ce que perdent les consommateurs à ce défaut de concurrence, aucunement ce qu'ils peuvent y gagner.

La prohibition de prendre un brevet dans l'étranger pouvait-elle, du moins, favoriser en quelque chose les producteurs?

En matière d'exploitation privilégiée, le principal producteur est le propriétaire du privilège. Or, c'est contre lui que la prohibition était dirigée; lui qui était frappé de la peine de déchéance s'il se faisait breveter en plusieurs pays pour ouvrir plusieurs ateliers de fabrication. S'il s'agissait de son avantage, pourquoi l'assurer malgré lui et contre lui par la restriction de l'exercice de ses droits; pourquoi prétendrait-on apprécier et juger, mieux que lui-même, son propre intérêt? Et cependant, le but des concessions de privilèges est de procurer les plus grands avantages possibles à l'inventeur, en les conciliant avec la plus grande acquisition possible de jouissances au profit de la société entière pendant que le privilège dure, et avec la plus grande certitude de jouissance commune et générale après que le privilège sera expiré.

Restent les producteurs subordonnés au producteur principal : ses ouvriers, et les marchands en détail. Leurs intérêts sont fort à considérer; mais ils sont inséparables de ceux du producteur principal. En permettant à un inventeur de se procurer de plus forts bénéfices par les développements plus larges laissés à son industrie, on l'enrichira davantage; et plus on l'enrichira, plus il fabriquera, emploiera d'ouvriers, occupera de marchands.

Ainsi, cette prohibition ne profitait ni aux consommateurs, ni aux producteurs : c'est dire qu'elle ne profitait à personne.

On ne pouvait expliquer la loi de 1791 que par je ne sais quel point d'honneur national, toujours enclin à s'applaudir si, de la France, provient exclusivement une fabrication nouvelle. Un pareil motif était puéril. Le plus grand honneur, en matière d'industrie, c'est le plus grand succès; c'est le plus grand développement de l'aisance générale; c'est une abondance de produits qui permette au consommateur pauvre d'atteindre à des jouissances comme le riche.

La loi était rédigée de telle manière qu'elle ne parlait point du cas où un propriétaire de brevet fondait un établissement dans l'étranger, sans y prendre de privilège, et en y livrant à la concurrence publique l'exercice libre de son invention. De ce silence, on concluait nécessairement qu'il n'y avait point là cause de déchéance; car les déchéances ne s'étendent pas. Ce cas, cependant, était plus favorable, de beaucoup, pour l'industrie étrangère, puisqu'au lieu de concourir avec une exploitation privilégiée dans l'étranger, la concurrence s'établissait contre une industrie libre, et que l'étranger, doté d'une industrie libre, se trouvait, par là, bien plus enrichi que par une importation restreinte, chez lui, à un monopole.

Le plus tranchant des arguments, l'expérience, avait condamné cette prohibition, qui offensait singulièrement les inventeurs; car on sait que la plupart des inventeurs s'imaginent que le monde entier va s'empresser de se rendre tributaire de leur découverte. Voici ce qui arrivait dans la pratique; pratique avérée, et dont les exemples abondent : ou les inventeurs avaient recours au périlleux intermédiaire des prête-noms, ou bien, s'ils voulaient conserver tout à la fois et leur sécurité, et leurs espérances d'exploitation universelle, ou si l'on veut leurs illusions, ils commençaient par prendre des brevets à l'étranger, puis ils revenaient en France y prendre des brevets d'importation. On pourrait citer plusieurs inventions capitales pour lesquelles cette sorte de nécessité d'éluder la loi a privé la France du premier honneur de la découverte.

27. La loi nouvelle a très sagement supprimé cette malencontreuse cause de déchéance. Elle l'a remplacée par une autre, dictée par les mêmes intentions, et qui, destinée à prévenir des abus que la pratique avait révélés, me paraît devoir être pleinement approuvée. L'article 32 est ainsi conçu : « Sera déchu de tous ses droits : .... 2° Le breveté qui aura « introduit en France des objets fabriqués en pays étranger, « et semblables à ceux qui sont garantis par son brevet. »

En effet, ce qui est breveté, c'est un travail français. Le breveté enfreint lui-même le privilège garanti à ce travail s'il lui oppose la concurrence de produits provenant d'un travail étranger. « La loi ne peut permettre, dit l'exposé des motifs à la Chambre des pairs, que le brevet ne serve qu'à créer à l'inventeur un monopole à l'aide duquel il puisse, sans concurrence, et au préjudice du travail national, introduire et débiter en France des produits fabriqués à l'étranger. » « L'intérêt du pays, dit l'exposé de motifs à la Chambre des députés, veut qu'en échange du monopole qui lui est conféré, le breveté fasse profiter le travail national de la main-d'œuvre résultant de l'exploitation de son industrie ; s'il en était autrement, le brevet ne serait qu'une prime accordée à l'industrie étrangère. »

La protection due au travail national, si souvent mise en avant par les amateurs de prohibitions, comme le prétexte banal de tant d'obstacles factices par lesquels ils entravent la circulation commerciale, est ici invoquée à bon droit ; car il s'agit, non de créer un monopole, mais de refuser un monopole pour les fabrications étrangères ; il s'agit d'empêcher qu'un légitime monopole de fabrication intérieure ne soit abusivement converti en un monopole de commerce extérieur.

28. Un paragraphe additionnel, proposé par M. Ressigeac et adopté par la Chambre des députés, a apporté à la disposition qui précède une juste exception dont on n'a point à craindre qu'il soit fait abus. Il est ainsi conçu : « Sont exceptés « des dispositions du précédent § les modèles de machines « dont le ministre de l'agriculture et du commerce pourra « autoriser l'introduction dans le cas prévu par l'article 29. » Cet article 29 est celui qui admet à prendre un brevet en France l'inventeur déjà breveté à l'étranger.

29. Le propriétaire d'un brevet en a la jouissance entière et l'exploitation exclusive ; mais il n'a pas le droit de ne point l'exploiter. Cette exception est fort juste.

Le contrat que la délivrance d'un brevet crée entre la société et l'inventeur n'est point unilatéral ; les obligations y sont réciproques. Un brevet n'a pas pour unique destination de récompenser l'inventeur par l'octroi d'un monopole. La société ne donne pas ce monopole, elle le vend. Le prix de vente ne consiste pas dans la taxe affectée à la délivrance du brevet; ce n'est là qu'une disposition fiscale et secondaire; le véritable prix que l'inventeur doit fournir à la société pour cette vente ou cet échange, est la livraison réelle et efficace de son invention. Or, cette livraison ne se borne pas à assurer à tous les membres du corps social la faculté d'exploiter l'industrie brevetée après que le brevet sera expiré; la livraison doit être actuelle, c'est-à-dire que la société a droit, pendant la durée même du privilège, à profiter des jouissances que l'exercice de l'invention peut, dans les conditions du monopole, procurer immédiatement au public. Tel est le contrat. Le tort fait à la société par la non exploitation du brevet est une cause de résiliation.

Il ne serait pas juste qu'une pensée stérile et sans résultats suffît pour la création d'un privilège qui, sans apporter au public aucune utilité, fermerait la carrière à des inventeurs plus actifs. Il serait nuisible à l'intérêt public qu'il existât des inventeurs de qui l'on pût dire :

Il ne fait rien, et nuit à qui veut faire.

Celui qui laisse passer un long espace de temps, sans mettre son brevet à exécution, donne à croire, par son silence, que ce brevet n'est pas sérieux, ou que lui-même se reconnaît sans capacité ou sans intérêt pour en faire usage. Son inaction est l'annonce tacite d'une renonciation à son droit, et, quoique généralement les renonciations ne se présument pas, la loi, en cette occasion, a néanmoins pu faire prévaloir cette présomption, parce qu'elle a considéré que le silence de l'inventeur avait pour effet de nuire aux droits du public, et en même temps d'induire les citoyens en erreur sur l'existence du brevet, qui est nécessairement moins connu lorsqu'il n'est pas mis en pratique.

Comment être assuré que des calculs de monopole, dans l'absence d'une pareille disposition, ne porteraient pas certains fabricants à obstruer toutes les voies de concurrence, et à enchaîner les industries rivales, en prenant des brevets purement apparents et nominaux, sans leur donner d'autre emploi que celui de servir à prévenir ou à réprimer toute fabrication semblable ou analogue ?

C'est donc avec raison que l'article 32 de la loi de 1844 contient la disposition suivante : « Sera déchu de tous ses « droits :... 2° le breveté qui n'aura pas mis en exploitation « sa découverte ou invention, en France, dans le délai de « deux ans, à dater du jour de la signature du brevet, ou « qui aura cessé de l'exploiter pendant deux années consé- « cutives, à moins que, dans l'un ou l'autre cas, il ne jus- « tifie des causes de son inaction. »

L'article 6 de la déclaration de 1762 contenait une pareille disposition ; mais elle frappait les privilèges de nullité ou de révocation après le non usage ou l'interruption d'exercice pendant une année seulement.

L'article 16-4° de la loi du 7 janvier 1791 était ainsi conçu : « Tout inventeur, qui, dans l'espace de deux ans, à compter « de la date de sa patente, n'aura pas mis sa découverte en « activité, et qui n'aura point justifié les raisons de son in- « action, sera déchu de sa patente. »

On voit que la loi de 1791 n'avait point prévu le cas de l'interruption d'exploitation. Ses termes ne pouvaient évidemment pas être étendus d'un cas à l'autre, malgré la similitude des motifs (¹). C'était une lacune que la loi nouvelle a sagement fait de combler.

_____

(¹) Ainsi jugé par la Cour de Rouen ; 4 mars 1841. Dalloz, 41, 2, 101.

Le projet du gouvernement avait porté plus loin la rigueur. Il maintenait le délai de deux ans pour l'exploitation première; mais il prononçait la déchéance pour cessation d'exploitation pendant plus d'un an. Cette disposition avait été adoptée par la Chambre des Pairs et par la commission de la Chambre des Députés.

De plus, fermant trop sévèrement la porte aux tempéraments d'équité qui peuvent être conseillés par les circonstances, le projet gardait le silence sur toute justification de cause d'empêchement. La Chambre des Pairs et la commission de la Chambre des Députés admettaient la justification d'empêchements de force majeure.

Dans la Chambre des Députés, ces dispositions furent combattues avec succès (¹). « On s'imagine, dit M. Arago, qu'on ne fait pas un grand tort aux inventeurs par cette prescription impérieuse. On se trompe beaucoup. Les inventeurs ont ordinairement peu de fortune; ils se présentent toujours devant des capitalistes pour obtenir les moyens de réaliser ce qui jusque-là n'était qu'une idée. Eh bien! les capitalistes reculent devant la menace d'une déchéance prochaine; ils savent par expérience que les grandes découvertes n'ont pu être appliquées complètement, utilement appliquées, après le court intervalle de deux ans.

« Le premier jour de cette discussion,... j'ai cité la découverte des turbines de M. Fourneyron; j'ai montré qu'après cinq ans l'habile mécanicien n'avait pas réussi à en établir une seule. J'ai cité la perrotine; j'ai montré qu'elle n'avait réussi à s'introduire qu'après or... ... ... le chimiste qui a découvert le moyen d'extraire la soude du sel marin; ce procédé est pour le pays une source de richesses;

(¹) Séances des 11 et 16 avril 1844.

l'inventeur est mort de faim, sans métaphore : il s'appelait
Leblanc. La filature du lin est une industrie immense; je
n'en veux pas d'autres preuves que les difficultés auxquelles
elle donne lieu actuellement entre la France et l'Angleterre;
l'inventeur, M. de Girard, est Français; cherchez où il est!
Il n'a pas trouvé le moyen d'établir en France son admirable
invention.

« J'ai à citer deux exemples récents. M. Perrot, le même
qui a imaginé une machine pour imprimer les toiles peintes,
a combiné une machine également ingénieuse pour imprimer
le papier;... la date de l'invention est de 1825; nous sommes
en 1844; M. Perrot n'est pas parvenu à en établir une seule;
cependant, quand elle sera en exercice, on verra qu'elle n'est
pas indigne de son aînée. M. Poncelet, un des oracles de la
mécanique, a imaginé une nouvelle machine hydraulique;
il n'a pas pris de brevet; il a offert aux industriels le plan
de sa conception et tous les détails; il s'est mis à la disposition de tous ceux qui pourraient vouloir en faire usage...
Il y a quinze mois que M. Poncelet a adressé cet avertissement à l'industrie... Malgré la libéralité de ses offres, personne ne s'est présenté.

« J'ai cité souvent Watt ; je le citerai encore. Watt a été
huit années entières avant de faire accueillir sa principale
découverte; pendant huit années, l'homme de génie fut obligé
de faire des plans de canaux, de chemins, des projets de pon-
ceaux.

« Quelque bonne qu'ait été une grande idée, vous trou-
verez rarement qu'elle se soit installée dans aucun pays dans
le court intervalle de deux années...

« Supposez maintenant une industrie établie. Si on ne
travaille pas, pendant le court intervalle d'une année seulement, on est déchu du brevet. Mais il y a des produits qui

sont à la mode aujourd'hui, et qui ne sont plus à la mode demain. Telles sont, par exemple, les étoffes moirées; pendant quelque temps elles ont du succès; ensuite un caprice les fait abandonner. Voulez-vous que l'on fabrique ce qui ne se vendrait pas. »

M. Delespaul amenda le paragraphe. Sa rédaction, à laquelle le gouvernement et la commission adhérèrent, est celle de l'article 32-2°.

Sous la législation de 1791, on avait élevé la prétention de rendre l'administration juge des causes d'inaction. Il y a eu des instructions ministérielles en ce sens en 1813 et 1817. Même alors cette prétention était mal fondée. Dans le système de la loi actuelle, aucun doute ne reste possible; aussi a-t-on unanimement reconnu, dans la discussion de cette loi, que les tribunaux sont seuls compétents à cet égard.

Les tribunaux apprécieront, suivant les circonstances, s'il y a eu mise en activité ou inactivité; s'il y a eu cessation d'exploitation; si les causes de l'inaction sont suffisamment justifiées. Un arrêt de la chambre des requêtes, du 13 juin 1837, a décidé que lorsque la mise en activité a été reconnue constante et appréciée par les tribunaux, juges du fait, elle ne peut plus être remise en question devant la Cour de cassation.

30. Le droit de prendre la qualité de breveté n'appartient qu'à ceux qui possèdent un brevet délivré conformément aux lois, et non expiré. L'usurpation de cette qualité est déclarée délit par l'article 33 de la loi de 1844, et punie d'une amende de 50 francs à mille francs, qui pourra être portée au double en cas de récidive.

Le même article punit des mêmes peines le breveté, possesseur d'un brevet valable et non expiré, qui mentionnera sa qualité de breveté, ou son brevet sans ajouter ces mots :

sans·garantie du gouvernement. Nous développerons cet article dans la 2ᵉ section du chapitre v, en nous occupant de
l'absence de garantie par le gouvernement dans la délivrance
des brevets.

31. La législation antérieure distinguait trois espèces de
brevets : d'invention; de perfectionnement; d'importation.
La loi actuelle a profondément modifié cette ancienne division, et a remené, sauf en quelques points, les brevets d'importation et de perfectionnement aux règles des brevets d'invention, ainsi que nous le verrons dans les chapitres subséquents.

32. La nouveauté de l'impôt des patentes, et la crainte
d'une confusion dans les mots, avaient soulevé quelques inquiétudes, qui se manifestèrent dans la discussion de la loi
du 25 mai 1791, et y firent introduire par amendement l'article 5 du titre 2, ainsi conçu : « Toute personne pourvue
d'un brevet d'invention sera tenue d'acquitter, en sus de la
taxe dudit brevet, la taxe des patentes annuelles imposée à
toutes les professions d'arts et métiers par la loi du 17 mars
1791. » Cette disposition était beaucoup trop évidente pour
avoir besoin d'être reproduite. La patente annuelle de négoce est entièrement indépendante de la taxe du brevet; elle
est due quoiqu'on soit breveté; elle est due, non parce qu'on
est breveté, mais à raison de l'industrie ou du commerce
qu'on exerce, et conformément à la législation spéciale.

CHAPITRE III.

OBJETS DE BREVETS.

33. Pour qu'il y ait matière à brevet bon et valable, conférant les droits exposés dans le précédent chapitre, il faut qu'il y ait invention d'une industrie licite.

Nous allons donc examiner dans les trois sections du présent chapitre : 1° ce qui constitue une invention ; 2° ce qui constitue une industrie ; 3° quelles inventions industrielles sont licites ou illicites.

Nous subdiviserons chacune des deux premières sections en deux paragraphes, afin d'examiner séparément, dans la première, ce qui concerne les importations d'inventions ; et, dans la seconde, ce qui concerne les perfectionnements et les certificats d'additions.

SECTION I.

§ I. — *Du caractère d'invention ou de nouveauté.*

34. Définition de l'invention et de la découverte.

35. Un brevet n'est légitime que s'il y a invention, c'est-à-dire nouveauté.

36. La constatation du caractère de nouveauté dépend de l'appréciation de faits essentiellement variables.

37. Comment la loi caractérise l'absence de nouveauté.

38. La loi ne distingue plus entre les preuves de défaut de nouveauté par un fait de publication ou par usage antérieur.

39. Caractères généraux du défaut de nouveauté, abstraction faite du pays où la divulgation a eu lieu.

40. Il faut qu'il y ait eu nouveauté à la date du dépôt de la demande.

41. Le fait de publication a détruit la nouveauté.

42. Pour détruire la nouveauté, il faut que la publication soit susceptible d'être traduite en pratique.

34. L'inventeur trouve, découvre des idées ou des choses, des lois ou des forces naturelles, des combinaisons de l'intelligence ou de la matière, qui, avant lui, n'existaient pas, ou qui étaient inconnues, inobservées, enfouies, couvertes.

L'invention diffère de la découverte. Cette distinction a été ainsi expliquée par le sagace Dugald-Stewart (1) : « L'invention produit quelque chose qui n'existait pas auparavant; la découverte met en lumière quelque chose qui existait, mais qui, jusqu'alors, avait échappé à l'observation. Otto de Gérike et Sanctorius ont inventé, l'un la pompe pneumatique, l'autre le thermomètre; Newton et Grégory ont inventé le télescope à réflexion; Galilée a découvert les taches du soleil, Harvey a découvert la circulation du sang. » La loi autrichienne de 1832, article 25, a créé une distinction légale; elle réserve le nom d'invention à ce qui est nouveau, et répute découverte brevetable toute reproduction d'un procédé industriel anciennement exercé, mais qui se serait perdu depuis, ou qui serait inconnu en Autriche.

Notre loi ne s'est aucunement approprié la distinction imaginée par la loi autrichienne, qu'il faut se garder de

---

(1) Trad. de Prévost; t. II, p. 65.

prendre pour une de nos règles. Un procédé perdu et retrouvé sera réputé nouveau, tant que personne n'administrera la preuve que les documents ou exploitations, livrés au
public, exposaient suffisamment ses moyens d'exécution :
cette règle de notre droit, sans aller jusqu'aux conséquences
de la loi autrichienne, suffit à la protection des renaissances
d'invention. Quant à la distinction grammaticale, que je crois
parfaitement juste, donnée par Dugald-Stewart, il n'y a nul
inconvénient à l'admettre ; mais le législateur a compris
qu'il y aurait du péril, et point d'utilité, à engager dans les
définitions de la métaphysique son langage qui doit, avant
tout, demeurer usuel et pratique. Il n'a donc point séparé,
dans ses dispositions, l'invention et la découverte ; et il a attribué les mêmes droits à l'inventeur, soit qu'il découvre,
soit qu'il invente.

35. La loi a écrit, avec la généralité de ses formules, les
conditions du contrat par lequel la société achète, pour le
public, la jouissance d'une invention, en la payant par la
concession d'un privilège. Mais, ni la loi, ni la société n'avaient le droit de faire payer au public, comme une acquisition nouvelle, l'industrie dont le public se trouve déjà en
possession. Un privilège est le sacrifice temporaire d'une
partie des droits que chacun a, comme consommateur et
comme producteur, à vivre au meilleur marché possible et
par sa libre industrie. Si la concession du privilège promet
des bénéfices à la société, le sacrifice se trouve compensé
avec cette espérance, et le privilège est juste ; si le sacrifice
est sans compensation comme sans nécessité, si les producteurs sont gênés dans l'entier exercice de leur liberté, et les
consommateurs privés d'une partie des bienfaits de la concurrence, afin seulement qu'un ou plusieurs individus soient
enrichis gratuitement et par pure faveur ; alors l'établisse-

ment d'un privilège n'est plus qu'une violation des droits de tous, et la société excède ses pouvoirs si elle se prête à y consentir.

Un privilège pour une simple exploitation d'industrie n'est plus ni de notre pays, ni de notre temps; il serait injuste: c'est pour l'exploitation des inventions industrielles que le monopole temporaire des brevets est autorisé. Une condition fondamentale et essentielle de la légitimité d'un brevet sera donc qu'il y ait *invention*, c'est-à-dire *nouveauté*.

Lorsqu'il n'y a pas nouveauté, l'obligation de la société, si elle en avait pris une en délivrant le brevet, serait sans cause; aussi la loi a-t-elle eu soin de dire que, ce cas advenant, le brevet, quelle que puisse être sa régularité en la forme, constituera, au fond, un acte illégitime, insignifiant et nul. La société n'est point réellement engagée par un prétendu contrat, qui n'aurait lié qu'elle seule, et qui, sans lui rien donner, tirerait d'elle un prix pour l'acquisition de ce qu'elle possédait, et lui ferait payer l'introduction dans le domaine public de ce qui s'y trouvait déjà entré.

36. La plus grande partie des contestations auxquelles a donné et donnera toujours lieu la législation sur les brevets consiste dans la réponse à faire à cette question : l'industrie brevetée est-elle nouvelle? La pratique l'atteste. Le raisonnement seul et la force des choses suffiraient pour démontrer qu'il n'en peut pas être autrement. On a grand tort, lorsqu'on s'en prend au législateur de ce que les contestations de cet ordre sont très fréquentes.

En effet, le caractère d'invention résultant de la nouveauté dépend essentiellement de l'appréciation des faits; or ces faits, variables selon chaque espèce, se trouvent très souvent placés dans des conditions où les rapports d'analogie et d'identité, où la constatation des ressemblances et des dissemblances, sont difficiles à préciser et à saisir; ou bien ils se subordonnent à l'établissement de propositions techniques ou scientifiques de nature à embarrasser les hommes les plus expérimentés.

Réclamer du législateur des règles précises et complètes sur la nouveauté des inventions, ce serait exiger qu'il classât à l'avance l'infinie variété des faits individuels, qu'il plantât des bornes sur l'océan.

Le rôle du législateur se réduit en ce point, à dire dans les termes les plus clairs que la langue pourra lui fournir : il n'y a invention que s'il y a nouveauté. Quant à l'application de cette règle, elle appartiendra, suivant les circonstances de chaque espèce, à l'appréciation des tribunaux. La Cour de cassation a constamment décidé que cette appréciation est placée dans le domaine souverain des tribunaux, juges du fait (¹). La censure de la Cour de cassation ne pourrait s'exercer que si la preuve de la nouveauté ou du défaut de nouveauté résultait de faits constatés légalement, ou reconnus par les décisions attaquées devant elle.

37. Tel était le sens des lois de 1791; tel aussi est le sens de la loi de 1844. Dans son article 1er, elle proclame le principe; dans l'article 30, elle prononce, en ces termes, la nullité qui en est la conséquence : « Seront nuls et de nul « effet les brevets délivrés, 1° si la découverte, invention ou « application n'est pas nouvelle. » Dans l'article 31, elle développe, ainsi qu'il suit, ce qu'elle entend par l'absence de nouveauté : « Ne sera pas réputée nouvelle toute décou- « verte, invention ou application qui, en France ou à l'é- « tranger, et antérieurement à la date du dépôt de la de-

---

(¹) Ch. des requêtes; 11 janvier 1825 et 1er mars 1826.—Ch. civile; 15 février 1839.

« mande, aura reçu une publicité suffisante pour pouvoir
« être exécutée. »

38. Sous la législation de 1791, comme aujourd'hui, le
brevet était nul quand il n'y avait pas invention. Mais les
conséquences légales différaient selon que l'absence de nouveauté était constatée par le fait de publication dans un
ouvrage imprimé antérieurement au brevet, ou résultait de
l'usage antérieur de l'industrie brevetée. Dans le premier
cas, toute personne pouvait agir directement contre le breveté pour le faire déclarer déchu ; dans le second cas, la
nullité pour usage antérieur n'était qu'un moyen de défense
opposable par toute personne contre laquelle le breveté exer-
çait des poursuites pour contrefaçon.

La loi actuelle a sagement supprimé toute distinction de
ce genre. Le brevet est nul, et les conséquences légales de
la nullité sont les mêmes, quel que soit le mode de preuve
du défaut de nouveauté, lequel peut motiver une action
comme une exception.

39. Nous exposerons spécialement, et dans leur ensemble,
les graves questions qui se rattachent tant aux faits de publicité à l'étranger, qu'aux importations d'industrie ; mais nous
nous occuperons d'abord de la nouveauté d'invention dans
ses caractères généraux, abstraction faite du pays où auront
pu se passer les faits de publicité ou de divulgation qui auraient détruit pour l'avenir la possibilité de nouveauté.

40. C'est à la date du dépôt de la demande que commence
la durée du brevet ; c'est à cette date qu'il faut se reporter
pour reconnaître si l'industrie était alors nouvelle ; car c'est
à ce moment que les bases du contrat passé par l'impétrant
avec la société ont été posées et arrêtées. La publicité qui
serait donnée à l'invention, après cette époque et avant la

délivrance du brevet, ne peut pas être opposée au demandeur, ni nuire à ses droits acquis.

41. L'invention dont la description a été déjà communiquée au public, dans un livre, un journal, une lettre, un mémoire, n'est pas nouvelle. L'impression est la voie la plus
ordinaire de cette communication avec le public. Mais la publicité peut aussi s'être manifestée sous toute autre forme. Le
fait seul de l'impression ne suffit pas pour qu'une communication ait été faite au public; il faut, de plus, qu'il y ait
eu publication; car un imprimé non publié n'existe pas pour
le public. La publication, par quelque voie qu'elle ait été
opérée, et alors même qu'elle serait demeurée restreinte et
incomplète, a détruit la nouveauté. Ce serait une fort mauvaise défense que de nier la publicité résultant d'un livre
qui, après l'accomplissement des conditions extrinsèques de
la publication, se serait peu ou point vendu.

42. On décidait, avec raison, sous les lois de 1791, qu'une
simple mention dans un ouvrage imprimé ne porte point à
la connaissance du public l'industrie mentionnée, si, d'après
cette mention, elle n'a pu être exécutée. En effet, ce qui est
acquis au public, c'est le bénéfice de la publication faite; le
droit de chacun est de l'appliquer, de la mettre en action, de
la traduire par des œuvres; si, donc, cette publication est
insuffisante et intraduisible, l'invention n'est pas connue, et
conserve assez de nouveauté pour rester l'objet d'un contrat
utile à la société. Cette doctrine a été appliquée par un arrêt
de la Chambre civile du 13 février 1839. La Cour de Paris
avait, dans cette espèce, annulé le brevet en déclarant que
l'invention avait été décrite dans un ouvrage antérieurement
publié; quoique, en thèse générale, ces sortes d'appréciations appartiennent souverainement aux cours royales, l'arrêt a néanmoins été cassé, parce qu'il résultait, de ses motifs

même, que la description était insuffisante. La Cour d'A-
miens, saisie par renvoi (¹), a rejeté la demande en déchéance, tant par appréciation des faits que par ce juste motif
de droit : « Que si le § 3 de l'article 16 de la loi du 7 janvier 1791 n'exige point une description aussi complète que
celle qui est imposée au demandeur en brevet dans l'article 4, par la production des plans, coupes, dessins et modèles, il veut, du moins, que l'énonciation de la découverte
soit accompagnée de l'indication d'un mode d'exécution qui
la fasse sortir du domaine de la théorie, et en permette l'application à la pratique. »

Deux arrêts de Douai (²), qui déclarent des brevets nuls,
arrivent, en fait, à une conséquence opposée, mais exposent,
avec une égale justesse, les mêmes motifs de droit : « Attendu que la loi exige, sans doute, pour qu'il y ait déchéance,
non-seulement que la découverte ait été consignée dans des
ouvrages imprimés et publiés, mais encore qu'elle y ait été
décrite; mais que, par aucune de ses dispositions, elle n'a
déterminé les caractères que devait avoir cette description;
qu'elle ne dit nulle part que ces caractères doivent être les
mêmes que ceux de la spécification qui, d'après l'article 4,
doit accompagner la demande d'un brevet; que le § 3 de
l'article 16 ne renvoie, ni explicitement, ni implicitement, à
cet article 4; qu'il ne pourrait pas même y renvoyer, si l'on
considère les motifs qui ont déterminé les exigences de la loi
et la nature des conditions exigées; qu'il suffit, dès lors, pour
qu'il y ait déchéance, que les publications qui ont précédé la
délivrance d'un brevet soient de nature à faire connaître non-

---

(¹) 18 mai 1839. Dalloz; 40, 2, 118.
(²) 27 novembre et 18 décembre 1841. Dalloz; 42, 2, 54; 44, 1,
202.

seulement la découverte elle-même, mais aussi un mode
d'exécution, c'est-à-dire des moyens et procédés propres à
réaliser industriellement l'invention; que l'idée nouvelle,
rendue ainsi réalisable, est entrée dans le domaine public et
ne peut plus en être distraite pour retomber dans le domaine
privé de l'inventeur ou de tout autre. »

Un arrêt de la Chambre des requêtes, du 20 mai 1844,
a rejeté le pourvoi contre ces deux arrêts. On y lit : « Attendu, en fait, que la Cour a reconnu que les procédés employés par Dubrunfaut pour extraire la potasse des résidus
des vinasses de betteraves avaient été décrits par lui, avant
d'être brevetés, dans un journal qu'il publiait; que l'arrêt
indique que la description donnée était telle que chacun pouvait extraire de la potasse des résidus des vinasses de betteraves; attendu que la loi n'exige rien autre chose que la description, et ne prescrit pas de termes sacramentels pour la
faire connaître; qu'il suffit donc que le juge affirme que la
description existe pour qu'il y ait lieu de prononcer la déchéance, pourvu que, des faits relevés par l'arrêt lui-même,
ne résulte pas la preuve que l'assertion qu'il contient est erronée. »

L'article 31 de la loi de 1844 a consacré nettement cette
doctrine, et tranché désormais la question.

43. Y a-t-il nullité lorsque la publication a été faite, en
France, dans une langue étrangère? On verra, plus tard, qu'il
y a nullité, même en cas de publication à l'étranger dans une
langue étrangère. Mais en me bornant, quant à présent, à
examiner les conséquences d'une publication en France, je
dirai que la nullité ne saurait être, un seul instant, mise en
doute.

Il n'est pas nécessaire, en effet, pour qu'une invention
tombe dans le domaine public, qu'elle parvienne à la con-

naissance de tous les individus dont le public se compose. Il serait absurde de l'exiger. Les lecteurs d'un ouvrage, quelque répandu qu'il puisse être, ne formeront jamais qu'un nombre infiniment petit par comparaison avec la masse des habitants du royaume. Pour que la publication de l'invention soit opérée, il suffit que la description en soit mise au jour à l'effet d'être connue, et qu'elle soit *distribuée au public*, juste signification du mot : *publiée*. Si l'ouvrage, au lieu d'apparaître dans la langue nationale, est rédigé dans un idiome étranger, cette circonstance n'empêchera pas qu'il ne se trouve dans le public un certain nombre de personnes appelées à faire entrer dans leur intelligence, si elles le veulent, la connaissance du procédé exposé à l'appréhension de tous. Un ouvrage publié en France, dans quelque langue que ce soit, a été lu et compris, ou pu l'être, par quelqu'un en France, et l'intelligence de l'invention s'est propagée avec l'ouvrage. Une portion quelconque du public possédait donc la connaissance de l'invention pour laquelle un brevet a été requis; dès-lors l'invention avait cessé d'être nouvelle; entrée dans le domaine public, elle ne pouvait plus en sortir pour être placée sous le régime du privilège.

La question n'était pas douteuse sous l'article 16 de la loi du 7 janvier 1791, qui avait effacé du projet soumis à l'Assemblée Constituante les mots : *en langue européenne*, et qui parlait, sans restriction et en termes généraux, des ouvrages imprimés et publiés. La loi actuelle, rendue à une époque où la connaissance des idiomes étrangers est beaucoup plus répandue, s'exprime plus explicitement encore : elle parle de la publicité en France ou à l'étranger. Assurément, rien ne serait plus contraire à ce texte que de tenir pour non avenus les ouvrages publiés en France dans une langue étrangère.

44. Le projet primitif du gouvernement parlait de la pu-

blicité reçue, *soit par la voie de l'impression, soit de toute
autre manière.* Ces mots étaient inutiles; ils furent, avec
raison, retranchés par la Chambre des pairs; publicité est
une expression trop claire par elle-même pour avoir besoin
de définition ou de développements.

L'une des causes de défaut de nouveauté les plus fréquemment invoquées est l'usage qui, antérieurement à la
demande de brevet, aurait été fait de l'industrie brevetée.

Merlin avait clairement établi que cet usage antérieur,
lorsqu'il a été tenu secret par l'inventeur, ne fait pas obstacle
à la validité du brevet. Voici comment il s'exprime (¹) : « Il
n'est écrit nulle part que celui qui a inventé un procédé se
prive, par l'emploi qu'il en fait de son autorité privée et se-
crètement, pendant un temps quelconque, du droit de s'en
faire garantir la jouissance exclusive.... Tant qu'il la tient
secrète, tant qu'il en use sans que le public puisse en péné-
trer le mécanisme, sa propriété reste intacte, et il est toujours
à temps pour prendre les voies légales à l'effet d'empêcher
qu'elle ne devienne une propriété publique.... Pourquoi la
loi déclare-t-elle l'inventeur déchu? Est-ce pour avoir mis
sa découverte en pratique, avant de remplir les formalités
nécessaires pour s'en assurer la jouissance exclusive? Non.
C'est uniquement pour l'avoir rendue publique après en avoir
constaté les avantages par l'usage plus ou moins prolongé
qu'il en a fait. »

Cette doctrine est parfaitement juste. Pour n'en point
abuser, il faut bien noter, comme condition essentielle, que
rendue publique par l'usage qu'en fait l'inventeur, l'industrie
cesse d'être brevetable. L'article 31 de la loi de 1844 a rendu
cette solution encore plus précise et plus nette en expliquant

_____

(¹) *Répertoire; Brevet d'invention*, n° 6.

que la publicité n'est réelle qu'autant qu'elle a été suffisante
pour rendre possible l'exécution de l'industrie.

45. Il est des inventions que la vue du produit lui-même,
son étude ou son analyse, font suffisamment connaître et
comprendre. Dans ces cas, comme la mise en évidence du
produit aura suffi pour dévoiler et divulguer l'invention,
c'est-à-dire pour livrer le procédé au public, le brevet sera
nul par cela seul que le produit aura été connu antérieurement à la demande de brevet.

Un arrêt de la Cour d'appel de Bruxelles (¹), du 21 novembre 1837, rendu en application de la loi belge du 25
janvier 1817, mais qui invoque aussi la législation antérieure,
c'est-à-dire notre législation de 1791, a annulé, par ce motif,
un brevet d'importation, soumis, quant à ce, aux mêmes
règles qu'un brevet d'invention : « Attendu qu'il résulte du
brevet que les cordages et tissus qui en font l'objet se con-
fectionnent en employant pour matière première la filasse
d'aloès et des agaves, mais à l'aide des métiers et des moyens
de fabrication ordinaires; que l'emploi d'une matière première à la fabrication de produits pour la confection desquels
elle n'avait pas été employée précédemment peut bien être
considérée comme une conception nouvelle, susceptible de
faire l'objet d'un brevet.....; mais qu'il se voit de la pétition
présentée par Vlies, le 19 janvier 1835, que Pavy avait obtenu en France, pour le même objet, un brevet d'invention
sous la date du 4 novembre 1833, ainsi que la médaille
d'honneur à l'exposition de 1834; qu'il résulte de ces deux
faits que, longtemps avant la demande de Vlies, il était de notoriété dans le commerce qu'on pouvait faire des cordages et
des tissus avec la filasse d'aloès et des agaves; ainsi la ma-

(¹) Varlet; page 252.

tière première à employer et les produits à obtenir étaient
connus; que les moyens de fabrication étant les moyens ordinaires étaient également connus; qu'il suit de là que lorsque Vlies a demandé son brevet, il ne restait plus rien à faire
connaître, et partant rien à importer, relativement à la fabrication de la filasse d'aloès et des agaves; que c'était une
découverte déjà tombée dans le domaine public, sauf la restriction résultant pour la France du brevet obtenu par Pavy;
que, dès-lors, cette fabrication ne pouvait plus faire l'objet
d'un brevet d'importation. » Il est manifeste que ces motifs
feraient justement annuler, en France comme en Belgique,
un brevet d'invention dont la demande aurait été déposée
après, seulement, que de tels produits auraient été mis dans
le commerce.

46. Peu importe, en effet, la cause de la publicité antérieure; c'est le fait de cette publicité, destructive du secret et
de la nouveauté, qui est exclusivement à considérer.

Il n'est pas moins indifférent de considérer quelle personne
a été auteur de la divulgation; car le fait acquis de publicité,
seul essentiel à la question, n'est pas plus modifié par son
auteur que par sa cause.

A ce principe se rapportent les décisions rendues par un
grand nombre d'arrêts.

Que la nullité d'un brevet puisse être demandée par ceux
qui prouvent qu'avant son obtention ils exerçaient eux-
mêmes l'industrie qui en est l'objet, c'est là une proposition
tellement évidente, qu'il suffit de l'énoncer, et elle n'a jamais donné lieu qu'à des contestations sur les faits ou sur
les difficultés introduites dans la procédure par la distinction
des lois de 1791, qui n'admettaient cette nullité que sous
forme d'exception, et non par action principale.

On avait soutenu que l'exception de nullité ne pouvait

17

être invoquée que par des défendeurs qui avaient personnellement été en possession de l'industrie brevetée. Un arrêt de cassation, du 19 mars 1821, a justement proscrit ce
système : « Attendu qu'une exception naturelle est de soutenir que le breveté n'était pas inventeur;..... qu'aucune loi
n'exige que celui qui est poursuivi comme contrefacteur, et
qui offre de prouver que la méthode était pratiquée avant la
délivrance du brevet, soit tenu de prouver aussi qu'il était
personnellement en possession de cette même méthode antérieurement au brevet. » Un grand nombre d'arrêts a confirmé, plus ou moins directement, cette doctrine universel-
lement acceptée. On pourrait induire de quelques-uns des
motifs d'un arrêt de Rouen de 1841 (¹), sur lequel nous aurons à nous expliquer plus amplement, qu'il aurait fait retour vers l'opinion contraire ; car on y qualifie de demande
en maintenue possessoire la défense d'un prévenu de contrefaçon excipant d'une possession antérieure au brevet;
mais de ce motif, enveloppé dans d'autres, ne résulte pas
une proposition assez nette pour qu'on puisse imputer à
l'arrêt d'avoir voulu ressusciter une erreur depuis longtemps
abandonnée.

Un arrêt de la chambre des requêtes, du 10 février 1806,
a fait une autre application parfaitement exacte de ce principe, qui veut que la question de nouveauté ne se juge que
par la simple constatation du fait de divulgation ou de pratique
antérieure, abstraction faite de sa cause ou de son auteur :
« Attendu qu'il résulte du jugement attaqué que, dès l'an V,
les demandeurs avaient dévoilé le secret de leur invention à
l'administration municipale d'Orléans, qui en avait fait, sur
leur demande expresse, constater l'utilité par une expertise

(¹) 4 mars 1841. Dalloz; 41, 2, 101; et 42, 1, 227.

publique, et leur en avait délivré une attestation solennelle ; que, de plus, ils avaient cédé volontairement l'uſage de leur machine à carder à Benoît Hannepier, manufacturier ; et qu'en livrant ainsi leur découverte à la publicité, ils en avaient fait volontairement la propriété publique : d'où le jugement a conclu que le brevet d'invention, par eux obtenu postérieurement à cette publicité, n'avait pu leur conférer une propriété exclusive ; en quoi il est évident qu'il n'a ni violé, ni faussement appliqué les lois de la matière. »

La Cour de Douai ([1]) a fort bien motivé l'application de cette même doctrine : « Attendu qu'il importe peu que la publication émane de l'auteur même de l'invention ou de tout autre, parce que, dans un cas comme dans l'autre, l'inventeur n'a plus à donner à la société une découverte qui lui appartient déjà, en échange du privilège qui repose sur cette base unique. »

Les conséquences de ces principes sont les mêmes, soit qu'il s'agisse de la divulgation par publication d'ouvrages imprimés, soit que la divulgation ait eu lieu par la mise en œuvre de l'industrie.

Il faut inévitablement conclure de ce qui précède que le brevet sera nul, alors même que la divulgation antérieure sera résultée d'une fraude ou un délit ; et quand même, par exemple, elle aurait été amenée par l'infidélité des ouvriers de l'inventeur, ou par vol de ses plans ou dessins. Sans doute, si le vol ou l'infidélité avaient servi, non à divulguer le procédé, mais à obtenir un brevet, il y aurait, pour l'inventeur dépouillé, un droit incontestable à se faire subroger au lieu et place de celui qui n'aurait obtenu le brevet qu'après s'être

---

([1]) Arrêts précités des 27 novembre et 18 décembre 1841 ; voy. n° 42.

emparé frauduleusement de la découverte. Mais, si la fraude avait eu pour résultat de rendre l'invention publique avant le brevet, les droits de l'inventeur se borneraient à une action en dommages et intérêts contre les auteurs et les complices de la fraude. Quant à traiter encore avec la société, comment le pourrait-il, puisqu'il serait hors d'état de lui fournir le prix du monopole temporaire qu'il réclamerait d'elle? C'était à lui ou à mieux garder son secret, ou à requérir un brevet avec plus de diligence.

47. L'absence de nouveauté, lorsqu'il y a eu divulgation suffisante antérieurement au brevet, quels qu'aient pu être les motifs ou les auteurs de cette divulgation, est incontestable en droit; dans l'application, elle peut et doit donner lieu à de sérieuses difficultés de fait.

La jurisprudence a quelquefois porté trop loin l'indulgence d'interprétation, lorsqu'il s'est agi de divulgations indiscrètes provenant de l'inventeur; et au lieu de se borner à une juste protection en faveur des essais demeurés secrets, elle a fait effort pour éluder les conséquences de la sévère mais juste doctrine consacrée par l'arrêt précité du 10 février 1806.

Un jugement du tribunal civil de la Seine, du 6 octobre 1827 ([1]), rendu contre ma plaidoirie, a rejeté l'exception de nullité dans des circonstances que ses motifs interprètent comme il suit : « Attendu que Lhomond n'a pris sa découverte dans aucun ouvrage français ou étranger; que le *Bulletin de la société d'encouragement* produit dans la cause n'était destiné qu'à approuver les procédés de Lhomond; que les essais faits par Lhomond, tant dans le local de ladite société que chez plusieurs de ses membres, n'avaient pour but que d'obtenir ladite autorisation; qu'on ne peut conclure ni

---

([1]) *Gazette des Tribunaux*; 9 octobre 1827.

de l'un ni de l'autre de ces faits que les procédés de Lhomond soient tombés dans le domaine public. »

Un arrêt de la Cour de Paris, du 13 août 1840 (¹), est
arrivé au même résultat en réservant mieux les règles du
droit : « Attendu qu'il n'est nullement établi que la machine
brevetée ait été connue, ni mise en usage en Angleterre
avant d'être brevetée; qu'il résulte, au contraire, de tous les
faits et de tous les documents de la cause, que Claudet a constamment conservé le secret de son invention; que, s'il a
cherché à constater l'utilité et les avantages de sa découverte,
c'est en usant de toutes les garanties, de toutes les précautions et de tous les moyens propres à maintenir dans ses
mains et en sa personne la propriété de l'invention qu'il avait
faite et réalisée; qu'on ne saurait raisonnablement ni légalement considérer un inventeur comme faisant usage, et livrant
au domaine public, la machine qu'il aurait imaginée et construite, lorsque cet usage se couvre de secret et n'a pour
objet que de reconnaître et constater avec quelques personnes les avantages ou les inconvénients de sa découverte;
qu'il est manifeste que ce sont là des essais qui tiennent à la
nécessité qu'impose toute espèce de découverte et d'invention; et que les défendre sous peine de déchéance serait réduire le plus souvent l'inventeur à l'impossible, et condamner dès-lors le génie à ne plus avancer dans la voie du progrès et de l'invention. »

Un arrêt précité, de la Cour de Rouen, du 4 mars 1841,
après avoir distingué, quant à la juridiction, entre la nullité
absolue résultant de l'acquisition antérieure par le domaine
public, et la nullité relative au défendeur en contrefaçon, qui
excipe de la possession ou de l'usage, poursuit en ces termes:

(¹) Dalloz ; 41, 2, 165.

« Attendu que la divulgation antérieure au brevet ne résulte pas des enquêtes ; que Lambert et Hurard, appelés à déposer sur d'autres faits, ne paraissent pas avoir fixé leur attention sur ce point d'une manière telle qu'à cet égard leurs dépositions puissent offrir quelque garantie à la justice ; qu'il ne suffirait d'ailleurs pas qu'ils eussent vu la machine avant la délivrance du certificat provisoire tenant lieu de brevet ; qu'il faudrait, en outre, établir que la découverte était, à cette époque, dans le domaine public, ou avait été divulguée à Barker ou à Rowcliffe, défendeurs, puisqu'un simple fait de possession antérieur au brevet, fait étranger au défendeur en contrefaçon, ne peut constituer la publicité d'une découverte.»

De ces trois décisions judiciaires, une seule, l'arrêt de Paris de 1840, ne présente aucun inconvénient de doctrine, parce qu'elle a pris soin d'articuler catégoriquement qu'il n'y avait pas eu publicité. Le jugement de Paris de 1827 et l'arrêt de Rouen de 1841 ne s'en sont pas tenus là. Ils ont cru fortifier leur décision, et ils l'ont, au contraire, affaiblie, en se fondant, le premier sur ce que les faits de la publicité alléguée émanaient de l'inventeur, le second sur ce que les faits d'usage antérieur n'étaient pas personnels aux défendeurs ; car ils ont, par là, laissé à douter si le seul fait pertinent, celui de la non divulgation antérieure, était parfaitement constant pour eux. Un fait divulgué par l'inventeur est tout aussi public qu'un fait divulgué par quelqu'autre personne que ce soit. Un fait divulgué au public, en la personne du premier venu, est tout aussi acquis à la société qu'un fait divulgué au public, en la personne du défendeur. Il n'y a d'exception que s'il s'agit, non d'une réelle divulgation, mais d'une communication confidentielle faite à un petit nombre de témoins des travaux de l'inventeur. S'il fallait, pour réputer connue une industrie, qu'elle fût venue à la connaissance de tous les membres du corps social, il n'en existerait pas une, si vieille et si usuelle qu'elle fût, qui pût avoir ce caractère. La loi elle-même, que, par un sage axiome de droit, nul n'est censé ignorer, est certainement, en fait, ignorée de beaucoup de monde. Une pensée est devenue publique dès l'instant où la volonté de son auteur ne suffit plus pour la retirer de la circulation générale et du commerce des hommes.

48. Une jurisprudence énervante, qui, par la prétention d'être plus équitable que la loi, la fausse et la détruit, cause plus de mal public qu'elle ne guérit de blessures privées. Les écarts de logique et les indécisions que nous venons d'exposer resteront sans prétexte sous la loi nouvelle; d'abord parce que ses termes n'admettent pas le doute, puis parce qu'elle-même a pris soin de compenser, par une large concession faite aux inventeurs, la rigueur de son principe.

L'article 31 ne s'attache manifestement qu'au fait de publicité, quelle qu'en soit la cause, quel qu'en soit l'auteur.

Je n'entends pas donner comme un tempérament à ce principe la condition que la publicité aura dû être suffisante pour que l'industrie ait pu être exécutée; car, loin de contrarier le principe, cette condition l'explique et le fortifie. Écrite dans la loi, elle protégera les inventeurs contre beaucoup d'inductions forcées, d'argumentations subtiles et de chicanes.

Ce qui est un remède véritable contre ce qu'il y avait de rigoureux dans l'application du principe, c'est le privilège nouveau accordé au breveté de pouvoir seul, pendant un an, prendre un brevet valable pour changements, perfectionnements ou additions à l'invention primitive. Suffisamment protégés par le bénéfice considérable de ce droit exceptionnel, les inventeurs pourront, sans arrêter leurs études et sans refroidir les capitalistes, écouter les conseils de la prudence et s'abstenir désormais de faire, avant le temps, ces essais publics, ces expériences inconsidérées qui mettaient leur brevet en péril par une divulgation prématurée. Les tribunaux, de leur côté, n'auront plus à excuser, par la nécessité, la violation d'un secret devenu plus facile à garder ; et ils appliqueront, avec plus de sécurité et moins de scrupules, la règle fondamentale qui ne permet pas qu'une invention divulguée soit tenue pour encore nouvelle, ni par conséquent pour brevetable, quel qu'en ait été le divulgateur.

---

§ II. — *Des importations d'invention.*

49. L'article 31 de la loi de 1844 assimile nettement à la publicité donnée en France la publicité à l'étranger.

Il suit de là que tout ce qui vient d'être dit sur le défaut de nouveauté est applicable, sans distinction du territoire où les divulgations se sont opérées antérieurement à la demande du brevet français.

Avant d'expliquer l'influence de ce principe sur le système de notre loi actuelle, relativement aux importations d'inventions, jetons un coup d'œil sur les législations étrangères et sur l'ancienne législation française qui, antérieurement à 1844, admettait l'existence de brevets d'importation.

50. En Angleterre, on tient pour non avenu ce qui se

passe hors du royaume. Les faits qui n'ont eu d'existence qu'à l'étranger sont, aux yeux de la loi anglaise, comme s'ils n'étaient pas. Une industrie est réputée nouvelle, par cela seul qu'elle n'a été ni publiée, ni exploitée en Angleterre; l'importation y est invention. On n'a donc pas eu besoin d'y créer des patentes pour importation.

On peut voir, par la section de notre première partie contenant les législations étrangères, que l'Angleterre est le seul pays où ce système prévaut. La loi de Bavière, de 1825, l'avait adopté; mais elle a été modifiée sur ce point en 1834.

Les pays où les brevets ne sont accordés qu'après appréciation préalable par le gouvernement, juge de l'utilité et de l'opportunité des demandes, ont pu, sans se lier par cela à aucun système, avoir des législations favorables aux importations d'industries étrangères, puisque le bon plaisir de l'administration abaisse ou élève les barrières, suivant chaque cas particulier; toutefois les lois de ces pays tiennent compte de ce qui distingue des industries entièrement nouvelles les industries importées de l'étranger et nouvelles à l'intérieur.

L'Espagne et les États romains délivrent des brevets d'importation, mais leur accordent une moindre durée qu'aux brevets d'invention.

L'Autriche, la Bavière, le Wurtemberg n'accordent des brevets d'importation que pour les objets brevetés à l'étranger.

Dans l'ancienne législation des États-Unis, la patente était nulle, si, avant la demande, l'objet en avait été connu ou pratiqué soit en Amérique, soit à l'étranger. L'acte de 1836 a changé ce système. La loi continue à ne point reconnaître de patentes spéciales pour importation; mais elle permet aux étrangers non résidants de prendre des patentes américaines valables,,encore qu'ils aient déjà fait breveter l'invention à l'étranger, et que la description en ait été publiée; seulement, la demande ne sera, dans aucun cas, valable plus de six mois après l'obtention du brevet en d'autres pays et la publication de sa description. La taxe des patentes, qui est de 20 dollars pour les nationaux et les résidants, est de 500 dollars pour les Anglais, et de 300 pour les étrangers des autres nations.

51. La loi française du 7 janvier 1791 avait créé des brevets d'importation par son article 3 : « Quiconque apportera « le premier en France une découverte étrangère jouira des « mêmes avantages que s'il en était l'inventeur. » L'article 4 exigeait que l'on désignât dans la demande si l'objet était d'invention, de perfection ou seulement d'importation.

On voit que cette loi ne prenait en nulle considération la personne, ni le mérite de l'inventeur; ce n'était point, comme dans la loi autrichienne, une largesse internationale offerte au génie d'invention quelle que soit sa patrie, c'était une prime donnée à la rapidité des spéculations. On voulait fixer promptement et à tout prix sur notre sol l'exploitation des découvertes les plus nouvelles, et nous approprier, sans nul retard, les trésors de l'industrie étrangère, en récompensant par un monopole ceux qui, les premiers, nous apprenaient à les produire nous-mêmes.

Cette pensée était nationale. On conçoit qu'elle ait séduit beaucoup d'esprits à une époque où l'on voulait stimuler l'esprit d'entreprise et acclimater parmi nous les industries étrangères.

Mais voici l'autre face de la question, qui peut aujourd'hui être d'autant mieux comprise que l'esprit de spéculation est devenu assez actif chez nous pour n'y avoir plus le même besoin de stimulants.

Ce qui peut servir le mieux l'industrie nationale, c'est
d'ouvrir à la liberté de production les voies les plus larges;
c'est de ne pas borner le champ de notre lutte avec l'étranger, en restreignant à un seul des habitants de notre sol la
faculté de concourir avec lui, et de mettre à profit ses exemples. Si la nouvelle industrie étrangère a besoin de l'encouragement d'un privilège pour que l'on ose en entreprendre
l'importation, c'est sans doute parce qu'elle ne promet que
des profits modiques ou des résultats chanceux ; et ce n'est
pas rendre un grand service au pays que d'en provoquer la
hâtive introduction. Si l'industrie nouvelle doit être féconde,
si elle peut devenir une source de richesses, comment supposer que l'intérêt privé, avec son activité, sa prévoyance, né-
gligera de s'en emparer, et aura besoin d'un subside pour
se rendre service à lui-même? Plus l'invention étrangère
aura d'importance, plus le privilège, loin d'être excusable,
doit être inutile ; et, s'il est inutile, il est injuste et dangereux. Les brevets d'importation encouragent les fabrications
imparfaites et précipitées : ils excitent des spéculateurs en-
treprenants à se hâter de prendre des brevets pour chaque
machine ou chaque fabrication qu'ils entrevoient ; ils nuisent
à des spéculations plus lentes, mais plus profitables, fondées
sur des besoins réels et sur des calculs attentifs ; ils permettent qu'une fabrique rivale, en possession de fournir des
produits analogues, s'empresse de se munir d'un brevet pour
faire tomber l'industrie nouvelle, ou que l'étranger, en faisant prendre ou en prenant un brevet, se débarrasse d'une
concurrence libre, et prévienne les efforts des rivaux dont
il redouterait l'habileté. Dans un grand nombre de cas, et
principalement lorsqu'il s'agit d'exploitations considérables,
cette sorte de brevets retarde l'introduction des industries
étrangères, au lieu de l'accélérer. On hésite à faire de fortes

avances de fonds et des essais de quelque étendue, lorsque
l'on sait qu'avant d'être arrivé à prendre une décision suffisamment mûrie, on peut voir toute cette masse de dépenses
et de travaux préparatoires tout à coup paralysée et perdue,
parce que l'on se trouvera gagné de vitesse par un autre importateur.

Après avoir reconnu que, dans l'intérêt social, la liberté
est plus féconde que les primes, recherchons quelle part
doit être faite à l'importateur; et si la justice exige qu'un
privilège lui soit accordé.

On invoque, pour l'importateur, les efforts auxquels il peut
se trouver obligé, afin de naturaliser l'industrie qu'il faut aller
emprunter ailleurs, ses dépenses, ses voyages, ses études,
ses frais de premier établissement, qui peuvent devenir considérables, si déjà le pays ne possède pas les instruments ou
les substances nécessaires aux constructions, aux fabrications; on fait remarquer les chances de pertes qui accom-
pagnent ordinairement les tentatives de ce genre, soit parce
qu'il faut déranger des habitudes acquises, soit parce qu'on
est obligé de consumer son temps et ses soins à former des
ouvriers, à faire connaître les nouveaux produits, à les faire
goûter du public. Puis, après avoir présenté le tableau des
obstacles contre lesquels les importateurs peuvent avoir à
lutter, on réclame, en leur faveur, et comme juste dédommagement, la concession d'un privilège temporaire de même
nature que celui par lequel on paye les inventeurs.

Cette assimilation manque de justesse. Il n'y a point égalité de mérite entre celui qui copie l'idée d'un autre, et celui
qui exécute la sienne. Il n'y a point même intérêt dans leurs
rapports avec la société : car, si l'inventeur ne livre pas son
secret et le conserve dans sa pensée, l'humanité en sera privée;
tandis que, si tel individu s'abstient aujourd'hui d'imiter une

industrie étrangère, tel autre, à sa place, pourra la copier demain. Il n'y a point égalité dans les risques : l'inventeur n'a pu voir d'abord que dans son imagination le type des produits qu'il a dû attendre ; sa conception se réfléchira-t-elle avec fidélité dans l'exécution qu'elle recevra ? Le public se prêtera-t-il à faire accueil aux produits que leur auteur lui-même n'a éprouvés par aucune expérience ? Voilà des chances auxquelles n'est point exposé l'importateur qui a établi ses calculs sur des produits réels, sur des données expérimentales, sur les impressions reçues par le public d'un autre pays. Le payement d'une invention est l'acquittement d'une dette sociale envers le génie, qui a, sur son propre fonds, doté le genre humain d'une richesse nouvelle. Une importation n'est qu'une opération commerciale; c'est au spéculateur à prendre habilement ses mesures : s'il a bien opéré, il obtiendra la récompense naturelle de toute bonne spéculation, le succès; si l'opération est mauvaise, comment prétendre qu'une récompense lui sera due parce qu'il se sera trompé; comment imposer à tous les citoyens un sacrifice pour l'indemniser des conséquences de ses faux calculs?

L'assimilation établie par l'article 3 de la loi du 7 janvier 1791, entre l'importateur et l'inventeur, était modifiée par l'article 9 ainsi conçu : « L'exercice des patentes accordées « pour une découverte importée d'un pays étranger ne « pourra s'étendre au-delà du terme fixé dans ce pays à « l'exercice du premier inventeur. » Cette disposition, adoptée par la plupart des législations étrangères, se retrouve dans l'article 29 de la loi de 1844; elle était fort claire, et parfaitement conciliable avec l'article 3, auquel elle apportait un tempérament; ou plutôt l'article 3 étant lui-même une exception au principe d'imbrevetabilité des objets déjà connus, l'article 9 avait borné l'exception, et expliqué qu'elle n'atteindrait que les cas où il s'agirait d'une industrie munie d'un privilège à l'étranger.

52. Ce fut cependant sur une prétendue contrariété entre ces deux articles, qu'un décret impérial du 13 août 1810 se fonda pour changer entièrement le système de la loi de 1791 en en effaçant l'article 9.

Ce décret, qui avait, dit-on, été provoqué par des intérêts privés, s'expliquerait facilement par sa date seule. Les communications entre la France et l'Angleterre étaient devenues, en 1810, si difficiles et si rares, que l'intérieur de chacun des deux pays était comme inconnu dans l'autre. La politique impériale avait en vue deux résultats contradictoires : elle voulait, d'une part, lutter contre l'industrie anglaise, et s'emparer de ses procédés; mais, d'autre part, elle ne tolérait pas les communications entre les deux peuples. L'encouragement donné aux importations était destiné à stimuler, par l'appât du privilège, les conquêtes des procédés industriels dont l'état des communications entre les deux peuples rendait la connaissance si difficile d'un pays à l'autre.

Il serait injuste de nier que la politique impériale ait voulu le bonheur et la gloire de la France; mais comment les comprenait-elle? Dans un sens purement relatif. Elle considérait, non si notre peuple jouissait de la plus grande somme de bonheur possible, mais s'il était plus prospère que ses voisins; non s'il se rendait grand en se rendant utile, mais s'il était le plus grand, et assez fort pour imposer à tous les volontés et les plans du maître. Abaisser l'Angleterre, en la tenant en état de blocus et en lui fermant le monde, habituer la France à se suffire à elle-même, et à pouvoir être privée, sans péril, de tous les secours des communications avec d'autres peuples, tel était le but qui paraissait grand; sage et beau. Rien n'était plus conséquent avec ce système que

de favoriser, à tout prix, même par des concessions de monopole, les importations de procédés d'industrie, afin d'ac-
roître la masse de nos ressources intérieures. Telle n'est
lus, aujourd'hui, la politique, du moins celle des esprits
lairvoyants et élevés. On comprend que ce qui est grand et
age est, non pas d'élever les barrières entre les peuples,
ais de les abaisser; non pas d'alimenter le mesquin senti-
ent des jalousies nationales, mais de fortifier, par la fré-
uence et l'utilité des rapports, les nécessités de la paix. Les
aits démontrent, et les législations doivent accepter cette
érité, que ce qui, maintenant, est connu dans un pays civi-
isé, ne peut manquer de l'être dans les autres, au bout d'un
emps très court.

Le décret impérial du 13 août 1810, n'ayant point été in-
éré au *Bulletin des lois*, n'a jamais reçu exécution. Les tri-
unaux ont jugé, conformément aux principes certains et
lémentaires de notre droit public, qu'il est réputé non avenu.
'article 9 de la loi du 7 janvier 1791 avait donc, nonob-
tant ce décret, conservé sa force.

53. Cette disposition n'était pas la seule par laquelle les
ois de 1791 eussent fait divorce avec le principe anglais
ui répute absolument inconnu ce qui est inconnu en Angle-
erre.

De sérieux et solennels débats se sont élevés sur la portée
e l'article 16-3° de la loi du 7 janvier 1791, ainsi conçu :
Tout inventeur, ou se disant tel, qui sera convaincu d'a-
oir obtenu une patente pour des découvertes déjà consi-
nées et décrites dans des ouvrages imprimés et publiés, sera
échu de sa patente. »

J'ai longuement discuté, dans la première édition de ce
aité, la question, neuve alors, de savoir si cet article était
plicable aux publications faites à l'étranger, et j'ai forte-

ment soutenu l'affirmative. La jurisprudence s'est très nettement fixée, depuis, en ce sens ; et, ce qui est plus décisif
encore, la question est ainsi tranchée législativement par le
texte formel de l'article 31 de la loi actuelle. Des développements seraient donc superflus.

Les deux premiers arrêts de la Cour de cassation qui ont
fixé la jurisprudence sont du 9 janvier 1828 (¹) : « Considérant que le § 3 de l'article 16 est général, n'admet aucune
distinction, et n'indique pas moins les ouvrages publiés en
pays étrangers que ceux publiés en France ; que le jugement
de première instance a établi, en point de fait, que le procédé
donné pour nouveau par Raymond avait déjà été publié et
décrit dans des ouvrages publiés en Amérique et en Angleterre ; que la Cour royale de Paris n'a point contredit ce
point de fait ; qu'elle l'a même admis, en se décidant exclusivement par la solution du point de droit, et en jugeant que
ce sont seulement les ouvrages publiés en France qui peuvent
motiver la déchéance du brevet, et non pas les ouvrages étrangers qui, n'ayant pas de publication en France, ne peuvent
être légalement réputés connus en France ; que cependant
l'article précité n'a point prononcé cette modification.... qui
serait contraire à l'esprit de la loi, manifesté notamment dans
l'article 9 ; de ces motifs il suit que l'arrêt de la Cour royale,
en créant une limitation non existante dans la loi, et contraire à son texte comme à son esprit, a violé l'article 16 de
la loi du 7 janvier 1791. »

Dans cette espèce, il s'agissait d'un brevet d'invention.
C'est à tort qu'on a émis l'opinion (²) que la décision aurait

---

(¹) La Cour de Rouen, saisie du renvoi, a, par arrêt du 14 janvier
1829, adopté la doctrine de la Cour de cassation. Dalloz ; 29, 2, 126.

(²) Dalloz ; 28, 1, 83.

pu être différente s'il sé fût agi d'un brevet d'importation.
Les raisons de décider auraient été les mêmes, et il n'est
pas au pouvoir des mots de modifier si essentiellement le
fond des choses. La loi de 1791 avait attribué le bénéfice
d'un brevet d'importation à quiconque apportera le premier
en France une découverte. Si la demande a été précédée par
la circulation d'un livre, soit français, soit étranger, où l'invention se trouvait ouvertement décrite, accessible à tous,
exposée par l'impression au grand jour de la publicité, ce
n'est pas le breveté, c'est le livre, qui est le premier importateur. Ce point de doctrine a été fort bien jugé par arrêt de
la Cour royale de Paris du 11 août 1836 (¹) : « Attendu que
si le prétendu inventeur, au lieu d'une découverte nouvelle,
ne donne à la société qu'une découverte déjà consignée et
décrite dans des ouvrages imprimés et publiés, le privilège
qui lui avait été promis doit lui être retiré; qu'il importerait
peu qu'il n'eût pas eu connaissance desdits ouvrages, qu'ils
eussent été publiés seulement en pays étrangers, et que même
ils n'eussent pas encore pénétré en France; que, par cela seul
que la découverte avait été consignée et décrite dans des ouvrages imprimés et publiés, elle était réputée connue en
France, et que, par cela même, le contrat contenu dans le
brevet est résolu; que c'est ce qui résulte des termes absolus
du § 3 de l'article 16 de la loi du 7 janvier 1791 ; que le
prétendu inventeur est alors déchu de son brevet, non point
en punition de ce qu'il n'aurait pas été de bonne foi, mais
parce que, ne livrant réellement rien à la société, qui était
déjà, ou allait être, sans avoir besoin de sa coopération, en
possession de sa découverte, il ne peut pas garder le privilège
qui lui a été accordé comme prix de la découverte qu'il de-

(¹) Dalloz; 37, 2, 16; 39, 1, 87.

vait livrer, et qu'il est déchu de son brevet parce que le privilège est reconnu avoir été accordé sans cause; Attendu que ces principes s'appliquent également au brevet d'importation; que ce brevet tombe pareillement en déchéance si la découverte, prétendue importée en France, avait été précédemment consignée et décrite dans des ouvrages imprimés et publiés. » L'arrêt de 1839, cité n° 42, qui casse cet arrêt par d'autres motifs, loin de contrarier cette juste doctrine, s'y conforme en des termes qui, bien qu'implicites, révèlent néanmoins clairement l'intention de la Cour de cassation.

54. Il fallait décider, par les mêmes motifs, que l'usage public de l'industrie à l'étranger la dépouillait du caractère de nouveauté, tout comme la publicité par voie d'impression; ainsi que l'a jugé un arrêt de Paris, du 13 août 1840, cité n° 47.

55. Toutes ces questions ont disparu devant la rédaction explicite de l'article 31.

Quel est le système de la loi nouvelle relativement aux importations d'inventions?

Les brevets d'importation sont supprimés. Nous venons, précédemment, d'exposer les motifs de cette sage suppression. Ce ne sera plus le monopole, ce sera la concurrence, qui excitera les capitalistes et les industriels à importer en France les inventions étrangères. Il n'y aura plus de brevets accordés à la pure spéculation commerciale; tous seront réservés à l'invention d'industrie. Lorsqu'une découverte est importée par une personne qui n'en est pas l'auteur, cette importation est un fait de commerce et non un fait d'invention : or, si légitime, si patriotique, si bienfaisante que puisse être une opération de commerce, ce n'est pas par un monopole qu'elle doit être rémunérée.

Que si, au contraire, la découverte est importée par son

auteur, la spéculation commerciale ne devient pas le caractère dominant de cette importation; ce qui reste dominant, c'est l'exercice de l'invention.

Le monopole qui paye l'invention doit-il s'étendre d'un pays à l'autre? L'Anglais, l'Allemand, l'Américain, doivent-ils être rémunérés par un privilège français du service qu'ils ont rendu à l'humanité?

Remarquons que je ne parle pas ici de l'Anglais, de l'Allemand, de l'Américain qui dote la France de la découverte non encore publiée, ni exploitée, soit dans son pays, soit ailleurs. Cet étranger-là est breveté comme un Français, aux termes des articles 27 et 28 de la loi de 1844, que nous développerons dans le chapitre 4.

Je parle de l'inventeur étranger qui a déjà publié ou exploité sa découverte dans un autre pays.

Je l'ai déjà dit plus haut ([1]) : on ferait admirablement acte de civilisation et de justice universelle si l'on organisait les relations internationales de telle sorte que l'inventeur, à quelque pays qu'il appartînt, sur quelque territoire que se produisît l'invention, en trouvait le salaire partout où pénètrerait son bienfait.

Ce n'est point par les lois privées des divers pays, c'est par des traités et des conventions du droit des gens que l'on atteindrait ce désirable résultat.

Ces principes, les discussions dans les deux Chambres l'attestent, étaient présents à la pensée du législateur de 1844, lorsqu'il a écrit l'article 29 ainsi conçu : « L'auteur « d'une invention ou découverte déjà brevetée à l'étranger « pourra obtenir un brevet en France ; mais la durée de ce

---

([1]) *V.* 1re partie; ch. II; section 6; p. 149.

« brevet ne pourra excéder celle des brevets antérieurement
« pris à l'étranger. »

L'intention de cet article est excellente. Le résultat en sera
presque nul.

Qu'on le remarque, en effet! La condition essentielle de
nouveauté, sans laquelle nul brevet n'est valable, domine
tout et s'étend aux brevets pris par les brevetés étrangers,
aussi bien qu'aux brevets pris pour la première fois et sans
précédents. Or, à la suite du brevet étranger, sa publicité
sera promptement venue soit par publication de la description, soit par mise en œuvre de l'industrie exploitée; et elle
invalidera le brevet français, si elle en a précédé la demande
en France.

Quand un brevet est délivré valablement en France, il
n'est en rien atteint ou ébranlé par la publicité subséquente
que l'invention peut recevoir. Mais un brevet étranger n'a
pas en France la même vertu; il n'y produit aucun effet légal, il n'y étend pas une sauvegarde contre les conséquences
de la publicité. La validité de sa traduction en brevet français s'appréciera par l'état des faits et la nouveauté d'invention, non pas au moment où il a été délivré à l'étranger, mais
au moment où se forme la demande de brevet pour France.

Le rapport de M. Philippe Dupin a nettement exposé cette
doctrine, et en a accepté les conséquences : « Une des conditions essentielles, a-t-il dit, est que l'invention soit nouvelle,
c'est-à-dire qu'elle n'ait reçu ni en France, ni ailleurs, soit par
la voie de l'impression, soit par toute autre manifestation extérieure, une publicité suffisante pour pouvoir être exécutée.
On ne peut se dissimuler, et la loyauté fait un devoir d'en
donner hautement avis, que cette règle paralyse le bienfait
de la loi nouvelle à l'égard des industriels qui auraient été
brevetés dans les pays où, comme en Russie, les descriptions

jointes aux demandes de brevets sont publiées immédiatement après la concession. Mais pouvait-on faire pour les
étrangers plus qu'on ne fait pour les régnicoles? »

La discussion dans la Chambre des députés n'a pas été
moins claire. M. Thil (¹) avait demandé une explication sur
la portée de l'article : « Si un étranger breveté pour une découverte à l'étranger vient demander un brevet en France,
et que la découverte à l'étranger ait été rendue publique par
une description... — *M. le rapporteur :* La disposition de
la loi est la déchéance. — *M. Thil :* Pour les étrangers? —
M. le rapporteur : Pour tout le monde. — *M. Thil :* On
vient au-devant de ma question. On me dit que l'article le décide; l'article 29 ne décide rien à cet égard. » M. le ministre
Cunin-Gridaine donne alors lecture de l'article (31), et M. Thil
se déclare satisfait. M. Philippe Dupin complète l'explication
en lisant le passage de son rapport que nous avons cité. Plus
tard, dans le cours de la discussion du même article, M. Odilon Barrot fit remarquer les inconvénients d'un brevet que
l'inventeur étranger prendrait en France pour une industrie
brevetée, il est vrai, à l'étranger, mais publiée, et acquise, par
conséquent, au public français. M. Cunin-Gridaine répondit
que l'observation était juste, mais que la loi elle-même avait,
par les articles 30 et 31, résolu la question dans le sens de
l'observation. « Si on voulait prendre un brevet en France
pour une chose déjà connue, exploitée, ce brevet est frappé
de déchéance. » M. Philippe Dupin ajouta : « Il y a des nations chez lesquelles les spécifications sont publiées; il y en
a chez qui elles restent secrètes. Pour les nations chez lesquelles elles sont publiées, il est évident que les brevetés
étrangers ne peuvent venir demander chez nous un brevet

(¹) Séance du 15 avril 1844.

utile. A l'égard des nations chez lesquelles les descriptions restent secrètes, l'invention peut demeurer secrète, et par conséquent il peut être obtenu un brevet en France. »

L'article 29 est donc fort clair. Libéral dans son intention et son principe, il me paraît destiné à rester à peu près stérile dans l'application.

La loi américaine de 1836 a eu la même intention; mais elle est entrée plus avant dans cette voie, en apportant franchement, et dans une mesure limitée, une exception à la condition de nouveauté, par la disposition suivante de son article 8, plus efficace et plus pratique que la loi française : « La présente loi ne privera point l'inventeur originaire et primitif du droit de se faire délivrer une patente, par la raison qu'antérieurement il en aurait pris une en pays étranger, et que ce brevet aurait reçu de la publicité dans les derniers six mois antérieurs au dépôt, dans les États-Unis, de sa description et de ses dessins. »

La seconde partie de l'article 27 de la loi de 1844, empruntée à l'article 9 de la loi du 7 janvier 1791, s'explique d'elle-même. « Il ne faut pas, dit le rapport de M. Dupin, que la protection accordée par la France devienne pour elle une cause d'infériorité, et que, dans son sein, on enchaîne par le monopole ce qui, partout ailleurs, serait libre de cette entrave. »

<hr>

SECTION II.

§ I. — *Caractère industriel des inventions brevetables.*

86. La législation des brevets concerne exclusivement les inventions industrielles.

87. Les principes purement scientifiques ne sont pas brevetables.

88. Les plans de finance ne sont pas brevetables.

59. Les méthodes ne sont pas brevetables.

60. La loi de 1844 est, sur les points qui précèdent, conforme à la législation antérieure.

61. Des objets d'industrie sur lesquels porte la nouveauté d'invention.

62. Produits industriels.

63. Résultats industriels.

64. Moyens industriels nouveaux.

65. Application nouvelle de moyens connus.

66. Le degré d'importance de l'industrie brevetée est sans influence sur la validité du brevet.

67. Les changements indifférents, les ornements, ne sont point inventions.

56. Toutes les inventions et découvertes ne sont pas susceptibles de brevets valables.

Nous nous occuperons, dans la présente section, d'une première condition essentielle : il faut qu'un brevet ait pour objet une industrie.

Cette condition ne veut pas dire que les découvertes industrielles méritent seules la faveur de nos lois ; car ce serait là une grande injustice ; elle veut dire que la législation sur les brevets concerne spécialement et exclusivement l'industrie.

57. Une invention a le caractère industriel lorsqu'elle donne des produits que la main de l'homme ou les travaux qu'il dirige peuvent fabriquer, faire naître, ou mettre en valeur, et de nature à entrer dans le commerce pour être achetés et vendus. Un savant observe et signale une propriété, encore inconnue, de la chaleur ; s'il ne tire de ses observations aucune application spéciale et positive à certaines fabrications déterminées, sa découverte sera purement scientifique et nullement brevetable ; mais si, au contraire, il se sert du principe scientifique pour la création ou la combinaison d'une nouvelle substance, pour la confection d'un instrument

ou d'une machine, s'il l'emploie à obtenir un résultat matériel et vénal, quel qu'il soit, il pourra valablement prendre un
brevet. Les ouvrages d'esprit, les compositions des beaux-
arts, un traité, un poème, une histoire, un tableau, une
œuvre musicale, supposent souvent le génie d'invention; et,
cependant, ce ne sont pas là des inventions industrielles brevetables. Les droits des auteurs sur ce genre de productions,
bien qu'appuyés sur des principes analogues à ceux qui régissent les inventions industrielles, ne sont pas, néanmoins,
garantis par des brevets; j'ai exposé dans mon *Traité des
droits d'auteurs* la législation qui les concerne.

58. Dans les premiers temps qui ont suivi la promulgation des deux lois de 1791, on a requis des brevets pour des
établissements de finance, fondés sur des plans nouveaux,
et sur des combinaisons non encore imaginées. C'était là
évidemment se méprendre sur la portée et le but de l'institution. Dans des temps ordinaires, le législateur s'en serait
probablement rapporté aux tribunaux du soin de ramener
les citoyens à une meilleure interprétation de la loi; mais les
circonstances financières étaient impérieuses. La loi du 20
septembre 1792 a interdit pour l'avenir, et supprimé dans le
passé, les brevets d'invention pour établissements de finance.

59. De nombreuses contestations se sont élevées devant
les tribunaux au sujet de brevets pris et vendus pour des
procédés de calligraphie appropriés à l'enseignement de
l'écriture, et pour des méthodes nouvelles d'enseignement
de la lecture. Ces brevets ont été annulés par des motifs qui,
surtout à l'égard des procédés de calligraphie, ont généralement été tirés des faits. Un arrêt de la cour de Grenoble, du
12 juin 1830 ([1]), dans une affaire où il s'agissait d'une mé-

_____

([1]) Dalloz; 1851, 2, 202.

thode de lecture, a clairement posé les principes : « Attendu que l'enseignement de la lecture est évidemment du domaine de l'intelligence, et que ce qui appartient à l'entendement, sans le concours d'objets matériels, ne peut être une propriété privilégiée, puisqu'on ne saurait priver celui qui sait d'user de sa science et de la communiquer, et qu'aucune voie légale ne peut être ouverte contre celui qui a enrichi son intelligence de la science d'un autre; que, quels que soient les avantages que la méthode Lafforienne puisse avoir sur les autres méthodes, pour rendre l'enseignement de la lecture plus prompt et plus facile, les moyens de cette méthode étant purement intellectuels ne pouvaient être l'objet d'un privilège et d'une vente. »

C'est par des motifs du même ordre qu'un jugement du tribunal de la Seine, du 26 décembre 1838, contre lequel le pourvoi a été rejeté par arrêt de la Chambre des requêtes du 21 avril 1840, a décidé : « que la coupe plus ou moins économique d'un pantalon dans une pièce de drap peut dénoter plus ou moins d'intelligence et d'habileté dans le tailleur qui y procède, mais que cette opération n'étant que le résultat de calculs qui ne peuvent être interdits à aucun tailleur pour faire le meilleur emploi possible d'une pièce d'étoffe, ne peut être considérée ni comme un procédé, ni comme une invention susceptible d'être brevetée. »

60. La loi de 1844 a formulé clairement, dans le même sens que la jurisprudence, ces principes déjà contenus dans les lois de 1791.

L'article 1er parle de toute nouvelle découverte ou invention dans tous les genres d'industrie. L'article 2 exprime que les résultats et produits dont il parle sont industriels. L'article 3 déclare que les plans et combinaisons de crédit et de finances ne sont pas susceptibles d'être brevetés. L'article 30

déclare nuls et de nul effet les brevets délivrés : « 3° Si les
« brevets portent sur des principes, méthodes, systèmes,
« découvertes et conceptions théoriques dont on n'a pas in-
« diqué les applications industrielles. »

Dans les premiers projets, cette dernière disposition faisait, sauf rédaction, partie de l'article 3. M. Odilon Barrot [1]
fit remarquer qu'il est souvent fort difficile de distinguer
l'idée purement théorique de l'idée traduite en invention industrielle ; qu'en déclarant la conception théorique non susceptible d'être brevetée, on soumettrait à l'examen discré-
tionnaire de l'administration l'appréciation de ce caractère;
qu'il valait mieux laisser aux tribunaux le droit qu'ils avaient
déjà par les lois de 1791 de déclarer, en ce cas, la nullité
du brevet. Le gouvernement et la commission reconnurent
la justesse de cette observation, et la disposition fut transportée de l'article 3 à l'article 30.

Les derniers mots du § 3 de l'article 30 : *dont on n'a
pas indiqué les applications industrielles*, n'étaient point
dans le projet. Ils ont été ajoutés par la Chambre des députés, par suite d'amendements de MM. Arago et Houzeau-Mui-
ron [2]. Tout le monde était d'accord sur le principe ; la discussion, qui ne roulait, à vrai dire, que sur la rédaction, a
présenté de l'intérêt.

« Dans le public, a dit M. Arago, on est généralement disposé à croire que tout procédé qui n'a pas exigé des combinaisons multiples, des organes mécaniques complexes, est
une simple idée. »

Après avoir cité Watt, l'application de la vis d'Archimède
à la purification des gaz en les faisant descendre sous une

---

[1] Séance du 10 avril 1844. — Voir ci-après, n° 147.
[2] Séance du 16 avril 1844.

couche d'eau, la lampe de Davy, M. Arago continue ainsi :
« Je vais montrer que, dans notre pays, on a breveté, justement breveté, une idée se rattachant à un produit industriel
ancien. Vous avez entendu parler du zincage. Le zincage moderne a été dédaigné pendant quelque temps, parce que,
dans l'opération, on rendait, disait-on, le fer cassant. Les difficultés ont été vaincues. On peut maintenant revêtir le fer
de zinc sans altérer les propriétés primordiales du fer. Eh
bien ! l'idée de revêtir le fer de zinc pour le soustraire à la
rouille, Malouin l'a publiée, il y a une centaine d'années.
Mais les industriels disaient à Malouin : « Il y aura toujours
« quelques portions de fer dénudées, et la rouille les atta-
« quera. Il y a plus : vous avez revêtu l'extérieur des tuyaux
« destinés à la conduite des eaux, mais l'intérieur se rouil-
« lera comme précédemment. » Le zincage était abandonné.
Cent ans s'écoulent. Un ingénieur français, M. Sorel, se présente et dit : « Vous vous trompez, quand vous croyez que le
« zinc ne garantit les tuyaux que dans la partie qu'il recouvre.
« J'affirme, moi, éclairé par la grande découverte de Volta,
« que le zinc place le fer dans des conditions électriques
« tout-à-fait différentes des conditions ordinaires; j'affirme
« que le zinc rendra le fer négatif, que le fer ne s'oxidera
« pas même dans l'intérieur du tuyau, même là où pas une
« molécule de zinc n'existe. » M. Sorel a donc trouvé dans
un produit non employé, dont personne ne faisait usage, auquel nul industriel ne songeait, des propriétés qui l'ont rendu
extrêmement précieux. Qu'y a-t-il là, si ce n'est une idée
pure et simple.

« Je demande que l'idée de Davy, qui a répandu la lampe
de sûreté, puisse être brevetée. Je demande la même faveur
pour l'idée de M. Sorel ; vous arriverez à ce résultat en ajoutant quelques mots seulement à votre article.

« Je ne sollicite pas la suppression de l'article. Je conviens qu'une idée dont on n'aura pas indiqué d'application industrielle ne doit pas être brevetée. Si quelqu'un venait à découvrir aujourd'hui le carré de l'hypothénuse, je ne désirerais pas qu'il fût breveté, qu'il eût le droit de demander un salaire aux astronomes qui se serviraient de cette proposition pour mesurer la hauteur des montagnes de la lune. Je demande qu'il y ait des applications industrielles indiquées par le créateur de l'idée. »

Il fut répondu, notamment par le rapporteur, que les énonciations de l'article 2 comprenaient tous les cas. M. Arago insista; il continua à tirer argument de l'exemple du zincage. « La galvanisation du fer de M. Sorel, c'est ce que la loi autrichienne appelle une résurrection; car cette loi permet de revenir sur les choses anciennes dans les cas où, comme ici, il y a résurrection d'un procédé dont on ne connaissait pas toutes les propriétés. » Le rapporteur répondit : « Découvrir que telle propriété est inhérente à telle chose, ressusciter le passé, l'accréditer, le propager, ce n'est pas inventer, c'est rendre au passé sa valeur, c'est le mettre en valeur. Or, ce n'est pas là ce qui peut motiver un brevet. On ne doit être breveté que lorsqu'on crée, lorsqu'on invente; et l'on n'invente que lorsqu'on ajoute un moyen ou un produit nouveau aux moyens et aux produits déjà connus; et c'est ce qui ne se trouve pas dans l'exemple que l'on a cité. »

J'approuve entièrement la doctrine de M. Philippe Dupin. J'ai déjà dit, n° 34, que la définition créée par la loi autrichienne sur les découvertes n'est point un principe de notre droit. Toutefois, je n'en conclus pas, comme il a semblé le faire, que, dans le cas particulier, le brevet pour le zincage aurait dû être déclaré nul; j'y vois un des cas de l'article 2 : l'application nouvelle de moyens connus pour l'obtention

d'un résultat industriel ; en acceptant, sur l'imposante autorité de M. Arago, ce fait : que la publicité antérieure donnée
à l'idée scientifique de Malouin, ou plutôt à son invention,
car préserver le fer de la rouille n'est pas une pure théorie,
restait insuffisante pour que le résultat industriel obtenu par
M. Sorel, eût pu, sans la démonstration qu'il a inventée, être
acquise efficacement.

Quoi qu'il en soit, l'addition proposée par M. Arago a été
adoptée. Je crois qu'elle n'était pas indispensable ; mais je re-
connais que, sans présenter aucun inconvénient, elle a, au
contraire, l'avantage de développer plus explicitement la véritable pensée de la loi.

61. La nouveauté d'industrie, ou invention industrielle,
peut porter sur : 1° des produits ; 2° des résultats ; 3° des
moyens ; 4° des applications.

62. L'expression *produit industriel* s'entend surtout d'un
corps certain et déterminé, susceptible d'entrer dans le commerce, soit que la main des hommes l'ait fabriqué et façonné,
soit que leur travail et leur intelligence l'aient conquis sur la
nature matérielle.

63. Le mot *résultat* a été inséré dans l'article 2 par la
commission de la Chambre des pairs. Il s'entend de tout ce
qui concerne la qualité, la quantité, les frais de la production.

M. le marquis de Barthélemy ([1]) a rendu sensible par un
exemple la différence entre le produit et le résultat : « Lorsqu'on mettait de l'eau dans une chaudière destinée à produire de la vapeur, il s'incrustait à ses parois des matières
blanchâtres qui détruisaient cette chaudière : on a trouvé le
moyen, en y introduisant des pommes de terre, d'éviter l'in-
crustation. Il n'y a pas là un produit industriel, mais il y a un

---

([1]) Séance du 24 mars 1843.

résultat industriel; en ce sens que les chaudières ne sont plus minées par ces espèces de petites croûtes qui se formaient sur leurs parois. »

64. S'il y a invention à créer des produits ou résultats nouveaux, l'invention de *moyens nouveaux*, par lesquels on obtient des produits ou résultats déjà connus, est aussi une véritable richesse versée dans le domaine industriel.

L'inventeur de nouveaux moyens et procédés peut s'en assurer, par un brevet, l'exploitation exclusive, quels qu'en puissent être les produits ou résultats. Il peut aussi spécialiser l'application de ces moyens et procédés, et ne les faire breveter que pour l'obtention de certains produits ou résultats déterminés. C'est à lui-même à faire sa loi à cet égard en demandant son brevet. Pour reconnaître s'il aura droit à toute jouissance quelconque du procédé, ou seulement à la jouissance de certaines applications spéciales, il faut, ainsi que nous le verrons ultérieurement, recourir aux termes de la description jointe à la demande du brevet.

65. L'application nouvelle de moyens connus à l'obtention de produits ou résultats connus est aussi une invention. Si ce n'est pas là qu'éclate le plus, dans toute sa grandeur, la puissance du génie, c'est là, du moins, qu'est la source la plus abondante de découvertes, dont plusieurs servent efficacement les développements de l'humanité. L'économie de fabrication et la meilleure confection des produits trouvent beaucoup à y gagner. La grande majorité des brevets appartient à cette classe où s'abrite, sans nul doute, la foule des découvertes faciles, futiles, purement apparentes et nominales, mais qui, en même temps, est riche en pratiques usuelles réellement profitables au public.

La jurisprudence avait déjà proclamé nettement que ces combinaisons des forces et facultés industrielles étaient marjuées du caractère de nouveauté qui les rend brevetables.

Un arrêt de la chambre des requêtes, du 11 janvier 1825, uge « que l'application d'un procédé déjà connu peut con-tituer une nouvelle découverte s'il est adapté à un nouvel sage. » Il résulte du même arrêt que, malgré le brevet, hacun reste libre d'adapter le procédé à tous objets, instru-ents ou machines non désignés au brevet. Cette décision st parfaitement juste : ce n'est pas le procédé qui est bre-eté, c'est son application nouvelle et spéciale à un objet dé-erminé; rien n'empêche d'employer à tout autre usage le rocédé qui appartient au public; rien ne fait obstacle même ce qu'une autre personne obtienne postérieurement un revet valable pour d'autres usages auxquels elle appliquera e procédé, si ces usages sont nouveaux.

Un jugement du tribunal civil de la Seine, du 21 février 834 (¹), a validé un brevet où il s'agissait d'un procédé déjà écouvert et divulgué, mais non encore pratiqué. Cette déci-ion aurait été mal fondée, si le brevet eût été obtenu pour le rocédé en lui-même, c'est-à-dire pour toutes les applications ossibles à un usage quelconque, car le procédé était connu; lle était bien fondée, parce que le brevet portait sur l'ap-ication de ce procédé à une fabrication pour laquelle on ne 'avait jamais employé; l'application était brevetée valable-ent, puisqu'elle était nouvelle.

Un arrêt de la chambre civile, du 27 décembre 1837, s'ex-lique ainsi qu'il suit : « Attendu qu'une invention de-eurerait inerte et stérile, tant pour son auteur que pour la ociété, si elle demeurait dans les termes d'une simple théo-ie, sans passer à l'état d'application; que si cette application e peut se faire qu'à l'aide de procédés déjà connus, et qui

(¹) Dalloz; 34, 3, 46.

par conséquent appartiendraient, en thèse générale, au domaine commun de l'industrie, l'emploi de ces procédés, en tant qu'appliqués à l'objet de la découverte, peut être justement frappé du même droit privatif que la découverte elle-même, et peut devenir comme celle-ci, et en considération de l'utilité qui s'y rattache, la matière d'un brevet d'invention. »

M. Delespaul (¹) a exprimé la crainte que les mots *application nouvelle de moyens connus* ne fussent pas assez compréhensifs. « Prenons, a-t-il dit, pour exemple l'application de la vapeur pour le blanchiment du linge, de la dentelle. Dira-t-on que la vapeur est un moyen? Non; c'est un principe, un agent connu qui reçoit une application nouvelle... La paille, le bois, les feuilles d'arbres que l'on appliquerait à la fabrication de la pâte à papier par les moyens en usage pour la conversion du chiffon en pâte, ne sont pas des moyens; ce sont des substances naturelles et connues qui n'auraient point encore reçu la destination nouvelle de la pâte à papier... L'air chaud, appliqué pour activer la combustion dans la fonte du minerai, est un principe, un agent; ce n'est pas un moyen. » M. Delespaul proposait, en conséquence, d'ajouter au mot *moyens* le mot *agents*.

L'amendement n'a pas été appuyé. Il était inutile. L'emploi d'un agent naturel ou artificiel, d'une substance, d'une force, est manifestement un moyen de production.

66. Le plus ou le moins d'importance de l'industrie brevetée ne doit exercer aucune influence sur l'appréciation de la validité du brevet. Que les tribunaux, dans l'évaluation des dommages-intérêts à prononcer contre les contrefacteurs, prennent en considération l'importance de l'invention, ses

_____

(¹) Ch. des députés; 10 avril 1844.

difficultés et ses frais, les avantages qu'elle apporte, rien de plus naturel, rien de plus nécessaire. Mais ces considérations doivent disparaître lorsqu'il s'agit de savoir si le brevet est valable, c'est-à-dire s'il y a invention. Toute invention industrielle a droit à être brevetée quelque faible que puisse être ou paraître son utilité réelle. Chétive aux yeux des uns, une industrie peut, pour d'autres, être précieuse, soit par l'étendue de ses applications actuelles ou futures, les soins que l'on y apportera, les capitaux que l'on y voudra employer, soit à raison des besoins ou de la position de celui qui l'exercera. Ou l'invention doit demeurer stérile, et alors sa libre fabrication n'offrant nul intérêt pour les producteurs ni pour le public, aucun préjudice n'est porté à personne par la limitation, dans une jouissance privilégiée, d'une invention que personne ne sera tenté de reproduire ; ou l'exercice de l'invention aura un certain prix, et la question de l'existence du privilège un intérêt; mais alors, si l'invention offre par elle-même assez de valeur pour mériter d'être acquise au domaine public, elle vaut donc aussi d'être conservée et garantie à son auteur. Les propriétés les plus modiques importent à ceux qui n'en possèdent point d'autres, autant que les plus grandes aux grands propriétaires.

Il est très vrai que le charlatanisme abuse du droit d'obtenir des brevets pour des industries faciles ; et que, souvent, il achète ainsi une enseigne plutôt qu'un brevet. Nous verrons que le législateur a jugé à propos de prendre quelques précautions contre cet inconvénient inévitable. Mais il ne faut pas, par crainte des abus , détruire le droit, ni se jeter dans les périls des décisions purement arbitraires.

67. Si les tribunaux ne sont pas maîtres de subordonner au degré d'importance de l'industrie brevetée la validité du brevet, ils sont maîtres et juges de la question de savoir s'il

y a réellement invention d'une nouvelle industrie. Aussi est-ce avec beaucoup de raison que l'article 8, titre 2, de la loi du 25 mai 1791 , avait exclu des perfectionnements indùs-triels brevetables les changements de formes ou de propor-tions, ainsi que les ornements de quelque genre que ce pût être. Cette disposition est par elle-même si évidente que la loi nouvelle a jugé superflu de la reproduire.

—

§ II. — *Des perfectionnements et certificats d'addition.*

68. Perfectionner est inventer ; inventer est perfectionner.

69. Critiques qui étaient élevées contre les brevets de perfectionne-ment sous les lois de 1791.

70. Cas où l'auteur d'un perfectionnement à une industrie brevetée est le propriétaire du brevet principal ; cas où il y est étranger.

71. Le breveté inventeur de perfectionnement a droit de prendre ou un nouveau brevet, ou un certificat d'addition.

72. Les certificats d'addition ne peuvent être pris que par le proprié-taire de brevet.

73. Le breveté qui a cessé d'être propriétaire ne peut prendre un cer-tificat d'addition.

74. Droits respectifs des brevetés pour l'invention principale et pour ses perfectionnements.

75. Privilège d'un an accordé aux brevetés sur les perfectionnements à leur invention ; historique de cette disposition ; rejet de la propo-sition de brevets provisoires.

68. Perfectionner, c'est inventer. On peut, aussi, alors même qu'il s'agit des inventions les plus importantes, ren-verser les termes de cette proposition, et dire, avec non moins de justesse : inventer, c'est perfectionner. En effet, le travail de l'homme, pour s'asservir et s'approprier la nature maté-rielle, dure depuis le jour où le premier homme a été mis sur la terre ; et une génération ne produit et n'invente qu'avec

l'appui et le service de tout le travail accumulé par les géné-
rations qui l'ont précédée.

Lorsqu'un perfectionnement présente les caractères d'invention industrielle exigés par la loi, s'il n'a, pour son exercice, besoin de l'emploi d'aucune industrie actuellement brevetée, il sera, sans difficulté, l'objet d'un brevet d'invention
ordinaire.

Cette matière ne présente de difficultés réelles que pour
les cas où l'exécution du perfectionnement n'est possible que
par l'emploi et le concours d'une industrie actuellement
brevetée.

69. Dans l'économie des lois de 1791, une dénomination
spéciale était affectée aux brevets qui se superposaient ainsi
à d'autres brevets existants. On les appelait *brevets de perfectionnement.*

La conservation ou la suppression de cette dénomination
n'est guère qu'une affaire de langue. On a agi logiquement
en la supprimant, puisqu'un perfectionnement est une invention.

De nombreuses critiques avaient été dirigées contre les
anciens brevets de perfectionnement. Ces brevets continuant
à subsister, malgré leur suppression nominale, il faut donc
examiner les critiques.

Ces critiques étaient tirées de l'intérêt des inventeurs, et
de la prétendue infériorité de mérite du perfectionnement
comparé à l'invention.

La loi nouvelle a pris en sérieuse considération les objections tirées de l'intérêt des premiers brevetés. Elle leur a
fait, ainsi que nous le verrons, une concession très large.

Quant à la prétendue infériorité du perfectionnement, j'y
ai déjà répondu. On la trouvera très bien réfutée dans les

extraits que j'ai donnés du second rapport de De Boufflers [1].
Cette critique n'est pas fondée en fait; car les exemples ne
manqueraient pas pour prouver que la seconde pensée est
quelquefois plus utile, plus féconde, plus méritoire que la
première. Elle n'est surtout pas fondée en droit; et la proclamer en principe serait ébranler les premiers fondements
de la législation spéciale; en effet, toutes les inventions, et par
conséquent les inventions des perfectionnements comme les
inventions principales, sont brevetables au même titre, sans
que la loi ait à entrer dans l'appréciation, toujours difficile
et contestable, souvent impossible, de leur valeur intrinsèque et de leur mérite relatif; ce sont là de ces problèmes
qui ne sont résolubles que par la science, les consommateurs
et le temps. Si les perfectionnements n'étaient point suffisamment encouragés, il serait, de par la loi, commandé à
l'industrie de demeurer stationnaire, et de ne plus avancer
lorsqu'elle aurait fait un premier pas.

70. Ou l'auteur du perfectionnement est le propriétaire
du brevet principal, ou il est étranger à ce premier brevet.

La loi a réglé ces deux cas par des dispositions différentes,
qui, toutes, cependant, dérivent du principe général et dominant, en vertu duquel la jouissance entière et exclusive
des droits résultants d'un brevet, sont, pendant toute sa
durée, garantis à celui qui l'a obtenu ou à ses ayants-cause.

71. Le breveté, qui invente un perfectionnement, a deux
droits, entre lesquels il est maître de choisir.

Il peut, pour la garantie de son perfectionnement, prendre
un brevet d'invention, jouissant des prérogatives, et soumis
aux conditions, attachées à tout brevet ordinaire.

Il peut prendre un certificat d'addition qui s'incorpore

---

[1] Voir page 120.

avec son brevet, et en devient une partie intégrante et con-
stitutive. Un certificat d'addition est comme une correction
du brevet principal avec lequel il s'identifie, et avec lequel
il prend fin.

Si le breveté n'entre dans aucune de ces deux voies qui
lui sont ouvertes, si, au lieu de s'assurer ainsi la jouissance
exclusive de ses perfectionnements, il les livre, sans ces
sauvegardes, à la publicité, ils seront acquis au public. Ni
ses brevets ultérieurs, si ses certificats de changements et
additions ne seront valables s'ils n'ont pas, au moment où
ils sont pris, la nouveauté, condition fondamentale de la brevetabilité. Soit donc qu'il exécute ses perfectionnements sans
les faire breveter, soit qu'il les ait tardivement couverts par
des brevets ou des certificats nuls, il n'aura pas, quant à ces
perfectionnements, action contre qui les copiera. Mais il importe de remarquer que son invention valablement brevetée
lui reste toute entière : il pourra donc, avec succès, poursuivre l'imitateur de ses perfectionnements si celui-ci a en
même temps copié, soit en totalité, soit en une partie essentielle, l'industrie décrite au brevet ; mais la copie des perfectionnements non brevetés, ou mal brevetés, ne sera point en
elle-même, et séparation faite de ce qui a été bien breveté,
un grief légitime de contrefaçon.

Les deux voies ouvertes à celui qui est déjà breveté, pour
se garantir un droit exclusif sur ses perfectionnements, ont
chacune leurs avantages spéciaux.

L'inventeur du perfectionnement, en prenant, pour cet
objet, un second brevet distinct, a l'avantage de pouvoir
étendre son privilège pour le perfectionnement, au-delà du
terme auquel expirera le brevet principal ; car si ce brevet
premier ne conserve plus qu'un an, deux ans, trois ans à
courir, terme auquel l'industrie qui y est décrite appar-

tiendra au domaine public, le second brevet n'en pourra pas moins, pendant cinq, dix ou quinze ans à partir de sa date, retenir dans le privilège du breveté l'exploitation du perfectionnement.

Les avantages spéciaux du certificat d'addition sont d'une autre nature. Il ne conserve privilège sur les perfectionnements que pour le temps pendant lequel le brevet auquel l'addition s'incorpore a encore à courir. Mais il permet de déterminer avec plus de précision l'objet de l'invention, de rendre la description plus nette, plus complète. Tout ce que le brevet, par des corrections intelligentes, gagne en clarté et en exactitude, il le gagne en sécurité; le contrat, mieux défini, profite mieux aux deux parties contractantes, à la société qui possédera plus pleinement l'invention, au breveté dont les droits, plus facilement compris des tribunaux, seront mieux protégés contre les contrefacteurs, habiles à faire tourner contre le breveté les moindres ambiguités, les moindres obscurités de sa description.

Un autre avantage des certificats d'addition est de n'être soumis qu'à une faible taxe, fixée à 20 francs par l'article 16. C'est un encouragement à perfectionner la description du brevet par des améliorations de détail, de la déclaration desquelles on serait souvent tenté ou forcé de s'abstenir si elle entraînait trop de frais, et qui, cependant, rendent l'exploitation plus complète, plus sûre, plus économique, plus profitable à tous.

72. La faculté de modifier le brevet primitif par des certificats d'addition n'appartient qu'aux propriétaires du brevet. Ce droit appartient, non-seulement au breveté resté maître de son brevet; mais encore aux ayants-droit agissant ensemble, ou l'un d'eux séparément agissant au profit de tous.

73. L'inventeur breveté qui a aliéné son brevet pourra-

t-il prendre des certificats d'addition au brevet duquel il s'est dessaisi ? Je ne le pense pas. Il est vrai qu'un intérêt d'honneur, d'amour-propre, peut-être de gloire, peut encore l'attacher au brevet; mais tout l'intérêt d'exploitation, qui est celui dont la loi saisit et règle les résultats, a cessé pour lui ; il n'est plus recevable à en modifier le titre.

Si la propriété du breveté originaire est litigieuse, ou demeure incertaine, l'administration ne se constituera pas juge, et délivrera le certificat d'addition aux risques et périls de l'impétrant ; mais si la mutation totale du brevet a été définitive et officiellement proclamée, l'administration sera fondée à ne considérer le breveté originaire que comme un tiers, et à lui refuser un certificat d'addition comme à tout autre étranger au brevet.

Le droit qui restera au breveté originaire, devenu étranger au brevet, sera, comme pour toute autre personne, de prendre un brevet principal relatif à l'objet du perfectionnement.

74. La conséquence légale du concours de deux brevets s'appliquant à la même industrie, est fort clairement exposée par l'art. 19 de la loi de 1844, qui ne fait que reproduire les principes de la législation de 1791. Il est ainsi conçu : « Qui-« conque aura pris un brevet pour une découverte, inven-« tion ou application, se rattachant à l'objet d'un autre brevet, « n'aura aucun droit d'exploiter l'invention déjà brevetée ; et « réciproquement le titulaire du brevet primitif ne pourra « exploiter l'invention objet du nouveau brevet. »

75. Il faut maintenant rendre compte d'une très importante innovation introduite par la loi nouvelle dans l'intérêt des premiers brevetés, pour les protéger contre les délivrances de brevets ultérieurs de perfectionnement, alors même que l'exécution de ce perfectionnement ne serait pos-

sible que par l'emploi d'une industrie déjà privilégiée par
un précédent brevet encore existant. Tel était le droit établi
par les lois de 1791.

Ces lois, limitant à leur objet spécial le privilège des brevets de perfectionnement, déclaraient, avec toute raison, que
tant que l'industrie principale demeurait protégée par l'existence du premier brevet, le second breveté ne pourrait l'exécuter, avec son perfectionnement, qu'en obtenant le consentement du premier breveté.

Par une autre déduction des mêmes principes, les lois de
1791 étaient arrivées à une seconde disposition, non moins
incontestable que la première en droit strict et en logique;
mais dont l'application pratique a présenté des inconvénients : le premier breveté ne pouvait, tant que durait le
brevet de perfectionnement, exécuter ce perfectionnement
avec son industrie principale qu'en obtenant le consentement du second breveté.

Or voici ce qui arrivait dans la pratique. Les perfection-
neurs entravaient et rançonnaient les inventeurs. Une invention, au moment où elle se produit, peut rarement être arrivée déjà à son meilleur état d'exécution : un grand nombre
d'améliorations accessoires se révèlent assez promptement
par son usage ; une capacité médiocre et un esprit fort ordinaire d'observation suffisent à ce travail secondaire. Des
industriels en sous-ordre, des spéculateurs à l'affût des
moyens de mettre les inventeurs à contribution, se hâtaient
de faire breveter les modifications qui naissaient naturellement de la découverte principale ; et lorsqu'elles venaient
se présenter à l'esprit du premier inventeur, des privilèges
exclusifs les avaient déjà envahies. Cet inconvénient était
d'autant plus grave que l'appréhension d'une divulgation
précoce, c'est-à-dire de la nullité du brevet, empêchait d'en-

treprendre, avant de l'avoir requis, des expériences sur une large échelle. L'invention se produisait donc à demi combinée; à peine mise au jour, elle ne tardait pas à être paralysée dans ses développements par les privilèges des inventeurs à la suite.

Les inventeurs sérieux se plaignaient de cet état de choses; et leurs plaintes étaient fondées. La constatation du mal, et la recherche du remède, fut un des points qui occupa le plus la commission de 1828.

La vingt-septième des questions livrées par la commission à une enquête publique (¹) indique que l'on songea d'abord à imiter le *caveat* anglais (²), acte par lequel un individu qui est dans l'intention de prendre une patente se met en règle pour qu'il lui soit donné avis si une autre patente est demandée pour une invention analogue à la sienne, et pour qu'il soit statué préliminairement sur les contestations pouvant naître d'un conflit de prétentions. On pensait à imiter le *caveat* anglais, et non à le copier; car, d'une part, il rend nécesssaires, pour le règlement des questions de priorité, plusieurs dispositions peu compatibles avec l'absence préalable, l'un des principes fondamentaux de notre système de législation, et, d'autre part, il est en Angleterre la source d'énormes abus et de frais considérables. Les écumeurs de la pensée d'autrui, dès qu'ils se sont mis sur la piste d'une découverte, ou se hâtent de former, tellement quellement, un *cavéat*, ou demandent une patente pour l'objet sur lequel un *caveat* sincère leur a donné l'éveil. Le but de ces démarches, et le prix de ces ruses, est d'amener à rançon les inventeurs véritables, par la crainte des procès et des frais.

(¹) Voir page 145.
(²) Voir page 155.

Après les réponses à l'enquête, la commission proposa de créer pour un an des brevets provisoires. Les projets ultérieurs les acceptèrent avec tant de faveur, qu'ils portèrent leur durée à deux ans. Ce n'était pas améliorer la pensée première, c'était l'exagérer. Cette extension a été l'une des causes du rejet des brevets provisoires par la Chambre des députés.

Voici comment le premier exposé de motifs de M. Cunin-Gridaine à la Chambre des pairs expliquait l'innovation proposée :

« Nous avons dit que les brevetés se plaignaient d'être troublés dans leur jouissance par la facilité que la loi accorde à tout le monde de prendre des brevets de perfectionnement; ajoutons que, d'un autre côté, les brevetés eux-mêmes, après un an ou deux d'exploitation, sont souvent conduits à reconnaître la futilité et le vide de leurs découvertes, et que, ne pouvant par une renonciation obtenir le remboursement de la partie de la taxe acquittée, ils se laissent volontairement frapper de déchéance pour n'en pas solder le complément. Afin d'éviter ce double inconvénient, qui est réel et qui mérite d'être pris en considération, le projet de loi statue que les brevets ne seront d'abord délivrés que pour deux années, moyennant le payement d'une somme de 200 francs, à valoir sur le montant de la taxe, et qui demeurera, dans tous les cas, acquise au trésor public; qu'avant l'expiration de ces deux années les brevetés déclareront, en acquittant le complément de la taxe, la durée qu'ils entendent assigner à leur titre; et que tous les brevets, à l'égard desquels la déclaration dont il s'agit n'aurait pas été faite dans le délai fixé, seront nuls et de nul effet, à partir de cette époque; les inventions qu'elles garantissent demeurant acquises au domaine public. Pendant le même délai de deux années, le breveté seul pourra

apporter à l'invention faisant l'objet de son titre, des changements, additions ou perfectionnements.

« Ainsi, d'une part, tout breveté dont la découverte ne
présenterait pas la réalité ou les avantages sur lesquels il
avait compté sera libre, en y renonçant, de se dispenser d'acquitter le complément de la taxe ; et il lui suffira, à cet effet,
de ne pas faire la déclaration. D'un autre côté, personne autre
que le breveté ne pouvant prendre, à l'égard de sa découverte,
de brevet d'addition ou de perfectionnement avant le terme
de deux années, ce dernier pourra, sans crainte d'être devancé par un tiers, apporter les améliorations successives
indiquées par la pratique, et il ne courra plus le risque de
se voir enlever le fruit de ses travaux et de ses sacrifices.

« Cette double disposition présente une amélioration véritable ; elle sera accueillie avec reconnaissance par les inventeurs, qui trouveront dans cette mesure une garantie plus
réelle que celle qui résulte d'une disposition analogue qui
existe dans la législation anglaise sous le nom de *caveat*. »

Le système proposé auquel la commission de la Chambre
des pairs adhéra, fut adopté par cette Chambre, mais y trouva
un redoutable adversaire dans M. Gay-Lussac, qui dirigea ses
objections contre l'un et l'autre des motifs qui le faisaient
créer : la protection contre les perfectionnements des tiers,
la faculté de délibérer pendant deux ans sur la durée définitive à assigner au brevet ([1]).

Sur le premier point, M. Gay-Lussac dit, entre autres
choses : « La loi assure à l'inventeur le monopole condition-
nel de l'invention mise sous sa tutelle ; mais il n'avait jamais
été dans sa pensée jusqu'à ce jour qu'elle dût protéger les
uns en dépouillant les autres, et attribuer à un auteur bre-

([1]) Séances des 27 et 29 mars 1843.

veté les conséquences possibles de son invention, sous le
prétexte incroyable qu'il les aurait trouvées lui-même plus
tard s'il n'avait été devancé par d'autres... Assurément, voilà
une puissante protection accordée au premier inventeur. Il
n'a pas su compléter sa découverte; mais tous les industriels
vont travailler pour lui comme serfs d'un nouveau maître.
Le fruit de leur intelligence, leurs veilles, leurs dépenses,
tout est confisqué au profit de l'heureux inventeur breveté.
On appelle cela de la protection! moi, inventeur industriel,
je n'en voudrais pas, je la répudierais comme une véritable
et flagrante spoliation d'autrui... Le *caveat* anglais a pour
but, quand un inventeur veut se ménager du temps pour perfectionner sa découverte, non pas de lui en assurer la propriété absolue, mais seulement de l'appeler au partage de sa
découverte avec un tiers qui, postérieurement au *caveat*, aurait fait la même découverte et demandé patente. Ainsi, le
caveat admet comme incontestablement égaux les titres de
deux inventeurs à la même découverte, quoique l'un se soit
présenté à l'autorité postérieurement à l'autre, tant qu'il n'y
a encore aucune publicité. On ne saurait donc voir aucune
analogie entre deux *caveat*, dont l'un témoigne d'un si grand
respect pour les droits individuels des inventeurs, tandis
que l'autre confisque ceux du plus grand nombre pour les
monopoliser dans une seule et même main. »

Sur le second point, les objections du savant orateur ne
sont pas moins énergiques : « Nous avons trois espèces de
brevets; c'est beaucoup; à mon avis c'est beaucoup trop; mais
je ne vois pas une nécessité absolue d'en diminuer le nombre... Voulez-vous une quatrième espèce de brevet, des brevets à bon marché? Assurément non. Ils existent pourtant
dans le projet, non pas furtivement, mais insciemment.....
Les inventeurs charlatans accepteraient avec reconnaissance

une législation qui, n'admettant pas de brevets au-dessous de cinq ans, serait cependant, comme on dit, assez élastique pour en faire sortir des brevets parfaitement réguliers de deux ans et à la taxe de 200 francs. Telle n'a certainement pas été la pensée de M. le ministre; mais telle est la conséquence inévitable du mauvais système adopté. »

Le projet fut défendu, notamment par M. le ministre Cunin-Gridaine, qui reconnut qu'il s'agissait de créer une nouvelle classe de brevets de deux ans; par M. le baron Girod de l'Ain, qui fit remarquer, fort judicieusement selon moi, qu'il s'agissait de créer, non des brevets de deux ans, mais des brevets d'une durée indéterminée avec la faculté, pendant deux ans, de leur assigner une plus longue durée définitive; par M. le baron Thénard, qui insista sur l'utilité d'une protection pour l'invention, encore en germe, destinée à être fécondée par le temps; par M. Gautier, qui approuva la latitude laissée pendant deux ans pour délibérer sur la durée définitive du brevet et sur les conditions d'exploitation de l'invention. Le projet fut adopté.

Le rapport à la Chambre des députés, après avoir exposé le système des brevets provisoires et rappelé quelques objections, s'exprime ainsi : « Il ne s'agit pas seulement de ce qui peut être avantageux, il faut voir aussi ce qui est juste. Or, l'équité ne commande-t-elle pas de laisser à l'inventeur le temps de conduire lui-même son œuvre à maturité, d'interroger les résultats de la pratique pour corriger les erreurs de la théorie, et de demander aux faits les indications que la spéculation seule ne pouvait donner? Et qui donc aurait droit de s'en plaindre? L'inventeur pouvait conserver sa découverte et ne la révéler au public qu'au bout des deux années réservées à ses travaux de perfectionnement..... Les hommes qui se ruent sur une invention nouvelle dès qu'elle apparaît, qui cherchent à hisser leur nom sur des découvertes qui ne sont pas d'eux, sont-ils toujours bien favorables? A côté des perfectionnements réels, n'y a-t-il pas beaucoup plus de perfectionnements nominaux et de pure spéculation?

« On a demandé si la prohibition de l'article 18 faisait un devoir au ministre de refuser le brevet de perfectionnement demandé dans le cours des deux années d'interdiction. Il est évident que non, puisque tout brevet demandé doit être accordé sans examen. Seulement, l'article 18 déclare que le brevet de perfectionnement, pris dans les deux ans du brevet provisoire, ne sera pas valable.

« Mais alors, a-t-on poursuivi, le perfectionnement tombant dans le domaine public profitera donc, pendant la durée du brevet à l'inventeur, et ensuite à la société? Sans doute. Mais à qui la faute? à celui qui a encouru la déchéance en foulant aux pieds les prohibitions de l'article 18, et en prenant un brevet en dehors des conditions légales. »

Dans la Chambre des députés, la discussion sur la taxe précéda celle des articles relatifs aux brevets provisoires. Au système du projet, qui proposait, conformément à la législation de 1791, l'établissement d'une taxe unique, pour toute la durée du brevet, la Chambre substitua une taxe divisée en annuités de cent francs, payables chaque année sous peine de déchéance.

Dans la séance du lendemain (¹), M. Marie combattit les brevets provisoires. Il partit de ce point : que le principe de la loi est de considérer comme brevetables, non pas des découvertes à l'état d'essai, mais des découvertes actuellement faites et réalisées. « Votre brevet provisoire, a-t-il dit, sup-

---

(¹) 12 avril 1844.

pose au contraire que l'inventeur vient se présenter à l'administration avec une idée dont il ne se sera pas encore bien
rendu compte, dont il n'a qu'un aperçu; avec un commencement d'idée qu'il pourra compléter par la suite et pour lequel vous allez lui accorder deux années. Et si, dans le cours
de ces deux années, il fait des expériences, s'il s'aperçoit
que son idée n'est pas complète, qu'il ne peut réaliser les espérances industrielles qu'il avait conçues, alors vous lui don-
nez le droit de se retirer, de renoncer à la demande qu'il
avait faite : le brevet, resté à l'état provisoire pendant deux
années, ne deviendra pas définitif. »

Une remarque de M. le rapporteur interrompit cette discussion. Il fit observer que l'adoption de la taxe par annuités
ne permettait pas le maintien du système de brevets provisoires; et que leur suppression exigeait un remaniement du
projet. Cette observation était juste. La faculté ouverte au
breveté de délibérer, pendant deux ans, sur la durée définitive à assigner au brevet, ou même de renoncer à convertir
son titre provisoire en brevet définitif, devenait manifestement inutile, puisque, par le système d'annuités, tout breveté est appelé à délibérer, chaque année, s'il veut, en payant
l'annuité, continuer à faire valoir son brevet, ou s'il préfère,
en ne la payant pas, le laisser tomber. On avait étendu ainsi
à chacune des années de toute la durée du brevet, la faculté
de renonciation que les premières commissions préparatoires avaient borné à un an, et que le projet limitait aux
deux premières années. C'était avoir donné plus que satisfaction à l'un des deux motifs qui faisaient proposer les brevets provisoires. Je dirai, en parlant de la taxe, pourquoi l'on
me paraît avoir dépassé le but.

Restait l'autre motif de création des brevets provisoires,
beaucoup plus important que l'autre. C'était celui qui vou-

lait protéger les brevetés contre l'invasion des perfectionnements.

La commission (¹) proposa un nouvel article qui se composait uniquement du § 1ᵉʳ de l'art. 18 de la loi actuelle.

M. Marie demanda la suppression de l'article, par les motifs que l'interruption de sa discussion précédente l'avait empêché de développer. Il fut appuyé par MM. Bineau, Arago, Pouillet.

« Le résultat de l'article, dit M. Marie, serait non d'accorder au breveté le monopole de la chose inventée, mais, en outre, de lui donner un monopole pour les progrès à faire pendant une année.... Il résulterait de là que tous les industriels qui pourraient s'occuper d'un progrès, d'un perfectionnement à une invention, n'auraient rien de mieux à faire qu'à se croiser les bras pendant une année entière.... Si le talent et le génie de l'inventeur ne se sont point épuisés dans sa première élaboration, il pourrait sans doute arriver à un progrès, à un perfectionnement nouveau ; mais si, au contraire, il s'est épuisé, eh bien alors, l'industrie restera stationnaire pendant l'année toute entière..... »

« Un inventeur, dit M. Arago, ne saisit, en quelque sorte, qu'un coin du monde ; il voit dans une certaine direction, dans la direction qu'il a suivie pendant longtemps, tous les objets, si petits qu'ils soient, dès qu'ils se rattachent immédiatement à l'ordre d'idées qui le préoccupe ; il ne voit rien, ni à droite, ni à gauche.... Je ne crois pas que la restriction qu'on propose, provenant d'une préoccupation honorable, et à laquelle, je l'avoue, je m'étais associé d'abord, soit dans l'intérêt des inventeurs ; ce qui est certain, en tous cas, c'est qu'elle n'est pas dans l'intérêt de la société. »

(¹) Séance du 15 avril 1844.

MM. Philippe Dupin et Cunin-Gridaine défendirent vivement, par les considérations, tirées de l'intérêt des inventeurs, que nous avons déjà fait connaître, l'article de la commission. Dans la discussion, M. Marie proposa subsidiairement, pour ménager les intérêts du breveté et exciter le travail, un amendement qui a servi de base à la rédaction des trois derniers paragraphes de l'article 18.

La Chambre adopta, comme premier paragraphe, l'article proposé par la commission, à laquelle les amendements furent renvoyés.

Le lendemain, la rédaction des trois paragraphes concertée entre le gouvernement, la commission et M. Marie fut adoptée sans discussion. Il résulte de ces dispositions que, même pendant la première année du brevet, durant laquelle le breveté seul et ses ayants-droit peuvent faire valablement breveter les changements, additions ou perfectionnements, le droit des tiers à former de telles demandes est conservé ; mais à la charge que, pendant le cours de ladite année, la demande restera déposée sous cachet au ministère de l'agriculture et du commerce. Lorsque l'année sera expirée, c'est-à-dire lorsque ce privilège particulier n'existera plus, la demande, devenue susceptible de brevet valable, suivra son cours. Le cachet sera brisé, et le brevet délivré. Toutefois, pour que la faveur accordée au breveté principal soit plus efficace et plus complète, et afin qu'il puisse, en toute sécurité d'esprit, donner à son invention ses développements, le dernier § de l'art. 18 accorde à ce breveté, privilège qui s'étend à ses ayants-cause, la préférence pour les changements, perfectionnements et additions pour lesquels il aurait lui-même, pendant l'année, demandé un certificat d'addition ou un brevet.

L'article 18 de la loi de 1844 contient une innovation capi-

20

tale. L'exception qu'il apporte au droit commun est une addition considérable de privilège accordée aux inventeurs, et
laisse subsister, dans les cas qu'il n'a pas prévus, la règle
générale qui considère tout perfectionnement industriel
comme invention brevetable. L'histoire de cet article en
explique le sens et la portée. Les brevets provisoires proposés par les projets n'ont point pris place dans la loi; mais
la loi s'est préoccupée des deux ordres d'idées qui avaient
fait songer à leur création, et elle y a pourvu.

———

SECTION III.

CARACTÈRE LICITE DES INVENTIONS INDUSTRIELLES BREVETABLES.

76. Une invention industrielle n'est objet de brevet que si elle est
licite.
77. Tout brevet délivré pour industrie illicite doit être annulé.
78. L'existence d'un brevet ne met pas obstacle aux poursuites contre
les délits et contraventions qui naissent de son exercice.
79. Dispositions relatives aux compositions pharmaceutiques ou remèdes de toute espèce.
80. Législation spéciale sur cette matière.

76. Toutes les inventions et découvertes industrielles ne
sont pas susceptibles de brevets valables. Il faut de plus
qu'elles soient licites.

Ce n'est pas encore ici le lieu d'examiner si le caractère
illicite d'une invention industrielle doit empêcher la délivrance du brevet, ou bien s'il ne doit que faire annuler le
brevet après sa délivrance. Il y a, en cette matière, des
distinctions à signaler et à reconnaître. Une grande et solennelle controverse s'est élevée à ce sujet dans la discussion
de la loi de 1844. Nous en rendrons compte ultérieurement.
Le principe que nous avons à exposer, quant à présent, c'est

qu'il ne peut pas y avoir de brevet valable pour un objet illicite; sauf à constater plus tard si les mesures légales qui dérivent de cette invalidité sont préventives ou répressives.

77. Ce que personne ne conteste, c'est qu'un brevet ne
saurait exister valablement pour un objet contraire à l'ordre
public, aux lois ou aux bonnes mœurs. La société n'est manifestement pas obligée à reconnaître, au profit de qui que
ce soit, un titre de jouissance exclusive pour une exploitation industrielle qui, ne pouvant s'effectuer sans délit, impose
à la société elle-même l'obligation de la punir. Tout contrat
qui interviendrait, pour un tel objet, entre la société et l'inventeur, serait nul comme fondé sur une cause illicite. Tout
brevet délivré pour cause illicite devra donc être annulé.

Après la délivrance du brevet, désarmer les tribunaux, et,
sous le prétexte que l'administration aurait tout jugé à cet
égard, leur interdire d'examiner si l'objet du brevet est licite
ou illicite, ce serait s'exposer à de périlleuses conséquences,
même sous une législation qui, toute différente de la nôtre,
s'appuyerait sur l'organisation complète d'un examen sérieux
et définitif imposé à l'administration préalablement à la délivrance du brevet.

On verra, au chapitre v, section 2, § 1, que cette dernière
considération a été invoquée avec force dans les discussions
législatives par les adversaires du système préventif reposant
sur un examen préalable.

78. Deux propositions étaient constantes sous la législation de 1791 : l'une, qu'il appartient aux tribunaux d'annuler un brevet délivré pour un objet imbrevetable, et spécialement pour un objet contraire à l'ordre ou à la sûreté publique, aux bonnes mœurs ou aux lois du royaume; l'autre,
que la délivrance d'un brevet d'invention ne met nul obstacle
à ce que l'exercice de l'industrie qui en est l'objet ne soit

poursuivi devant la juridiction pénale, si cet exercice constitue par lui-même un crime ou un délit, ou si la perpétration d'un crime ou d'un délit vient s'y joindre accidentellement ou accessoirement.

Ainsi on a jugé, avec toute raison, que le délit résultant de la fabrication ou de la vente d'une arme prohibée peut et doit être poursuivi contre l'individu qui aurait, pour cette arme même, obtenu un brevet d'invention (¹).

De même, si l'exercice d'une industrie ou d'une profession est soumis à des règles particulières, la qualité de breveté ne dispensera d'aucune de ces règles. Celui qui aura obtenu un brevet d'invention pour une presse typographique sera passible des peines de la loi, s'il exécute des impressions par le moyen de cette presse sans être pourvu d'un brevet d'imprimeur.

On pourrait facilement multiplier les exemples, car cette règle s'applique à tous les cas analogues.

Ces principes, et par conséquent ces deux propositions, ont été pleinement acceptés par la loi nouvelle, et résultent notamment, en termes fort explicites, de son article 30.

79. Une matière spéciale a particulièrement appelé l'attention du législateur : ce sont les compositions pharmaceutiques, ou remèdes de toute espèce.

La loi a pris à leur égard une double précaution. Par l'article 3, elle les a déclarés non susceptibles de brevets; ce qui confère à l'administration, dans des limites que nous indiquerons, le droit de refuser la délivrance des brevets demandés pour ces objets. Par l'article 30-2°, elle a déclaré nuls les brevets délivrés pour ces objets; ce qui confère aux

---

(¹) Trib. corr. de la Seine; 20 mars 1840.

tribunaux le droit de les annuler, lors même que l'administration ne les a pas refusés.

Il n'y a point à s'étonner que le législateur se soit ainsi
spécialement occupé des compositions pharmaceutiques et
des remèdes. Les commissions préparatoires avaient été
plus loin. Elles avaient également réprouvé les brevets pour
les cosmétiques et remèdes résultant d'un mélange de substances connues; pour les nouvelles préparations de comestibles et de boissons, si elles ne présentent que des mélanges
de substances connues.

Deux motifs avaient dicté ces dispositions : on avait considéré d'abord que, dans ces cas, le caractère de nouveauté est
tout au moins fort problématique, et qu'il était bon de trancher à l'avance les discussions sur ces prétendues nouveau-
tés; on s'était ensuite et surtout inquiété de la santé publique;
ou bien, disait-on, ces mélanges seront innocents et dénués
d'effets appréciables; et en ce cas pourquoi encourager par
un privilège ce charlatanisme effronté qui tapisse les murs
et obstrue les journaux par les fastueuses annonces de ces
inutilités, au grand discrédit des inventions sérieuses? ou
bien ils produisent des effets appréciables; et en ce cas,
comme ces effets affectent la santé publique, pourquoi ne
pas leur donner pour unique règle la législation qui veille
sur les remèdes publics ou secrets?

La loi de 1844 n'a pas voulu aller jusques-là. Elle a laissé
aux tribunaux l'entière appréciation du caractère de nouveauté; et je suis convaincu que les tribunaux auront la sagesse de ne point tenir pour nouveaux de simples mélanges
sans invention réelle et sans résultats appréciables. Quant à
ce qui affecte la santé publique, elle n'a parlé que des compositions pharmaceutiques. ou remèdes de toute espèce, en

s'en référant, d'ailleurs, en ce qui les concerne, à la législation spéciale.

Le législateur, lorsqu'il a exclu du bénéfice de la loi les compositions pharmaceutiques et les remèdes, a apporté au droit commun une grave dérogation. Hors des Chambres, une polémique très vive et souvent passionnée, dans les Chambres de longs débats, ont discuté les avantages et les inconvénients de cette exception. La société d'encouragement, l'Académie royale de médecine, l'école de pharmacie de Paris, la commission générale des pharmaciens du département de la Seine prirent parti contre les brevets.

L'opinion contraire fut soutenue à la Chambre des pairs par M. Gay-Lussac et M. le baron Dupin. « Les préparations pharmaceutiques, dit M. Gay-Lussac, sont des composés nets, bien définis, préparés en grand, formant un objet de commerce intérieur et d'exportation; et nous les proscririons? La loi que le ministre a apportée dans cette enceinte, en respectant cette large et juste protection que la loi de 91 accorde à toutes les industries, en sortirait moins grande, tout amoindrie. » « Je réclame au nom du droit commun, dit M. le baron Charles Dupin, au nom de la liberté des citoyens, pour qu'une grande industrie, une industrie respectable et savante, ne soit pas déshéritée du privilège universel des inventeurs. » Les mêmes objections furent reproduites et développées par plusieurs orateurs dans la Chambre des députés (¹).

L'intérêt de la santé publique, la haine du charlatanisme, la nécessité de maintenir cette matière sous le régime d'une législation spéciale firent prévaloir la prohibition de brevet.

Un député proposa d'étendre cette prohibition aux subs-

(¹) Séance du 11 avril 1844.

tances alimentaires et aux cosmétiques; mais l'amendement
ne fut pas appuyé.

On demanda si la prohibition atteignait les compositions
pharmaceutiques qui s'appliquent à l'art vétérinaire et à la
guérison des animaux; on répondit que la disposition était
générale.

La rédaction de la Chambre des pairs parlait des compositions pharmaceutiques ou remèdes spécifiques. M. Bouil-
laud dit : « Les mots *remèdes spécifiques* ont, en médecine,
un sens déterminé qu'ils n'ont pas dans l'article; ils s'appliquent à certaines maladies seulement. Je propose de dire :
remèdes de toute espèce; ces mots n'ont jamais d'inconvénient. » L'amendement fut adopté.

80. La législation spéciale résulte notamment des lois du
21 germinal an XI et du 29 pluviôse an XIII, et du décret
impérial du 13 août 1810. M. le ministre du commerce a,
dans la discussion de la loi sur les brevets, annoncé la présentation prochaine d'une loi nouvelle sur la police de la
pharmacie.

La loi du 21 germinal an XI, contenant organisation des
écoles de pharmacie, défend, par son art. 26, à quiconque
n'a point qualité légale à cet effet : d'ouvrir une officine de
pharmacie, de préparer, vendre ou débiter aucun médica-
ment. L'article 32 défend aux pharmaciens de vendre aucun
remède secret, et de livrer et débiter des préparations mé-
dicinales ou drogues composées quelconques, autrement que
d'après la prescription qui en sera faite par des docteurs en
médecine ou en chirurgie, ou par des officiers de santé, et
sur leur signature. L'article 36 est ainsi conçu :

« Tout débit au poids médicinal, toute distribution de drogues et
préparations médicamenteuses sur des théâtres ou étalages, dans les
places publiques, foires ou marchés, toute annonce et affiche imprimée

qui indiquerait des remèdes secrets, sous quelque dénomination qu'ils soient présentés, sont sévèrement prohibés. Les individus qui se rendraient coupables de ce délit seront poursuivis par mesure de police correctionnelle, et punis conformément à l'article 83 du Code des délits et des peines. »

La loi du 29 pluviôse an XIII est ainsi conçue :

«Ceux qui contreviendront aux dispositions de l'article 36 de la loi du 21 germinal an XI, relatif à la police de la pharmacie, seront poursuivis par mesure de police correctionnelle, et punis d'une amende de 25 à 600 francs, et en outre, en cas de récidive, d'une détention de 3 jours au moins, de 10 au plus. »

Voici le texte du décret du 18 août 1810 :

« Napoléon, etc. Plusieurs inventeurs de remèdes spécifiques contre diverses maladies ou de substances utiles à l'art de guérir, ont obtenu des permissions de les débiter, en gardant le secret de leurs compositions. D'autres demandent encore, pour des cas pareils, de semblables autorisations. D'après le compte que nous nous sommes fait rendre, nous avons reconnu que si ces remèdes sont utiles au soulagement des maladies, notre sollicitude constante pour le bien de nos sujets doit nous porter à en répandre la connaissance et l'emploi, en achetant des inventeurs la recette de leur composition ; que c'est pour les possesseurs de tels secrets un devoir de se prêter à leur publication, et que leur empressement doit être d'autant plus grand qu'ils ont plus de confiance dans leur découverte. En conséquence, voulant, d'un côté, propager les lumières, et augmenter les moyens utiles à l'art de guérir, et, de l'autre, empêcher le charlatanisme d'imposer un tribut à la crédulité, ou d'occasionner des accidents funestes, en débitant des drogues sans vertu, ou des substances inconnues, et dont on peut, par ce motif, faire un emploi nuisible à la santé ou dangereux pour la vie de nos sujets ;

« Notre Conseil d'État entendu, nous avons décrété et décrétons ce qui suit :

TITRE I. — *Des remèdes dont la vente a déjà été autorisée.*

Art. 1. Les permissions accordées aux inventeurs ou propriétaires de remèdes ou compositions dont ils ont seuls la recette, pour vendre et débiter ces remèdes, cesseront d'avoir leur effet à compter du 1er janvier prochain.

2. D'ici à cette époque, lesdits inventeurs ou propriétaires remettront, s'ils le jugent convenable, à notre ministre de l'intérieur, qui ne la communiquera qu'aux commissions dont il sera parlé ci-après, la recette de leurs remèdes ou compositions, avec une notice des maladies auxquelles on peut les appliquer, et des expériences qui en ont déjà été faites.

3. Notre ministre nommera une commission composée de cinq personnes, dont trois seront prises parmi les professeurs de nos écoles de médecine, à l'effet : 1o d'examiner la composition du remède, et de reconnaître si son administration ne peut être dangereuse ou nuisible en certains cas ; 2o si ce remède est bon en soi, s'il a produit et produit encore des effets utiles à l'humanité ; 3o quel est le prix qu'il convient de payer, pour son secret, à l'inventeur du remède reconnu utile, en proportionnant ce prix : 1o au mérite de la découverte ; 2o aux avantages qu'on en a obtenus ou qu'on peut en espérer pour le soulagement de l'humanité ; 3o aux avantages personnels que l'inventeur en a retirés, ou pourrait en attendre encore.

4. En cas de réclamation de la part des inventeurs, il sera nommé, par notre ministre de l'intérieur, une commission de révision, à l'effet de faire l'examen du travail de la première, d'entendre les parties, et de donner un nouvel avis.

5. Notre ministre de l'intérieur nous fera, d'après le compte qui lui sera rendu par chaque commission, et après avoir entendu les inventeurs, un rapport sur chacun de ces remèdes secrets, et prendra nos ordres sur la somme à accorder à chaque inventeur ou propriétaire.

6. Notre ministre de l'intérieur fera ensuite un traité avec les inventeurs. Le traité sera homologué en notre Conseil d'État, et le secret publié sans délai.

TITRE II. — *Des remèdes dont le débit n'a pas encore été autorisé.*

7. Tout individu qui aura découvert un remède, et voudra qu'il en soit fait usage, en remettra la recette à notre ministre de l'intérieur, comme il est dit article 2.—Il sera ensuite procédé à son égard comme il est dit articles 3, 4 et 5.

TITRE III. — *Dispositions générales.*

8. Nulle permission ne sera accordée désormais aux auteurs d'aucun remède simple ou composé dont ils voudraient tenir la composition secrète, sauf à procéder comme il est dit aux titres I et II.

9. Nos procureurs et nos officiers de police sont chargés de poursuivre les contrevenants, pardevant nos tribunaux et cours, et de faire prononcer contre eux les peines portées par les lois et règlements.

10. Notre grand-juge, ministre de la justice, nos ministres de l'intérieur et de la police, sont chargés de l'exécution de notre présent décret. »

Les tribunaux ont constamment jugé sous la loi ancienne, et ils continueront certainement à juger sous la loi actuelle, que l'obtention d'un brevet d'invention ne dispense, ni des obligations imposées par les lois précitées, ni de l'application des peines qu'elles prononcent.

CHAPITRE IV.

SUJETS DES BREVETS.

81. Nous examinerons dans le présent chapitre à quelles personnes peuvent appartenir et appartiennent les droits résultant des brevets, ou, en d'autres termes, ce que sont les brevets quant à leurs sujets.

L'ordre naturel des idées amène à s'occuper, en premier lieu, des personnes ayant droit à des délivrances de brevets, puis des personnes ayant droit aux brevets délivrés.

§ I. — *Personnes ayant droit à des délivrances de brevets.*

82. A quelles personnes l'administration délivre les brevets.

83. La délivrance des brevets est subordonnée, non à la vérification

de la qualité d'inventeur, mais à la vérification de la forme des demandes.

84. L'administration n'est pas juge de la capacité civile des requérants.

85. Les oppositions formées entre les mains de l'administration n'arrêtent point la délivrance des brevets.

86. Les brevets peuvent être délivrés à des êtres collectifs et à plusieurs personnes conjointement.

87. Les étrangers peuvent être brevetés en France.

82. Les brevets d'invention sont délivrés par le gouvernement. Nous dirons, dans le chapitre suivant, quelles sont les formes et les conditions de cette délivrance.

Nous verrons, au même lieu, pourquoi les brevets sont délivrés sans examen préalable de la nouveauté ou du mérite des inventions.

Ce que nous avons à constater dans le présent paragraphe, c'est à quelles personnes l'administration doit délivrer les brevets.

83. L'administration a-t-elle à s'enquérir si la personne qui requiert un brevet est l'auteur de l'invention? Évidemment non.

La loi, en créant les brevets, a été mue par deux motifs. Elle a voulu, d'une part, faire acte de justice envers le génie d'invention, rémunérer son travail, reconnaître son service; elle a voulu, d'autre part, écrire la formule générale des conditions destinées à garantir, au profit de la société, la possession publique de l'industrie qui aura joui des avantages d'un brevet.

A ne considérer que le premier de ces motifs, tous les efforts de la loi devraient être employés à rechercher soigneusement le véritable inventeur, et à ne permettre qu'à son profit, ou au profit de ses légitimes ayants-droit, l'obtention d'un brevet. A considérer le second motif, la loi n'a point à s'engager dans la recherche du véritable inventeur; elle ne connaît et n'a intérêt à connaître que la personne qui effectue la livraison de l'invention à la société.

Dans le premier système, la délivrance du brevet serait subordonnée à la vérification de la qualité d'inventeur; dans le second, les droits au brevet se reconnaissent par le fait de la demande et par sa date.

Entre ces systèmes, le choix pour l'établissement de droits juridiques ne pouvait pas être douteux. Le second seul offrait assez de précision et de certitude pour diriger impartialement les actes de l'administration chargée de constater des prétentions plutôt que des droits. La délivrance des brevets dépendra donc de la forme extrinsèque des demandes, dont la vérification ne peut prêter ni aux doutes, ni à l'arbitraire; et la justification de la qualité d'inventeur n'est point une condition nécessaire pour l'obtention de la qualité de breveté.

84. L'administration doit-elle et peut-elle examiner la capacité civile du requérant? Si, par exemple, un mort civilement, un interdit, un failli, un mineur, une femme mariée, requièrent un brevet sans les consentements et les formalités qui leur sont nécessaires pour agir valablement, l'administration le leur délivrera-t-elle?

On peut dire, pour la négative, qu'il s'agit ici d'un contrat à passer par l'administration au nom et dans l'intérêt de la société; et que toute partie contractante est reçue à s'enquérir de la qualité de l'individu avec lequel elle contracte.

On peut répondre que si l'intention de la loi eût été de confier à l'administration cette vérification de la qualité des requérants, le législateur s'en serait expliqué, et aurait organisé une procédure à cet effet; que l'administration n'est point juge de l'état des personnes, et qu'aucune forme n'a été instituée pour que, dans les cas qui nous occupent, elle saisit les tribunaux des questions relatives à cet état; que de ces vérifications et de ces référés à l'autorité judiciaire résulteraient des lenteurs contraires au système de la loi spéciale, et compromettantes pour les brevetés; que le secret de l'invention serait exposé, par ces débats préliminaires, à des divulgations de nature à rendre le brevet impossible en ôtant à l'invention sa nouveauté; que le seul intérêt de la société dans le contrat qu'elle passe est de recevoir la description de l'invention; que cet intérêt ne peut aucunement être compromis, non plus que celui des tiers, par la délivrance d'un brevet aux risques et périls du demandeur, pour valoir ce que de droit, et au profit de qui il appartiendra.

Ces motifs sont concluants; et l'administration, du moment où elle se trouve saisie d'une demande dont les formalités extrinsèques sont régulières, doit délivrer le brevet, sans avoir à s'enquérir de la capacité civile de l'impétrant.

85. Une question plus difficile est celle de savoir si des oppositions à la délivrance d'un brevet peuvent être formées entre les mains de l'administration.

Que l'administration ne soit pas juge de ces oppositions, c'est ce dont on ne peut douter un seul instant. Mais l'administration doit-elle passer outre, sans avoir égard aux oppositions, ou bien doit-elle, au contraire, surseoir à la délivrance du brevet, jusqu'à ce qu'il ait été statué par les tribunaux?

Je pense qu'il faut, par application des motifs précédemment exposés, passer outre à la délivrance du brevet, sauf aux opposants à faire valoir leurs droits devant les tribunaux ainsi qu'ils aviseront.

La délivrance du brevet ne nuit à aucun droit. Les tribunaux peuvent annuler le brevet, s'il a été obtenu au préjudice

des droits de la société. Ils peuvent en prononcer la déchéance
dans les cas prévus par la loi. Ils peuvent, s'il a été obtenu au
préjudice du légitime ayant-droit, subroger celui-ci dans la
propriété du brevet au lieu et place du breveté.

Si un brevet a été délivré à un incapable, cette délivrance
ne nuit : ni à la société, puisqu'elle est mise en possession de
l'invention; ni à l'incapable, puisque le brevet, dont il est libre
d'abandonner le bénéfice s'il ne veut pas en remplir les obligations, ne lui impose aucune charge forcée; ni aux tiers,
sans intérêt légal, et par conséquent sans qualité, pour exciper de cette incapacité qui ne leur porte nul préjudice; ni aux
personnes chargées de gérer ou de surveiller les intérêts des
incapables, puisqu'elles demeureront maîtresses, dans les limites de leurs pouvoirs, ou de la propriété du brevet, ou de sa
gestion et de son exploitation.

L'administration devra donc, nonobstant toute opposition,
délivrer un brevet à toute personne qui le requerra, sous la
seule condition que la demande en soit faite suivant les formes
tracées par la loi spéciale.

On a vu (¹) que la commission de 1828 a répondu en ce
sens à la septième question qu'elle avait posée.

86. Un brevet peut être demandé par une société déjà
existante, par un corps, par un être moral composé d'un
certain nombre d'individus; il peut l'être par plusieurs personnes réunies spécialement à cet effet. Dans ces cas, il est
délivré soit à l'être moral, soit collectivement aux personnes
qui se sont réunies pour en former ensemble la demande.

87. La loi de 1844 ne s'est occupée de règles spéciales relativement à la capacité des personnes sujets de brevets, qu'en
ce qui concerne les étrangers qu'elle assimile aux Français.

(¹) V. ci-dessus, page 142.

Cette libéralité, juste et prévoyante, qui résultait déjà de
la législation antérieure, a été formellement écrite dans
l'article 27 de la loi nouvelle.

L'exposé des motifs à la Chambre des pairs explique fort
bien que ce n'est là qu'une application des règles de notre
droit général : « Aux termes de notre Code civil, article 11,
l'étranger jouit chez nous des mêmes droits civils que ceux
qui sont accordés aux Français par les traités de la nation à
laquelle il appartient ; l'étranger autorisé à établir son domicile en France y jouit même sans la condition de réciprocité (Code civil, art. 13), de tous les droits civils tant
qu'il continue d'y résider. L'exercice du commerce et de l'industrie appartient au droit des gens ; il est accordé sans restriction et sans réserve, aux étrangers comme aux nationaux ;
il n'y a donc aucun obstacle à mettre à ce que l'étranger
obtienne en France un brevet d'invention. Loin de là, le
pays doit encouragement et protection à ceux qui viennent
l'enrichir de leurs découvertes. »

La réciprocité est, de fait, presque complète, car, à part
la Prusse (¹), les législations des autres nations admettent les étrangers à obtenir des brevets ; seulement, la loi
américaine exige d'eux une taxe plus forte que des nationaux.
Le droit général a agi en cela fort sagement. Il importe à
chaque pays d'attirer sur son sol les capitaux et l'industrie
des étrangers, quand même les pays auxquels ces étrangers
appartiennent se feraient une autre règle. C'est par ce motif
que deux sénatus-consultes, le premier du 26 vendémiaire
an XI, rendu pour cinq ans, le second du 19 février 1808,
rendu à titre de loi définitive, ont statué ainsi qu'il suit : « Les
« étrangers qui rendront ou qui auraient rendu des services

(¹) *V.* 1re partie, ch. VI, § 7.

« importants à l'État, ou qui apporteront dans son sein des
« talents, des inventions, ou une industrie utiles, ou qui for-
« meront de grands établissements, pourront, après un an
« de domicile, être admis à jouir des droits de citoyens fran-
« çais. » Une autre et plus large application a été faite des
mêmes principes par l'abolition du droit d'aubaine. La liberté laissée aux étrangers de jouir, en France, des privilèges de l'industrie dont ils dotent la France, est un acte de
justice et un bon calcul. La multiplication des inventions
nouvelles est une cause de prospérité, d'aisance générale et
un véhicule puissant d'émulation ; elles réunissent à l'avantage de procurer des jouissances immédiates, celui de
féconder les esprits par les idées que leur exemple fait
naître.

Ces principes ont été plusieurs fois proclamés, pendant le
cours de la discussion dans l'une et l'autre Chambres. Le
projet du gouvernement avait ainsi rédigé l'article (27) :
« Les étrangers résidant en France pourront y obtenir des
brevets d'invention. » Il avait, dans l'article 29, subordonné à
la condition de réciprocité la délivrance de brevets français
à des brevetés étrangers. La commission de la Chambre des
pairs avait adopté ces articles.

Après une assez longue discussion, qui s'étendit d'abord
sur les deux articles, les mots *résidant en France* furent retranchés dans le premier. Voici comment M. le garde des
sceaux Martin, motiva l'adhésion du gouvernement à cette
suppression :

« Le Code civil dispose, d'une part, que l'étranger jouira
en France de tous les droits civils qui appartiennent aux
Français dans le pays de cet étranger ; d'autre part, il accorde à tout étranger qui a été autorisé par la loi à établir
son domicile en France la jouissance des droits civils com-

muns à tous les Français. Les mots *résidant en France* ne rendent ni l'une ni l'autre de ces idées.

« Il est clair, en effet, que l'étranger devra, par la seule force de la loi générale, jouir des droits civils des Français quand les droits civils de la nation étrangère seront accordés aux Français : ce n'est donc pas à cette première disposition que le projet a voulu faire allusion. A-t-il voulu parler de ceux qui étaient autorisés à établir leur domicile en France? Je ne le crois pas non plus; parce qu'il est bien clair que si vous adoptez ce système, qu'il faut encourager les étrangers à apporter en France des industries nouvelles, il importe assez peu que ces étrangers soient ou ne soient pas autorisés à établir leur domicile en France.

« Qu'elle a été la pensée, fort sage, de M. le ministre du commerce? C'est que l'exploitation du brevet fût sérieuse, qu'il y eût là un établissement préexistant qui garantît qu'effectivement l'exploitation aurait lieu d'une manière utile pour le pays. Mais il ne faut dire dans les lois que ce qui est nécessaire ; il faut y éviter toute disposition qui ne présenterait pas un sens net et précis. Or, qu'est-ce qui constituera la résidence? Dans quel laps de temps l'établissement devra-t-il être formé? Comment et par quelle autorité sera-t-il statué sur l'accomplissement de ces conditions?

Je crois donc que l'on peut supprimer les mots *résidant en France*. Le projet pourvoit lui-même à tous les intérêts. L'article (32-2°) porte en effet, que si le brevet n'a pas été mis en exploitation dans les deux années, il y aura déchéance. Cet article ne permettra pas de prendre un brevet avec la pensée de n'en pas user; et si, par hasard, l'inventeur n'en usait pas, il serait déchu, et l'invention rentrerait dans le domaine public. »

L'article 29 fut combattu comme contredisant la suppression utile des brevets d'importation ; comme à peu près sans portée pratique, à cause de la publicité que la délivrance du brevet à l'étranger aurait presque toujours donnée à l'invention ; comme n'établissant qu'une réciprocité illusoire, par la facilité de l'éluder, en prenant simultanément le brevet à l'étranger et en France. La Chambre des pairs le supprima.

L'article fut rétabli par la Chambre des députés, sur la proposition de sa commission ; mais en en retranchant la condition de réciprocité. Nous avons examiné cet article sous le n° 55.

—

§ II. — *Personnes ayant droit aux brevets délivrés.*

88. La capacité des ayants-droit est, dans le silence de dispositions spéciales, régie par le droit commun.

89. La qualité d'inventeur ne confère, en l'absence de brevet, aucun privilège.

90. Dans le concours de plusieurs brevets, c'est par la priorité non de l'invention, mais de la demande, que se juge lequel est valable.

91. L'inventeur véritable a action, suivant les cas, ou en subrogation au brevet, ou en indemnité.

92. Dans une instance en revendication de brevet il n'y a pas lieu à l'exception de non nouveauté.

93. La subrogation au brevet peut être prononcée au profit de la personne dont le nom devait y figurer.

94. L'étranger breveté est soumis au droit commun.

95. L'étranger demandeur doit donner caution dans les cas prévus par le droit commun sur les étrangers.

96. Un cautionnement doit toujours être imposé à l'étranger breveté qui est autorisé à une saisie.

97. Quant il n'y a pas eu lieu à la consignation de ce cautionnement, les règles ordinaires sur la caution *judicatum solvi* restent applicables.

98. Le cautionnement préalable à la saisie est imposé même à l'étranger jouissant des droits civils.

88. Le brevet est délivré. Sa propriété, tant qu'il dure, peut, comme les autres propriétés, appartenir à toute personne à qui le droit n'en est pas interdit. La propriété, la jouissance, les actions du brevet, sont régis par le droit commun pour tous les cas auxquels il n'a pas été particulièrement pourvu par la législation spéciale de la matière.

89. Nous avons vu que la preuve préalable de la qualité d'inventeur n'est point une condition de l'obtention du brevet. Lorsque le brevet est obtenu, la preuve de cette qualité n'est pas, non plus, exigée par les tribunaux pour la validité du brevet; ils le maintiendront si l'industrie brevetée, de quelque personne qu'elle émane, est licite et nouvelle.

Lorsqu'un individu non breveté se prétendra le véritable inventeur de l'industrie brevetée, cette qualité, même prouvée, ne lui conférera par elle-même aucun privilège. Ce n'est point à l'invention pure et simple, c'est à l'invention suivie

d'une demande et d'un octroi de brevet, que la loi a attaché
le bénéfice d'une jouissance exclusive; et le brevet est le seul
titre légal d'après lequel la société reconnaisse le propriétaire d'invention avec lequel elle a contracté.

90. Plusieurs brevets ont été délivrés pour une industrie
identique : un seul peut valoir, car plusieurs privilèges exclusifs ne sauraient co-exister. C'est par la priorité, non d'invention, mais de demande, que se détermine lequel est valable. Les paquets cachetés que l'on dépose quelquefois auprès des sociétés savantes, ou ailleurs, pour prendre date
d'une découverte, tout en portant témoignage d'une priorité
d'honneur scientifique, ne serviraient de rien pour conférer
au déposant la préférence sur l'inventeur postérieur qui aurait été le plus diligent à prendre un brevet. C'était au premier inventeur à se hâter s'il voulait n'être point prévenu;
le seul tribunal qui lui demeure ouvert est celui de l'opinion
qui, éclairé par la science et contrôlé par le temps, distribue
la considération et la gloire.

La preuve de la priorité scientifique dont il vient d'être
parlé pourra, en certains cas, faire annuler le premier brevet,
si elle sert à établir qu'il n'y a pas eu nouveauté d'invention;
mais l'annulation du brevet, pour cette cause, ne servira jamais à faire vivre le second brevet; tout au contraire, elle le
fera inévitablement périr; car il est manifeste que, s'il n'y a
pas eu nouveauté à la date du premier brevet, il y a encore
moins eu nouveauté à la date du second.

91. Est-ce à dire que l'accès des tribunaux sera fermé
aux véritables inventeurs injustement dépouillés? Non, sans
doute. Mais une action en revendication du brevet à leur
profit ne leur restera que s'ils peuvent établir leurs droits à
être subrogés au brevet, comme en étant les seuls légitimes
propriétaires.

Ainsi, dans le cas où le breveté, au lieu d'avoir obtenu la connaissance de l'invention par ses propres observations, ou par des moyens licites, aura dérobé le secret de l'inventeur par vol, par corruption d'ouvriers, ou par tout autre délit, le propriétaire spolié pourra, si l'industrie est demeurée brevetable, se faire subroger au brevet. L'équité commande cette subrogation, qui ne porte à la société aucun préjudice, puisque, dans tous les cas, le domaine public demeure grevé du privilège, et qu'il s'agit uniquement de savoir à qui il appartient réellement. Nous avons vu, n° 46, que si, par le résultat de faits préjudiciables au légitime propriétaire, la libre exploitation de l'invention, ainsi dépouillée de sa nouveauté, est tombée dans le domaine public, il ne reste à ce propriétaire que le droit de réclamer une indemnité contre les auteurs et complices du dommage.

92. La Cour de Bourges a eu à juger la réclamation d'un inventeur qui demandait que la propriété de deux brevets pris au préjudice de ses droits lui fût attribuée. Le breveté défendeur excipait de ce qu'il n'y avait pas eu réellement invention. L'arrêt repoussa avec raison ce moyen de défense par le motif que la question, entre les parties, était d'une propriété de brevets, et non de contrefaçon (¹). « Considérant qu'il résulte de la manière la plus positive, des documents produits et des témoignages recueillis dans les enquêtes, dont un grand nombre rappellent les propres déclarations de Gemelle (le breveté), que Treuille de Beaulieu est réellement l'inventeur de la lampe à pression croissante, essayée d'abord au collège, et qui plus tard est devenu l'objet du brevet délivré le 20 juin 1839; que c'est sous sa direction et d'après ses indications qu'elle a été confectionnée, et que c'est à tort

---

(¹) 25 janvier 1841. Dalloz, 42, 2, 25.

que Gemelle lui en dispute aujourd'hui le brevet; Que Gemelle oppose à la demande dirigée contre lui.... que la lampe
n'étant, à bien prendre, que la réunion de pièces dont les unes
sont comprises dans des brevets encore existants, et les autres tombés dans le commerce, Treuille doit être déclaré mal
fondé à en réclamer aujourd'hui le brevet; en ce qui touche
ce moyen; considérant que le procès porté devant la Cour a
uniquement pour objet la propriété des brevets d'invention,
des dessins et états descriptifs qu'y s'y rattachent; que c'est
dans ces termes que la question doit être posée et circons-
crite, et qu'il faut en chercher la solution, soit dans les enquêtes, soit dans les autres documents du procès; qu'il devient, dès-lors, inutile de rechercher si, ainsi que le prétend
Gemelle, la lampe, objet des brevets, n'est qu'une réunion
de pièces, les unes contrefaites, les autres tombées dans le
commerce; que la question de propriété d'un brevet, portée
nuement devant la justice, et sans autres circonstances
qui s'y rattachent, doit, entre les parties litigantes, être, pour
ainsi dire, examinée et jugée comme la concession du brevet
lui-même a été faite par le gouvernement, c'est-à-dire sans
garantir à celui qui l'a obtenu, ni la priorité, ni le mérite, ni
le succès du brevet; que le moyen de déchéance incidemment opposé par Gemelle est sans application à la cause;
qu'il ne pourrait appartenir qu'à un procès en contrefaçon;
mais que ce n'est pas du tout un procès de cette nature,
puisque, d'une part, Treuille ne se plaint pas, dans ses conclusions, de ce que les lampes auraient été fabriquées, et que,
de l'autre, c'est Gemelle qui est actuellement détenteur du
brevet; que, toutefois, la question de déchéance reste entière,
et que Gemelle, comme tout autre, pourrait s'en prévaloir si
jamais il était poursuivi en contrefaçon; confirme. »

93. Une conséquence des principes qui ont été précédem-

ment exposés, est que la subrogation au brevet pourra être prononcée au profit de celui qui prouvera que si un nom autre que le sien y a figuré, c'est par suite de dol, fraude, erreur, ou par une convention d'association ou autre, soit nulle, soit résolue : le tout sans préjudice de ce que nous dirons sur les cessions volontaires ou forcées.

94. On a vu, n° 87, qu'un étranger peut obtenir un brevet en France. Il peut, comme le ferait un Français, l'exploiter et le céder ou transmettre, en tout ou en partie, par vente, donation, succession ou autrement.

95. Si l'étranger intente une action comme propriétaire de brevet, doit-il la caution *judicatum solvi ?* On comprend que cette question ne peut pas se présenter, si l'étranger a été admis, par ordonnance du roi, à la jouissance des droits civils en France, ou s'il appartient à une nation avec laquelle les traités dispensent de cette caution.

Le droit commun, en ce point, est réglé par les articles 166 et 167 du Code de procédure civile : — Art. 166. « Tous « étrangers, demandeurs principaux ou intervenants, seront « tenus, si le défendeur le requiert avant toute exception, de « fournir caution de payer les frais et dommages-intérêts « auxquels ils pourraient être condamnés. » — Art. 167. « Le jugement qui ordonnera la caution fixera la somme « jusqu'à concurrence de laquelle elle sera fournie. Le de- « mandeur qui consignera cette somme, ou qui justifiera que « ses immeubles, situés en France, sont suffisants pour en « répondre, sera dispensé de fournir caution. »

Une première raison de douter vient de l'exception apportée en faveur des matières commerciales par l'article 16 du Code civil : « En toutes matières, *autres que celles de* « *commerce,* l'étranger, qui sera demandeur, sera tenu de « donner caution pour le payement des frais et dommages-

« intérêts résultant du procès, à moins qu'il ne possède en
« France des immeubles d'une valeur suffisante pour assurer
« ce payement. »

Pour dispenser l'étranger de donner caution, l'on peut
dire qu'une exploitation de brevet est une opération de commerce; qu'elle suppose, de la part du breveté, un établissement industriel en France, et par conséquent des garanties de
solvabilité; que la loi, en admettant les étrangers à obtenir
des brevets comme les nationaux, doit ne pas les favoriser
à demi, et est tenue de leur laisser des moyens suffisants pour
faire respecter leur privilège.

On peut répondre que les brevets ne sont point une matière nécessairement commerciale, dans le langage des lois
de procédure, puisque ce n'est pas à la juridiction des tribunaux de commerce que la connaissance ordinaire en a
été attribuée; et qu'à moins de circonstances particulières à
telle ou telle espèce, il ne s'agit pas là d'une de ces opérations commerciales dans la transaction desquelles le Français a dû prendre une connaissance spéciale de la condition
de l'étranger, et avoir consenti à suivre sa foi de négociant.

Une autre raison de douter peut se tirer de l'article 47
de la loi de 1844. Cet article est relatif au droit de saisie
par le plaignant en contrefaçon. Après avoir dit que l'ordonnance du président qui autorise la saisie pourra imposer au
requérant un cautionnement qu'il sera tenu de consigner
avant d'y faire procéder, l'article ajoute, § 4 : « Le caution-
« nement sera toujours imposé à l'étranger breveté qui re-
« querra la saisie. » Voilà, dira-t-on, la seule part de position exceptionnelle faite à l'étranger. Le silence de la loi
à son égard, dans tous les cas autres que celui de la saisie
préalable, lui laisse implicitement la jouissance des droits
appartenant aux nationaux.

Je ne puis approuver cet argument. La loi, lorsqu'elle garde le silence, se réfère au droit commun. Les articles 16 du Code civil et 166 du Code de procédure ne parlent que des demandes judiciaires; et comme une saisie n'est point une demande, l'étranger requérant saisie aurait pu, sans la précaution de l'article 47, y être autorisé sans obligation de fournir caution. La loi, en étendant à la saisie les conséquences de l'extranéité, n'a nulle part effacé ces conséquences en cas de demande. Les conditions de droit commun contenues aux Codes civil et de procédure subsistent, par cela seul qu'il n'y a point été expressément dérogé.

96. Le paragraphe 4 de l'article 47 a été introduit par un amendement de M. Boudet (') : « Le Code de procédure, a-t-il dit, impose à l'étranger qui fait un procès à un Français la caution forcée pour garantir les frais du procès, à plus forte raison, lorsqu'il s'agit d'une saisie, et non d'un procès ordinaire; car la saisie peut s'appliquer à la fois à un grand nombre de personnes, et arrêter simultanément toutes leurs industries. Si l'étranger n'était pas obligé de fournir un cautionnement, il pourrait arriver qu'après avoir attaqué des Français comme contrefacteurs, et quand il s'agirait de payer des dommages-intérêts considérables, on ne le trouverait plus. C'est le droit commun que je demande en matière de brevets d'invention, comme on l'a établi dans le droit civil lorsqu'il s'agit d'un procès ordinaire. »

M. le ministre Cunin-Gridaine répondit : « C'est la loi. » Mais M. le rapporteur Philippe Dupin fit une réponse toute opposée, et dit : « Cette caution dont parle M. Boudet n'est jamais ordonnée en matière commerciale; et la question qui nous occupe est en effet une matière commerciale, indus-

---

(') Séance du 17 avril 1844.

trielle. J'ajouterai que les étrangers brevetés en France ont
presque toujours des établissements industriels qui sont une
garantie de solvabilité. Enfin, il y a une considération qui
doit rassurer tout le monde : le président qui accorde la faculté de saisir examinera la position de l'étranger; s'il n'offre
aucune garantie de solvabilité, on ordonnera la caution; mais
s'il présente des garanties, il faut laisser au magistrat la possibilité d'ordonner la saisie sans exiger de caution. » M. Boudet répliqua : « En laissant au magistrat la faculté d'ordonner
la saisie avec ou sans caution, cette faculté peut être difficile
à exercer; car si la loi n'exige pas nécessairement que l'é-
tranger donne caution, la lui imposer sera une espèce d'exception. Le magistrat pourra hésiter à prendre ce parti; il
pourra manquer, au début de ce procès, des renseignements
propres à l'y décider; il aura l'air, dans tous les cas, de traiter
l'étranger moins bien que le Français; tandis que personne,
èt l'étranger lui-même, ne pourra trouver mauvais que les
industriels français soient mis à l'abri des prétentions téméraires des étrangers, qui, après avoir usé du bienfait de la
loi qui les admet à prendre un brevet, en abuseraient pour
exercer des poursuites inconsidérées, ou pour spéculer sur
ces poursuites, comme on ne l'a vu que trop souvent. ».

97. L'amendement fut adopté. Il laisse intacte la question
de savoir si l'exception de la caution *judicatum solvi* pourra
être opposée à l'étranger lorsqu'il introduira l'instance. La
question ne se présentera pas quand il y aura eu saisie, puisqu'alors un cautionnement aura toujours été déjà consigné.
Mais elle se présentera lorsque l'instance n'aura pas été précédée de saisie. J'ai dit, contrairement à l'opinion indiquée
et non développée par M. Dupin, qu'elle me paraît devoir être
résolue affirmativement; et j'ai excepté un seul cas : celui
où, prenant la voie civile, l'étranger aura porté compétem-

ment l'action devant le tribunal de commerce, à raison d'o-
pérations commerciales dans lesquelles le défendeur se trouvera lié. Hormis ce cas, il faut appliquer le droit commun,
qui n'excepte que les matières commerciales, c'est-à-dire les
matières à juger par les tribunaux de commerce, et dire avec
M. Cunin-Gridaine : c'est la loi.

98. L'article 47 veut-il dire qu'en cas de saisie le cautionnement sera nécessairement imposé à tout étranger breveté, même à l'étranger admis à la jouissance des droits civils? Si l'on se reportait aux motifs développés par l'auteur
de l'amendement, on répondrait que non; car il ne réclamait
que l'application, au cas de saisie, des règles prescrites par
le droit commun en cas de demande judiciaire. Mais quand
un texte est clair et non équivoque, la présomption nécessaire est que le législateur l'a compris tel qu'il l'a voté, quelles
qu'aient pu être les paroles des orateurs. Or, le paragraphe 4
est des plus clairs : il parle de l'étranger breveté. Ce serait
aller contre l'évidence que d'excepter de cette désignation
générale et formelle l'étranger breveté jouissant des droits
civils.

99. La femme mariée, le mineur, l'interdit ont pu se faire
délivrer personnellement un brevet, puisque l'administration
n'a point eu à examiner la capacité civile de l'impétrant; un
brevet a pu leur advenir par succession ou testament. Mais
ils ne pourront l'exploiter, le transmettre ou en exercer les
actions que conformément au droit commun : ainsi on
exigera, à l'égard de la femme mariée, l'autorisation du mari
ou de la justice; à l'égard du mineur ou de l'interdit la présence du tuteur. Ce sera également le droit commun qui ré-
glera les conditions de leur acquisition d'un brevet par donation, par achat, par l'effet de conventions, quelles qu'elles
soient.

100. Les conséquences de la mort civile sont réglées par l'article 25 du Code civil. Si le mort civilement possédait un brevet antérieurement à sa condamnation, ce bien, comme tous les autres, passe à ses héritiers, au profit desquels sa succession est ouverte, de la même manière que s'il était mort naturellement et sans testament. Il ne peut ni recueillir, ni transmettre un brevet par succession, par donation entre-vifs, par testament. Mort à la cité, il est réputé incapable et indigne de lui rendre les services qu'elle attend de chacun de ses membres : donc, la cité lui retire toutes les diverses capacités créées ou consacrées par les lois, et dont elle gratifie ses citoyens en échange de leurs services généraux. Mais le mort civilement est reconnu capable des contrats du droit des gens, il peut acheter, posséder et vendre; il peut s'obliger. Il pourra donc, après que la mort civile l'aura frappé, obtenir valablement le privilège résultant d'un brevet; là il ne s'agit plus de libéralités de la loi civile échangées contre les services généraux du citoyen, mais d'un contrat aussi profitable à la société qu'à l'individu avec lequel elle traite; les conditions peuvent en être accomplies par le breveté, malgré son incapacité de servir l'État, duquel il a cessé d'être membre; et le contrat ne change point de nature pour être passé avec la société entière, au lieu de l'être avec un ou plusieurs particuliers.

Mais si le mort civilement avait à procéder en justice pour le maintien de son droit, il ne pourrait le faire, soit en demandant, soit en défendant, que sous le nom et par le ministère d'un curateur spécial qui lui serait nommé par le tribunal où l'action serait portée.

Le failli, dessaisi de l'administration de ses biens, incapable de contracter, d'acheter ou de vendre, hors d'état de satisfaire au payement de la taxe sur des deniers à lui appartenant, aura pu être représenté par ses syndics, alors même qu'il se sera agi de demander un brevet en son nom; sauf à ce que, dans le cas où ceux-ci auraient compromis, par leur refus de concours, les véritables intérêts de la faillite, il ait été statué, conformément à l'article 466 du Code de commerce, et sur la réclamation du failli ou d'un créancier, d'abord par le juge-commissaire, puis par le tribunal de commerce.

Le brevet délivré ou transmis au failli, qu'il lui ait été acquis avant ou après sa faillite, entrera dans l'actif de la masse mobilière. Ce sera aux syndics à l'exploiter. Ils pourront en disposer, selon les formes légales, et exercer des poursuites contre les contrefacteurs, ainsi que toutes les actions résultant du brevet.

102. Un brevet peut avoir plusieurs propriétaires, soit qu'il ait été délivré à une société ou à plusieurs personnes conjointement, soit que, délivré à une seule personne, il soit devenu la propriété de plusieurs par résultat de conventions, de décès, de mutations et transmissions à titre quelconque.

Les droits respectifs des divers co-propriétaires sont déterminés par les règles de la législation commune. Les conventions valablement intervenues entre eux font leur loi. A défaut de convention, et tant que la propriété restera indivise, l'exploitation se fera en commun, avec partage des bénéfices et des charges; nul des co-propriétaires ne disposera du brevet, sans le concours et le consentement des autres, que pour la part qui lui appartient personnellement; si, toutefois, cette disposition partielle ne lui est pas interdite par les conventions.

103. Si une société commerciale ou civile a pris ou acquis un brevet, il est, à moins de conventions contraires, la propriété, non des associés considérés individuellement, mais

de l'être moral que la société constitue tant qu'elle subsiste.

104. La Cour de Paris, par arrêt du 17 février 1837 (¹), a décidé, avec toute raison, qu'en cas de nullité d'une société, la propriété du brevet retourne au breveté qui en avait fait l'apport : « Attendu que Guibout et Pihet n'avaient des droits sur le brevet d'invention obtenu par Robert qu'en vertu de la société qu'ils avaient formée avec lui; que, dès-lors, cette société étant déclarée nulle, leurs droits sont évanouis, et son brevet ne peut être considéré comme une valeur sociale, puisqu'il n'y pas eu une véritable société, mais seulement des opérations faites en commun. »

Rien ne s'oppose à ce que, dans la liquidation d'une société, le brevet ne soit attribué à un associé autre que le breveté qui en a fait l'apport. Des motifs de convenance conseilleront, dans les cas les plus ordinaires, de conserver à l'inventeur, préférablement aux autres associés, le brevet qui lui aura été personnellement délivré; mais aucune obligation légale ne commande cette attribution de part, et il est facile de prévoir des cas où l'équité et la prudence voudront qu'on agisse autrement.

Rien, non plus, ne s'oppose à ce que, par conventions, par liquidation, par décision judiciaire, un brevet délivré collectivement à plusieurs titulaires ne soit, après compte fait de tous les droits, définitivement attribué à un seul d'entr'eux, ou à quelques-uns d'entr'eux.

105. Le principe de notre droit civil, que nul ne peut être contraint à demeurer dans l'indivision, est applicable, non-seulement aux ayants-droit d'un même breveté, mais encore aux brevetés eux-mêmes, si un brevet a été collectivement délivré à plusieurs personnes, et si une société régulièrement

---

(¹) Dalloz, 38, 2, 81.

formée ne subsiste pas entre eux. Il n'y a pas lieu à appliquer en cette matière les motifs, tout spéciaux, qui retiennent dans un état d'indivision forcée les co-auteurs d'une même œuvre littéraire (¹), à laquelle la responsabilité et la personnalité de chacun de ses auteurs est essentiellement attachée.

Il sera procédé, conformément au droit commun, soit à un partage, soit à une licitation si le partage est reconnu impossible.

106. La loi du 25 mai, titre 2, article 14, interdisait au breveté le droit d'établir son entreprise par actions, à peine de déchéance de l'exercice de son brevet. Cette restriction était imitée de la loi anglaise, qui défendait de délivrer les *patentes pour inventions* à plus de cinq personnes; nombre porté depuis à douze.

La disposition de la loi anglaise avait été portée en haine du monopole, et dans la crainte que des associations puissantes et des corporations fortement organisées ne vinssent à s'emparer exclusivement d'une industrie, à la faveur des brevets, et à écraser les établissemsnts préexistants. La loi française n'était point exposée aux mêmes inconvénients, réels ou imaginaires. La prohibition des exploitations de brevets par actions avait, disait-on, pour but d'écarter de l'industrie le fléau de l'agiotage; peut-être aussi voulait-on mettre les consommateurs et les actionnaires en garde contre des déceptions trop faciles, et contre le défaut d'une responsabilité qui cesse d'être efficace lorsqu'elle se dissémine sur un grand nombre d'individus.

Quoi qu'il en soit de ces motifs, on ne peut qu'approuver la disposition par laquelle un décret impérial, du 25 no-

---

(¹) *V.* mon *Traité des droits d'auteurs;* 4ᵉ partie, nᵒˢ 100 et 121.

vembre 1806, avait abrogé cette restriction, qui ne subsiste plus sous la loi nouvelle.

Ce même décret exigeait de ceux qui voudraient exploiter leurs brevets par actions l'autorisation du gouvernement. Des controverses se sont élevées sur les questions de savoir, si cette dernière disposition du décret était applicable aux sociétés en commandite par actions, et s'il avait continué à subsister depuis la promulgation du Code de commerce. Ces questions concernent la constitution des sociétés commerciales, bien plus que notre matière spéciale.

La Cour royale de Paris, par deux arrêts, l'un confirmatif du 15 juillet 1839, l'autre, infirmatif, du 27 mai 1840, conçus à peu près dans les mêmes termes, a jugé le décret inapplicable aux sociétés en commandite. Voici les motifs du second de ces arrêts (') : « Considérant que le Code de commerce ne soumet à la nécessité d'une autorisation du gouvernement que les sociétés anonymes, et que les sociétés en commandite, dont le capital est divisé en actions, en sont formellement affranchies; que si le décret du 25 novembre 1806 a permis de former des entreprises par actions, pour l'exploitation d'un brevet d'invention, à la charge d'une autorisation du gouvernement, il faut entendre, par ces mots *entreprises par actions*, non la société en commandite, mais la société anonyme qu'on désignait, avant le Code, par le nom de *sociétés par actions* : que telle est l'interprétation donnée au décret susdaté par le gouvernement lui-même, qui n'a jamais voulu exercer le droit qu'on réclamait pour lui; qu'ainsi c'est à tort que les premiers juges ont renvoyé les parties à fin d'obtention d'une autorisation inutile. »

Cette jurisprudence décide que c'est par le Code de com-

(') *Mémorial du commerce*, 1839, 2, 251 ; Dalloz, 1840, 2, 225.

merce qu'il faut interpréter le décret de 1806, et qu'il n'y a
lieu à l'autorisation du gouvernement que lorsque le Code,
dont le décret avait pressenti et prévenu les dispositions, le
juge nécessaire. Les sociétés par actions ne forment point,
d'après le Code de commerce, une classe particulière; il ne
s'en est point spécialement occupé, et, elles peuvent être, ou
en nom collectif, ou en commandite, ou anonymes. Elles ne
sont en commandite que lorsqu'avec les commanditaires, actionnaires ou non, existent un ou plusieurs associés responsables et solidaires, et qui donnent le nom social. Une société
qui ne se composerait que d'actionnaires, engagés seulement
jusqu'à concurrence de leurs actions, serait une véritable société anonyme, quand même tous les actionnaires y pren-
draient la qualification de commanditaires (¹); et elle ne
pourrait exister valablement sans autorisation.

La Cour de Douai (²) a, conformément à ces principes,
jugé avec raison que le décret de 1806 n'est point applicable
à l'exploitation du brevet par une société en nom collectif
dont le capital est divisé en actions, et dans laquelle les associés sont connus, et solidairement responsables des obligations sociales.

Il suit de tout ce qui précède que le décret de 1806, sans
avoir été ni abrogé, ni modifié par le Code de commerce,
s'est trouvé comme absorbé par ce Code, lequel a appliqué
à la généralité des associations commerciales les dispositions
que le décret avait spécialement établies pour les sociétés
d'exploitation de brevets.

Pour maintenir la suppression du cas de déchéance effacé en 1806 de la loi de mai 1791, il a suffi à la loi de

---

(¹) *V.* mon *Traité des faillites*, sur l'article 438.
(²) 27 novembre et 18 décembre 1841. Dalloz, 42, 2, 54.

1844 de se taire sur ce cas. Elle a dû, en codifiant la matière, comprendre dans la nomenclature des lois qu'elle a
expressément abrogées le décret de 1806, déjà rendu inutile
par le Code de commerce, dont les dispositions subsistent,
et qui, par son article 37, punit, non par la déchéance du
brevet, mais par la nullité de la société, les sociétés anonymes qui, pour l'exploitation de brevets, se formeraient sans
l'autorisation du roi. .

107. Un brevet étant un bien mobilier entrera, à moins
de stipulation matrimoniale contraire, dans l'actif de la
communauté conjugale.

Cette proposition est d'une application facile tant que la
communauté subsiste, et qu'il ne s'agit que d'y verser les bénéfices provenant de l'exploitation du brevet ou le prix des
cessions qui en seraient faites.

Mais de cette proposition naissent les difficultés les plus
graves sur le sort du brevet, au moment où la communauté
se dissout.

Il résulterait de l'application du droit commun que l'époux
breveté, s'il survit à son conjoint, verrait les héritiers de celui-ci devenir propriétaires de la moitié de son brevet; que,
placé ainsi en état d'indivision, il pourrait se trouver privé
de son brevet par une licitation, ou par l'effet du partage de
la communauté; qu'il ne serait plus maître des résultats de
l'invention créée par son génie et brevetée en sa personne.

J'ai amplement traité cette question dans ses rapports avec
le privilège de l'auteur d'une œuvre littéraire (¹). Je l'ai résolue, sans nulle hésitation, en décidant que ce privilège,
quoique droit mobilier, ne peut pas, comme les biens de
communauté, être partagé lorsque la communauté se dis-

(¹) *Traité des droits d'auteurs*, 4ᵉ partie, nᵒ 129.

sout. Cette solution était aidée par la législation spéciale qui a subordonné cette nature de biens à un mode spécial de transmission, et attribué à l'auteur un droit exclusif pendant toute sa vie, et, après lui, à sa veuve, pour toute la vie de celle-ci, un droit pareil, si ses conventions matrimoniales lui en donnent le droit.

En matière de brevets d'invention, la question est beaucoup plus difficile. La loi n'a point établi, pour ce cas, un mode spécial de succession; il ne s'agit plus d'un droit dont la durée est modifiée par la durée de la vie de l'auteur ou de la veuve, mais d'un droit à terme fixe; la personnalité de l'inventeur, quoiqu'engagée dans l'exécution de sa découverte, n'y est cependant pas aussi pleinement attachée que celle d'un auteur l'est au livre par lequel, sous sa responsabilité morale, et même légale, il parle au public et lui expose sa pensée et sa conscience.

Nonobstant ces graves différences, et malgré les périls que l'on court en s'écartant du droit commun, je pense que l'époux, seul titulaire du brevet, le conservera, lors de la dissolution de la communauté, comme bien à lui propre et personnel. Il est bien entendu que cette décision ne s'applique qu'à l'époux personnellement breveté, et non à l'époux qui serait devenu propriétaire d'un brevet délivré à une autre personne.

Cette opinion, qui n'est pas sans inconvénients, et relativement à laquelle je n'entends aucunement dissimuler mes doutes, je la fonde sur la nature spéciale du brevet. C'est à la personne qui lui a livré l'invention que la société a entendu conférer un privilège. Effacer la moitié du privilège de l'inventeur par sa qualité d'époux, ouvrir, de son vivant, la succession d'une partie des droits acquis par son génie, le forcer à laisser exploiter par d'autres sa création qu'il peut vouloir exploiter seul et mener seul à perfection, ce n'est pas se montrer juste envers lui. Son droit n'est point tellement personnel qu'il ne puisse le céder, le transmettre, en être exproprié par des créanciers; mais, dans ces divers cas, c'est par sa volonté, par son fait, par l'usage même de son droit, qu'il s'en trouve dessaisi. Le dessaisir en vertu d'un droit provenant du chef d'autrui, ce serait infirmer le contrat que la société n'a passé qu'avec lui seul.

108. Un brevet est, comme tous les autres biens d'un débiteur, le gage de ses créanciers. Ce genre de propriété n'est déclaré insaisissable par aucun texte de loi. La loi déclare expressément qu'il est cessible; or, contracter une dette c'est engager tous les biens qu'on a pouvoir d'aliéner. Il est incontestable que les créanciers peuvent saisir et faire vendre, non-seulement les bénéfices provenant d'un brevet, et les produits de sa fabrication, mais encore la propriété du brevet lui-même.

109. La vente publique, aux enchères, de la propriété d'un brevet d'invention doit-elle être rangée parmi les ventes d'effets mobiliers réservées exclusivement aux commissaires-priseurs par l'article 1er de la loi du 27 ventôse an IX? Un arrêt de la Cour de Paris, du 4 décembre 1823, a jugé que c'est là, non un effet mobilier, mais un objet incorporel qui peut, comme tout autre objet mobilier, être vendu par un notaire. Cet arrêt ayant été déféré à la Cour de cassation, le procureur-général Mourre a pensé qu'un brevet doit être classé au rang des meubles par la détermination de la loi, que l'article 529 du Code civil définit; et de cette juste classification il a tiré une conclusion que je ne puis adopter en assimilant ce bien meuble aux effets mobiliers que le décret de ventôse an IX a eu en vue. Je pense qu'il faut s'en tenir à la doctrine de l'arrêt qui était attaqué. Le pourvoi a été rejeté, par arrêt

de la Chambre civile du 15 février 1826, qui, sans juger la question, a admis une fin de non-recevoir tirée de ce que, dans l'espèce, les commissaires-priseurs avaient eux-mêmes reconnu que la vente du brevet était de la compétence des notaires.

110. Il nous resterait, pour compléter ce chapitre, à exposer les droits des cessionnaires de brevets; mais, afin de ne point scinder ce que nous avons à dire sur cette matière importante, nous réunirons dans une section particulière du chapitre suivant, tout ce qui concerne les cessions.

Là aussi nous parlerons de la création d'un registre spécial dans lequel seront inscrits les mutations intervenues sur chaque brevet.

CHAPITRE V.

FORMES DES BREVETS; LEURS TRANSMISSIONS; LEUR PUBLICATION.

111. On comprendra, dans ce chapitre, les dispositions du titre second de la loi de 1844, sauf celles qui sont relatives à la durée des brevets, objet spécial du chapitre suivant, et aux perfectionnements, changements et additions, dont nous nous sommes occupés au chapitre III, 2° section, § 2.

L'intitulé du titre second de la loi de 1844 : *Des formalités relatives à la délivrance des brevets*, n'est pas assez compréhensif, et n'annonce pas toutes les matières qu'il contient.

Ce titre se compose, dans la loi, de cinq sections. Nous n'aurons pas à revenir ici sur les dispositions contenues dans la troisième, intitulée : *Des certificats d'addition*, et qui s'étend, non-seulement à ces certificats, mais aussi aux perfectionnements, objets de brevets principaux. Les quatre autres sections de la loi seront les quatre sections du présent chapitre.

———

SECTION I.

DES DEMANDES DE BREVETS.

112. Cette section sera divisée en six paragraphes : 1. Formes et conditions de la demande. 2. Titre donné au brevet. 3. Description, dessins et échantillons. 4. Bordereau et certification. 5. Taxe. 6. Dépôt de la demande et de ses annexes.

———

§ I. — *Formes et conditions de la demande.*

113. La demande est adressée au ministre de l'agriculture et du commerce.

114. La demande est déposée, sous cachet, au secrétariat de la préfecture.

115. La demande doit être limitée à un seul objet.

116. La demande mentionne la durée assignée au brevet.

117. La demande ne doit contenir ni restrictions, ni conditions, ni réserves.

113. La demande est adressée au ministre de l'agriculture et du commerce, dans les attributions duquel sont placés les brevets d'invention.

La loi du 25 mai 1791 avait créé un Directoire des brevets d'invention qu'elle mettait sous la surveillance et l'autorité du ministre de l'intérieur. Ce Directoire, dont la suppression avait été proposée par la résolution présentée le 12 fructidor an VI au Conseil des Cinq-Cents, ne fut en réalité qu'un bureau du ministère de l'intérieur. Ses attributions passèrent bientôt entièrement au ministre chargé de ce département;

et cet état de choses fut officiellement consacré, notamment par l'arrêté du Directoire exécutif du 17 vendémiaire an VII, et plus expressément encore par l'arrêté des Consuls du 5 vendémiaire an IX.

Aux diverses époques où un ministère spécial du commerce fut créé, les brevets d'invention furent placés dans ses attributions, comme ils le sont maintenant par la loi de 1844.

114. La demande adressée au ministre doit, aux termes de l'article 5 de la loi de 1844, être déposée, sous cachet, au secrétariat de la préfecture, dans le département où le demandeur est domicilié, ou dans tout autre département, en y élisant domicile.

D'après les lois de 1791, le demandeur devait s'adresser au secrétariat de la préfecture de son département. La facilité d'élire domicile en tel lieu qu'on le voudra est destinée à augmenter la liberté des transactions, et à laisser plus de latitude au requérant, soit pour le choix du siège de ses affaires, soit pour l'accomplissement des formalités relatives à l'obtention du brevet.

115. Le § 1er de l'article 5 est ainsi conçu : « La demande « sera limitée à un seul objet principal, avec les objets de « détail qui le constituent, et les applications qui auront été « indiquées. »

L'article 4, titre 1er, de la loi du 25 mai 1791 était ainsi conçu : « Les directoires des départements, non plus que « le directoire des brevets d'invention, ne recevront aucune « demande qui contienne plus d'un objet principal, avec les « objets de détail qui pourront y être relatifs. »

On comprend facilement les motifs de ces dispositions. Cumuler dans une demande plusieurs objets de brevets, ce serait éluder les payements de taxes, ce serait aussi une cause d'erreur pour le public, qui ne pourrait chercher dans un seul brevet plusieurs objets de brevets.

Le projet originaire disait : « Aucune demande ne devra « comprendre plus d'un objet distinct. » Dans la Chambre des Pairs ([1]), MM. le vicomte Dubouchage, Gay-Lussac, le marquis de Boissy, demandèrent qu'on revînt à la rédaction de 1791. La Chambre adopta la rédaction suivante : « La demande sera limitée à un seul objet. »

Dans la Chambre des députés ([2]), cette rédaction fut vivement critiquée. « Je ne veux pas, dit M. Bethmont, qu'un inventeur puisse, à l'occasion du même titre et sous un même titre, placer des inventions hétérogènes qui n'auraient entre elles aucun lien ; mais je demande que, quand un inventeur aura décrit une invention principale, toutes les inventions accessoires qui s'y rattachent puissent être garanties par le même brevet. » M. Arago, après avoir développé plusieurs exemples dans lesquels de justes droits lui paraîtraient blessés par la rédaction proposée, conclut ainsi : « Je demande qu'on puisse prendre un seul brevet pour des choses dissemblables, lorsqu'elles concourent au même objet ; je demande que le brevet, une fois pris, ait toute sa valeur pour les organes nouveaux qui s'y trouvent décrits. »

L'article fut renvoyé à la commission qui, revenant de plus près à la loi de 1791, dont la pratique, en ce point, n'a pas été critiquée, proposa de dire : « La demande sera limitée à « un seul objet principal, avec les objets de détail qui le « constituent. » M. Arago ne se déclara pas satisfait. Il proposa d'ajouter : « Elle devra contenir, en titre, la désignation » sommaire de l'objet de l'invention et des nouveaux artifi-

---

([1]) Séance du 25 mars 1843.
([2]) Séances des 12 et 15 avril 1844.

« ces, plus ou moins nombreux, à l'aide desquels l'inventeur
« l'aura réalisée. Lesdits artifices, quoiqu'ils aient seulement
« figuré dans le brevet comme fractions de l'invention prin-
« cipale, se trouveront brevetés de plein droit quant aux ap-
« plications analogues qu'ils pourront recevoir, et dont l'in-
« venteur aura donné l'énonciation précise. » M. Marie et
M. le rapporteur proposèrent d'ajouter : « et les applications
« qui auront été indiquées. » M. Arago dit : « Cela revient
au même, mais c'est moins clair ; pour ne pas amener un
débat trop long, je me réfère à la rédaction nouvelle de la
commission. Mon commentaire sera là en cas de besoin. »
La rédaction proposée par le rapporteur fut adoptée ; c'est
celle de la loi.

116. Le § 2 de l'article 6, dit que la demande : « men-
« tionnera la durée que les inventeurs entendent assigner à
« leur brevet dans les limites fixées par l'article 4. » C'est-
à-dire que le demandeur sera obligé d'exprimer si c'est pour
cinq ans, ou pour dix, ou pour quinze, qu'il entend se faire
délivrer le brevet.

117. Le même paragraphe dit, que la demande : « ne
« contiendra ni restrictions, ni conditions, ni réserves. » La
loi ayant pris soin de tracer la formule générale et toutes
les conditions du contrat à passer avec la société, il n'appartient à aucune volonté particulière de modifier ce contrat. Tout pouvoir est donc refusé par la loi à l'administration pour accepter, au nom de la société, des conditions
spéciales ; en même temps que la faculté d'énoncer des stipulations de ce genre est interdite à tout demandeur de
brevets.

A la Chambre des députés (¹), M. Bethmont dit : « J'ai

(¹) Séance du 12 avril 1844.

cherché quelles pouvaient être les restrictions et les réserves qu'on mettrait à une demande, je n'en ai trouvé aucune. » M. Philippe Dupin répondit : « Il arrive souvent qu'une demande de brevet est accompagnée de restrictions ou de conditions de natures diverses. Celui-ci veut que le brevet ne lui soit délivré que dans six mois ou un an; celui-là met pour condition que sa jouissance pourra être prolongée d'une ou plusieurs années; un troisième veut que son invention soit garantie; enfin, chaque jour voit apparaître des conditions plus ou moins déraisonnables. L'administration, si la loi ne l'arme pas du droit de refus, devra donner un brevet dans tous les cas, et plus tard, on pourra prétendre qu'il s'est formé avec elle un contrat dont les conditions sont violées. Cela ne doit pas être. Il était convenable de proscrire toute condition, restriction ou réserve apposée à une demande de brevet. »

---

§ II. — *Titre donné au brevet.*

118. Le § 3 de l'article 6, dit que la demande : « indi- « quera un titre renfermant la désignation sommaire et pré- « cise de l'objet et de l'invention. »

Les autres dispositions de la loi de 1844, où il est parlé de ces titres, sont les suivantes :

Article 24, § 2 : « Il sera, en outre, publié, au commence- « ment de chaque année, un catalogue contenant les titres

« des brevets délivrés dans le courant de l'année pré-
« cédente. »

Article 30 : « Seront nuls et de nul effet les brevets déli-
« vrés dans les cas suivants, savoir... : 5° si le titre sous le-
« quel le brevet a été demandé indique frauduleusement
« un objet autre que le véritable objet de l'invention. »

119. Ces dispositions, fort sages, ont une portée assez
étendue.

Un brevet a nécessairement un intitulé. L'usage seul ne
pourrait manquer de le lui donner, car on ne peut se passer
de le désigner sous un nom qui, dans la pratique quoti-
dienne, l'individualise et le distingue de tout autre brevet.
Il faut que cette dénomination soit brève, car les nécessités
du langage ne toléreraient pas que l'on désignât un brevet
par la copie de la demande ou de la description, ni même
par de longues périphrases. La législation de 1791 ne s'occupait point des intitulés de brevets ; et cependant, par la
seule force des choses, chacun d'eux en avait un. Les catalogues officiels qui se publient annuellement, et qui sont mis
à la disposition du public, enregistrent les brevets sous des
titres destinés à les désigner.

Rien ne réglait la rédaction de ces intitulés. Elle était
donnée par les brevetés eux-mêmes, ou par l'administration. Celle-ci n'était nullement astreinte à copier la rédaction du breveté. Elle portait les brevets aux catalogues sous
le titre qu'elle jugeait le plus convenable.

Le titre cependant est de haute importance. C'est l'avertissement sommaire donné au public. Chacun, sans doute,
a le droit de consulter le texte des descriptions, mais c'est
une recherche longue. Elle ne pouvait se faire qu'à Paris
dans les bureaux du ministère, sous l'empire des lois de
1791, qui n'ordonnaient la publication des descriptions

qu'après que le brevet avait pris fin. Même sous la loi actuelle, qui, avançant l'époque de cette publication, l'a placée
après le payement de la deuxième annuité, l'indication de
titres exacts conserve pour le public un grand intérêt.

Le projet originaire gardait, à ce sujet, le même silence
que les lois de 1791. La commission de la Chambre des
pairs combla cette lacune et proposa la disposition qui forme
le § 3 de l'article 6. Ce fut également cette commission qui
proposa de copier ces titres dans les catalogues publiés conformément à l'article 24.

M. Sénac, commissaire du roi, fit remarquer ([1]) que les
titres ont, dans le droit anglais, plus d'importance qu'ils
n'en peuvent avoir en France. « En Angleterre, dit-il, les
brevets ne sont pas délivrés sur le dépôt d'une description;
le demandeur dépose un simple titre; la patente est expédiée
sur ce titre; et le demandeur a un délai qui varie et qui
n'excède pas six mois, pour fournir la description de sa découverte. Il y a donc un très grand intérêt à ce que le titre
indique bien d'avance quel sera l'objet de la découverte,
afin que la description produite plus tard concorde exactement avec le titre énonçant l'objet de la découverte. La législation anglaise devait donc attacher une grande importance à l'exactitude du titre ; aussi a-t-elle assuré l'exécution de cette prescription par une pénalité sévère. Toutes
les fois que la description fournie six mois après la demande
par le breveté n'est pas conforme au titre déposé, le brevet
est nul de plein droit. »

Ces observations sont vraies; mais il n'en résulte pas que
quelques dispositions sur les titres à donner aux brevets ne
puissent, quoique moins nécessaires qu'en Angleterre, être

([1]) Séance du 25 mars 1843.

utiles dans notre législation. Le § 3 de l'article 6 fut donc adopté.

120. La commission de la Chambre des pairs, traduisant en une disposition de loi la pratique alors existante, proposait un article ainsi conçu : « Le ministre pourra, après avoir « reçu les observations de l'inventeur, et sur l'avis motivé « du Comité consultatif des arts et manufactures, modifier « le titre sous lequel le brevet aura été demandé, s'il ne « remplit pas les conditions spécifiées à l'article 6. »

Cet article (¹) fut combattu par M. le ministre Cunin-Gridaine comme entraînant un examen préalable. « On rendrait un fort mauvais service au ministère du commerce, dit M. le baron Charles Dupin, en le faisant ainsi censeur des qualifications données aux inventions nouvelles. » Mais tout le monde convint qu'il fallait atteindre les titres mensongers. La longue discussion à laquelle les remèdes secrets avaient donné lieu rendit sensible l'inconvénient d'un titre faux, à la faveur duquel on surprendrait un brevet pour cet objet que l'on venait de déclarer non susceptible de brevet. En rejetant donc la disposition qui autorisait le ministre à modifier le titre, et en reconnaissant que la rédaction en devait rester à l'inventeur, à ses risques et périls, on réserva pour l'article relatif aux nullités de brevets l'examen des conséquences pouvant résulter de l'indication d'un titre faux.

121. Lors donc qu'on en vint à l'article (30), on adopta sans discussion le paragraphe nouveau que la commission y introduisit en ces termes : « Si le titre sous lequel le brevet « a été demandé est faux, ou indique frauduleusement un « objet autre que le véritable objet de l'invention. »

La rédaction de la Chambre des pairs, que la commission

(¹) Séance du 28 mars 1843.

de la Chambre des députés avait adoptée, fut amendée par cette Chambre sur les observations suivantes de M. Bethmont (¹):

« C'est une disposition excessivement rigoureuse que celle qui consiste à déclarer nul un brevet, par cela seul que le titre sur lequel il a été demandé serait faux. Bien qualifier une invention, lui donner un titre exact, peut être l'œuvre d'un esprit droit et d'un homme exercé au langage. Mais il est fort possible que le titre soit faux et qu'il n'ait pas été donné dans une intention mauvaise. Je m'inquiète d'ailleurs des procès que cette disposition peut faire naître, et ce sont les mauvais procès qu'il faut tuer par-dessus toutes choses. Par le mot *frauduleusement,* vous indiquez que vous voulez atteindre l'intention mauvaise et malicieuse, et vous avez raison; mais, autrement, vous faites plus que vous ne devez faire. »

---

§ III. — *Description, dessins et échantillons.*

122. Articles de la loi sur la description, les dessins, les échantillons.

123. But, importance et conditions de la description.

124. Sanction différente contre les vices extrinsèques de la description et ses vices intrinsèques.

125. La simple insuffisance ou obscurité de la description n'ouvre plus seulement, comme sous la législation de 1791, une exception contre le breveté; elle ouvre l'action en nullité du brevet.

126. Le mélange d'objets ou moyens connus ne vicie la description qu'en cas d'insuffisance ou d'obscurité.

127. L'annexe de dessins et échantillons est facultative pour le requérant.

128. Les dessins ne sont recevables que tracés à l'encre et d'après une échelle métrique.

129. Conséquence du défaut de timbre de la description.

130. La description ne peut être écrite en langue étrangère.

(¹) Séance du 16 avril 1844.

151. Ratures et renvois.

152. On ne peut employer que les dénominations légales de poids ou de mesures.

153. Un duplicata de la description et des dessins doit être joint à la demande.

122. La description qui s'annexe au brevet est une pièce de la plus haute importance. Voici ce que règlent, à son égard, les articles 5 et 6 de la loi de 1844.

L'article 5 exige que l'on dépose avec la demande : « 2° « Une description de la découverte, invention ou applica- « tion faisant l'objet du brevet demandé; 3° les dessins ou « échantillons qui seraient nécessaires pour l'intelligence « de la description. »

Article 6 : « .... La description ne pourra être écrite en « langue étrangère; elle devra être sans altération ni sur- « charges. Les mots rayés nuls comptés, les pages et les « renvois paraphés. Elle ne devra contenir aucune dénomi- « nation de poids ou de mesures autres que celles qui sont « portées au tableau annexé à la loi du 4 juillet 1837.—Les « dessins seront tracés à l'encre et d'après une échelle mé- « trique. — Un duplicata de la description et des dessins « sera joint à chaque demande. »

L'article 11 veut qu'à l'arrêté du ministre portant déli- vrance du brevet soit joint le duplicata certifié de la descrip- tion et des dessins.

L'article 30 déclare nuls les brevets délivrés : « 6°. Si la « description jointe au brevet n'est pas suffisante pour l'exé- « cution de l'invention, ou si elle n'indique pas, d'une ma- « nière complète et loyale, les véritables moyens de l'inven- « teur. »

123. La description a un double objet. Elle est destinée à spécifier avec précision et exactitude l'invention brevetée,

et à déterminer par là l'étendue et les limites du privilège.
Elle a aussi pour but d'assurer à la société la pleine possession de la découverte, à l'expiration du brevet.

Si les descriptions manquaient d'exactitude, de clarté ou
de bonne foi, les droits de la société seraient fraudés, et l'é-
change entre les deux parties contractantes ne serait ni complet ni loyal. L'inventeur qui reçoit, pour prix de son invention, un monopole temporaire, retiendrait, en tout ou en
partie, la chose qu'il s'oblige à livrer, s'il ne révélait pas son
invention, ou bien s'il se contentait de ne la laisser deviner
qu'à demi.

Ces descriptions sont appelées en Angleterre *spécifications*. Leur validité est une condition nécessaire de la validité des *patentes;* et la jurisprudence anglaise déploie une
extrême sévérité contre les spécifications infidèles ou in-
exactes, obscures ou ambiguës, incomplètes ou compliquées
d'accessoires inutiles et étrangers, ou mêlant, sans le dire,
à l'objet spécial et nouveau de la patente, des parties d'industrie anciennes et connues.

La législation de 1791, tout en se modelant sur la loi anglaise, n'avait pas voulu être aussi sévère. L'article 4 de la
loi du 7 janvier exigeait que la description fût exacte; mais
l'article 16-1° ne prononçait la déchéance que contre l'inventeur convaincu d'avoir, en donnant sa description, recélé
ses véritables moyens d'exécution. Cette rédaction avait été
substituée à celle des comités, beaucoup préférable et ainsi
conçue : « Tout inventeur convaincu d'avoir donné une des-
« cription insuffisante, et d'après laquelle on ne pourrait
« exécuter son invention, sera déchu de sa patente. » Le législateur de 1791 avait fait fléchir la rigueur du principe devant la crainte des applications trop strictes, et par inquiétude
de la chicane à qui il ne voulait pas donner un thème trop

facile de contestations. Le même article, dans le § suivant, punissait les descriptions devenues sciemment incomplètes et déclarait déchu tout inventeur convaincu de s'être servi, dans sa fabrication, de moyens qui n'auraient point été détaillés dans sa description, ou dont il n'aurait pas donné sa déclaration pour les faire ajouter à ceux que sa description énonçait.

Ce qui, malgré ces dispositions incomplètes, maintenait à l'exactitude de la description sa juste efficacité, c'était l'intérêt du breveté. En effet, par la force même des choses, si son invention vient à être contrefaite, et s'il a des poursuites à exercer, c'est au texte seul de la description que l'on peut recourir, afin de reconnaître l'invention brevetée et de juger s'il y a contrefaçon. Dans tous les cas où la description est viciée par des obscurités, des équivoques, des omissions, elle s'interprète contre l'inventeur. C'est lui qui en est le rédacteur; lui qui stipule ce qu'il réclamera, et qui détermine la nature et l'étendue de l'invention pour la jouissance de laquelle il requiert de la société qu'elle s'oblige à lui garantir un monopole. L'article 1162 du Code civil est ici parfaitement applicable : « Dans le doute, la convention s'interprète « contre celui qui a stipulé, et en faveur de celui qui a con- « tracté l'obligation. » C'est donc à sa propre négligence, à son ignorance, quelquefois même à sa mauvaise foi que l'inventeur doit s'en prendre des vices de sa description, et des conséquences qui peuvent en être la suite.

Ces principes n'ont jamais été mis en doute par la jurisprudence. On a constamment reconnu que rien n'est plus essentiel pour le juge que de voir clair dans la description; sans cela, en effet, il serait hors d'état de déclarer la contrefaçon, puisque dire qu'il y a contrefaçon, c'est affirmer que l'industrie poursuivie est la même que l'invention décrite.

L'arrêt suivant de la Chambre criminelle, du 24 mars 1842, explique parfaitement comment le texte de la description doit être la loi du procès ; sauf, aux juges du fait, à interpréter le véritable sens de ce texte, mais sans le modifier : « Attendu que de la combinaison des articles 4 et 16-1° et 2° de la loi du 7 janvier 1791, il résulte que le porteur d'un brevet n'a de droit exclusif qu'aux principes, moyens et procédés qui ont été décrits, comme constituant sa découverte, dans la spécification jointe au brevet ; que le délit de contrefaçon ne peut donc exister légalement que relativement auxdits principes, moyens et procédés, et que le brevet et la description sur laquelle il a été délivré forment le titre d'après lequel doivent être jugées les contestations entre le breveté et ceux qu'il poursuit comme contrefacteurs ; que le droit d'interpréter un brevet, qui peut appartenir aux tribunaux, ne va pas jusqu'à substituer un procédé à un autre, ou à changer la condition que le breveté s'est faite à lui-même et qui est la seule que les tiers soient obligés de respecter ; Attendu que, dans l'espèce, le brevet dont Péthion est propriétaire porte que le bois soumis à l'action de la machine doit y être présenté dans une situation parallèle à l'axe du cylindre ; que la Cour royale de Rouen, sans s'arrêter à ce mot *parallèle*, qu'elle décide avoir été employé par erreur, a pris pour base de la décision par laquelle elle a déclaré la contrefaçon une situation du bois *perpendiculaire* à cet axe ; mais que cette différence dans la position du bois était précisément un des moyens de défense de Rowcliffe, et formait un des principaux motifs sur lesquels les premiers juges s'étaient fondés pour juger qu'il n'y avait pas de contrefaçon ; que la Cour royale pouvait, sans doute, déclarer que la direction dans laquelle le bois est attaqué par la machine est une circonstance de peu d'importance, et que cette différence entre les procédés employés par Rowcliffe et ceux décrits dans le brevet était insuffisante pour faire disparaître la contrefaçon ; mais que, n'ayant pas fait cette déclaration, il ne lui a pas été permis de modifier le brevet sur un point dont l'importance, sous le rapport de l'invention, reste encore controversée entre les parties ; qu'il y a eu là de sa part un véritable excès de pouvoir, et qu'en condamnant Rowcliffe aux peines de la contrefaçon, sans reconnaitre et déclarer tous les caractères légaux de ce délit, elle a formellement violé l'article 12 de la loi du 7 janvier 1791. »

Un arrêt de la même Chambre, du 12 mai 1842, montre que cette doctrine, fort juste, de la Cour de cassation ne va pas jusqu'à ériger les mots de la description en termes sacramentels qui n'admettraient pas d'équivalents : « Attendu que l'arrêt de la Cour royale de Paris déclare en fait que la machine brevetée de Simon a ses mâchoires garnies de rainures ou cannelures, et que les mâchoires de la machine saisie sur le demandeur sont façonnées de la même manière ; qu'à la vérité, dans le brevet de Simon, il n'est pas fait mention de rainures ou cannelures, mais seulement de dentelures, d'où le demandeur tire la conséquence que la Cour royale ne l'a déclaré contrefacteur qu'en faisant à Simon un titre différent de celui que lui confère son brevet ; mais qu'en rapprochant les motifs et le dispositif de l'arrêt attaqué, on voit que la Cour royale a employé indifféremment les mots de rainures, de cannelures et de dentelures ; d'où il suit qu'elle a considéré ces expressions comme présentant, sous le rapport de la machine et des procédés litigieux, des idées semblables ; que le demandeur soutient aussi que, d'après le brevet de Simon, ce ne sont pas les mâchoires de sa machine qui sont dentelées ; que ce sont des pièces différentes ; mais que, sur ce point, l'arrêt contient une déclaration en fait inattaquable

devant la Cour ; attendu, en conséquence, que cet arrèt n'a
fait au demandeur, dans l'état des faits tels qu'il les a reconnus constants, qu'une application légale des lois sur les brevets d'invention ; Rejette. »

124. Les articles 5 et 6 de la loi de 1844 indiquent les
formes extrinsèques de la description, et ont leur sanction
dans l'article 12 qui, en cas d'inobservation de ces formalités,
autorise le ministre à rejeter la demande. L'article 30 détermine les conditions intrinsèques de la description ; il porte
avec lui-même sa sanction, en déclarant le brevet nul si elles
n'ont pas été remplies. Cet ordre est parfaitement logique :
l'article 6 ne devait pas énoncer les conditions intrinsèques
d'une bonne description, puisque cet article est destiné à faire
connaître les formes dont le ministre est juge lorsque la délivrance du brevet lui est demandée. Or, le vice de la description, son insuffisance, son inexactitude, son infidélité même,
ne confèrent, et ne doivent conférer au gouvernement aucun
droit de refus : il n'a, en ce cas, que voix de conseil, ainsi que
nous l'établirons dans la 2e section du présent chapitre, lorsque nous nous occuperons de l'absence d'examen préalable.

La peine de la mauvaise description est la nullité du brevet.
C'est pour cela que l'énonciation des conditions qui constituent la bonne description est à sa vraie place dans l'article 30.

125. J'ai dit que, sous la législation de 1791, la nécessité
des faits, et les principes généraux sainement interprétés par
une constante jurisprudence, attachaient à l'imperfection de
la description cette conséquence de laisser le breveté désarmé
contre les contrefacteurs. Mais cette juste rigueur, inévitable
lorsqu'il s'agissait d'une poursuite en contrefaçon, cessait
d'être la règle lorsqu'il s'agissait d'une action en nullité du
brevet. Les conditions de la nullité, qu'on appelait mal à propos déchéance, étaient écrites dans les §§ 1° et 2° de l'ar-

ticle 16 de la loi du 7 janvier : les seuls vices de la description qui entraînaient la nullité du brevet étaient le recel des véritables moyens d'exécution, et l'omission de moyens restés secrets et employés dans la fabrication. Et comme, en fait de nullité, tout est de droit étroit, le juge demeurait sans pouvoirs pour prononcer la nullité, lorsque la preuve des vices spécifiés par l'article 16 n'était pas acquise.

Voici donc à quelle inconséquence on arrivait. Une description obscure, insuffisante, mais sans réticence de mauvaise foi, démantelait le brevet et lui ôtait la sanction des actions en contrefaçon ; c'était un titre sur le papier, sans efficacité ni vertu. Et cependant ce titre inerte et mort ne pouvait pas être proclamé nul.

La loi actuelle a corrigé ce défaut de logique. L'article 30-6° atteint le brevet par l'action en nullité, lorsque sa description est entachée des vices qui, sous la loi de 1791, ne le rendaient qu'impuissant.

La description n'est suffisante pour l'exécution que si elle est faite avec la clarté que la matière comporte ; en telle sorte que chaque personne, douée d'une intelligence saine et de la connaissance de l'art spécial, soit mise, par la description, en état d'exécuter l'invention de la même manière et avec les mêmes avantages que le breveté. L'exactitude doit s'étendre, non-seulement sur les moyens à employer, mais même sur les résultats à produire. Le brevet est nul, si la description induit le public en erreur par l'annonce de résultats différents de ceux que l'invention produit réellement.

Il y a nullité, si l'inventeur, soit par une négligence qui rend sa description incomplète, soit par une dissimulation qui la rend déloyale, n'a pas révélé ses moyens les plus efficaces, les plus prompts, les plus économiques, les plus simples ; si, au lieu de déclarer les matériaux qu'il emploie, il en a indiqué de plus chers et de plus rares ; car, en agissant ainsi, il ne révèle point au public l'invention véritable avec tous ses avantages ; il s'en réserve certains profits qu'il ne communique point à la société ; il se ménage des ressources de prééminence personnelle destinées à écraser ses concurrents pour l'époque où l'invention appartiendra à l'usage général ; enfin il ne satisfait pas à la condition essentielle du contrat, qui est de mettre la société dans tous les droits du breveté à l'expiration du brevet, et d'assurer au public la pleine et entière possession de ce qui a été l'objet du monopole temporaire.

Quant aux améliorations qui, postérieures à l'existence du brevet, n'ont par conséquent pas pu être comprises dans la description, nous nous en sommes occupés dans le 2ᵉ § de la section 2ᵉ du chapitre III, relatif aux certificats d'addition.

Que l'on parcourre les législations étrangères (¹), et l'on verra que toutes ont attaché une importance fondamentale à la clarté des descriptions. Plusieurs ont, comme notre loi de 1844, préféré à l'article 16 de la loi du 7 janvier 1791 la rédaction qu'avait présentée le comité qui avait préparé cette loi. Ainsi la loi russe abroge le privilège, s'il est prouvé qu'en suivant la description publiée il est impossible, même d'après l'instruction de l'inventeur, d'atteindre le but indiqué. Ainsi la loi autrichienne veut que la déchéance soit de droit, lorsque la description n'est pas conçue de manière que toute personne à ce connaissant puisse exécuter l'objet breveté, avec le seul secours de cette description.

126. La législation anglaise porte la sévérité plus loin que ces lois et que notre loi de 1844. Celui qui obtient une patente anglaise ne doit réclamer, non-seulement rien de moins,

---

(¹) *V.* première partie ; ch. ɪɪ, section vɪ.

mais encore rien de plus que ce qu'il a inventé. S'il comprend
dans sa spécification, indépendamment des parties par lui in-
ventées, d'autres parties connues déjà, et qu'il néglige de les
indiquer comme ne devant point lui appartenir, si, dans l'annonce de ses produits, il en désigne d'appartenant antérieurement au domaine public, et qu'il les veuille comprendre
dans sa patente, il y a nullité pour le tout. Longtemps cette
nullité a été irrémédiable. On a vu qu'une loi de 1835 a permis d'opérer ultérieurement, dans les spécifications des patentes délivrées, le retranchement de ces superfluités irri-
tantes.

Le second projet de résolution de la commission du Conseil des Cinq-Cents, adoptant la règle de la jurisprudence
anglaise, proposait ce qui suit : « Celui qui demandera un
brevet sera tenu d'ajouter à la description de son procédé...
l'explication de ce qui caractérise son invention, et par conséquent de désigner ce qu'il regarde dans son œuvre comme
partie neuve, ou comme nouvel arrangement de parties déjà
connues, ou comme nouvelle application produisant un résultat jusqu'alors ignoré, et qui l'autorise à se donner pour
inventeur. » La déchéance était prononcée contre tout inventeur qui n'aurait pas donné cette explication. La commission
de 1828 demandait la même disposition (¹).

Notre loi est moins rigoureuse. Le brevet ne vaut que pour
la partie vraiment nouvelle ; mais le mélange de parties déjà
connues, indûment introduites dans la description, ne la vi-
ciera pas tout entière, à moins qu'il n'y ait déloyauté dans ce
mélange, c'est-à-dire intention de tromper le public, ou obscurité qui rende l'invention inexécutable. On n'a pas voulu
que la simple erreur, ou la surabondance de détails inutiles,

---

(¹) *V.* ci-dessus, page 142 ; *Réponse à la* Vᵉ *question.*

entraînât la perte de ce qui est réellement inventé. La loi doit protéger, même avec jalousie, le domaine public contre les empiètements; on a pris en considération qu'elle doit protéger aussi les inventeurs contre leurs inadvertances non dommageables, et ne pas leur tendre de pièges dont l'esprit de chicane abuserait contre eux.

127. Les articles 5 et 12 de la loi de 1844 veulent que la demande soit accompagnée de dessins ou échantillons; toutefois ils ne prescrivent ainsi cette annexe que quand les dessins ou échantillons sont nécessaires pour l'intelligence de la description. Nous rechercherons dans la section suivante quel est le juge de cette nécessité; mais il est incontestable qu'elle n'existe pas dans tous les cas, et qu'une foule de descriptions pourront parfaitement se comprendre sans échantillons ni dessins. Néanmoins il est essentiel que quiconque veut requérir un brevet sache bien qu'il commet la plus haute imprudence, s'il n'en joint pas à toute description pour l'intelligence de laquelle ils seront, je ne dis pas seulement nécessaires, mais simplement même utiles; car nous avons vu que l'obscurité de la description s'interprète contre le breveté. Une description que l'absence de dessins ou d'échantillons rendra inintelligible devra être déclarée nulle, quand même l'administration l'aurait admise.

128. L'article demande des dessins tracés à l'encre, parce qu'on a voulu prévenir l'emploi trompeur du crayon dont le tracé s'altère et s'efface. Le ministre refusera les dessins non tracées à l'encre, ou qui ne seraient pas dressés d'après une échelle métrique. On peut ne pas fournir de dessins, s'ils ne sont pas nécessaires; mais quand l'on en fournit, ils doivent être conformes à la volonté de la loi. Ce refus aura, d'ailleurs, l'avantage de prémunir le requérant contre l'insuffisance et le danger d'autres dessins.

M. le vicomte Dubouchage avait demandé (¹) qu'on ajoutât les dessins lithographiés et gravés. M. Sénac, commissaire du roi, a dit : « Je demande à avertir la Chambre du danger que présenterait un amendement de ce genre. Un brevet d'invention ne garantit une découverte qu'à condition d'être délivré avant que l'invention ne soit connue du public. Mais si l'on s'adresse à un graveur, elle sera divulguée, et le brevet sera nul pour défaut de nouveauté. » — M. le vicomte Dubouchage : « Pourquoi, si je les grave moi-même, si je les fais lithographier moi-même? » — M. le baron Girod de l'Ain : « Les dessins gravés et lithographiés sont tracés à l'encre. » — M. le vicomte Dubouchage : « Eh bien! je réserve cette observation; elle sera consignée au procès-verbal. »

Il n'est pas douteux que les dessins gravés ou lithographiés satisfont à la prescription de l'article. Mais l'observation fort juste de M. Sénac subsiste; et les inventeurs doivent se tenir pour avertis.

129. Les projets disaient que la description devra être sur papier au timbre de 1 franc 50 centimes. On a effacé cette disposition comme purement réglementaire. Peut-être aussi a-t-on pensé, quoiqu'on ne s'en soit pas expliqué, que le défaut de timbre ne doit être atteint que par une amende, et non par le rejet de la demande.

130. Le premier projet avait dit que la description devra être entièrement écrite en français. La commission de la Chambre des pairs retrancha le mot *entièrement*, comme n'ajoutant rien au sens de la phrase, et pouvant empêcher l'emploi, souvent nécessaire, de mots techniques empruntés aux autres langues. La rédaction définitivement adoptée par

(¹) Séance du 23 mars 1843.

la Chambre des députés dit : « La description ne pourra être écrite en langue étrangère. » C'eût été une pauvre plaisanterie que d'objecter à tel ou tel inventeur, fort ignorant en grammaire, que sa description n'était pas écrite en français ; mais, si mauvaise qu'eût été l'équivoque, la rédaction actuelle l'a fait disparaître.

131. « Les mots rayés comme nuls, dit le § 5 de l'article « 6, seront comptés et constatés, les pages et les renvois pa-« raphés. » Ces détails peuvent paraître minutieux. Ils sont sages, cependant ; ils évitent les falsifications, les soupçons d'altération, les chicanes interprétatives. La description, base des droits de l'inventeur, doit avoir toutes les formes extérieures de l'authenticité.

132. Le même paragraphe défend l'emploi de toutes dénominations de poids et mesures autres que les dénominations légales. Est-il nécessaire, a demandé M. le marquis de Boissy (¹), d'imposer l'obligation de se soumettre à une loi en vigueur ? M. Sénac a répondu : « La loi du 4 juillet 1837 sur les poids et mesures, et l'ordonnance du 17 août 1839, qui l'a suivie, n'interdisent les anciennes dénominations que dans les actes et écritures et registres de commerce produits en justice ; il était donc nécessaire d'étendre spécialement l'interdiction aux descriptions annexées aux brevets, afin de prévenir toute incertitude sur ce point, qui pouvait ne pas paraître rentrer dans les prévisions de la loi de 1837. »

Quoique la loi n'ait parlé que des descriptions, et n'ait rien dit des titres, dont la brève rédaction comporte rarement des dénominations de poids ou de mesures, il est néanmoins évident que cette disposition s'appliquerait aux titres si des poids ou mesures venaient à y être indiqués.

_____

(¹) Séance du 25 mars 1843.

133. Un duplicata de la description et des dessins sera joint à la demande. Nous verrons, dans la 2ᵉ section, qu'aux termes de l'article 11, un de ces duplicatas est destiné à revenir dans les mains du breveté.

§ IV. — *Bordereau et certification.*

134. Le dépôt fait, sous cachet, au secrétariat de la préfecture de domicile ou d'élection, et contenant la demande, deux exemplaires de la description et des dessins, et les échantillons, doit contenir, sous le même cachet, un bordereau des pièces déposées.

Toutes les pièces ainsi déposées seront signées par le demandeur ou par son mandataire. L'expression *mandataire* est plus exacte que celle de *représentant* que portaient les premiers projets.

L'article 6 ajoute que le pouvoir du mandataire restera annexé à la demande. C'est une sage précaution destinée à prévenir les surprises, les abus de nom, les désaveux.

§ V. — *Taxe.*

135. Principe et but de la taxe des brevets.
136. Taxe d'après la loi de 1791.
137. Taxe d'après la loi de 1844.
138. Le système de 1844 est nouveau ; ce n'est pas le système autrichien.
139. Discussions législatives sur l'établissement de la taxe par annuités ; effets de ce système.
140. Le dépôt de la demande n'est reçu que sur la production d'un récépissé de la première annuité.
141. Déchéance en cas de non-payement des annuités.

135. Les lois de tous les pays ont soumis à une taxe les délivrances de brevets.

Ce serait mal apprécier le principe de cette taxe que d'y voir un prix payé à l'État pour achat du monopole. L'État n'a pas plus le droit de vendre les monopoles que de les donner ; ce qu'il livrerait ainsi est hors de son domaine ; ce ne serait rien moins que la liberté d'industrie et la faculté de concurrence : or ces biens-là, qui sont des droits, appartiennent, non à l'État qui n'a pas à en disposer, mais à chaque citoyen, qui n'en peut accidentellement être privé que pour le maintien d'autres droits également légitimes et armés expressément de privilège par la volonté de la loi. Ce serait tout aussi mal caractériser la taxe que de la définir comme le prix, sinon du monopole lui-même, du moins de la déclaration publique faite par l'État que l'inventeur a droit à en jouir. Les pouvoirs publics sont institués, non pour vendre le droit, mais pour en assurer et en garantir l'existence envers et contre tous.

Le vrai caractère de la taxe des brevets est d'être un impôt. Cette taxe représente, d'une part la contribution aux dépenses spéciales qu'exigent, sur les finances publiques, l'établissement et l'entretien de l'institution des brevets ; d'autre part, la contribution générale que versent tous les membres de la cité, comme subvention aux frais des services généraux et de la protection universelle que la société leur assure.

La taxe des brevets se justifie par un autre motif particulier. Elle sert de frein aux demandes inconsidérées pour les fantaisies les plus puériles et les plus creuses. Si, à l'absence d'examen préalable par l'administration, venait se joindre la gratuité des brevets, l'inondation, déjà si forte, de demandes futiles et vaines, déborderait sans retenue ni mesure.

La taxe a cependant été fort attaquée : la pauvreté des inventeurs, la faveur due aux efforts du génie malheureux, ont servi de texte à bien des réclamations. On a exagéré. Il est

difficile que l'auteur d'une découverte sérieuse ne trouve pas,
pour la délivrance de son brevet, une faible partie des
sommes qui, après le brevet délivré, seront indispensables
pour son exploitation. La société, qu'un brevet grève d'une
servitude mise à l'exercice de la libre concurrence, a besoin
d'être dédommagée de cette gêne par l'exploitation réelle
de l'invention : trop encourager les délivrances de brevets
aux personnes entièrement dénuées de capitaux, c'est trop
affranchir de responsabilité les spéculations de quiconque
s'imaginera être inventeur.

Ce que veut le bon sens, c'est de ne rien exagérer. Une
taxe modérée est juste et utile ; une taxe trop lourde serait
injuste et dangereuse.

135. La loi du 25 mai 1791, en créant trois classes de
brevets, de cinq, de dix et de quinze ans, y avait attaché les
taxes de 300, 800 et 1,500 francs ; ainsi les brevets de cinq
ans payaient autant de fois 60 francs, de dix ans 80 francs,
de quinze ans 100 francs, qu'ils comptaient d'années de
durée. Chaque brevet payait en outre 50 francs, pour droit
d'expédition au ministère, et 12 francs pour procès-verbal
de dépôt au secrétariat de la préfecture.

Il serait superflu de rendre compte des débats qui se sont
souvent élevés sur l'allocation aux secrétaires-généraux des
préfectures du droit de 12 francs par procès-verbal de dépôt,
à la charge par eux de subvenir aux frais. Le produit de ce
droit était considérable à la préfecture de la Seine, à cause
du nombre, toujours croissant, des demandes qui y sont déposées ; et c'est l'importance de ce produit qui a donné ouverture à de fréquents débats. La loi actuelle ayant supprimé
le droit de première expédition par le ministère, et le droit
de dépôt aux préfectures, cette nature de discussions ne peut
plus se renouveler.

L'intention de la loi de 1791, en augmentant progressivement la taxe, suivant que la classe à laquelle les brevets appartenaient augmentait de durée, était facile à comprendre. On avait pensé que la durée assignée au brevet correspondait à l'importance présumée de l'invention; qu'une plus longue fabrication exclusive donnait une marge plus large pour la rentrée dans les premiers frais; qu'une servitude plus longtemps étendue sur la société appelait, par compensation, un impôt plus élevé. C'était un encouragement indirect à préférer les courts brevets.

137. Le gouvernement, en présentant la loi nouvelle, n'a point adopté cette vue. Il a proposé une taxe calculée avec égalité proportionnelle, en multipliant par 100 francs chaque année de durée. Les exposés de motifs n'expliquent pas pourquoi ce système a été préféré : je pense qu'on a eu surtout en vue d'élever la taxe des courts brevets, qui sont ceux que le charlatanisme demandait le plus légèrement comme étant à moindres frais.

D'après les lois de 1791, une moitié de la taxe était payée avant le dépôt de la demande. L'autre moitié de la taxe pouvait n'être payée que dans le délai de six mois. Le défaut de payement était puni par la déchéance. L'expérience avait démontré que les cas de non-payement de la seconde moitié de la taxe étaient très nombreux.

Le projet du gouvernement, adopté par la Chambre des pairs et par la commission de la Chambre des députés, exigeait le versement de la totalité de la taxe avant la délivrance du brevet définitif. Mais, par compensation, on autorisait, moyennant une taxe de 200 francs, imputable sur la taxe définitive, la délivrance de brevets provisoires, dont on pouvait profiter pendant deux ans, temps pendant lequel on avait droit de les faire convertir en brevets définitifs de cinq, dix ou quinze ans.

La Chambre des députés a renversé ce système. Elle a, il est vrai, maintenu les chiffres proposés ; mais elle a terminé l'article 4 par la disposition suivante : « Cette taxe sera payée « par annuités de 100 francs, sous peine de déchéance si le « breveté laisse écouler un terme sans l'acquitter. » De plus, elle a rejeté la création de brevets provisoires.

138. Ce système d'annuités est-il nouveau? On a imprimé avant la discussion, on a répété souvent dans la discussion, on a accepté, même dans les rapports et exposés de motifs, que c'est le système autrichien. M. Arago a dit à la tribune ([1]), et n'a pas été contredit : « La disposition proposée a pour elle la sanction de l'expérience; elle est en usage en Autriche ; elle y a réussi admirablement. »

Ces assertions géminées manquent d'exactitude. Le système de la loi nouvelle diffère essentiellement des annuités autrichiennes en deux conditions fondamentales :

1° L'article 14 de la loi d'Autriche veut qu'une moitié de la taxe soit payée en présentant la demande; et comme, d'après l'article 12, le demandeur fixe lui-même, en dedans de la limite de quinze ans, la durée du privilège qu'il veut obtenir, il est manifeste que la moitié payable d'avance est, comme sous notre loi de 1791, celle de la totalité de la taxe pour toute la durée assignée au brevet. La loi de 1844, au contraire, n'astreint le demandeur à aucun versement préalable calculé sur la durée qu'il juge à propos de fixer à son brevet; elle lui laisse toute liberté de délibérer, chaque année, sans perte d'aucune somme versée, s'il maintient son

---

([1]) Ch. des députés; 11 avril 1844.

brevet, qu'il aura, impunément, annoncé pour la durée la plus longue.

2° La seconde moitié de la taxe autrichienne est payable par annuités, mais non par annuités égales. Il n'y a de taxe égale que celle de 10 florins pendant chacune des cinq premières années; la taxe subit, à partir de la sixième année, une augmentation progressive de 5 florins; en telle sorte qu'elle est de 15 florins pour la sixième année et de 60 pour la quinzième. C'est, avec des calculs différents, le système de taxe progressive de notre loi de 1791, au lieu du partage égal de la loi de 1844 entre toutes les années du brevet.

La loi de 1844 est sans précédents. Elle aura, selon que l'expérience la démontrera bonne ou mauvaise, tout le mérite ou tout le tort d'une innovation.

139. Le projet du gouvernement avait préparé les voies au système nouveau, en changeant l'ancienne taxe, en calculant sur le pied de 100 francs par années celle qu'il proposait, en autorisant moyennant 200 francs des brevets qui pouvaient ne durer que deux ans.

Les pétitions en faveur des inventeurs demandaient le dégrèvement de la taxe avec beaucoup d'insistance. Le partage en annuités de 100 francs était proposé par une commission spéciale que la Société d'encouragement avait chargée de l'examen du projet; cette autorité était grave; car chacun sait avec quelle persévérance cette société a rendu d'importants services à l'industrie qu'elle connaît bien, et dont elle peut très compétemment juger les prétentions.

L'article proposé par la Société d'encouragement servit de base à un amendement que M. Bethmont présenta à la Chambre des députés (¹), en ces termes : « La durée des brevets

---

(¹) Séance du 11 avril 1844.

« sera au maximum de quinze années.—Chaque brevet don-
« nera lieu au payement d'une taxe de 100 francs par cha-
« que année.—Cette annuité sera payée d'avance.—Le bre-
« veté qui laissera écouler un terme sans acquitter son an-
« nuité perdra ses droits au brevet. »

Le gouvernement et la commission s'opposèrent à l'amendement; le premier paragraphe fut rejeté, et l'on adopta la
première partie de l'article 4, qui détermine pour la durée
des brevets 5, 10 et 15 ans, et qui fixe la taxe à 500, 1000
et 1500 francs. Un amendement de M. Martin (du Rhône),
qui proposait pour chiffres 300, 600 et 1000 francs fut rejeté. Un amendement de MM. Bethmont et Taillandier fut
adopté; c'est le paragraphe final de l'article 4 de la loi.

L'un des effets du système de la loi sera de beaucoup accroître le nombre des brevets. Tout le monde, dans la discussion, a prévu cet accroissement. Les uns y ont vu un mal, les
autres un bien. « Désormais, a dit M. Philippe Dupin, pour
avoir le titre de breveté sur son enseigne, dans ses prospectus, dans ses annonces, il n'y aura presque pas de fabricants
ou de marchands qui ne se fassent donner un brevet sous un
prétexte quelconque, pour appeler la clientèle et augmenter
leurs moyens de concurrence contre leurs rivaux; ce serait
à la fois un moyen de surprendre la crédulité publique et de
se donner une apparence de supériorité sur les concurrents.
Or, c'est là un mal véritable. Dans beaucoup de documents
préparatoires qui ont été réunis pour la confection du projet, on voit se produire les plaintes du commerce contre la
multiplicité des brevets et l'abus qu'on en fait, abus également funeste à la société et au commerce lui-même. » « Quel
est, a répondu M. Bethmont, ce genre d'inconvénient? Cela
veut-il dire que quand il y a huit mille inventeurs qui se présentent, huit mille autres restent à la porte n'ayant pas le

24

moyen de payer? Cela veut-il dire que beaucoup sont trop
pauvres pour faire breveter leur invention? Si c'est là ce
qu'on veut dire, je déclare que je veux qu'on baisse la taxe,
afin que la pauvreté de quelques-uns ne soit plus la cause
pour laquelle ils n'obtiennent pas les avantages de leur invention. Ou il ne faut pas dire que nous avons tous les mêmes
droits, ou il faut dire que nous n'avons les mêmes droits qu'à
la condition d'être assez riches pour les exercer. »

Les deux orateurs, chacun à leur point de vue, qu'ils ont,
l'un et l'autre, forcé un peu au-delà de sa portée, ont eu raison. Le nombre des brevets pris par le charlatanisme ou la
crédulité dépasse toujours celui des inventions sérieuses et
profitables; et plus les frais de délivrance s'abaisseront, plus
la proportion des mauvais brevets l'emportera sur celle des
bons. Mais il est vrai aussi de dire que, dans le nombre,
quelques brevets utiles seront aidés à naître, que quelques
inventeurs recommandables seront rendus moins dépendants
des usuriers.

Un autre effet du système d'annuités sera d'amener toutes
les demandes de brevets au maximum de quinze ans. Cette
classe de brevets, qui était la moins nombreuse, absorbera
les deux autres. Chaque requérant comprendra qu'il ne risque
rien de demander quinze ans, puisqu'il pourra, chaque année, en s'abstenant de payer l'annuité, faire abandon du brevet qui lui deviendrait onéreux.

L'incertitude qui planera désormais sur la durée des brevets me paraît un inconvénient grave. L'existence d'un brevet suspend, pour les tiers, la faculté de concurrence, mais
ne la détruit pas. Les industries arrêtées ou gênées par le
monopole de l'invention nouvelle ont, en compensation, la
perspective d'en user librement, lorsque le brevet sera expiré.
Or, rien n'est plus favorable à la sécurité des spéculations

commerciales que la certitude d'un terme fixe d'entrée en jouissance. C'est principalement pour ce motif que l'article 15 interdit à tout autre pouvoir qu'à la loi la prolongation d'un brevet. Lorsque la division en brevets de cinq, dix ou quinze ans était efficace, les spéculateurs étrangers au brevet pouvaient asseoir leurs calculs sur la prévision d'une date certaine assignée à l'entrée en jouissance, pour tout citoyen, du droit d'exploiter librement l'invention. Il y aura désormais dans la durée des brevets, sauf heureusement dans les cas de cession, une incertitude regrettable.

Le gouvernement et la commission, qui s'étaient opposés au système d'annuités, s'appliquèrent à en tempérer les conséquences par plusieurs dispositions subséquentes. Voici comment s'exprime le second exposé de motifs devant la Chambre des pairs :

« Cette innovation était grave, et le gouvernement a dû faire ses efforts pour la faire repousser, à cause des inconvénients qu'elle pouvait présenter dans l'application, tout en ne méconnaissant pas les avantages particuliers qu'elle offrait aux inventeurs.

« Il était à considérer, en effet, que la facilité de prendre un brevet, moyennant une simple taxe de 100 francs, était de nature à encourager le charlatanisme, contre lequel s'élèvent de si justes réclamations; qu'il en résulterait une augmentation considérable du nombre des brevets à délivrer, et une complication dans les écritures, non-seulement pour l'expédition des titres, mais encore pour le compte à ouvrir à chaque breveté et la correspondance à suivre périodiquement avec les receveurs-généraux des quatre-vingt-six départements; qu'il faudrait, en outre, prévoir un accroissement important de dépense par suite de la publication immédiate de la totalité des brevets délivrés. D'un autre côté,

l'industrie devait redouter l'incertitude qui naîtrait de l'i-
gnorance de la durée effective des brevets, et la nécessité de
recourir sans cesse au *Bulletin des lois* ou aux registres de
l'administration pour connaître les titres tombés en déchéance, à défaut de payement d'une annuité. Enfin se présentait l'inconvénient très grave d'exposer les cessionnaires
du breveté principal à voir frapper de déchéance dans leurs
mains, et sans faute de leur part, le titre dont eux-mêmes
auraient acquitté le prix total, lorsque le breveté aurait négligé d'acquitter une annuité. Indépendamment de ces objections, il était à craindre que la disposition dont il s'agit,
et dont l'idée a été empruntée à la législation de l'Autriche,
ne détruisit le système du brevet d'essai qui avait été considéré avec juste raison comme une des améliorations les plus
essentielles de la loi proposée.

« Mais, nous devons le reconnaître, les dispositions addi-
tionnelles votées ensuite ont assez atténué les inconvénients
de l'amendement pour que le gouvernement, prenant en considération les avantages qu'il présente pour les inventeurs,
s'y soit rallié sans hésitation, et vous en propose aujourd'hui
l'adoption.

« L'article 33 a pourvu, par une peine sévère, à la répression de l'abus que le charlatanisme pourrait faire des brevets
d'invention. L'article 32 prononce la déchéance de plein
droit du breveté qui n'aura pas acquitté son annuité avant le
commencement de chacune des années de la durée de son
privilège. L'article 24 dispose que les descriptions et dessins
ne seront publiés qu'après le payement de la deuxième annuité; et, dans la plupart des cas, cette disposition suffira pour
faire justice de ces inventions sans valeur et sans consistance
que votre commission traitait avec raison de futilités et de
rêveries... L'article 20 ne permet de cession totale ou par-

tielle d'un brevet qu'après le payement de la totalité de la taxe. A l'aide de ces dispositions et de la publication trimestrielle des brevets qui seront tombés en déchéance faute de payement d'une annuité, l'administration pourra pourvoir à la mise à exécution du système nouveau introduit dans la loi ; les avantages du brevet provisoire se trouveront conservés dans une mesure satisfaisante ; et il ne sera pas à craindre que les tiers de bonne foi, cessionnaires de la totalité ou de partie d'un brevet, puissent être lésés par la négligence, l'insolvabilité, ou la fraude de leur cédant. »

M. le marquis de Barthélemy dit, dans son second rapport : « Nous n'avions pas cru , l'année dernière , devoir vous proposer de substituer le système autrichien à nos anciens usages. Le gouvernement répugnait à l'adoption de ce système, pour ne pas multiplier et compliquer les écritures de ses agents ; et, quant à nous, nous redoutions que les industriels n'eussent à se plaindre de l'ignorance dans laquelle ils seraient placés sur la durée effective des brevets. Nous redoutions pour eux l'obligation de recourir sans cesse aux publications que le gouvernement fait tous les trois mois dans le *Bulletin des lois,* pour connaître les titres tombés en déchéance pour cause de non payement de la taxe. Nous redoutions aussi d'exposer les cessionnaires...

« Il était impossible de parer d'une manière efficace aux premiers inconvénients que nous avons signalés. Quant au dernier, la Chambre des députés l'a fait disparaître par l'article 20... Cette disposition justifie seule le maintien de la division en brevets de cinq, dix et quinze années; division sans cela sans objet et sans intérêt dans un système où, la taxe n'étant plus payée que par annuité, chacun est libre de renoncer au bénéfice de son titre en ne l'acquittant pas.

« Il est inutile d'insister sur les avantages particuliers

que le nouveau système offrira aux inventeurs : c'est par là qu'il se recommande. Les inventeurs sont en général peu riches ; un grand nombre d'entre eux est empêché, dit-on, de prendre des brevets de longue durée à cause de la taxe. Le payement de cette taxe par annuités leur facilitera dorénavant le moyen de les obtenir. »

140. L'article 7 de la loi de 1844 dit qu'aucun dépôt de demande ne sera reçu que sur la production d'un récépissé constatant le versement d'une somme de 100 francs. Cette somme forme le montant de la première annuité.

Sous la loi de 1791, la somme était versée à la caisse du receveur-général du département. Il en sera de même sous la nouvelle loi. Ce sera aussi à cette caisse que seront versées les annuités.

141. L'article 4 et l'article 32-1° déclarent déchu le breveté qui n'aura pas acquitté son annuité avant le commencement de chacune des années de la durée de son brevet.

L'administration n'est nullement tenue de donner aux brevetés l'avertissement de payer chaque annuité. La loi elle-même leur donne cet avertissement. Nous ferons connaître dans le chapitre vii les conséquences de cette déchéance et les formes de sa constatation.

———

§ VI. — *Dépôt de la demande et de ses annexes.*

142. L'article 5 de la loi de 1844 énumère les objets que le requérant doit déposer, sous cachet, au secrétariat de la préfecture, et qui sont : la demande, la description, les dessins ou échantillons, un bordereau des pièces déposées. Nous avons développé les dispositions qui concernent chacun de ces objets.

Article 7 : « Aucun dépôt ne sera reçu que sur la produc-

« tion d'un récépissé constatant le versement d'une somme
« de 100 francs, à valoir sur le montant de la taxe du
« brevet.

« Un procès-verbal, dressé sans frais par le secrétaire-
« général de la préfecture, sur un registre à ce destiné, et
« signé par le demandeur, constatera chaque dépôt, en
« énonçant le jour et l'heure de la remise des pièces.

« Une expédition dudit procès-verbal sera remise au
« déposant, moyennant le remboursement des frais de
« timbre. »

Dans les projets, l'article se terminait ainsi : « moyennant
le remboursement des frais de timbre et d'enregistrement.»
Les mots *et d'enregistrement* ont été supprimés par la
Chambre des députés à la suite des explications suivantes (¹) :

« Qu'entend-on, demanda M. Bineau, par les frais d'enregistrement ? — M. le rapporteur : Il y a une loi réglementaire qui l'exige. — Plusieurs voix : Laquelle ? — M. Calmon :
Ce n'est pas un droit d'enregistrement — M. Bineau : En
effet, ce n'est pas un droit qui serait perçu par l'administration de l'enregistrement et des domaines. Il s'agit d'un droit
d'enregistrement administratif sur un registre à ce destiné.
Or il est dit dans l'exposé des motifs que si l'on a augmenté
le droit, c'est qu'on supprimait tous les frais accessoires, les
frais d'enregistrement administratif. — M. le rapporteur : La
commission consent à la suppression de ces mots. — M. le
ministre : Le gouvernement aussi. »

_____

(¹) Séance du 12 avril 1844.

SECTION II.

DE LA DÉLIVRANCE DES BREVETS.

§ I. — *De l'absence d'examen préalable.*

143. Les brevets sont délivrés en France par le gouvernement, sans examen préalable. Par voie de conséquence,
ils sont délivrés aux risques et périls de l'impétrant, et sans
garantir, en aucune manière, la priorité, la nouveauté, le mérite, le succès de l'invention alléguée.

Ce principe est fondamental. Déjà, dans le cours de cet
ouvrage, nous avons été amenés souvent à le proclamer; car
il domine toute notre législation.

En se reportant au rapport de De Boufflers à l'Assemblée
Constituante, à l'honorable rétractation de Eude au Conseil
des Cinq-Cents, à l'arrêté des Consuls de vendémiaire an IX,
et à beaucoup d'autres documents également rapportés dans
la première partie du présent traité, on verra sur quels
graves motifs repose le système de non-examen préalable;
on verra aussi que, souvent attaqué à la première vue de
ses inconvénients, il a toujours triomphé lorsque la discussion s'est approfondie.

144. Les États-Unis et l'Espagne, après avoir adopté le
non-examen, ont ensuite admis un examen préalable. Mais

il faut remarquer que la loi américaine de 1836, par laquelle a été opérée cette révolution juridique, a modifié les conséquences ordinaires de l'examen préalable par deux conditions essentielles : l'une consiste dans les nombreuses précautions et garanties judiciaires desquelles elle a entouré les refus de brevets; l'autre, dans le droit qu'elle laisse aux tiers de contester la validité des brevets devant les tribunaux.

En Angleterre, le système est celui du non-examen. Les jugements de priorité qui interviennent par suite des procédures sur *caveat*, ne règlent que des litiges particuliers, et ne dérogent point au principe général.

La Russie, la Prusse, la Belgique, la Hollande, l'Espagne, la Sardaigne, les États-Romains, soumettent la demande à l'appréciation du gouvernement, qui est juge de leur utilité.

145. Naturel et logique dans un pays de censure et de régime absolu, l'examen préventif s'encadre difficilement dans la législation libre d'un pays de discussion. Il fait, comme toute censure, un peu de bien pour beaucoup de mal. Il peut, dans une certaine mesure, préserver le public contre les brevets ridicules ou inutiles; il peut garantir contre leurs propres erreurs des requérants de bonne foi, et leur épargner des déceptions et des frais : voilà son bon côté. Mais combien le revers de la médaille est chargé!

Les inventeurs doivent le redouter : il compromet la propriété de leur découverte par la nécessité d'en livrer préalablement le secret; il les expose aux chances de refus immérités et à la ruine de justes espérances; il convertit leur droit en une sollicitation de faveur administrative.

Pour l'administration, ce serait le plus périlleux des présents, plein de tâtonnements, d'incertitudes, d'erreurs, de tentations, d'obsessions, d'attaques; la responsabilité en se-

rait écrasante; les longs et minutieux travaux qu'il imposerait n'aboutiraient qu'à des conjectures.

Pour réclamer l'examen préalable, c'est surtout l'intérêt
public que l'on invoque; et je crois que l'on se méprend
grandement.

En supposant que le public dût gagner quelque chose à
être débarrassé d'un certain nombre de brevets, cet avantage
se trouverait compensé par la perte de plusieurs industries
rejetées. Telle invention, sans importance aux yeux des examinateurs, peut avoir, pour quelques consommateurs, de
l'utilité et du prix.

Si d'ailleurs il est démontré que la censure nuit aux inventeurs, il en résulte qu'elle nuit aussi au public, qui a beaucoup à gagner par les encouragements aux inventeurs.

Il y a plus, cette censure serait pour le public une cause
certaine et directe d'erreurs. Sans doute quelques illusions
de bonne ou de mauvaise foi seraient prévenues; mais croit-
on que toutes pourraient l'être? Celles qui s'échapperaient
au travers des examens préparatoires, viendraient se présenter au public, non pas seulement comme des spéculations
aventureuses, sans approbation ni improbation de leur mérite intrinsèque, mais comme des inventions pesées, examinées par le pouvoir, ayant déjà subi des épreuves, ayant été
discutées par des hommes choisis et doués de lumières supérieures. Si le public était trompé, il le serait avec autorisation; et son erreur n'en serait que plus grave et plus ob-
stinée. Or, quelques soins que l'on prît, il y aurait toujours
des erreurs; le gouvernement n'est pas infaillible; les jurys
les plus doctes et les plus justes se trompent dans leurs prévisions. Abstraction faite de tous les abus pouvant résulter
de la corruption, de la faveur, de la compassion, de la jalousie, de l'inimitié, de l'étourderie, de la négligence, il y

aurait, en grand nombre, des brevets accordés pour des inventions sans mérite, comme des brevets refusés pour des inventions profitables.

Le public de notre pays n'est que trop accoutumé à ne pas s'occuper lui-même de ses affaires, et à se reposer de leur surveillance sur qui veut en assumer le soin. Nous aimons que le gouvernement nous prenne en tutelle; c'est sur lui que nous rejetons le maintien des intérêts généraux, et nous serions presque tentés de le remercier lorsqu'il s'immisce dans la gestion de nos affaires privées. Cette paresse des peuples, féconde pour eux en périls, ne mérite pas d'être servie et encouragée. Que les artistes, qui souhaitent un brevet, prennent la peine d'examiner eux-mêmes s'ils y ont droit et intérêt; leurs intérêts et leurs droits en seront mieux conservés. Que le public n'abdique pas son rôle naturel de juge, et qu'il se donne la peine de se former une opinion sur le mérite des inventions dont on lui expose les produits; chacun, dans l'examen de son avantage personnel, et de ses convenances particulières, sera mieux servi par lui-même que par son gouvernement, qui a d'autres surveillances à exercer, d'autres devoirs à remplir, et est institué à d'autres fins.

Un inconvénient insurmontable, attaché au système préventif, suffirait pour le rendre inadmissible. Pourrait-on, ou ne pourrait-on pas, attaquer comme nuls et illégaux, les brevets accordés après examen et autorisation?

Si les attaques sont recevables, on aggrave notablement la condition des brevetés, puisque les lenteurs, les désagréments, les chances d'un examen préalable ne suffisent pas pour les dispenser de futures contestations. Peut-être est-ce la garantie des lumières que l'administration leur offrait, qui aura suffi pour les rassurer : ils se seront endormis dans

une confiance qu'ils n'auraient pas eue s'ils n'avaient pu
compter que sur eux-mêmes, et ne se seront pas entourés
des lumières qui les auraient éclairés sur leur faiblesse. Les
décisions de l'administration, le savoir, l'attention ou la
bonne foi des juges examinateurs, seront remis en question,
et serviront de texte à de fâcheux débats.

Si, pour échapper à ces inconvénients, on déclare, de
plein droit, bien acquis les brevets préalablement autorisés,
on tombera dans un danger plus sérieux. La concession d'un
monopole n'est jamais gratuite, puisqu'elle prive tous les
autres citoyens de l'imitation et de la concurrence. Mais si
cette concession a été l'effet d'une prévarication ou d'une erreur, comment interdire au public, ou aux particuliers, dépouillés de droits qui leur étaient acquis, la possibilité d'un
recours ; comment accorder à l'administration la faculté d'excéder impunément ses pouvoirs, et de franchir irrévocable-
ment les limites de sa capacité, en créant un privilège exclusif sur une industrie qui n'était cependant pas juste matière
de monopole, puisqu'elle appartenait déjà, soit à quelque
autre privilégié, soit à l'universalité des citoyens ?

Le système répressif a eu assez de peine à s'établir dans les
diverses parties de notre législation pour qu'on ne le com-
promette point par des rétractations inconsidérées. Il vaut
mieux s'en tenir à la liberté, c'est-à-dire au droit, pour chacun, d'opter, à ses risques, entre le bien ou le mal, entre le
mieux ou le pire.

146. Dans les discussions législatives qui ont préparé la
loi nouvelle, la préférence due au système de non-examen
a été, en principe, reconnue par tout le monde. Mais le plus
ou moins de rigueur avec lequel on suivrait ce principe
dans toutes ses conséquences logiques, a été l'objet de longs
débats.

Le projet présenté par le gouvernement à la Chambre des pairs, avait, par son article 2, déclaré susceptibles de brevets les inventions qu'il définissait. Son article 3 était ainsi conçu : « Ne sont pas susceptibles d'être brevetés : les principes, « méthodes, systèmes, et généralement toutes découvertes « ou conceptions purement scientifiques ou théoriques ; les « plans et combinaisons de crédit ou de finance. »

La commission de la Chambre des pairs étendit cette nomenclature. Elle y ajouta : 1° les inventions contraires aux lois, aux bonnes mœurs ou à la sûreté publique ; 2° les compositions pharmaceutiques ou remèdes spécifiques. Le paragraphe 3 de l'article 3 de la commission comprenait les objets contenus en l'article du gouvernement.

La commission allait plus loin. Dans le paragrahe 1er de l'article 11, que le gouvernement présentait dans les termes qui sont devenus définitivement ceux de la loi, elle faisait des mots : *sans examen préalable,* une transposition fort significative, qui restreignait les effets de cette interdiction d'examen, et qui attribuait au gouvernement l'examen de la question de brevetabilité. Son paragraphe était ainsi conçu : « Les brevets dont la demande aura été régulièrement for- « mée, seront délivrés aux risques et périls des demandeurs, « sans examen préalable et garantie, soit de la réalité, de la « fidélité ou de l'exactitude de la description. »

Comme complément de ce système, et par une franche explication de la portée donnée à la transposition qui modifiait l'article 11, la commission introduisait deux articles nouveaux ainsi conçus : « 14. Le ministre refusera le brevet, en « ordonnant la restitution de la taxe, lorsque, conformément « à l'article 3, l'invention pour laquelle le brevet sera de- « mandé ne serait pas susceptible d'être brevetée. » — « 15. Dans tous les cas, le recours au conseil d'État sera

« ouvert aux parties contre la décision du ministre qui leur
« refusera leur demande. Le pourvoi devra être formé dans
« les trois mois du jour où la décision leur aura été noti-
« fiée. — Les ordonnances rendues en conseil d'État ne
« feront pas obstacle à l'action que les tiers pourront por-
« ter devant les tribunaux dans les cas prévus à la section
« 1re, titre 4, de la présente loi. »

Ce système, quoique emprunté au projet de 1833, en diffé-
rait essentiellement. Une première dissemblance était de
porter les procès en contrefaçon, non devant un jury, mais
devant les tribunaux ordinaires. Une autre différence, beaucoup plus considérable, était d'attribuer à ces tribunaux la
connaissance des actions en nullité et en déchéance intentées par les tiers : on renonçait ainsi à la pensée dominante,
clé du système de 1833, qui consistait à centraliser sous la
juridiction d'un tribunal unique toutes les questions relatives à la délivrance et à la validité des brevets.

Une longue discussion s'engagea devant la Chambre des
pairs ; et l'article 5 ne fut voté qu'après deux jours de débats (¹).

La discussion se compliqua en embrassant à la fois
deux ordres de questions, dont chacun se subdivisait en plusieurs questions spéciales : 1° fallait-il interdire les brevets
dans les cas prévus, soit par l'article 5 du gouvernement,
soit par les additions de la commission à cet article? 2° Si
cette interdiction était admise, aurait-elle pour conséquence
d'obliger l'administration à refuser les brevets, ainsi que la
commission le demandait par ses articles 11, 14 et 15; ou
bien, au contraire, fallait-il que l'administration délivrât les
brevets, et que la nullité en fût, après leur délivrance, pro-

---

(¹) Séances des 24 et 25 mars 1843.

noncée par les tribunaux? Vainement M. Laplagne-Barris fit effort pour que les deux ordres de questions fussent discutés séparément et successivement. La Chambre, visiblement préoccupée de la seconde question, la ramenait sans cesse à travers la discussion de la première.

Quant au premier ordre de questions, il n'y avait de dissentiment réel qu'en ce qui concernait les remèdes et compositions pharmaceutiques. On a vu, sous le n° 79, que la prohibition pour ces objets a prévalu.

Il ne pouvait y avoir de dissentiment sur l'impossibilité de breveter valablement les inventions contraires aux lois, aux bonnes mœurs, ou à la sûreté publique. Mais devait-on laisser l'administration juge de ces vices? Plusieurs orateurs s'élevèrent avec énergie contre l'obligation qu'on imposerait au ministre de soumettre à la signature royale des brevets dont il connaîtrait l'illégalité ou le danger; le plaçant ainsi dans cette position fausse et sans dignité, de délivrer le brevet, et d'écrire, de la même plume, au procureur du roi, afin, qu'il eût à faire déchirer le brevet comme nul, ou même à le poursuivre comme instrument de délit. On répondit qu'une telle hypothèse est inadmissible et que de pareilles demandes ne se formulent pas; qu'on abuse des brevets; mais qu'on ne pousse pas la déraison jusqu'à écrire, dans la demande même d'un brevet, la preuve de son illégalité. Une autre réponse plus directe fut faite. Il s'agit là, dit-on, d'un jugement à porter; il s'agit d'exclure une matière de brevet, brevetable par sa nature, mais susceptible d'abus, de dangers, de contraventions, de délit : Attribuer ce jugement à l'administration, c'est introduire explicitement l'examen préalable de la qualité et de la valeur, du mérite ou démérite de l'invention.

Le paragraphe 1er de la commission fut donc retranché de

l'article 3, et maintenu comme le proposait le projet, parmi les causes de nullité énumérées par l'article 30.

Pour être conséquent avec ce vote, il fallait également retrancher une partie du paragraphe 3, que le gouvernement lui-même avait proposé. Ce retranchement, omis par la Chambre des pairs, fut fait plus tard par la Chambre des députés.

Le vote de la Chambre des pairs, qui, dans l'article 3 de la commission, retrancha le paragraphe 1er, et maintint les paragraphes 2 et 3, laissa planer d'abord de l'incertitude sur la portée et l'intention de ce vote relativement à la question de savoir si le droit et le devoir d'examiner un brevet avant sa délivrance étaient imposés ou interdits à l'administration.

La discussion se rouvrit dans la Chambre des pairs sur l'article 11, et occupa deux séances (¹). Les orateurs furent très divisés sur le sens à attacher au vote de l'article 3.

Tout le monde s'accorda à reconnaître, avec la commission comme avec le gouvernement, qu'il ne devait y avoir aucun examen préalable de la réalité, de la nouveauté, ni du mérite de l'invention. L'administration devra-t-elle préalablement examiner la légalité de l'invention alléguée ? Telle fut la question sur laquelle se concentra le débat.

On a dit, pour la négative : La responsabilité du gouvernement serait trop lourde, et chargée de trop de questions difficiles (²); une décision administrative, précédée d'examen, et suivie d'un recours possible en conseil d'État, lierait les tribunaux, incompétents pour annuler les actes administratifs ; il ne doit pas y avoir cumul de l'action préven-

---

(¹) Séances des 27 et 28 mars 1843
(²) M. Cunin-Gridaine.

tive et de l'action répressive ('); rien de plus fâcheux que la
nécessité d'un choc entre le pouvoir administratif et le pouvoir judiciaire; trop d'empire sur la crédulité publique serait donné au brevet surpris par le charlatanisme malgré ces
épreuves préliminaires (²); l'existence du droit d'exploitation exclusive est une question de propriété du ressort des
tribunaux; un brevet serait un piège si, délivré dans un système préventif, censure de l'industrie, il ne couvrait pas le
breveté contre toute poursuite judiciaire ultérieure (³); un
brevet n'est point une concession du pouvoir, c'est la déclaration qu'on a pris acte de sa prétention à un droit de propriété dont les tribunaux sont seuls juges (⁴); l'expérience
d'une exploitation pratique éclairera mieux les tribunaux
sur la légalité d'une industrie qu'un examen préalable et théorique n'éclairera l'administration (⁵); si le gouvernement
examine la légalité du brevet il faut qu'il la garantisse; son
acte, irrévocable par lui, invulnérable devant les tribunaux,
laisserait sans réparation possible l'erreur première d'une
délivrance accordée avant toute épreuve expérimentale (•);
la législation actuelle règle ce point fort sagement, il n'y a
pas à le changer (⁷); de même qu'un livre déclaré et déposé peut être poursuivi, de même la délivrance d'un brevet
ne doit pas fermer la voie de la répression; l'examen préalable, après avoir gêné la liberté, entraverait la vindicte légale; on commencerait par l'arbitraire pour finir par l'im-

---

(¹) M. le comte d'Argout.
(²) M. Teste.
(³) M. Rossi.
(⁴) M. Persil.
(⁵) M. Martin du Nord.
(⁶) M. le duc de Broglie.
(⁷) M. Gay-Lussac.

punité ([1]); la sécurité publique devant être mise à l'abri des surprises, il faut dire que la délivrance du brevet ne garantit pas la légalité de l'invention ([2]); si on supprime le recours en Conseil-d'État contre la décision du ministre, les intérêts privés lésés par un refus resteront sans garantie contre toute erreur ([3]); qu'on le supprime ou qu'on le maintienne, les tiers et la société lésés par un octroi de brevet demeureront désarmés; les tribunaux n'ont pas le droit de briser un acte administratif ([4]).

Pour l'opinion contraire on a dit : On ne peut pas admettre que le roi proclame dans une ordonnance un brevet pour une chose que la loi déclare non susceptible d'être brevetée; la loi de 1792 défend de breveter les plans de finance; le projet du gouvernement admet plusieurs cas d'examen; il ne s'agit que d'étendre cet examen à la légalité de l'industrie ([5]); l'examen préventif de l'administration ne fera point obstacle à la répression judiciaire des délits, quasi-délits ou préjudices dont le brevet deviendrait l'instrument ([6]); faire du gouvernement une machine à brevets serait une mauvaise invention ([7]); que le gouvernement veuille à toute force donner un brevet pour chose illicite, c'est la plus monstrueuse des situations ([8]); la société, qui passe un contrat avec l'inventeur, a le droit de stipuler les conditions qu'elle juge nécessaires à sa sûreté ([9]); la mission de justice du gouvernement

---

([1]) M. Villemain.
([2]) M. le comte Pelet de la Lozère.
([3]) M. Martin du Nord.
([4]) M. Teste.
([5]) M. le marquis de Barthélemy.
([6]) M. le baron Girod de l'Ain.
([7]) M. le comte Philippe de Ségur.
([8]) M. Barthe.
([9]) M. Gautier.

est de se refuser à la violation des lois (¹); le projet lui-même admet des cas d'examen préalable (²); dire que les brevets sont un simple récépissé, c'est les affaiblir et les avilir; le gouvernement, sous une forme, conférera un titre, il en recevra le prix, et il ira dénoncer à lui-même, sous une autre forme, l'individu à qui il aura conféré ce titre : c'est une chose que ne ferait pas un particulier, et qui n'est pas digne du gouvernement (³); il ne s'agit que de donner au gouvernement le droit de ne pas accorder un brevet quand la loi a voulu qu'il n'en dût pas être accordé ; on ne peut pas crever les yeux au gouvernement ou l'obliger à les fermer; que l'on admette ou non le recours au Conseil-d'État, les tribunaux n'annuleront pas un brevet dont un acte administratif aura apprécié la légalité, mais ils condamneront les actes qui seraient la conséquence du brevet (⁴); attendre l'action des tribunaux, c'est laisser au charlatan muni d'un brevet illégal le crédit provisoire d'une jouissance toujours trop longue; le glaive de la loi ne doit pas toujours être employé pour punir, lorsque la vigilance suffirait pour prévenir le mal; l'administration peut facilement s'entourer de lumières pour éclairer son jugement (⁵).

L'article de la commission, mis aux voix, fut d'abord adopté paragraphe par paragraphe; mais, dans le vote sur l'ensemble de l'article, il fut rejeté au scrutin par soixante voix contre cinquante-cinq. L'article du gouvernement fut adopté. Ce vote entraîna le retrait, par la commission, de l'article relatif au recours en Conseil-d'État.

(¹) M. Barthe.
(²) M. le marquis de Gabriac.
(³) M. Barthe.
(⁴) M. le comte Portalis.
(⁵) M. le marquis de Barthélemy.

Le résultat de cette importante et sérieuse discussion a donc été que le système de non examen préalable en est sorti sain et sauf, tel que le gouvernement l'avait proposé; et que les compositions pharmaceutiques et remèdes ont été mis au rang des objets non susceptibles d'être brevetés.

147. Quelle est la portée, quelle est la sanction de l'article 3 qui déclare certains objets non susceptibles d'être brevetés?

« Le résultat, dit l'exposé des motifs à la Chambre des députés, sera de faire repousser sans examen les demandes qui seraient présentées dans les termes mêmes de la prohibition. »

Dans la Chambre des députés ([1]), M. Bineau demanda le rejet des articles 2 et 3, comme étant en contradiction avec le principe de la délivrance sans examen préalable; ou, si l'on ne supprimait pas l'article 2, d'en modifier la rédaction de manière à n'y laisser que la définition de l'invention; et, en supprimant l'article 3, d'en reporter les catégories à l'article sur les nullités.

La rédaction de l'article 2 prêtait en effet à la critique de M. Bineau; il commençait ainsi : « Sont susceptibles d'être brevetés, etc. » De là naissait, non point dans l'intention du projet, mais dans ses termes, de l'embarras sur la question de savoir si le ministre aurait à ne délivrer de brevets que pour les objets déclarés susceptibles d'être brevetés. Après une assez longue discussion, dans le cours de laquelle M. de Labaume demanda sans succès l'organisation d'un examen préalable, M. Vivien, d'accord avec le gouvernement et la commission, proposa la rédaction actuelle : « Seront considérées comme inventions ou découvertes nouvelles, etc. »;

([1]) Séance du 10 avril 1844.

rédaction fort nette, de laquelle il résulte, ainsi que l'a expliqué M. le président Sauzet, que l'article 2 ne sera qu'une définition plus explicite de l'article 1er.

Restait à s'entendre sur la disposition qui déclarait non susceptibles d'être brevetés les objets énumérés en l'article 3.

J'ai déjà dit, n° 60, qu'on retrancha de l'article 3, pour la reporter à l'article 30, la disposition qui concerne les principes, méthodes et conceptions théoriques, parce qu'on pensa, avec raison, qu'elle pouvait donner lieu à des appréciations souvent difficiles et contestables, dont l'administration ne devait pas être laissée juge. Déjà, ainsi que nous l'avons remarqué, la Chambre des pairs avait, par les mêmes motifs et avec les mêmes effets, opéré entre les mêmes articles la même transposition au sujet des inventions contraires aux lois ou aux mœurs.

L'article 3 ne contint donc plus que les compositions pharmaceutiques ou remèdes de toute espèce, et les plans et combinaisons de crédit et de finance déjà déclarés imbrevetables par la loi du 20 septembre 1792.

Ces objets, dit l'article 3, ne sont pas susceptibles d'être brevetés. L'administration devra, en conséquence, rejeter les brevets qui seraient demandés pour ces objets. C'est là, a-t-on dit dans la Chambre des députés, une dérogation au principe de non examen; le refus de brevet suppose, tout au moins un examen préjudiciel. M. le ministre Cunin-Gridaine a répondu : « Il y a une distinction à faire pour expliquer comment le gouvernement, qui a combattu avec insistance, et qui combattrait encore, le principe de l'examen préalable, s'est défendu à la Chambre des pairs contre l'amendement proposé pour l'interdiction de la délivrance de tout brevet relatif aux préparations pharmaceutiques. Dans la pensée explicite de la commission de la Chambre des pairs, la disposition impliquait l'examen préalable. Mais, du moment que cette disposition eut été modifiée de manière à écarter la nécessité de l'examen préalable, le gouvernement n'a pas vu d'inconvénient au système proposé..... Maintenant, qu'arrivera-t-il ? Demande-t-on un brevet pour remède ? On le refuse, sans examen, sur le simple titre. La demande se présente-t-elle sous une dénomination mensongère ? le brevet est délivré sans examen également ; mais l'article (30) garantit la société. » M. le rapporteur Philippe Dupin donna des explications dans le même sens ([1]) : « De deux choses l'une : ou celui qui veut un brevet pour une composition pharmaceutique le demande ouvertement, et il est repoussé sans autre examen par un refus péremptoire ; ou bien il se cache et surprend le brevet sous une fausse dénomination ; mais alors l'article (30) déclare que le brevet est entaché d'une nullité radicale, et cette nullité est appliquée par les tribunaux ; de telle sorte que tous les principes sont respectés, et la fraude n'a aucun refuge. Il y a donc nécessité de maintenir l'article 3, au lieu de l'absorber dans l'article 30. Si en effet l'article 30 existait seul, on pourrait se servir du brevet obtenu, jusqu'à l'annulation qui serait prononcée par les tribunaux ; tandis que si on refuse le brevet, on coupe le mal dans sa racine même. »

Il résulte des développements qui précèdent que l'absence d'examen préalable continue à être l'un des principes fondamentaux qui régissent notre législation des brevets.

Le nouveau législateur n'a pas cru que la connaissance de la loi et le bon sens public pussent suffire pour rendre notoire à tous, et l'absence d'examen préalable par le gouvernement, et surtout la non garantie, conséquence néces-

---

([1]) Séance du 11 avril 1844.

saire de cette absence d'examen. La commission de la Chambre des députés a, en conséquence, proposé l'article additionnel suivant :

« Lorsque, dans des annonces, prospectus ou affiches, l'inventeur breveté ou ses cessionnaires auront frauduleusement présenté le brevet comme garantissant le mérite de l'invention, et la recommandant à la confiance des acheteurs, ils seront punis d'une amende de 50 francs à 1,000 francs. — En cas de récidive, ils pourront être déclarés déchus de leur brevet. »

Cette innovation a été accueillie dans les deux Chambres avec une faveur que la justice m'oblige de constater comme compensation aux critiques dont, pour mon compte personnel, je la crois susceptible. Dans la rédaction définitive de l'article 33, on a retranché du second paragraphe de la commission la peine de déchéance; on a aggravé le premier paragraphe, en imposant à toute annonce contenant la mention d'un brevet ou de la qualité de breveté, l'obligation de mentionner en même temps la non garantie du gouvernement; on a, de plus, par une disposition dont je ne conteste nullement la justice, puni l'usurpation de la qualité de breveté.

Voici en quels termes j'avais combattu (¹) l'article de la commission :

« Une pensée très louable et très facile à comprendre, la haine du charlatanisme, a dicté cet article. Le charlatanisme est une des plaies de notre époque; c'est une bonne action que de chercher à l'extirper.

« Mais des deux paragraphes proposés par la commission, le premier me semble puéril, le second est injuste.

« L'un des principes fondamentaux de la législation des

(¹) *Journal des économistes;* décembre 1843.

brevets est qu'ils sont délivrés à tout requérant, à ses risques et périls, sans garantie du mérite de l'invention. Le public est averti par la loi elle-même qu'un brevet ne contient l'approbation ni explicite, ni implicite de l'industrie qui y est décrite. L'axiome, que nul n'est censé ignorer la loi, ne détruit pas, je le sais, la réalité du fait contraire; mais est-ce bien dans la loi elle-même qu'il est bon de l'infirmer? L'éducation du public ne peut gagner beaucoup à ce qu'on le présume incapable de comprendre une vérité si élémentaire. Il faut le dire, d'ailleurs, le charlatanisme lui-même, par la pompe ridicule de ses annonces, travaille à diminuer la possibilité de le croire. Si les amendes proposées fermaient la bouche aux charlatans, je comprendrais qu'on en espérât de bons résultats; mais c'est un Protée qui sait varier ses formes; il échappera, sans grande peine, à la lettre de la loi qui, en matière pénale, ne pourra pas être élargie au-delà de ses termes. Puis il dira : je ne suis pas un charlatan; car il y a des peines contre le charlatanisme, et elles ne m'ont point frappé. Le contrôle du bon sens public me paraît un remède plus efficace que des pénalités nécessairement insuffisantes, et qui n'atteindront pas, une fois sur mille, le mal qu'on cherche vainement à extirper.

« J'attache assez peu d'importance à cette première partie de l'article que j'écarterais surtout comme inutile. C'est un peu, qu'on me permette de le dire, la loi faisant du charlatanisme de répression contre d'insaisissables charlatans.

« Mais la seconde partie de l'article, la déchéance en cas de récidive, va contre les principes de la matière.

« Un brevet est nul quand le prétendu contrat dont il est le titre n'existe pas réellement; quand on a donné pour nouvelle une invention qui ne l'est pas; quand on a dissimulé la véritable invention, au lieu de la livrer loyalement à la société; car la société qui accorde un privilège doit, en échange, recevoir réellement une invention.

« Le brevet est en déchéance lorsqu'il reste inexploité; lorsqu'il couvre, à la faveur d'un privilège pour le travail français, les importations d'un travail étranger. Là encore il y a inexécution du contrat.

« Annuler un brevet, non pour ses propres vices, mais parce qu'il est trop pompeusement annoncé; rompre un contrat lorsqu'il repose sur ses vraies bases, et lorsque l'invention nouvelle est réellement livrée et acquise à la société, parce qu'un délit étranger à ce contrat a été commis, ce n'est pas là de la justice distributive. C'est presque une confiscation.

« Si l'on croit à l'efficacité des peines contre un seul des modes d'exploitation du charlatanisme, si l'on veut aggraver ces peines en cas de récidive, que l'on double, que l'on triple l'amende, qu'on y ajoute même la peine d'emprisonnement, ce sera être très sévère; mais annuler le brevet, c'est passer d'un ordre d'idées à l'autre, c'est compromettre des intérêts civils, par un mélange, sans logique, avec des dispositions pénales.

« Et puis, que d'impossibilités pratiques! que de difficultés non prévues! Qu'adviendra-t-il si, lorsqu'il y aura plusieurs propriétaires, plusieurs cessionnaires d'un même brevet, l'annonce mensongère est faite par un seul des propriétaires? Il y aura déchéance, c'est-à-dire acquisition au domaine public. Quoi donc! il n'y aura plus de brevet valable dans les mains des autres propriétaires, des autres cessionnaires qui l'exploiteront modestement et licitement. Mais on ouvrira la porte à de singulières spéculations! Il dépendra d'un seul des cointéressés de frapper de mort la propriété d'autrui. Qu'y a-t-il donc d'impossible à supposer (car, de la part d'un charlatan, vous supposerez facilement des ruses et de coupables

calculs) que des rivaux, des concurrents se délivreront du
brevet en soudoyant un des propriétaires, et en le payant
pour quelques mensonges dans des réclames ? Un coproprié-
taire nécessiteux aura un excellent moyen de tirer de l'argent de ses cointéressés ; il les menacera d'annoncer au public que la délivrance du brevet, commun à eux tous, est une
preuve officielle de l'excellence de l'invention !

« On ne peut nier ni ces conséquences, ni la fréquence
de leur application. La participation de plusieurs copropriétaires ou cessionnaires dans la propriété d'un même brevet
n'est pas une hypothèse rare et exceptionnelle. C'est un cas
journalier et des plus usuels, que la loi a très attentivement
réglé dans un grand nombre de ses articles. L'indivisibilité
d'une déchéance de brevet est une vérité dont assurément
personne ne contestera l'évidence. Il n'y a pas d'effort législatif capable de convertir cette déchéance en une peine personnelle contre tel ou tel délinquant. La déchéance est la
peine de mort contre le brevet, dans quelque main qu'il se
trouve.

« Inique contre des copropriétaires ou des cessionnaires
innocents du délit nouveau de charlatanisme, la déchéance
n'est pas même juste contre le charlatan ; car elle mêle à tort
des dispositions appartenant à deux ordres différents. On
peut tout à la fois être un inventeur sérieux et un charlatan
effronté. Punir l'inventeur des torts du charlatan, c'est confondre des idées disparates, c'est frapper par la confiscation
d'une propriété de droit civil une infraction à la loi pénale.
Créez une peine, si vous croyez à son efficacité, dont je doute ;
mais respectez l'essence d'un contrat que vous-mêmes défi-
nissez si bien, et les principes fondamentaux sur lesquels
votre loi toute entière est assise.

« Le législateur doit se garder des dispositions colères ;

car elles l'exposent à être inconséquent ; et elles le portent beaucoup au-delà du but qu'il a l'intention d'atteindre. »

—

§ II. — *Formalités relatives à la délivrance des brevets.*

149. Envoi de la demande et des pièces par le préfet au ministre.

150. Ouverture et enregistrement des demandes, au ministère, et expédition des brevets.

151. Le ministre examine les formalités extrinsèques de la demande, et rejette les demandes irrégulièrement formées.

152. En quels cas l'absence de dessins ou échantillons est un vice extrinsèque motivant le rejet de la demande.

153. Péril des demandes irrégulières.

154. Les vices extrinsèques sont couverts par la délivrance du brevet.

155. La délivrance du brevet s'effectue par un arrêté du ministre.

156. Le rejet de la demande est notifié au demandeur.

157. Le demandeur peut se pourvoir au Conseil-d'État contre le refus de brevet.

158. Restitution de la totalité ou de la moitié de la taxe en cas de refus du brevet.

159. Une ordonnance royale proclame les brevets délivrés.

160. Comité consultatif, et avis officieux de l'administration aux demandeurs de brevets.

149. On a vu que, conformément à l'article 5, le requérant doit déposer, en un paquet fermé sous son cachet, sa demande avec les pièces qu'il est tenu d'y annexer ; que ce dépôt doit s'effectuer au secrétariat de la préfecture du département dans lequel le requérant est domicilié, ou du département où il aura élu domicile à cet effet ; que, d'après l'article 7, un procès-verbal du dépôt est dressé sur un registre spécial. L'article 9 veut qu'aussitôt après cet enregistrement des demandes, le paquet qui les contient soit envoyé, cacheté, au ministre de l'agriculture et du commerce.

Cet envoi doit être prompt. L'article 5, titre Ier, de la loi du 25 mai 1791, disait qu'il serait fait dans la semaine de la demande. Le premier projet proposait d'obliger les préfets à cet envoi, dans les dix jours du dépôt; la commission de la Chambre des pairs a réduit ce délai à cinq jours.

Le préfet joint à cet envoi une copie certifiée du procès-verbal de dépôt qui a été inscrit sur le registre spécial tenu à la préfecture; le récépissé constatant le versement de la taxe, ou au moins de 100 francs montant de la première annuité; et, de plus, si le requérant a agi par un mandataire, le pouvoir donné à cet effet.

150. L'article 10 est ainsi conçu : « A l'arrivée des pièces « au ministère de l'agriculture et du commerce, il sera pro- « cédé à l'ouverture, à l'enregistrement des demandes, et à « l'expédition des brevets, dans l'ordre de la réception des- « dites demandes. »

151. Nous avons amplement expliqué la disposition par laquelle le § 1er de l'article 11 proclame le principe de la délivrance des brevets sans examen préalable, et aux risques et périls des demandeurs.

Cette interdiction d'examen ne porte que sur les conditions intrinsèques de la demande; quant aux conditions extrinsèques, aux formalités extérieures, l'examen en est, au contraire, commandé à l'administration.

L'article 12 dit que le ministre rejetera toute demande dans laquelle n'auraient pas été observées les formalités prescrites par les nos 2 et 3 de l'article 5, et par l'article 6. De l'article 13, combiné avec l'article 3 dont nous avons expliqué l'intention et le sens, il résulte que le ministre devra également rejeter la demande qui, extérieurement, et sans qu'il soit besoin d'une investigation sur son sens détourné, mensonger, caché, serait formée pour des compositions pharmaceutiques et remèdes, ou pour des plans et combinaisons de crédit et de finance. L'article 11 dit que le ministre délivrera les brevets dont la demande aura été régulièrement formée.

Le principe de ces dispositions a été combattu dans la Chambre des députés (¹). M. Marie a dit : « Lorsqu'une demande aura été formulée, qui sera juge de sa régularité ? Est-ce que l'administration pourra refuser d'accorder le certificat de demande en s'autorisant de l'irrégularité de la demande ; ou n'est-ce pas là une nullité dont le brevet pourra être frappé , mais qui devra être l'objet d'une appréciation judiciaire ? Si l'administration se réserve de refuser le brevet..., ce sera là une sorte d'examen préalable dans lequel nous tombons toujours. » M. Bethmont reproduisit les mêmes observations, et ajouta : « Si votre article 12 n'avait pas une sanction aussi considérable, je comprendrais cette disposition. Je fais une demande contenant mon invention ; elle manque des formalités voulues par la loi ; elle est considérée comme nulle. Huit jours après, un autre fera une demande semblable pour la même invention dans un autre département, et il obtiendra un brevet, tandis que moi je n'aurai pas été breveté. Par qui sera décidée cette question de priorité ? Toujours dans les mystères de l'examen préalable, au ministère du commerce et par M. le ministre du commerce. Je vous prie de peser tous les dangers de l'article 12, qui déclare que la demande sera considérée comme nulle pour un simple vice de forme, avec des formalités qu'on dit être assez indifférentes. Il est impossible d'attacher ainsi la nullité à un simple vice de forme et de me faire perdre mon brevet. » M. Bethmont proposa de retrancher, dans le commencement de l'article 11, le mot *régulièrement*.

M. le ministre Cunin-Gridaine : « Quel serait l'embarras

(¹) Séance du 12 avril 1844.

du ministre du commerce, lorsqu'on viendrait lui demander
un brevet, si cette demande n'était pas accompagnée de la
description, et si cette description n'était pas régulière! »
— M. Marie : « Remarquez que voilà le pas qui devient très
glissant; car, si la demande est accompagnée d'une description, mais d'une description qui n'est pas sérieusement faite,
qui n'est qu'une apparence de description, telle qu'au premier
abord personne ne s'y puisse tromper, M. le ministre, avec sa
logique, devra dire : ce n'est pas là une description; c'est
une apparence, c'est un titre, c'est une étiquette; et, en conséquence, la demande n'est pas régulièrement formée. Par notre
amendement, nous ne nions pas qu'une demande, lorsqu'elle
sera formée sans description, ne doive être jugée mauvaise
et frappée de nullité, de déchéance; mais elle sera frappée de
déchéance par le pouvoir que vous avez investi du droit de
frapper de déchéance, par le pouvoir judiciaire. M. le ministre doit délivrer un certificat aux risques et périls de celui
qui a formé la demande; ces risques et périls sont, d'une
part l'action en nullité, d'autre part l'action en déchéance. »
—M. Schneider, d'Autun : « Si on supprimait les mots : *régulièrement formée*, il faudrait reporter dans l'article (30)
quelque chose d'analogue, car la forme est nécessaire.
Quant à moi, j'aime autant la voir prescrite ici qu'ailleurs. »
— M. Philippe Dupin : « Il y a une confusion d'idées. L'article (30) parle de ce qui entraine la nullité d'un brevet accordé ou obtenu. Ici, il s'agit d'une procédure administrative,
qui a pour objet d'arriver à l'obtention du brevet, qui ne
tient en rien à ce qui concerne le fond de l'invention, le mérite des descriptions, leur étendue, leur suffisance. Mais il y
a des formes administratives à suivre; la demande doit être
envoyée à la préfecture; elle doit être accompagnée de certaines pièces qui doivent concourir pour faire admettre le

brevet : il s'agit uniquement de savoir, si ces formalités ont été accomplies, si la demande a été envoyée, s'il y a une description bonne ou mauvaise. Refuser à l'administration cette vérification matérielle, c'est porter trop loin la défiance ; et dire qu'il faut réserver un procès, c'est vouloir ôter à la loi sa simplicité, et à l'administration le jugement de ce qui.appartient à l'administration. »

L'amendement fut rejeté, et l'article 11 adopté.

J'ai exposé, dans la précédente section, qu'elles sont les formalités auxquelles les articles 5 et 6 de la loi de 1844 attachent et subordonnent la régularité de la demande. Il me reste à m'expliquer sur une question que j'ai indiquée, sous le n° 127, en me réservant de la traiter ici.

152. Aux termes de l'article 5-3°, on n'est tenu de joindre des dessins ou échantillons à la demande, qu'autant qu'ils seront nécessaires pour l'intelligence de la description. Qui sera juge de cette nécessité? L'esprit de la loi, la généralité de ses dispositions, le résultat manifeste des discussions qui précèdent et que nous avons longuement analysées, s'accordent à répondre : Le juge de cette nécessité sera le requérant ; il en sera juge à ses risques et périls, qui sont grands ici ; car si sa description n'est pas suffisante pour l'exécution de l'invention, si l'absence de dessins ou d'échantillons nécessaires la laissent inintelligible, son brevet sera nul.

Contre cette réponse on peut objecter que l'article 12 place le n° 3° de l'article 5 au nombre des dispositions dont l'inaccomplissement entraine le refus administratif de la demande; or, dit-on, le requérant doit, aux termes de cette partie de l'article 5, déposer : « les dessins ou échantillons qui seraient « nécessaires pour l'intelligence de la description. » Donc, aux termes de l'article 12, la demande où cette formalité n'aura pas été observée sera rejetée administrativement.

Je ne connais pas d'interprétation plus périlleuse et moins satisfaisante d'un texte de loi que d'en imputer la rédaction à une inadvertance du législateur. Si l'article 12 attribuait au ministre le droit et le devoir de rejeter la demande lorsque des dessins ou échantillons qu'il jugerait nécessaires n'y auraient pas été annexés, rien ne pourrait défendre du reproche d'inconséquence cette disposition législative.

Je pense que, pour sainement interpréter l'article 5-3° dans sa combinaison avec l'article 12, il faut entendre ces deux dispositions dans le sens des principes généraux de la loi dont elles font partie. Le requérant restera seul juge de la nécessité de dessins ou échantillons pour l'intelligence de sa description; s'il se trompe dans ce jugement relatif à une des conditions intrinsèques de la description, son brevet sera annulable, mais sa demande ne sera point rejetée par le ministre. Que si au contraire la description se réfère à des dessins ou échantillons, si le requérant, après les avoir lui-même jugés nécessaires et indiqués comme tels, ne les donne pas, l'absence des dessins ou échantillons devient alors un vice extrinsèque, une erreur de forme; sa description n'est pas accompagnée des éclaircissements qu'elle annonce; l'administration devient très légitimement compétente pour rejeter la demande ainsi demeurée imparfaite et extérieurement irrégulière.

153. Le rejet administratif de la demande peut, en certains cas, amener des conséquences fort graves; car cette demande est censée n'avoir pas existé, et le droit de priorité du demandeur peut se trouver perdu. Tout requérant a donc le plus grand intérêt à ne point commettre d'irrégularité; il est essentiel que les inventeurs le sachent, et qu'ils apportent à la régularité, si essentielle pour eux, de leur demande la surveillance la plus attentive.

154. Quand une demande aura été suivie de la délivrance du brevet, les tiers pourront-ils relever les irrégularités dont elle aurait été entachée, et s'en armer pour arguer le brevet de nullité?

Je ne le pense pas; ou plutôt je crois qu'il faut distinguer. L'article 30 énumère et définit les causes de nullité, l'article 32 les cas de déchéance. Si le vice de la demande tombe sous l'application de ces articles, les tiers seront recevables à exciper de ce vice. Mais s'il ne s'agit que de simples erreurs de forme, malgré lesquelles l'administration, à tort ou à raison, aura passé outre, les tiers ne pourront plus les relever. Il y a, pour le décider ainsi, plusieurs motifs, et notamment ceux-ci : que les nullités et déchéances sont de droit étroit et ne peuvent pas être étendues; que la délivrance du brevet est un acte administratif qui laisse, d'après la volonté de la loi, l'attaque libre contre la valeur intrinsèque du titre, mais qui ne peut, en tant qu'acte administratif de délivrance, être justiciable des tribunaux; qu'enfin les formes extrinsèques d'une demande ne peuvent pas être jugées deux fois, ni, par conséquent, être de nouveau débattues devant les tribunaux, après que l'administration, qui en a été légalement constituée juge, a épuisé sa juridiction sur ce qui les concerne.

La question a été jugée en ce sens par la Cour de cassation, sous la législation de 1791. Un jugement du tribunal civil de la Seine, du 21 février 1834, avait jugé : « que la loi n'impose pas, à peine de nullité, l'obligation de joindre à la demande du brevet le mémoire descriptif;... qu'on ne pourrait exciper de ce défaut de jonction qu'autant que, dans l'intervalle de la demande à la production du mémoire descriptif, les procédés seraient tombés dans le domaine public, ou qu'un prétendant droit à la même invention, après

26

avoir satisfait à toutes les conditions imposées par la loi, réclamerait la priorité sur son compétiteur. » Le pourvoi contre
ce jugement a été rejeté par arrêt de la Chambre des requêtes
du 12 juillet 1837 : « Attendu que l'article 4 de la loi du
7 janvier 1791 n'a pas attaché la peine de nullité à l'infraction de ses dispositions, et qu'ainsi le jugement attaqué n'a
pu violer ledit article. »

Ce sera, sous la loi de 1844, se conformer à cette doctrine,
que de ne pas ajouter aux causes de nullité et de déchéance
invocables devant les tribunaux, et limitativement réglées
par les articles 30 et 32, les griefs tirés des vices qu'aurait
présentés la demande. Ces vices autorisaient l'administration
à rejeter la demande ; ils sont couverts si l'autorité administrative, juge compétente des formalités extrinsèques, a délivré le brevet ; pourvu que, de ces vices, ne résulte pas contre
le brevet délivré une des causes de nullité et de déchéance
que les articles 30 et 32 ont prévues.

153. Lorsque le ministre a jugé que la demande a été régulièrement formée, il prend un arrêté qui constate cette régularité. Cet arrêté, délivré au requérant, constitue le brevet
d'invention.

On avait demandé (¹) de supprimer comme inutiles les
mots du 2ᵉ § de l'article 11 : *constatant la régularité de la
demande ;* on disait que cette idée se trouvait suffisamment
exprimée par le précédent paragraphe du même article, qui
n'autorise à délivrer que les brevets dont la demande aura
été régulièrement formée. MM. Bineau et Delespaul répondirent que cette suppression aurait l'inconvénient de donner
au ministre la facilité de délivrer des brevets sur des demandes irrégulières, puisqu'il n'aurait plus à constater leur

---

(¹) Chambre des députés ; séance du 12 avril 1844.

régularité par sa signature. « On pourrait croire, d'après l'article 11, dit M. Philippe Dupin, qu'un arrêté spécial du ministre serait nécessaire pour constater la régularité du brevet. Mais c'est le brevet lui-même qui vise la demande, et qui porte dans un simple considérant : attendu que la demande est régulière, le brevet est accordé. Ainsi la rédaction peut être conservée sans inconvénient; elle est expliquée par l'usage. » L'amendement fut retiré par son auteur.

On a vu, dans la précédente section, qu'outre l'original de la description et des dessins, le requérant a dû en joindre à sa demande un duplicata. Ce duplicata, certifié par le ministre, après que sa conformité avec l'expédition originale aura été reconnue et établie au besoin, est rendu au breveté; l'administration le lui rend en le joignant à l'arrêté du ministre portant délivrance du brevet.

La première expédition des brevets est délivrée sans frais. Toute expédition ultérieure, demandée par le breveté ou ses ayants-cause, donne lieu au payement d'une taxe de 25 fr. Les frais de dessin, s'il y a lieu, demeurent à la charge de l'impétrant.

M. le marquis de Barthélemy (¹) a expliqué qu'on ne délivrera pas la copie des dessins si elle n'est pas demandée; et qu'on ne la demandera qu'autant qu'on en aura besoin. M. le ministre Cunin-Gridaine a fait remarquer qu'il est possible que l'impétrant ait besoin de produire ses dessins devant les tribunaux. « Il faut donc, a-t-il ajouté, qu'il en obtienne une copie au ministère, et que cette copie soit certifiée conforme; il y a là des frais, et il est impossible qu'ils restent à la charge du ministère; ils doivent donc être mis à la charge de l'impétrant. » M. le marquis de Boissy proposa de rédiger

---

(¹) Chambre des pairs ; séance du 28 mars 1843.

ainsi le paragraphe : « L'impétrant payera les frais des dessins qui seront faits, soit par lui-même, soit par l'artiste qu'il
désignera. » M. le baron Thénard répondit : « Il est impossible
que les dessins soient mis à la disposition des tiers ; il en résulterait de trop graves inconvénients ; et, malgré toutes les
précautions qui sont prises, il y a eu plusieurs exemples
d'abus. » L'amendement ne fut pas appuyé.

156. Lorsque la demande est rejetée, ce rejet est notifié
au demandeur.

157. Je pense que le demandeur peut se pourvoir en
Conseil-d'État contre la décision du refus, dans le délai ordinaire des trois mois de la notification. Si l'arrêté est réformé,
le ministre délivrera un brevet dont la date remontera au jour
du premier dépôt de la demande.

158. Quand le ministre rejetera la demande de brevet
par application de l'article 3, c'est-à-dire lorsque la demande
aura été formée pour compositions pharmaceutiques et remèdes, plans ou combinaisons de finances, déclarés, par cet
article, non susceptibles de brevets, la somme versée pour
taxe sera restituée en totalité.

La moitié seulement sera restituée, et l'autre moitié restera acquise au trésor public, si le rejet a pour cause les irrégularités résultant de l'inobservation de l'article 25, n°s 2°
et 3°, et de l'article 6. Mais il sera tenu compte de la totalité
de cette somme au demandeur, s'il reproduit sa demande
dans le délai de trois mois, à compter de la date de la notification du rejet de sa requête. La même disposition serait
applicable à la demande reproduite, si elle était rejetée comme
la première.

159. Une ordonnance royale, contresignée par le ministre
de l'agriculture et du commerce, et insérée au Bulletin des

lois, proclamera, tous les trois mois, les brevets délivrés depuis la précédente ordonnance de proclamation.

160. L'administration ne se borne pas à remplir ses devoirs officiels et ses obligations légales. Elle est en même temps pour les inventeurs un guide plein de bienveillance. Il faut dire bien haut aux inventeurs, aux pauvres comme aux riches, qu'au lieu de se livrer aux agents d'affaires qui les exploitent, ils feront sagement de se confier à l'administration, à ses conseils gratuits et désintéressés, à ses instructions éclairées. Un comité consultatif, dans lequel ont constamment siégé quelques-uns des plus illustres maîtres de la science, est établi, depuis longues années, auprès du ministère. Il donne de simples avis; mais on ne saurait trop engager les demandeurs de brevets à avoir la prudence de s'y conformer. Cette tutelle gratuite et officieuse, qui conseille et ne commande pas, est une des gloires de l'administration française; elle offre, sinon au public, du moins aux inventeurs de bonne foi, les principaux avantages qu'aurait pour eux l'examen préalable, et est exempte de ses inconvénients.

SECTION III.

DE LA TRANSMISSION ET DE LA CESSION DES BREVETS.

161. Un brevet est transmissible conformément au droit commun, sauf certaines formalités spéciales aux cessions.

162. Toute mutation peut, et toute cession doit, être inscrite sur un registre spécial et proclamée par ordonnance royale.

163. Les cessions sont totales ou partielles.

164. En cas de silence du contrat, les certificats d'addition profitent à tous brevetés, cessionnaires et ayants-droit.

165. Cette présomption n'est pas applicable aux brevets principaux pour invention de perfectionnements.

166. Les brevets principaux pris pour perfectionnements en fraude de

précédents cessionnaires donnent lieu à l'annulation de la cession
ou à dommages-intérêts.

167. Les cessions s'interprètent par les règles générales sur les conventions.

168. Formes spéciales auxquelles les cessions de brevets sont soumises.

169. Obligation de payer la totalité de la taxe préalablement à toute
cession.

170. Les cessions doivent être faites par acte notarié et être enregistrées à la préfecture.

171. La préfecture où l'enregistrement a lieu est celle du département
où l'acte a été passé.

172. Le défaut d'authenticité ou d'enregistrement n'annule la cession
qu'à l'égard des tiers.

173. L'enregistrement à la préfecture a lieu sans frais.

174. Les actes de cessions sont passibles d'un droit d'enregistrement
de deux pour cent.

175. Une opposition formée à un acte de cession entre les mains du
préfet ou du ministre ne peut avoir effet.

176. Enregistrement et proclamation des annulations de cessions.

177. Tout ayant-droit à un certificat d'addition peut en lever expédition moyennant 20 francs.

178. La cession des droits à une invention avant toute délivrance de
brevet n'est assujétie à aucune formalité spéciale.

161. Un brevet, propriété mobilière de droit incorporel,
est transmissible conformément au droit commun; les cessions en sont soumises à certaines formalités spéciales.

162. Il importe au public, il importe à l'administration
comme préposée à la défense de l'ordre social, et comme
chargée de rendre possible et facile le maintien et l'exercice
des légitimes intérêts privés dont la collection compose l'intérêt général, que la connaissance des personnes ayant droit
à un brevet soit divulguée et devienne aisément accessible à
toute vérification.

Les lois de 1791 n'avaient pris des précautions à cet égard

qu'en ce qui concerne les cessions. La loi du 5 juillet 1844 ne va pas beaucoup plus loin. C'était aussi des transmissions par voie de cession que le projet originaire s'occupait exclusivement; la commission de la Chambre des pairs a introduit dans la loi certaines précautions de publicité qui s'étendent aux mutations de toute nature, bien qu'elle ait continué à réserver pour les cessions seulement les conditions impératives.

Aux termes des §§ 3 et 4 de l'article 20 de la loi de 1844, l'enregistrement de tous actes emportant mutation sera fait au secrétariat de la préfecture du département dans lequel l'acte aura été passé, sur la production et le dépôt d'un extrait authentique de l'acte.

Le § 5 de cet article 20 est ainsi conçu : « Une expédition de chaque procès-verbal d'enregistrement, accompagnée de l'extrait de l'acte ci-dessus mentionné, sera transmise par les préfets au ministre de l'agriculture et du commerce, dans les cinq jours de la date du procès-verbal. »

Article 21. « Il sera tenu au ministère de l'agriculture et du commerce un registre sur lequel seront inscrites les mutations intervenues sur chaque brevet; et, tous les trois mois, une ordonnance royale proclamera, dans la forme déterminée par l'article 14, les mutations enregistrées pendant le trimestre expiré. »

Ces dispositions sont générales. Elles s'appliquent à toute mutation; mais elles ne sont accompagnées d'une sanction que quant aux cessions seulement.

L'intérêt de toute personne qui acquiert, par succession ou autrement, un droit dans un brevet, lui conseille de ne pas négliger cette formalité d'enregistrement. Ses droits seront mieux protégés et plus faciles à défendre lorsqu'ils seront parfaitement connus. Il est même un cas, celui de l'article 38, où l'absence de cet enregistrement pourra porter un grave préjudice. Cet article, en effet, assure à tous les ayants-droit dont les titres auront été ainsi enregistrés la nécessité de leur mise en cause dans les cas où le ministère public viendrait à réclamer la nullité ou déchéance absolue du brevet, qui n'est prononcée que sur ses réquisitions. Cette mise en cause cesse d'être nécessaire à l'égard de ceux qui auraient négligé de faire enregistrer la mutation qui les rend propriétaires.

J'ai dit qu'en ce qui concerne les cessions ces formalités sont beaucoup plus rigoureusement exigées.

163. Tout breveté peut céder son brevet, en tout ou en partie, soit à titre gratuit, soit à titre onéreux.

Les conditions des cessions partielles varient à l'infini. Chacun des droits attachés au brevet sont susceptibles de traités séparés. On peut céder le droit de fabriquer en se réservant le droit de vendre, ou le droit de vendre en se réservant le droit de fabriquer; on peut limiter la cession à certaines parties du territoire; et c'est un mode fort usité que de ne céder un brevet que pour telle commune, tel arrondissement, tel département; on peut ne vendre que pour une limite de temps déterminé; enfin on peut imposer toutes conditions, apporter toutes limitations, prescrire toutes conditions ou réserves qui sont autorisées par les règles générales sur les conventions.

La commission de la Chambre des pairs avait proposé un § ainsi conçu : « La cession partielle d'un brevet ne peut porter que sur l'abandon du droit de l'exploiter sur une partie du territoire, ou sur l'abandon d'une partie aliquote des produits dudit brevet; dans aucun cas, la découverte, objet du brevet, ne pourra être divisée. » Le rapport de M. le marquis de Barthélemy motivait ainsi cette addition : « Elle découle du principe qui veut qu'un brevet ne puisse comprendre plusieurs objets à la fois, et que les additions se rattachent toujours, d'une manière intime, au brevet principal.» La Chambre des pairs (¹) rejeta ce paragraphe comme portant atteinte à la liberté des conventions, et comme supposant à tort que toute invention est nécessairement indivisible.

164. Les ventes totales ou partielles des brevets et des droits d'exploitation qui s'y attachent ont donc été pleinement abandonnées à la libre volonté des parties contractantes; elles s'interprètent conformément au droit commun. La loi spéciale ne s'est occupée de prévoir qu'un seul cas, afin de mettre un terme à des abus et à des difficultés souvent signalés par la pratique. Le § 1ᵉʳ de l'article 22 est ainsi conçu : « Les cessionnaires d'un brevet, et ceux qui auront « acquis d'un breveté ou de ses ayants-droit la faculté d'ex- « ploiter la découverte ou l'invention, profiteront, de plein « droit, des certificats d'addition qui seront ultérieurement « délivrés au breveté ou à ses ayants-droit. Réciproquement, « le breveté ou ses ayants-droit profiteront des certificats « d'addition qui seront ultérieurement délivrés aux cession- « naires. »

Il faut remarquer que cet article ne statue que pour les cas où les parties contractantes ont gardé le silence dans leurs conventions. Il crée une présomption de droit, mais n'exclut pas les conventions contraires. Mais il faudra que ces conventions soient expresses pour détruire la présomption de la loi.

La disposition de l'article 22 est fort importante. Il est bon, pour la mieux comprendre, de connaître les débats législatifs auxquels elle a donné lieu.

_____

(¹) Séance du 29 mars 1843.

Le premier exposé de motifs disait : « Le cessionnaire qui traite avec le breveté, le manufacturier qui achète son invention, n'acquièrent, la plupart du temps, qu'une œuvre incomplète, souvent même entachée des vices inhérents à la conception première ; il faut donc, sous peine de rester en arrière, que le cessionnaire ou le fabricant se résignent à payer à l'inventeur, pour chaque addition, outre la valeur juste et raisonnable du perfectionnement, le prix arbitraire du monopole qu'il lui convient d'exiger. Cette loi, indépendamment même de toute supposition d'abus, était trop dure, et imposait à l'industrie des sacrifices qu'elle ne peut supporter. »

L'article du gouvernement qui se composait des dispositions formant actuellement, sauf quelques différences de détail, l'article 22 de la loi, contenait en outre un paragraphe que la Chambre des pairs a rejeté et qui était ainsi conçu : « A moins de conventions contraires, les acquéreurs d'objets brevetés auront également le droit d'appliquer, ou de faire appliquer à ces objets, les changements, perfectionnements ou additions garantis par les certificats ci-dessus. » Le rapport de la commission rejeta le paragraphe, d'abord parce que c'est à celui qui achète à faire ses conditions et ses réserves ; ensuite parce que les contrefaçons deviendraient très difficiles à atteindre, lorsque l'inventeur ne serait plus maître de concentrer sa surveillance sur quelques ateliers réservés, et que le droit de fabriquer des choses pareilles aurait été éparpillé entre les mains de tous acquéreurs. Le ministre insista devant la Chambre ; mais la disposition fut rejetée.

L'autre partie de l'article 22, en vertu de laquelle les certificats d'addition profitent à tous cessionnaires et à tous ayants-droit au brevet fut adoptée sans discussion par la Chambre des pairs. « Cette disposition, avait dit M. le mar-

quis de Barthélemy, découle du principe de l'indivisibilité du
brevet et de ses accessoires. » Le rapport ajoutait : « Tout inventeur qui ne voudrait pas faire jouir ses cessionnaires des
améliorations qu'il pourrait faire à son invention première,
serait obligé de prendre un second brevet et de payer une
nouvelle taxe. » Il résulte clairement de ces deux passages
que l'intention de la commission était de n'appliquer l'article
qu'aux certificats d'addition , et non aux brevets principaux
qui seraient pris pour l'invention de perfectionnements se
rattachant à l'invention première.

165. Une longue discussion s'engagea à ce sujet dans la
Chambre des députés ('). On attaqua et l'on défendit l'article
comme s'étendant aux perfectionnements objets de brevets
nouveaux aussi bien qu'aux simples certificats d'addition.
Après que la distinction fut faite, M. Philippe Dupin pensa
que l'article devait s'étendre aux perfectionnements objets
de brevets principaux. M. Marie, au contraire, proposa d'a-
jouter : « Les certificats d'addition ne profiteront aux cessionnaires qu'à la charge par eux de payer une indemnité proportionnelle à l'importance du perfectionnement ; laquelle indemnité sera fixée à l'amiable entre les parties , sinon , par
expertise homologuée par le tribunal de commerce. » M. le
ministre Cunin-Gridaine et M. Sénac, commissaire du roi, défendirent l'article, mais en le restreignant, conformément à sa
lettre, aux simples certificats d'addition. M. Vivien fit remarquer que, ce certificat s'incorporant au brevet, il est logique
et juste d'en faire profiter tous ceux qui ont droit au brevet ;
que d'ailleurs ce certificat ne sera pris habituellement que
pour des changements de peu d'importance. M. Marie retira
son amendement en disant : « S'il est entendu que le certi-

(') Séance du 15 avril 1844.

ficat d'addition seul appartiendra au cessionnaire, comme il
est certain que jamais un cédant ne sera assez insensé pour
prendre un certificat d'addition lorsqu'il pourra prendre un
brevet de perfectionnement qu'il pourra vendre, je n'ai pas
besoin de stipuler d'indemnité, et je retire mon amendement. » L'article fut adopté.

166. Il résulte clairement de cette discussion que la présomption de l'article 22 n'est pas applicable aux brevets principaux relatifs à l'invention de perfectionnements à une industrie déjà brevetée. Est-ce à dire, cependant, que s'il était
évident pour les juges du fait qu'on n'a eu recours à cette
forme que dans la vue d'éluder l'article 22, et pour rançon-
ner de précédents cessionnaires ou paralyser la cession à eux
faite, ils resteraient désarmés contre la conviction de cette
fraude ? Non assurément. Mais, au lieu d'invoquer l'article 22,
qui répute comprises dans l'achat antérieur les additions postérieurement incorporées au brevet, on aurait recours aux
règles ordinaires du droit, soit pour faire annuler la vente,
soit pour motiver des dommages et intérêts.

167. A part la présomption de l'article 22, les cessions de
brevets se régissent, ainsi que je l'ai dit, par les principes généraux sur les conventions et les ventes. C'est par application de ces principes que la jurisprudence a statué sur les
difficultés que la pratique a fait naître.

Un brevet d'invention pour une méthode de calligraphie
avait été cédé. La Cour de Grenoble a jugé que le privilège
du brevet était illusoire et chimérique, et a annulé la cession. La Cour de cassation, par arrêt de la Chambre civile
du 21 février 1837, a rejeté ([1]) d'abord un premier moyen

([1]) Voir dans le sens du pourvoi, une brochure de M. Victor Augier,
citée ci-dessus page 203.

tiré de ce que les tribunaux, en se prononçant sur l'invalidité du brevet, auraient empiété sur l'autorité administrative, puis en ces termes sur le second moyen :

« Attendu que la Cour royale, après avoir constaté..... que la méthode calligraphique ne saurait avoir les résultats promis, a déclaré que ces résultats, démontrés matériellement impossibles, avaient formé la base du contrat qui demeurait ainsi sans cause par la non existence de la chose cédée ; qu'en décidant ainsi, ladite Cour s'est livrée à une appréciation des faits du procès qui échappe à toute censure, et qu'en cassant et annulant la cession, loin d'avoir violé ou faussement appliqué les articles 1128 et 1131 du Code civil, elle en a fait au contraire la plus juste application. »

Dans une autre espèce, également relative à la cession d'un brevet d'invention pour une méthode de calligraphie, le Tribunal civil de Grenoble avait repoussé la demande en payement d'un billet à ordre de 800 francs, prix de la cession. La Chambre civile, par arrêt à mon rapport du 15 juin 1842, a rejeté le pourvoi qui s'appuyait sur la prétendue incompétence du Tribunal. L'arrêt a jugé : « Que l'appréciation de la validité des brevets et des droits pouvant résulter de ces titres est réservée à l'autorité judiciaire ; qu'elle n'est attribuée par aucune loi à l'autorité administrative, laquelle n'ayant pas été maîtresse de les refuser, les a délivrés sans examen légal de leur objet, et sans garantie de leur valeur ; que le tribunal saisi de la demande en payement d'un billet qui avait pour cause une cession partielle de brevet d'invention, a été compétent pour examiner si la cause de cette cession était sérieuse et réelle, si elle était transmissible et pouvait devenir la matière d'un contrat de vente. »

L'usage d'un procédé consistant à substituer, dans les forges, l'emploi de l'air chaud à celui de l'air froid, avait été

cédé en 1834, moyennant 12,000 fr. par an, et 3,000 fr.
pour usage antérieur à la cession. Le brevet ayant été annulé en 1836, le cessionnaire réclama la restitution des
sommes par lui payées avant la déchéance. L'arrêt suivant de
la Chambre des requêtes, du 27 mai 1839, qu'il ne faudrait
pas étendre hors des circonstances pour lesquelles il a été
rendu, a très sainement appliqué aux faits spéciaux de la
cause les principes généraux sur les conventions : « Attendu,
en droit, qu'une convention dont l'exécution s'étend à des
époques successives, quoique légalement formée, se résout
si étant tombée *in eum casum à quo incipere non poterat*,
elle ne peut avoir lieu pour l'avenir; mais qu'aucune des parties ne peut réclamer de l'autre la restitution des sommes
qu'elle a payées pendant l'époque où la convention subsiste,
et qu'elle a été réciproquement exécutée de bonne foi, lors
surtout que la partie réclamante a retiré de cette exécution
les avantages qu'elle s'en était promis; puisque, autrement,
contre tous les principes de justice et d'équité qui régissent
les contrats, l'un des contractants obtiendrait tout sans rien
donner, tandis que l'autre donnerait tout sans rien obtenir;
Et attendu qu'il a été reconnu en fait par l'arrêt attaqué :
1° que, par la convention du 6 mars 1834, la société Taylor a
mis la veuve Wendel, demanderesse en cassation, à même
de faire usage du procédé contenu dans le brevet d'invention
dont il s'agit au procès; 2° que la veuve Wendel s'est volontairement soumise à payer à la société une redévance pour les
avantages que lui procurerait l'usage dudit procédé; 3° qu'en
effet il résultait de la correspondance des parties que c'est
sur les indications de Taylor que la veuve Wendel a introduit
dans ses usines le procédé en question qu'elle ne connaissait
pas avant ses rapports avec ladite société, et qu'elle en a retiré de grands avantages; 4° enfin, que ces effets de la con-

vention ont cessé seulement à partir du jour de l'intervention
de la veuve Wendel dans l'instance en déchéance de brevet ;
que , dans ces circonstances, en déboutant la veuve Wendel
de sa demande en restitution des sommes par elle dues et
perçues par Taylor en vertu de la convention du 6 mars 1834,
jusqu'au jour de ladite intervention, l'arrêt attaqué a fait une
juste application de l'article 1134 du Code civil, sans violer
les articles 1131, 1376 et 1377 du même Code, invoqués par
la demanderesse, et inapplicables à l'espèce. »

168. Si les cessions de brevets sont régies, quant au fond,
par les règles ordinaires des contrats et des ventes, elles sont,
quant à la forme, soumises à des conditions spéciales. Voici
ces conditions :

1° La cession totale ou partielle d'un brevet , soit à titre
gratuit , soit à titre onéreux , ne pourra être faite que par
acte notarié.

2° Elle ne pourra être faite qu'après le payement de la totalité de la taxe comprenant toutes les annuités payables
pour la durée entière du brevet.

3° Aucune cession ne sera valable, à l'égard des tiers,
qu'après avoir été enregistrée au secrétariat de la préfecture
du département dans lequel l'acte aura été passé.

169. La seconde de ces dispositions est nouvelle. Elle est
née du système de divisibilité de la taxe en annuités introduit
par la loi de 1844. On objecta dans la Chambre des députés (¹) que cette condition détruirait les avantages de la division de la taxe en annuités; que ce sera aux cessionnaires à
prendre leurs sûretés par des stipulations spéciales; que les
parties seront suffisamment averties par le notaire dont le
ministère est exigé pour l'acte de cession. M. Philippe Dupin

---

(¹) Séance du 15 avril 1844.

expliqua que cette disposition était devenue nécessaire pour
la sécurité des cessionnaires, du moment où l'on avait introduit le payement par annuités, sous peine de déchéance. Il
signala ainsi l'inconvénient auquel, sans cela, on s'exposerait : « Supposez qu'un breveté cède totalité ou partie de son
brevet, qu'il touche le prix de sa cession, et qu'ensuite il ne
paye pas les annuités ; il y aura déchéance du brevet qu'il
aura transmis à un tiers, et le tiers, qui aura payé son prix,
n'aura rien acquis. » M. le marquis de Lagrange ajouta que
la commission avait voulu, d'un côté, donner pleine sécurité
aux cessionnaires, et, d'un autre côté, assurer le recouvrement au profit du trésor. « Il y a, dit-il, telles découvertes
qui, pour être exploitées, doivent se céder à cinquante ou
soixante personnes. Comment voulez-vous que le gouvernement aille chercher sur toute la surface de la France qui
devra payer ? Dans quelle proportion chacun acquittera-t-il
l'annuité ? Celui qui vend son brevet ne le vend que parce
qu'il en trouve de l'argent ; et, par cela même qu'il en réalise
la valeur, il lui deviendra extrêmement facile d'acquitter la
taxe. »

Nous examinerons dans le chapitre suivant si le breveté
peut valablement restreindre la durée qu'il avait d'abord assignée à son brevet ; et s'il acquitte régulièrement la totalité
de la taxe, en n'en payant les annuités que pour la durée
ainsi volontairement restreinte par lui.

170. Les deux conditions qui consistent à exiger un acte
notarié et l'enregistrement des cessions existaient antérieurement par l'article 15 du titre II de la loi du 25 mai 1791.

L'authenticité et l'enregistrement des cessions de brevets
sont ainsi exigés dans l'intérêt des tiers, et afin de prévenir
les fraudes et les abus de confiance. Qu'un breveté veuille
vendre son brevet à deux ou plusieurs personnes différentes,

et s'en faire payer plusieurs fois le prix, comment éviter cette fraude si aucune publicité n'accompagne la vente, et si les tiers ne sont point avertis que le brevet a changé de propriétaires? Qu'un breveté s'entende avec de prétendus acquéreurs, pour antidater des actes de transports, et faire tomber des cessions antérieures, ou pour faire poursuivre par des tiers, porteurs de contrats simulés, des acheteurs de bonne foi que l'on attaquera comme contrefacteurs, comment déjouer ces manœuvres, si la clandestinité des actes simulés ne suffit pas pour les invalider? Le privilège d'exclure toute personne de la jouissance de l'industrie qu'on exploite est un droit incorporel; or la cession d'un droit de cette nature offre, relativement aux garanties à fournir aux tiers, des difficultés qui n'existent, au même degré, ni pour les transports d'objets mobiliers corporels, ni pour les transmissions d'immeubles. Le principe qu'en fait de meubles la possession vaut titre, et la fixité des immeubles, avec possibilité d'accomplir certaines formalités de transcription sur le lieu même de leur situation, suffisent pour avertir les tiers, et pour écarter les dangers des doubles ventes, et les achats de la chose d'autrui. Mais un droit incorporel n'étant susceptible ni d'une appréhension matérielle, par la tradition, comme les meubles, ni d'une transcription dans un seul lieu fixe, connu, certain, rapproché de l'objet, comme les immeubles, il fallait pourvoir à la sécurité des tiers par d'autres précautions. C'est ce qu'a fait la loi civile, lorsqu'elle a exigé qu'en cas de transport d'une créance, d'un droit ou d'une action sur un tiers, le cessionnaire ne fût saisi, à l'égard des tiers, que par la signification du transport fait au débiteur, et que le débiteur pût, jusqu'à acceptation par acte authentique, ou jusqu'à signification à lui faite, se libérer valablement entre les mains du cédant. Lorsqu'un propriétaire de brevet cède ses droits à un privilège de jouissance exclusive, il faut signifier cette cession au public, que l'on peut, relativement à ce privilège, considérer et comme débiteur et comme tiers : comme débiteur, car chacun des individus dont il se compose est tenu de remplir les obligations du brevet, dont le privilège consiste à ce que le public s'abstienne d'exploiter l'industrie brevetée; comme tiers, car chacun est exposé à avoir à traiter ou avec le cédant, ou avec le cessionnaire.

171. La loi de 1791 exigeait que l'enregistrement eût lieu au secrétariat des départements tant du vendeur que de l'acheteur. Telle était aussi la disposition des projets de la loi actuelle. La Chambre des députés (') adopta un amendement de M. Bethmont, qui proposa de ne faire qu'un enregistrement au secrétariat de la préfecture du département dans lequel l'acte aura été passé. « Nous ne pouvons, dit l'auteur de l'amendement, empêcher toutes les fraudes; mais s'il y a fraude, il y aura poursuite. En matière de brevets, vous avez une publicité que vous n'avez en aucune autre matière. Ainsi, il y a cession d'un brevet; on l'enregistre à la préfecture du département; on l'envoie au ministère du commerce. Je demande quelles fraudes sont possibles lorsqu'on remplit tant de formalités? Ce sont des frais énormes, des formalités sans fin, que de déposer dans quarante ou cinquante préfectures un seul acte de cession. »

172. Lorsqu'un acte de cession est nul, le cessionnaire est sans qualité vis-à-vis des tiers, et c'est toujours dans les mains du cédant que la propriété est censée résider. Ainsi le cessionnaire ne pourra pas, s'il n'a qu'un acte sous seings-privés, ou si son acte notarié n'a pas été enregistré à la pré-

---

(') Séance du 15 avril 1844.

fecture du département, exercer des poursuites, en son nom, contre les contrefacteurs. Il ne pourra pas, non plus, critiquer un second acte de cession, qui serait postérieur au sien, mais qui aurait été suivi de l'accomplissement de toutes les formalités légales.

Le défaut d'authenticité ou d'enregistrement n'est qu'une nullité relative, introduite en faveur des tiers sans que ni le cédant, ni le cessionnaire, ni les héritiers de l'un ou de l'autre soient recevables à l'invoquer. C'est ce qui avait été jugé sous la loi de 1791, par arrêt de la Chambre des Requêtes, du 20 novembre 1822, dans une espèce où il s'agissait d'une cession sous seings-privés. C'est ce que le § 3 de l'article 20 de la loi de 1844 décide explicitement en ce qui concerne l'enregistrement.

173. L'enregistrement au secrétariat de la préfecture a lieu sans frais. Les projets proposaient de soumettre à une taxe de 20 francs l'enregistrement de chaque cession ; mais cette disposition a été supprimée par la Chambre des députés sur un amendement de M. Taillandier.

174. Il ne faut pas confondre avec l'enregistrement à la préfecture, le droit fiscal dû à la régie de l'enregistrement sur les actes de cession. Ce droit est de 2 fr. par 100 francs sur le prix stipulé dans l'acte, par application de la loi du 22 frimaire an 7, article 69, § 5, 1° (¹).

175. Il arrive quelquefois que des oppositions aux cessions sont formées, soit entre les mains du préfet, soit entre celles du ministre. Je n'aperçois pas l'utilité de ce mode de procéder.

L'administration enregistre et publie les cessions ; elle ne

(¹) Délibération de la Régie du 22 mai 1852. Dalloz ; 34, 3, 57.

les juge pas. Les tribunaux seuls sont compétents pour statuer sur les contestations dont elles sont l'objet.

L'enregistrement à la préfecture étant nécessaire pour conférer à l'acte de cession son complément de validité, un préfet se compromettrait gravement, et s'exposerait même à des dommages et intérêts si, par son refus ou son retard d'enregistrement, il laissait acquérir, au préjudice de cette cession, des droits à des tiers, à qui elle n'est opposable qu'après avoir été ainsi enregistrée. La loi n'aurait certainement ni voulu, ni pu, subordonner la validité de la cession à une décision administrative, ni exposer le droit de l'une des parties à périr par l'inaccomplissement d'une formalité dont la réalisation aurait dépendu d'autre chose que de la diligence de cette partie. Alors même que l'opposition émanerait, soit du cédant, soit du cessionnaire, le préfet ne pourrait refuser ni retarder l'enregistrement requis par l'autre des parties contractantes : s'il y a litige sur le contrat, les tribunaux jugeront.

Quant à l'enregistrement au ministère et à l'ordonnance royale de proclamation de la cession, comme ces formalités s'accomplissent, non à la diligence de l'une des parties, mais à la diligence de l'administration, la loi ne les a point érigées en conditions de la validité de l'acte. On ne voit point, dès lors, quel pourrait être le résultat utile d'une opposition entre les mains du ministre.

L'administration ne doit point avoir égard à des faits placés hors de sa compétence, et rien ne doit retarder l'inscription de la cession sur le registre spécial des mutations tenu au ministère, pas même l'existence d'une instance judiciaire. Je doute même, quoique ce point soit d'une moindre importance, que le ministre ait, en ce cas, le droit d'ajourner la proclamation de l'ordonnance royale au-delà des trois mois dont parle l'article 21.

176. L'annulation volontaire d'une cession est une rétro-cession véritable qui doit, comme toute cession, être cons-tatée par acte authentique et soumise aux mêmes enregistre-ments. Lorsque l'annulation sera prononcée par justice, la loi n'exige pas l'enregistrement au secrétariat de la préfecture. Mais la prudence commande de recourir à cette formalité, afin que les tiers soient avertis, et pour prévenir les erreurs ou les fraudes. Le préfet du département où l'acte de ces-sion aura été passé, ne pourra pas se refuser à enregistrer le dispositif du jugement ou de l'arrêt, ayant acquis force de chose jugée, duquel cette annulation résultera.

Les annulations de cessions seront également inscrites sur le registre du ministère et proclamées par ordonnance royale en la même forme que les cessions.

177. On a vu, n° 164, qu'en cas de cession d'un brevet, le breveté, ses cessionnaires, et les ayants-droit de l'un comme des autres, profitent des certificats d'addition. Cha-cun d'eux en pourra lever expédition au ministère de l'agri-culture et du commerce, moyennant une taxe de 20 francs par chaque expédition.

178. Tout ce qui précède est relatif aux cessions de bre-vets délivrés. Il est un autre genre de cession qui n'est point assujéti aux mêmes formalités, et qui se règle par le droit commun. C'est le contrat par lequel l'auteur d'une décou-verte transmet à un tiers tout ou partie de ses droits à la dé-couverte et à l'obtention d'un brevet non encore délivré. Ce contrat, lorsqu'il est formé régulièrement et de bonne foi, est valable, soit que le cessionnaire acquière tous les droits à la délivrance du brevet, soit qu'il acquière le droit d'obte-nir une part dans le brevet futur, ou avec l'inventeur, ou

avec toute autre personne dûment désignée. Ici, les formalités de la loi sur les cessions de brevets seraient superflues;
car il n'existe encore aucun titre liant le public, aucun privilège spécial, aucun traité avec la société.

—

SECTION IV.

DE LA COMMUNICATION ET DE LA PUBLICATION DES DESCRIPTIONS ET DESSINS DE BREVETS.

179. Motifs de la publicité.
180. Dépôt des descriptions au ministère; leur communication; délivrance de leur copie.
181. La publication officielle par voie d'impression a lieu après le
payement de la deuxième annuité.
182. Il n'y a d'exception qu'au sujet des changements apportés par
des tiers à une invention brevetée depuis moins d'un an.
183. Publication d'un catalogue contenant les titres des brevets.
184. Dépôt des recueils de descriptions et des catalogues.
185. Dépôt au conservatoire des arts et métiers après expiration des
brevets.

179. Les motifs de la publicité des descriptions, dessins,
échantillons et modèles, pendant la durée des brevets et après
leur expiration, se comprennent facilement.

Pendant la durée du brevet, il faut que le public, pour le
respecter, soit averti de son existence. Chacun a droit et intérêt à éviter de violer les privilèges des brevetés, d'encourir
des poursuites, de mériter le nom de contrefacteur, de subir
les peines attachées au délit de contrefaçon.

Ce n'est pas seulement à quiconque veut exercer une industrie déjà existante, et qui peut se trouver privilégiée, que
la connaissance et l'examen des brevets délivrés est nécessaire. Il arrive, assez fréquemment, que plusieurs inventeurs
se rencontrent, conduits à une même invention ou par certaines observations fortuites, ou par la connaissance com-

mune de découvertes antérieures, ou par l'état présent des arts et des sciences et les besoins du moment. Puisqu'il est de principe que tout brevet s'accorde à tout requérant, aux risques et périls de celui-ci, et sans examen préalable, les requérants doivent pouvoir s'assurer si quelqu'autre ne les aura pas prévenus dans la demande d'un brevet, pour les mêmes objets et par les mêmes procédés. Tout homme doué de quelque prudence sentira donc, avant de requérir un brevet, la nécessité de prendre connaissance de l'état des brevets existants.

Après l'expiration du brevet, le droit d'exercer librement l'industrie brevetée est acquis à chaque citoyen. Une publication officielle est un enseignement public d'industrie ; c'est un avertissement, une exhortation à tous les producteurs, d'user de leurs droits, en tirant de la découverte le meilleur parti possible. C'est comme la prise de possession, au nom de la société, de son entrée en jouissance dans l'industrie dévolue au domaine public.

180. La loi du 25 mai 1791 avait établi un Directoire des brevets d'invention. Cet établissement ayant été supprimé, ce fut au ministère de l'intérieur, c'est maintenant au ministère de l'agriculture et du commerce, que le dépôt des descriptions, dessins, échantillons et modèles a été confié.

La destination expresse des brevets et de leurs descriptions est qu'ils soient rendus publics. Ils sont communiqués sans frais, par les bureaux du ministère de commerce, à toute réquisition.

La communication ainsi faite ne serait qu'une imparfaite publicité. Toute personne peut obtenir, à ses frais, copie des descriptions et dessins. On le peut, non-seulement sans l'autorisation du propriétaire du brevet, mais même contre son opposition. Ce qui appartient au breveté, c'est le droit d'ex-

ploitation exclusive pendant un temps déterminé : la connaissance du brevet appartient au public aussi bien qu'au breveté
lui-même. On le décidait ainsi sous les lois de 1791, par
une juste interprétation de ces lois. Aucune controverse sur
ce point ne sera désormais possible, car l'article 23 de la loi
de 1844 l'a réglé expressément.

181. Les lois de 1791 n'ordonnaient la publication officielle des descriptions qu'après l'expiration des brevets. Pouvait-on publier les descriptions des brevets encore existants?
C'était une question disputée. Mon avis est que la publication
en était permise. La loi de 1844 ne s'est pas contentée de
trancher la question en ce sens. Elle a notablement hâté l'é-
poque de la publication officielle qui aura lieu, en vertu de
l'article 24, non plus après l'expiration des brevets, mais
pendant même leur existence et après le payement de la seconde annuité.

J'approuve complètement cette disposition; et il est facile
de démontrer que les inventeurs auraient beaucoup plus à
perdre qu'à gagner par le secret où seraient tenues leurs descriptions pendant l'exploitation privilégiée des brevets.

La publicité, en propageant la connaissance du secret de
l'invention a, il est vrai, pour effet d'augmenter la chance des
contrefaçons de mauvaise foi; mais ce danger est plus que
compensé par deux avantages beaucoup plus grands pour les
inventeurs. L'un est d'augmenter avec la publicité de la découverte, et la gloire de l'inventeur, et l'annonce des produits inventés, et les occasions de débit pour ces produits;
l'autre est de diminuer le nombre des contrefaçons de bonne
foi, des imitations auxquelles se livrent les individus qui
exercent, comme si elle était libre, une industrie qu'ils
croient libre et qui est encore brevetée, enfin, des doubles
brevets pris de bonne foi pour une même invention par plu-

sieurs personnes. La chance de diminution des contrefaçons de bonne foi offre aux brevetés plus d'utilité que la chance d'augmentation des contrefaçons frauduleuses ne leur présente de désavantage. Elle entoure de faveur les actions qu'ils pourront être obligés d'intenter devant les tribunaux, et frappe d'une plus forte présomption de mauvaise foi les imitateurs de leurs procédés. Elle rend, en même temps, plus facile la surveillance à exercer par les brevetés, et met avec plus de certitude le maintien de leurs droits sous la sauvegarde de la probité publique.

Il faudrait donc désirer la plus grande publicité possible, quand même il ne s'agirait que du plus grand intérêt des brevetés. Mais si l'on songe à la conservation des droits du public, qu'il faut, dans toute question sur les brevets, respecter concurremment avec ceux des inventeurs, aucune hésitation n'est permise.

L'impression est, de tous les modes de communication au public, le plus rapide, le plus sûr, le plus général. Elle répond au vœu de la loi plus pleinement et avec plus de franchise que cette demi-publicité qui résulte de la faculté de compulser le dépôt général. Elle va chercher les citoyens sur tous les points du royaume, et ne les oblige pas à des déplacements coûteux, souvent impossibles, à des frais, à de longues pertes de temps, pour venir, dans un dépôt central, se livrer à des recherches fatigantes et incertaines. Ou la communication des spécifications est bonne et utile, et alors il faut l'accepter pleine et entière dans ses conséquences les plus étendues; ou elle est mauvaise, et alors il aurait fallu la supprimer entièrement.

182. La loi du 7 janvier 1791, article 11, créait un cas d'exception où la communication ne devait pas avoir lieu, et où, par conséquent, la publicité donnée à la spécification

était illicite. C'était lorsque l'inventeur, « ayant jugé que des raisons politiques ou commerciales exigent le secret de sa découverte, se serait présenté au Corps-Législatif pour lui exposer ses motifs, et en aurait obtenu un décret particulier sur cet objet. » « Dans le cas, ajoutait cet article, où il sera déclaré qu'une description demeurera secrète, il sera nommé des commissaires pour veiller à l'exactitude de la description, d'après la vue des moyens et procédés, sans que l'auteur cesse pour cela d'être responsable, par la suite, de cette exactitude. » La loi de 1844 n'a pas reproduit cette disposition.

L'article 18 de la loi de 1844 apporte une exception à la publicité des brevets. C'est dans le cas où un brevet est demandé pour un changement, perfectionnement ou addition à une invention déjà brevetée, mais depuis moins d'une année. Cette disposition est corrélative à celle qui réserve exclusivement au breveté tout changement et toute addition à son invention pendant la première année de son brevet. On n'a pas voulu fermer, même pendant cette première année, l'accès à tout perfectionnement inventé par un tiers. Mais pour concilier ce droit des tiers avec l'extension de privilège qu'on accordait pendant un an au breveté, on a exigé que la demande des tiers restât, jusqu'à l'expiration de cette première année, déposée sous cachet au ministère. L'année expirée, le cachet est brisé; et le brevet d'invention pour perfectionnement est délivré, et régi, quant à sa publicité, par les mêmes dispositions que tous les autres brevets.

183. Les lois de 1791 voulaient qu'un catalogue de tous les brevets délivrés pût être consulté au secrétariat de chaque département. Cette disposition est des plus utiles. On comprend, en effet, qu'il ne suffit pas de pouvoir consulter, au ministère du commerce, la description de tel brevet déterminé; il faut aussi que chaque citoyen puisse, sans compul-

ser une masse énorme de volumineuses descriptions, reconnaître, par un examen plus rapide, quels sont tous les brevets existants sur une branche spéciale d'industrie ; il faut qu'au secrétariat de préfecture, puisque c'est là que les demandes de brevets se déposent, on puisse, sans faire le voyage de Paris, se livrer à cette vérification.

Pendant longtemps il ne fut qu'imparfaitement satisfait à cette volonté de la loi (¹). Deux catalogues furent imprimés, l'un jusqu'au 15 juin 1803, l'autre jusqu'au 1ᵉʳ janvier 1812. Les informations administratives qui devaient compléter celles des catalogues imprimés, manquaient dans la plupart des préfectures. En 1826, M. le comte Corbière fit imprimer un catalogue général, tenu depuis au courant par des suppléments annuels régulièrement publiés.

La loi de 1844 a consacré par une disposition expresse la pratique qu'elle a trouvée existante. Le § 2 de son article 24 est ainsi conçu : « Il sera en outre publié, au commencement « de chaque année, un catalogue contenant les titres des « brevets délivrés dans le courant de l'année précédente. » On a vu au présent chapitre, § 2 de la première section, que les titres indicatifs des brevets ont pris, sous la loi de 1844, une importance plus grande, et sont maintenant donnés par les brevetés eux-mêmes.

184. Des exemplaires du recueil des descriptions et dessins, et du catalogue des titres, sont déposés au ministère de l'agriculture et du commerce, et au secrétariat de la préfecture de chaque département. Ils peuvent, dans chacun de ces lieux, être consultés sans frais.

185. A l'expiration des brevets, les originaux des descriptions et dessins sont déposés au Conservatoire royal des arts

---

(¹) Voir ci-dessus page 199.

et métiers. On les communique aux personnes qui le demandent, mais sans déplacement. Les modèles, machines, outils, instruments, appareils, sont exposés à la vue du public dans les galeries du Conservatoire.

CHAPITRE VI.

DURÉE DES BREVETS.

186. Classification des brevets par durée de 5, 10 ou 15 ans.

187. Ancienne législation et législation étrangère sur la durée des brevets et privilèges.

188. La loi de 1844 modifiera l'ancienne proportion de la répartition des brevets entre leurs trois classes.

189. Les prolongations de brevets ne peuvent être accordées que par une loi.

190. Les propriétaires de brevets peuvent en réduire la durée, de quinze ou de dix ans, à dix ou cinq ans.

191. La durée du brevet commence au jour du dépôt de la demande à la préfecture.

192. Un brevet prend fin par l'expiration de son terme ou par son annulation absolue pour nullité ou déchéance.

193. Effets différents des annulations pour nullité ou pour déchéance.

194. L'article 33 qui punit l'usurpation de la qualité de breveté, et l'absence de mention de non-garantie, est hors de place dans la section des nullités et déchéances.

195. Dispositions transitoires.

186. « La durée des brevets sera de cinq, dix ou quinze « années. » Ainsi parle l'article 4 de la loi du 5 juillet 1844; ainsi le décidait également la législation de 1791.

La détermination législative de telle durée plutôt que de telle autre est nécessairement arbitraire. Il en est de même toutes les fois que la loi veut assigner des limites certaines de temps à l'existence, à l'acquisition ou à l'exercice d'un droit. Pourquoi trente ans pour la prescription, plutôt que vingt-neuf ans ou quarante? Pourquoi vingt-un ans pour la majorité, plutôt que vingt ou vingt-deux ans? Pourquoi des délais de trois jours, de huit jours, de trois mois, plutôt que de quatre jours, de dix jours, de deux mois? Les cas sont innombrables, où la loi est obligée de fixer une mesure de temps : elle se décide alors par les évaluations qu'elle tire de l'équité, de l'usage, des analogies et similitudes. C'est, dans tous ces cas, la lettre de la loi qui crée la mesure du droit.

187. Le nouveau législateur a classé les brevets par durée de cinq, dix et vingt ans, parce qu'il a respecté les habitudes qu'avait créées la législation de 1791, contre laquelle, en ce point, on n'avait pas élevé de critiques sérieuses.

Dans l'ancienne France, on a longtemps accordé des privilèges illimités, et des privilèges limités dont la durée variait selon chaque cas : leur plus longue durée a été limitée à quinze ans par la déclaration de 1762.

En Angleterre et en Amérique, la durée des brevets est une période uniforme de quatorze ans; puis on a permis de les prolonger pendant sept autres années.

La triple durée de cinq, dix ou quinze ans, a été adoptée par la Belgique et la Hollande. Elle l'est par l'Espagne pour les inventions; la durée n'y est que de cinq ans pour les importations.

La Prusse, l'Autriche, la Bavière, ont adopté le maximum de quinze ans, et laissent libre le choix d'un nombre d'années inférieur à cette limite. Dans les États-Romains, la durée varie de cinq à quinze ans pour les inventions, de trois à cinq ans pour les objets connus par l'impression.

Les brevets, en Russie, sont de trois, cinq ou dix ans. Le maximum est de dix ans à Bade, en Saxe, en Wurtemberg. Les brevets ne sont que de cinq ans à Brunswick et dans le

Hanôvre, mais peuvent être prolongés. En Sardaigne, les privilèges sont temporaires; mais la détermination de leur durée dépend de la volonté du prince.

188. Pourquoi, en France, trois classes de cinq, dix et quinze ans, plutôt qu'une seule période uniforme? parce qu'on a voulu s'accommoder à la diversité des faits, des industries, des fortunes, et laisser plus de latitude aux convenances des inventeurs. On a vu ([1]) que sur 11,708 brevets délivrés, plus de la moitié, 6,043, ont été des brevets de cinq ans; il y en a eu de dix ans 3,208; et de quinze ans 2,457 seulement. Ces chiffres prouvent que les courts brevets ont satisfait à plus de convenances privées, et ont été plus recherchés que les autres.

Sous la loi de 1844, comme sous la législation antérieure, l'option entre les trois classes de brevets est laissée à la libre volonté des requérants; ils doivent, dans leur demande, indiquer laquelle des trois durées ils entendent assigner à leur brevet.

La loi de 1844, tout en paraissant adopter le système de la législation de 1791 sur la durée des brevets, l'a cependant modifié profondément, lorsqu'elle a réparti le payement de la taxe en annuités égales, de 100 francs chacune. Nous avons déjà expliqué, en parlant de la taxe ([2]), comment la division des brevets en trois classes de durée devient assez superflue; comment la loi actuelle équivaut, à peu près, à dire que dorénavant les brevets seront délivrés, jusqu'à un maximum de quinze ans, pour tel nombre d'années que les brevetés le voudront; comment les demandes pour dix ans ou pour cinq ans finiront presque par disparaître.

([1]) *V.* ci-dessus, page 206.
([2]) Chap. v, sect. 1, § 5.

Elles disparaîtraient immédiatement et complètement, si le système d'annuités n'avait pas été gravement modifié par l'obligation d'acquitter préalablement la totalité de la taxe en cas de cession.

189. Sous la législation de 1791, les prolongations de brevets donnaient lieu à d'importantes questions. La principale était de savoir si une prolongation pouvait légalement être accordée par ordonnance royale ; et quelle était la portée de l'article 8 de la loi du 7 janvier, ainsi conçu : « Les pa-
« tentes seront données pour cinq, dix ou quinze années, au
« choix de l'inventeur; mais ce dernier terme ne pourra ja-
« mais être prolongé sans un décret particulier du Corps lé-
« gislatif. »

Il était admis que quand un brevet avait été demandé pour moins de quinze ans, une ordonnance royale pouvait accorder une prolongation, si, en en faisant l'addition avec le temps du premier privilège, le tout ne dépassait pas quinze années. De nombreuses ordonnances royales ont été rendues en telles circonstances ; et jamais on n'en a contesté la légalité.

Ce qui était contesté, c'était la question de savoir si l'on pouvait, autrement que par une loi, accorder une prolongation dont l'effet fût de donner au brevet une durée excédant quinze ans.

Cette question qui, à s'en tenir aux principes, n'en était pas une, tomba cependant en controverse par suite d'un arrêt de la Chambre des requêtes, du 5 mars 1822, qui déclara valable une prolongation par laquelle un décret impérial du 17 janvier 1814 avait porté un brevet à une durée totale de vingt ans. « Attendu que le droit de prolonger la durée du
« privilège résultant d'un brevet d'invention, est, de sa na-
« ture, un acte d'administration suprême, et qu'en repre-
« nant ce droit, attribué au Corps législatif par l'article 8 de

« la loi du 25 mai 1791, le chef du gouvernement établi par
« l'acte appelé Constitution de l'an VIII , a usé de l'autorité
« qui lui était conférée par cet acte ; que, depuis cette époque
« jusqu'à la restauration, les prorogations de brevets d'in-
« vention n'ont cessé d'être accordées par le gouvernement,
« sans opposition des pouvoirs qui avaient droit de juger s'il
« en résultait une usurpation de l'autorité législative ; qu'il
« en est de même depuis la restauration, ce qui est une juste
« conséquence de l'article 14 de la Charte constitutionnelle. »

On voit que cet arrêt n'a pas voulu se fonder sur les motifs
généraux qui, dans l'intérêt de l'ordre et par crainte de trop
vastes ébranlements, ont fait maintenir en vigueur les décrets
impériaux entachés d'usurpation législative, et non attaqués
devant le Sénat. L'arrêt a voulu, à la faveur de l'élasticité de
l'article 14 de la Charte de 1814, conférer au gouvernement
le droit de proroger les brevets au-delà du terme de quinze
ans. Mais il faut dire que l'administration a reculé, même
avant la Charte de 1830, contre le cadeau qu'on voulait lui
faire de ce pouvoir exorbitant, et qu'elle n'en a point usé.

Elle a , en cela, fort sagement agi. Puisque la loi a jugé
que le temps de quinze années est la plus longue jouissance
exclusive qui doive payer convenablement un inventeur, et
que ce prix est le plus haut qu'elle ait stipulé, c'est créer un
contrat nouveau, hors des limites déterminées par la loi, que
de prolonger un brevet au-delà. Pour que la société soit autorisée à contracter ainsi avec l'inventeur, sur des bases autres
que celles de la loi, il faut recourir à la loi, et emprunter
d'elle des pouvoirs spéciaux ; car reculer la limite tracée par
la loi, c'est étendre la loi, c'est la changer, c'est faire une loi
nouvelle. Or, ce droit ne peut appartenir à une autre autorité
qu'au législateur lui-même, s'il n'a pas expressément délégué
ses pouvoirs à cet effet. On ne doit pas être arrêté par la

crainte d'occuper ses moments à régler des intérêts spéciaux
et individuels ; car le contrat qui dépossède le public d'une
partie de ses droits, pour en faire profiter un individu, mérite
d'être placé au rang des délibérations les plus graves. Conférer à l'administration le pouvoir d'étendre indéfiniment un
privilège, c'eût été permettre de créer administrativement un
monopole.

Le gouvernement s'est peu soucié de conserver le pouvoir
d'accorder des prolongations de brevets, même en dedans du
terme de quinze années ; il y a volontairement renoncé dans
le projet de loi, et a proposé que la durée des brevets ne pût
être prolongée dans aucun cas. On ne s'en étonnera pas, pour
peu que l'on connaisse les habitudes de l'administration française ; loin de fuir le joug des règles impératives, elle l'aime,
le provoque, et le préfère, de beaucoup, aux embarras et à la
responsabilité de l'arbitraire, aux chaines de la sollicitation.
Les demandes de prolongation de brevets jetaient l'administration dans l'examen et l'appréciation de faits habituellement
douteux, pour lesquels l'importunité ou la faveur réclamaient
plus obstinément et plus haut que la justice.

La commission de la Chambre des pairs a modifié la rédaction de l'article 15 et a dit : « La durée des brevets ne pourra
« être prolongée que par une loi. » Cette réserve du pouvoir
de la loi aurait existé sans avoir besoin d'être écrite ; mais il
est plus régulier de l'avoir exprimée. Une loi pourra, seule,
prolonger un brevet en dedans même de la limite de quinze
ans ; une loi pourra aussi accorder une prolongation au-delà
de ce terme.

Dans le système du projet, la prohibition de toute prolongation avait sa compensation dans le droit ouvert au breveté
de délibérer, pendant les deux premières années, sur la durée
définitive qu'il voulait assigner à son brevet. Cette faculté a

28

disparu par le rejet des brevets provisoires. Mais l'établissement des annuités, et la possibilité de renoncer chaque année
au brevet en n'acquittant pas la taxe, a rendu superflue une
telle précaution; car on commencera toujours par demander
un brevet pour quinze ans.

Il importe, toutefois, que les brevetés sachent bien que s'ils
ont formé leur demande pour un brevet de cinq ou de dix
ans, ce choix de durée, fait volontairement par eux, sera définitif et irrévocable.

190. Le système d'annuités, combiné avec l'obligation
d'acquitter la totalité de la taxe pour pouvoir céder valablement le brevet, donne naissance à la question de savoir si,
après avoir demandé un brevet pour une certaine durée, on
peut, à une époque postérieure, réduire volontairement son
brevet à une durée moindre.

Cette question, qui ne pouvait pas s'élever sous la législation de 1791, se présentera fréquemment sous la loi nouvelle.
On a pris un brevet de quinze ans; on veut, dans l'année de
sa délivrance, le céder en tout ou en partie; si la durée assignée au brevet est irrévocable, il faudra, pour le pouvoir céder, payer une taxe de 1400 francs. Pourra-t-on, afin de n'avoir à payer que 400 ou 900 francs, déclarer qu'on réduit
son brevet à la durée de cinq ou de dix années?

Je suis d'avis qu'on le pourra. La société n'a point intérêt
à la longue durée du privilège. Les tiers ne peuvent pas être
trompés, puisqu'aucune cession ni totale, ni partielle, n'a pu
encore être faite valablement. Quant aux inventeurs, ils sont
juges de leur intérêt, et puisque les annuités ont été établies
pour les favoriser, c'est se conformer à l'esprit de la loi que
d'accorder la réduction de durée qu'ils réclameront pour plus
de facilité dans leurs opérations.

Mais comme la loi ne reconnait que des brevets de 5, 10

ou 15 ans, la durée ne pourra être réduite qu'à l'un des termes fixes de 10 ou de 5 ans.

Je n'ai pas besoin de dire que lorsque la totalité de la taxe sera acquittée, la réduction de durée ne sera jamais demandée, parce que personne n'y aura intérêt; qu'elle ne pourrait d'ailleurs pas être accordée, sous peine de léser des tiers; que réclamer, sous prétexte de réduction de durée, la restitution d'une partie de la taxe payée, serait une prétention inadmissible et absurde.

Lorsqu'une réduction de durée à 10 ou 5 ans aura été prononcée, elle devra être proclamée dans la forme de l'article 14 de la loi. On ne pourra, dans aucun cas, et sous aucun prétexte, revenir contre cette réduction et rendre au brevet sa durée première. Ce serait violer l'article 15 qui défend toute prolongation de brevet.

191. Aux termes de l'article 8 de la loi de 1844, la durée d'un brevet commence à courir du jour où le dépôt de la demande a été fait au secrétariat de la préfecture.

Les lois de 1791 n'avaient exprimé aucune règle spéciale sur l'époque à laquelle les brevets commençaient à avoir effet. Il résultait de ce silence d'assez graves difficultés. Fallait-il décider que les brevets ne prenaient existence que par leur proclamation officielle? Mais comment régler alors les droits du breveté et des tiers, pendant le temps qui s'écoulait entre le dépôt de la demande et le certificat de demande délivré par le ministre; puis pendant la seconde période comprenant l'intervalle entre le certificat de demande et la proclamation officielle au Bulletin des lois?

Le décret impérial du 25 janvier 1807 attacha tous les effets utiles du brevet au certificat de demande délivré par le ministre, et fit commencer à la date de ce certificat le temps de durée du brevet. Le même décret disposa que, dans le cas

de contestation entre deux brevetés pour le même objet, la
priorité d'invention serait acquise à celui qui, le premier, aurait fait le dépôt de sa demande.

Le projet du gouvernement proposa la disposition suivante : « La date du dépôt constituera le point de départ des
« droits et des obligations du breveté et de la durée de son
« brevet. » La commission de la Chambre des pairs proposa
de s'en tenir au décret de 1807, et, en conséquence, de rédiger l'article ainsi qu'il suit : « La durée des brevets courra
« du jour de leur signature par le ministre ; néanmoins, les
« droits de priorité des brevetés et la faculté de faire tous
« actes conservatoires leur appartiendront à partir de la
« date du procès-verbal de dépôt ci-dessus mentionné. »

Dans la Chambre des pairs (¹), M. le ministre Cunin-Gridaine, sans insister sur le rejet de l'amendement, fit l'observation suivante : « La double date était indispensable lorsque,
entre le dépôt des demandes et l'expédition des brevets, il
s'écoulait plusieurs mois ; mais aujourd'hui les brevets sont
expédiés quinze jours, trois semaines, ou tout au plus un
mois après le dépôt des pièces à la préfecture ; ainsi, nous
pouvions nous affranchir, sans le moindre inconvénient, de
toutes les formalités qu'une double date entraîne. Il y aurait
là, pour l'administration, une grande simplification, et cessation de toute incertitude pour les tribunaux. J'ajoute que,
d'après le projet, c'est l'inventeur lui-même qui est obligé de
fournir les deux expéditions de la description, tandis que,
jusqu'à présent, les bureaux étaient obligés d'en transcrire la
copie entière dans les brevets. » M. le marquis de Barthélemy
répondit que la possession des titres de brevets, et par conséquent leur délivrance, est indispensable pour pratiquer des

_____

(¹) Séance du 27 mars 1843.

saisies et poursuivre les contrefacteurs. Dès-lors, pourquoi faire courir les brevets du jour de la demande? Pourquoi changer la législation existante, puisqu'elle a bien fonctionné?

La commission de la Chambre des députés avait maintenu l'article de la Chambre des pairs, qui fut remplacé, sur un amendement de M. Bethmont, par la disposition actuelle de l'article 8 ([1]). M. Arago objecta qu'un temps fort long s'écoule quelquefois entre le dépôt de la demande et la délivrance du brevet; que souvent l'administration, dans des intentions bienveillantes auxquelles tout le monde applaudira,.avertit officieusement les requérants des imperfections de leur œuvre, des irrégularités de leur description; que ceux-ci se mettent en rapport avec le comité consultatif, prennent des renseignements, s'entourent de conseils; qu'il existe des exemples de retards de plusieurs années ainsi apportés à des délivrances de brevets. M. Bethmont convint que l'inventeur ne pourra exercer de poursuites que lorsqu'il aura en main son brevet. « Mais, dit-il, je le demande aux hommes pratiques, est-ce qu'ils ont vu jamais, le lendemain d'un dépôt, une exploitation active de l'inventeur? Est-ce qu'ils ont jamais vu la contrefaçon aussi agile que l'invention, aussi armée de tous ses moyens, se mettre en mesure d'exploitation le jour même où l'inventeur exploite à peine lui-même?..... Que le titre soit délivré sans lenteur, dans le temps moral nécessaire à sa délivrance; alors l'inventeur peut exploiter, et quand le contrefacteur paraîtra il sera saisi..... Il est inutile, et de plus dangereux, d'écrire dans une loi que les brevets dureront quinze ans, plus une inconnue. Le titre ne fait pas le droit; il ne fait que le constater,.que donner une protection plus efficace; le droit a commencé dès que le dépôt a été fait. »

([1]) Séance du 12 avril 1844.

192. Un brevet prend fin, ou par l'expiration du terme de sa durée, ou quand, avant ce terme, sa nullité absolue, ou sa déchéance absolue, a été prononcée par jugement ou arrêt ayant acquis force de chose jugée.

La mort ou le changement d'état du propriétaire de brevet avant que le brevet ait pris fin, laissent au brevet toute la plénitude de son existence.

Lorsque la nullité ou la déchéance a été prononcée, non d'une manière absolue, mais relativement seulement aux parties privées qui ont obtenu le jugement, le brevet ne prend fin qu'à l'égard desdites parties ; il continue à former un titre valable contre toutes autres personnes, jusqu'à ce que d'autres, à leur tour, en fassent prononcer l'annulation.

Nous expliquerons plus amplement, dans le chapitre suivant, quels sont les conditions et les caractères des jugements portant déclaration de nullité ou déchéance absolue, et des jugements ne prononçant qu'une nullité ou déchéance relative. Il existe ainsi deux classes de jugements ; mais il n'existe pas deux classes de causes. Toute cause légale de nullité ou de déchéance qui peut motiver une annulation relative peut motiver également l'annulation absolue.

L'article 30 de la loi de 1844 énumère les cas de nullité ; l'article 32 les cas de déchéance. Nous les avons tous fait connaître précédemment ; les reproduire ici serait une répétition inutile.

193. Les lois de 1791 confondaient mal à propos les cas de nullité avec ceux de déchéance. La loi nouvelle a fort bien fait de les distinguer avec soin. Elles n'ont ni les mêmes caractères, ni les mêmes conséquences.

Un brevet dont la nullité est prononcée est censé n'avoir jamais existé.

Un brevet prend fin avant l'expiration du terme fixé par

son titre s'il vient à tomber en déchéance. Il cesse d'exister, non pas seulement à partir du jugement qui en prononce la déchéance, mais à partir de la date des faits pour raison desquels la déchéance est prononcée. Le bon sens indique qu'il ne peut pas en être autrement. Vainement, en effet, un individu poursuivi pour contrefaçon exciperait de la déchéance encourue, si cette déchéance ne résultait que du jugement; car le jugement qui la constate et la prononce est nécessairement postérieur aux faits argués de contrefaçon contre la poursuite desquels la déchéance est invoquée comme moyen de défense, et afin de faire tomber la base de l'action intentée.

Il est également manifeste que l'annulation pour déchéance ne peut pas équitablement remonter jusqu'à l'époque de délivrance du brevet, c'est-à-dire jusqu'à une époque à laquelle les faits qui ont motivé la déchéance n'existaient pas encore.

194. L'article 33 qui punit d'une amende : 1° l'usurpation de la qualité de breveté; 2° la mention de cette qualité, ou d'un brevet, non accompagnée des mots : *sans garantie du gouvernement*, a été placé par la loi de 1844 dans la section : *Des nullités et déchéances*, à laquelle il n'appartient pas. C'est que cet article, dans la rédaction première de la commission de la Chambre des députés qui en a pris l'initiative, prononçait la déchéance en cas de récidive. La peine de déchéance a été effacée; mais l'article a conservé la même place.

195. La loi du 5 juillet 1844 a été promulguée le 8 juillet, mais n'a dû être exécutoire que le 8 octobre 1844. Jusqu'à ce qu'elle ait été exécutoire, les brevets auront dû se délivrer conformément à la législation antérieure. Deux articles transitoires, 53 et 54, règlent le passage d'une législation à l'autre. Voici l'article 53 : « Les brevets d'invention, d'importation « et de perfectionnement actuellement en exercice, délivrés

« conformément aux lois antérieures à la présente, ou pro-
« rogés par ordonnance royale, conserveront leur effet pen-
« dant tout le temps qui aura été assigné à leur durée. »

Citons dès à présent, pour n'y plus revenir, l'article 54,
quoique son objet se rapporte plus spécialement aux deux
chapitres suivants : « Les procédures commencées avant la
« promulgation de la présente loi seront mises à fin con-
« formément aux lois antérieures. — Toute action, soit en
« contrefaçon, soit en nullité ou déchéance de brevet, non
« encore intentée, sera suivie conformément aux dispositions
« de la présente loi, alors même qu'il s'agirait de brevets
« délivrés antérieurement. »

CHAPITRE VII.

ACTIONS EN NULLITÉ ET EN DÉCHÉANCE.

196. La servitude temporaire que l'existence d'un brevet fait peser sur l'industrie publique et sur la consommation générale n'est juste que si le brevet est légitime ; elle doit tomber si le brevet n'est pas valable.

Si le vice du brevet remonte jusqu'à la formation même du contrat passé entre le breveté et la société, le brevet est nul. Si le vice ne survient qu'après la délivrance d'un juste brevet, le contrat est résolu ; le brevet est en déchéance.

Les intérêts collectifs et généraux de la société sont représentés et gardés par le ministère public. La conséquence exacte et rigoureuse de cette proposition serait que toute action en nullité ou en déchéance pourrait être intentée par le ministère public.

La loi de 1844 n'est point allée jusque-là. Elle n'a accordé, en aucun cas, au ministère public, l'action principale de déchéance. Elle ne lui a accordé l'action principale en nullité que dans trois cas qu'elle a déterminés. De plus, elle lui a donné le droit de se rendre partie intervenante dans toute instance en nullité ou en déchéance introduite à la requête d'un particulier.

La législation antérieure ne précisait rien sur le rôle du ministère public en cette matière. Je pense que la vraie doctrine était celle qui lui reconnaissait le pouvoir d'exercer les actions en nullité ou déchéance, soit comme partie principale, soit comme partie intervenante. Mais cette doctrine demeurait à l'état de théorie : en fait, ce droit du ministère public dormait. Je n'oserais pas aller jusqu'à affirmer qu'il n'a jamais été exercé ; mais je n'en connais pas d'exemple.

La loi nouvelle a explicitement reconnu ce droit du ministère public, tout en le limitant. Il faut croire qu'il ne restera pas une lettre morte, et que l'organe de la société, muni désormais de pouvoirs textuellement écrits, en usera dans l'intérêt de tous.

197. La nullité ou déchéance prononcée judiciairement est relative ou absolue. Absolue, elle anéantit le brevet ; il est mort, et ne vaut plus pour personne ni contre personne. Relative, elle n'est déclarée qu'au profit particulier des individus qui ont obtenu le jugement et y ont été parties.

Pour que la nullité ou la déchéance soit absolue, c'est-à-dire pour que le bénéfice en soit acquis à la société tout entière, il faut que le ministère public ait été partie au jugement.

Cette distinction entre l'annulation absolue des brevets et leur annulation relative existait-elle sous la législation de 1791 ? J'ai, dans ma première édition, soutenu qu'elle existait ; et je crois que telle était la vraie doctrine, et non celle qu'on lit dans deux arrêts de la Chambre criminelle de la Cour de cassation, des 25 mars 1842 et 4 mai 1844. Ces arrêts

n'avaient point à juger cette question, qui ne figure qu'incidemment dans leurs motifs, par argumentation sur une
question de compétence. On y lit : « que la décision du tribunal correctionnel, sur les exceptions tirées de faits qui seraient de nature à motiver une demande en nullité ou en déchéance, ne détruit pas d'une manière absolue la propriété
du brevet, à la différence de ce qui a lieu quand la déchéance
ou la nullité est demandée ou obtenue par voie d'action principale et directe. » J'admets que l'annulation prononcée par
un tribunal correctionnel ne profitait qu'au prévenu qui l'a-
vait fait prononcer en se défendant; mais je n'admets pas que,
prononcée par un tribunal civil, sur la demande directe et
principale d'un simple particulier, et sans que le ministère
public se fût rendu partie intervenante, elle pût être réputée
acquise au profit d'un autre que le particulier qui l'avait demandée, ni, par conséquent, être acquise au public.

Comme, dans la pratique, le ministère public n'usait pas
de son droit d'agir ou d'intervenir, il résultait de là qu'une
nullité absolue, une déchéance absolue, n'était jamais prononcée, et que sur ces questions, les procès étaient rarement
fermés. Une controverse, vuidée sur un litige particulier,
pouvait renaître le lendemain à propos de faits analogues.

La loi nouvelle, en donnant vie au droit d'annulation absolue, empêche qu'à la faveur d'un prétendu brevet, déjà infirmé par la justice, on ne fatigue les tiers en leur suscitant
des procès pareils à ceux qu'on a déjà perdus avec d'autres.

198. C'est là une garantie pour la société contre les brevetés. Mais le même genre de garantie n'existe pas pour le
breveté contre les tiers qui, après que d'autres auront échoué
dans leurs attaques contre le brevet, remonteront au même
assaut. Ce résultat est fâcheux, mais inévitable; et la solution
contraire, c'est-à-dire la déclaration absolue de validité d'un

brevet, inadmissible en droit, créerait, en fait, d'intolérables
abus. Il n'est ni possible, ni juste qu'on subisse les conséquences d'un procès auquel on a été étranger; on ne peut
pas faire périr mon droit, parce qu'un tiers a mal défendu le
sien. Si un procès en nullité ou en déchéance gagné par un
breveté assurait envers et contre tous la validité de son brevet
et le rendait inattaquable désormais par qui que ce fût, les
actions collusoires, les procédures de complaisance se mul-
tiplieraient avec scandale, et rendraient les tribunaux complices involontaires des fraudes un peu habilement ourdies.
Un premier procès jugé exercera sur les décisions judiciaires
à intervenir son autorité de consultation et de doctrine; il
serait monstrueux qu'il eût l'autorité de la chose jugée.

Le remède contre les témérités judiciaires est dans la sagesse des tribunaux. La loi anglaise de 1835 (¹) permet, par
son article 3, que si la validité d'une patente a été une première fois reconnue judiciairement, et est ensuite remise en
question par un second procès, le juge du second procès
puisse, si le patenté gagne encore sa cause, lui adjuger, suivant les circonstances, le triple des dépens. Notre législation
n'a pas l'habitude de procéder ainsi, pour l'allocation des
dommages et intérêts, par mesures fixes et définies; elle préfère s'en rapporter à la prudence du juge et à son appréciation
attentive de chaque espèce particulière. Nos tribunaux, usant
de la latitude que la loi leur laisse, ne manqueront pas d'élever, au profit du breveté, les dommages et intérêts, s'il leur
apparaît que les procès dirigés contre lui dégénèrent en per-
sécutions judiciaires, et ne font que ressusciter des chicanes
déjà condamnées.

199. Jusqu'où s'étendra l'autorité de la chose jugée avec

(¹) *V.* ci-dessus, page 151.

le ministère public? Ainsi, d'abord, lorsqu'une demande en nullité ou déchéance absolue aura été rejetée par un jugement ou arrêt ayant acquis force de chose jugée, le ministère public, soit du même siège, soit d'un autre siège, pourra-t-il renouveler la demande?

Pour répondre à cette question, il faut distinguer. L'action directe et principale est ouverte au ministère public par l'article 37 dans trois cas spéciaux. Je pense que lorsque le ministère public aura succombé sur une telle action, il ne sera plus recevable à intenter, pour celui ou ceux des cas spéciaux qui auront été l'objet du jugement, une nouvelle action principale et directe. Je pense, de plus, que le ministère public est indivisible; qu'il exerce, en tout tribunal, l'action de la société; et que le procès ainsi jugé dans un siège ne pourra plus être identiquement renouvelé par le ministère public près d'un autre siège. Il y a chose jugée contre la partie publique au profit du breveté.

Que si le cas est différent, si, par exemple, une première action a été appuyée sur l'article 30-2°, une autre action, appuyée sur l'article 30-4°, pourra être valablement intentée par le ministère public. Ce n'est plus le même procès.

En sera-t-il de même s'il s'agit de réquisitions prises par le ministère public, comme partie intervenante sur un procès privé? Cette question est difficile; car, d'un côté on peut dire que l'action, quelle qu'ait été son origine et son occasion, est devenue l'action publique de la société; et, d'un autre côté, l'on peut dire que le second procès ne sera pas le même que le premier, puisque, dans le premier, il s'agissait de faits spéciaux mis en litige et en problème par un intérêt privé auquel le ministère public n'a fait que s'adjoindre. Je pense que, l'intervention du ministère public ayant fait entrer la société en cause, la décision qui aura rejeté sa demande en

nullité ou déchéance absolue, formera un obstacle légal à ce
qu'une autre action du ministère public soit ultérieurement
reçue, si elle est appuyée sur les mêmes griefs : il faut que
les procès aient un terme.

De ce que le ministère public représente la société entière,
et ses intérêts collectifs, on pourrait être tenté de conclure
que, rejeté malgré la demande contraire du ministère public,
un grief de nullité ou de déchéance ne pourra pas être relevé plus tard par un simple particulier. Je pense que ce serait là une erreur. Si la loi avait voulu dénier, en ce cas, l'action privée, elle aurait dû s'en expliquer, et ne point employer
les termes généraux qu'on lit dans son article 34. On n'impose point, par simple induction, aux intérêts privés, un représentant forcé. L'action, même principale, intentée par un
particulier en nullité ou en déchéance est un exercice de son
droit de défense contre la servitude dont il est grevé par l'existence d'un monopole dont il lui est permis de contester la
validité ; ce droit ne peut pas être enchaîné par le fait du ministère public, et par l'insuffisance des preuves fournies dans
un procès précédent.

200. L'article 37 de la loi de 1844, qui définit et explique
les actions du ministère public, a, dans le cours des discussions, subi des modifications importantes.

L'article du premier projet du gouvernement était ainsi
conçu : « Dans tous les cas où un jugement ou arrêt pronon-
« çant la nullité ou la déchéance d'un brevet aura acquis
« force de chose jugée, et dans le cas prévu au n° 3 de l'ar-
« ticle 31, le ministère public pourra se pourvoir pour faire
« prononcer la nullité ou la déchéance absolue du brevet. »
L'article 31-3°, actuellement 30-4°, est celui qui frappe de
nullité le brevet lorsque l'invention est contraire à l'ordre,
à la sûreté publique, aux bonnes mœurs, aux lois. Ce cas au-

rait donc été le seul dans lequel le ministère public eût agi par sa propre initiative; dans tous les autres, il aurait dû attendre que la provocation d'un intérêt privé et l'autorité d'un jugement souverain, constatant que cet intérêt privé ne s'était plaint qu'à juste raison, lui eussent donné l'éveil sur le vice du brevet.

La commission de la Chambre des pairs adopta le principe de cet article; mais elle voulut en concentrer l'exécution sous la direction immédiate du gouvernement, et ne point laisser à chaque procureur du roi près chaque tribunal du royaume le soin d'agir selon ses propres idées et sa seule impulsion; elle pensa que des ordres spéciaux devaient être donnés par le garde des sceaux, de concert avec le ministre du commerce. Elle rédigeait donc ainsi l'article : « Dans « tous les cas où un jugement ou arrêt prononçant la nul- « lité ou la déchéance d'un brevet aura acquis force de chose « jugée, il en sera donné avis au garde des sceaux, ministre « de la justice, qui pourra prescrire au ministère public de « se pourvoir pour faire prononcer la nullité ou la déchéance « absolue du brevet. » De plus, la commission conservait l'action directe dans le cas prévu par l'article du gouvernement; elle y ajouta les cas où un brevet aurait été délivré pour un objet que l'article 3 déclare n'en être pas susceptible, ou avec un titre frauduleux.

Dans la Chambre des pairs (1), M. le comte de Murat combattit l'amendement, comme peu compatible avec la dignité et l'indépendance du ministère public, « qui a mission d'agir selon ses lumières, d'après sa conscience, et sous sa responsabilité, en ce qui concerne les intérêts publics comme en ce qui touche aux intérêts privés; qu'il

---

(¹) Séance du 31 mars 1843.

agisse d'office ou sur la demande des parties. » M. le marquis de Barthélemy fit remarquer qu'une action en annulation absolue est de grave conséquence ; que tous les ayants-droit aux brevets, tous les cessionnaires, qui peuvent être fort nombreux, doivent être mis en cause; que le ministère du commerce, centre de lumières spéciales, dépositaire des documents qui intéressent l'industrie, excellent appréciateur de l'opportunité de l'action, doit être consulté et entendu. M. le garde des sceaux déclara que le gouvernement acceptait l'amendement. Il fit remarquer que la concentration des poursuites et leur direction par des instructions émanées du gouvernement, ne peuvent blesser en rien le ministère public; qu'on éviterait par là le danger de solutions opposées rendues sur une même question par des tribunaux différents. L'article de la commission fut adopté. On rejeta un amendement qui proposait de convertir en une obligation la simple faculté de prescrire les poursuites, conférée au garde des sceaux.

La commission de la Chambre des députés n'adopta pas ce système; elle le remplaça par un amendement qui est l'article 37 de la loi. Voici ce que dit à cet égard le rapport de M. Philippe Dupin : « Votre commission a vu beaucoup d'inconvénients à cette intervention du ministre de la justice dans des matières qui sont plutôt du ressort du ministre du commerce, à ces injonctions qui ôtent au ministère public quelque chose de sa dignité, et à ces actions principales qui ne sont que très exceptionnellement dans les attributions civiles de cette magistrature. D'un autre côté, en formant ainsi après coup, et peut-être devant d'autres juges, une action nouvelle après un premier jugement, n'exposerait-on pas la justice à des contrariétés de décisions toujours fâcheuses? ne se pourrait-il pas que la demande à fin de déchéance ou de nullité absolue fût rejetée quand la demande première aurait été accueillie? La commission a cru que le but proposé serait plus sûrement et plus convenablement atteint si l'on accordait au ministère public la faculté d'intervenir par ses conclusions dans les procès portés devant les tribunaux par les parties intéressées, et de requérir, dans l'intérêt de la société, une nullité et une déchéance absolues qui imprimeraient à la décision rendue un caractère de généralité propre à tarir désormais la source de procès nouveaux. »

Dans la discussion à la Chambre des députés ('), M. Boudet pensa que la nullité ou la déchéance d'un brevet devait profiter à tout le monde, lorsqu'elle résultait d'un jugement passé en force de chose jugée ; et que l'introduction du droit de faire prononcer une nullité absolue, dans un sens purement spéculatif et métaphysique, était périlleuse et inutile. « L'article est d'une haute utilité, répondit M. Philippe Dupin ; il peut éteindre cette calamité des procès qui s'attache avec tant d'abondance aux brevets d'invention. En effet, on n'a rien fait lorsqu'on a attaqué un brevet et fait prononcer la déchéance. Celui qui a gagné son procès s'entend avec celui qui a perdu pour exploiter ensemble l'objet de l'invention. C'est le public seul qui perd son procès ; car, malgré la déchéance prononcée, le monopole continue, et de nouveaux procès surgissent de toutes parts. C'est un fléau auquel il fallait mettre un terme ; et c'est pour cela que le projet autorise le ministère public, toutes les fois qu'il y aura des causes graves de déchéance, à requérir l'anéantissement complet du brevet, de telle sorte qu'il n'y ait aucune contestation possible avec qui que ce soit. On peut s'en rapporter à la sagesse et à la prudente réserve des magistrats pour être

---

(') Séance du 16 août 1844.

sûr que ces interventions ne seront pas intentées à la légère et multipliées outre mesure. »

Le projet adopté par la Chambre des députés, reporté à la Chambre des pairs, y fut adopté sans amendement. Mais le second rapport de M. le marquis de Barthélemy laisse voir que la commission ne s'est résignée qu'avec peine à accepter le nouvel article 37.

« Ce système, dit le rapport, n'est certes pas sans de graves inconvénients. Une demande en nullité formée par un tiers contre un simple cessionnaire, doit être portée devant le domicile de ce cessionnaire et non devant le tribunal du domicile du breveté. Or, c'est dans une instance ainsi formée, que le ministère public est autorisé à prendre des conclusions pour requérir la nullité absolue du titre contre le breveté, breveté qui se trouve ainsi enlevé à ses juges naturels, aux juges de son domicile, aux juges que l'article 35 avait voulu lui réserver. C'est ainsi qu'un tribunal placé dans une ville de troisième ou quatrième ordre peut être appelé à prononcer la nullité ou la déchéance absolue d'un titre que les juges de la capitale, ou d'une ville de premier ordre, foyers ordinaires des lumières industrielles, auraient seuls dû examiner. Aux termes de l'article 38, tous les cessionnaires du brevet à quelque titre que ce soit, devront être appelés devant ce tribunal: Il est facile de concevoir tous les inconvénients qu'entraineront le déplacement des experts et des nombreux intéressés, et leur comparution devant le siège d'une ville peu importante. D'un autre côté, quel que soit le tribunal devant lequel l'affaire sera portée, ne serait-il pas bien dur, bien rigoureux, d'exposer les parties à supporter tout le coût d'un procès fort agrandi par une intervention de cette nature du ministère public. Que conclura la justice du silence du projet, quand elle aura à prononcer sur les dépens?

« Disons-le avec toute sincérité : si l'admission du système consacré par le vote de la Chambre des pairs pouvait présenter quelques difficultés, celui qui lui a été substitué en offre de bien graves. Nous pensons, toutefois, que nous pouvons vous proposer d'accepter la disposition adoptée par la Chambre des députés. Voici nos motifs :

« Jusqu'à présent, les demandes en nullité absolue de brevets pour cause de défaut de nouveauté de l'invention n'ont point été autorisées par la loi. Les cas où des nullités intéressent à un haut degré la société sont peu nombreux. Des instructions spéciales devront inviter les procureurs du roi, et surtout les procureurs du roi autres que ceux des tribunaux dans l'arrondissement desquels les brevetés seront domiciliés, à ne prendre que dans des circonstances fort rares des réquisitions pour faire prononcer la nullité absolue des brevets. Ainsi obviera-t-on à l'inconvénient, très grave suivant nous, qu'il y aurait à multiplier ces poursuites sur tous les points du royaume.

« Nous pensons, de plus, que le procureur du roi du tribunal civil saisi par action principale d'une demande en nullité ou en déchéance de brevet, aux termes de l'article 34, pourra seul faire de semblables réquisitions, et que le droit de les formuler ne saurait appartenir au procureur du roi d'un tribunal correctionnel devant lequel serait portée une action pour délit de contrefaçon, lorsque ce tribunal serait appelé, aux termes de l'article 46, à statuer sur les exceptions tirées par le prévenu, soit de la nullité, soit de la déchéance du brevet. On ne peut se dissimuler que cette doctrine ne puisse aboutir à faire naître, dans un certain nombre de cas, cette contrariété de jugements que l'intention de la Chambre des députés aurait voulu éviter. Mais on ne saurait consentir à laisser un tribunal de répression, saisi incidemment d'une

question civile, le droit de prononcer la déchéance absolue
d'un brevet. »

Je crains que.les objections qu'on vient de lire ne soient
plus fortes que les réponses qui y sont faites ; et j'avoue que,
pour mon compte, je regrette que l'on ait renoncé à placer
sous le contrôle éclairé du pouvoir central la direction des actions en nullité ou déchéance absolue sur.tous les points du
royaume.

201. Je pense, au reste, comme la commission de la
Chambre des pairs, que le ministère public ne pourra requérir d'un tribunal correctionnel la nullité ou déchéance absolue du brevet. Le texte des articles 37 et 46, et la place qu'ils
occupent dans loi, ne permettent pas une autre interprétation. Le droit n'est ouvert.par l'article 37 au ministère public
que dans les instances civiles dont s'occupe la section 2 du
titre 4, et qui tendent à faire prononcer la nullité ou la déchéance ; l'article 46, placé au titre 5 sur la contrefaçon, n'appelle le tribunal correctionnel à s'expliquer sur la nullité ou
la déchéance qu'en statuant sur les exceptions qui en seraient
tirées par le prévenu de contrefaçon. L'article 38, qui exige
la mise en cause de tous.les ayants-droit, ne concerne que les
instances civiles.

202. Quant à la question des dépens, soulevée et non résolue par le rapport, elle est assez difficile pour embarrasser
beaucoup les tribunaux ; car, d'une part, il est de principe
que le ministère public n'est jamais condamné aux dépens;
d'autre part, l'article 130 du Code de procédure civile veut
que la partie qui succombe soit condamnée aux dépens, sauf
les cas de compensation de tout ou partie des dépens, prévus
par l'article 131.

La question sera difficile, même dans le cas où le ministère
public, qui succombera dans sa demande, ne sera arrivé au

procès que comme partie intervenante ; car il est certain que cette intervention aura beaucoup augmenté les frais. Néanmoins, on peut répondre que le procès n'a existé avec le ministère public que parce que le particulier demandeur a suscité une contestation qui, en définitive, a été jugée mauvaise ; que former une telle demande principale, c'est s'exposer à ses conséquences ; que l'équité n'est point blessée de ce que, plus ont été grands les périls auxquels le demandeur a exposé le breveté, plus la peine pécuniaire soit forte contre le téméraire provocateur de ces périls. Le ministère public ne supportera donc pas les dépens s'il n'a succombé que comme partie intervenante.

Mais si le ministère public a agi seul, comme partie principale, et si son agression est jugée mal fondée, une condamnation de dépens contre le breveté, injustement attaqué, outragerait l'équité à un tel degré, que je ne puis me résoudre à l'admettre. Cette action civile, donnée au ministère public dans des formes et conditions exceptionnelles, s'écarte assez des actions ordinaires pour que l'on tolère ici une exception à la règle ordinaire qui affranchit le ministère public des dépens. Je pense que le trésor public devra supporter les dépens si le ministère public succombe dans son action principale en nullité absolue d'un brevet.

203. Il résulte des développements qui précèdent : que la déclaration judiciaire de nullité ou de déchéance n'anéantit complètement un brevet, envers et contre tous, que lorsqu'elle a été prononcée, en forme absolue, par jugement ou arrêt ayant acquis force de chose jugée ; que la juridiction civile, seule compétente, ne peut statuer en cette forme que quand le ministère public est partie en cause ; que, dans tout procès principal en nullité ou en déchéance intenté par un particulier contre les propriétaires d'un brevet, le ministère public peut

demander l'annulation absolue du brevet pour nullité ou déchéance, en se rendant partie intervenante; qu'il ne peut pas
intervenir pour la première fois en cause d'appel, ce qui serait
priver le breveté d'un degré de juridiction; qu'en cas d'action
principale du ministère public, elle est portée devant le tribunal civil de première instance du domicile du titulaire du
brevet, et à défaut de titulaire encore existant, ou ayant conservé intérêt dans le brevet, au domicile du principal propriétaire actuel; que le ministère public ne peut pas introduire
une action principale en déchéance absolue; qu'il peut, dans
trois cas seulement que la loi a expressément spécifiés, demander directement, par action principale, la nullité absolue
d'un brevet.

Ces trois cas sont ceux des nᵒˢ 2°, 4° et 5° de l'article 30,
Si l'invention n'est pas, aux termes de l'article 3, susceptible
d'être brevetée; si elle est contraire à l'ordre ou à la sûreté
publique, aux bonnes mœurs, ou aux lois du royaume; si le
titre sous lequel le brevet a été demandé indique frauduleusement un objet autre que le véritable objet de l'invention.

204. L'annulation absolue d'un brevet le faisant périr pour
tout le monde, les divers ayants-droit et cessionnaires du
breveté ont, comme lui, intérêt à préserver le brevet. Le respect du droit de défense exige qu'ils soient mis en cause, et
l'article 38 l'ordonne expressément. Mais il n'aurait pas été
possible que le ministère public se mît au hasard, et en tous
lieux, à la recherche des cessionnaires et ayants-droit. On les
connaîtra officiellement par le registre spécial tenu au ministère du commerce. Ceux qui auront négligé de s'y faire inscrire ne seront pas reçus à se plaindre de n'être pas mis en
cause.

205. Lorsque la nullité ou la déchéance d'un brevet a été
déclarée judiciairement, et quand le jugement ou arrêt qui la

prononce est passé en force de chose jugée, avis en est donné par le ministère public au ministre de l'agriculture et du commerce. Une ordonnance royale, contresignée par ce ministre, proclame, dans les trois mois, l'annulation du brevet et est insérée au Bulletin des lois.

206. La loi, qui a restreint l'initiative du ministère public, a pleinement ouvert aux particuliers l'accès des tribunaux. Le principe général des actions en nullité et déchéance est qu'elles pourront être exercées par toute personne y ayant intérêt. Telle est la disposition expresse de l'article 34 de la loi de 1844; telle était aussi la vraie doctrine sous les lois de 1791, dont le silence laissait quelquefois matière à controverse.

L'article 34, qui fait de l'intérêt la condition de l'action, doit être largement interprété. Chaque particulier, avant de se livrer à des travaux et à des dépenses de fabrication quelquefois considérables, a intérêt à faire décider si un privilège existe ou n'existe pas; et la prétention, affichée par un breveté, de jouir d'une exploitation exclusive, est, pour chaque imitateur futur, un sujet d'inquiétude et d'alarmes, que l'on doit être reçu à faire cesser, pour ne point être exposé aux chances d'un procès et à l'affront d'être condamné comme contrefacteur. De plus, tout citoyen a intérêt, comme consommateur, à la plus grande liberté possible de l'industrie.

On a objecté qu'il est dur pour les brevetés de voir ainsi une série de procès se renouveler contre eux. « Pensez-vous, a-t-on dit, que mon brevet est nul? Exécutez. Et si je vous attaque, vous opposerez alors ma déchéance comme exception. Mais, quand je ne vous poursuis pas, à quoi bon votre demande? Vous ne savez pas si je me plaindrai. Vous craignez que j'agisse? Attendez. Jusque-là vous êtes non-recevable; et, sans défendre à votre demande, je vous en laisserai sup-

porter les frais. » L'objection n'est pas sérieuse ; et la condition d'existence de tout monopole est d'avoir des procès à
soutenir contre les personnes qui l'enfreignent ou qu'il
blesse. On n'a besoin d'entourer d'aucune faveur ni les prétentions du breveté à laisser ses droits dans le doute, ni son
refus de toute déclaration nette et catégorique, afin que, grâce
à cette incertitude, et aux menaces vagues d'un procès, il
puisse se perpétuer dans l'usage d'un privilège auquel il saura
n'avoir jamais eu de droits, ou avoir perdu ses droits anciens.
Si des procès injustes ou frustratoires sont intentés contre lui,
les demandeurs succomberont ; et l'équité des tribunaux
pourra, suivant les circonstances, prononcer à son profit des
dommages et intérêts proportionnés aux torts qu'on lui aura
causés. Trop d'intérêts particuliers seraient compromis, s'il
fallait que tous les droits restassent en suspens jusqu'à l'é-
poque où il plairait au breveté d'intenter lui-même une attaque, et de choisir son adversaire.

Si, tout en permettant l'action, on l'avait réservée au ministère public, on aurait subordonné à la volonté ou à la convenance des magistrats le maintien d'un intérêt civil et l'exercice d'un droit privé. C'est ce qui ne doit pas être. Un droit
ne peut pas dégénérer en une sollicitation. L'intérêt public
ici engagé n'est point de ceux qui ne touchent que médiatement les particuliers, comme dans le cas d'une peine à infliger
pour châtier un crime ou un délit ; il enferme et représente
un assemblage d'intérêts privés, il a une influence positive et
immédiate sur la fortune et la liberté d'un nombre considérable de citoyens. Il est général, parce qu'il est collectif ;
il est public, parce qu'indépendamment de sa relation avec la
société prise en masse, il se rapporte aussi à chacune des
personnes, parmi celles dont le public se compose, qui auront la volonté d'en user.

Les discussions auxquelles l'article 34 ont donné lieu l'ont expliqué dans le sens des observations qui précèdent.

Dans la Chambre des pairs ([1]), M. le marquis de Boissy avait proposé de dire que les actions pourraient être exercées par le ministère public ou par les tiers. Il retira son amendement après les explications du rapporteur qui donna aux expressions de *personnes ayant intérêt*, la signification la plus étendue. « L'examen préalable, a dit M. le marquis de Barthélemy, étant complètement écarté, il faut donner aux intéressés le droit de faire prononcer la nullité d'un brevet qui porte atteinte à leur droit personnel et au droit de tous. Comme tout individu peut, d'un instant à l'autre, devenir fabricant, mécanicien, chacun a le droit de faire prononcer la nullite d'un brevet délivré pour une chose qui n'est pas nouvelle, qui était la propriété de tout le monde, et qu'un seul a voulu s'approprier. »

A la chambre des députés ([2]), M. Donatien Marquis demanda la suppression des mots *y ayant intérêt :* « Comment prouvera-t-on qu'on y a intérêt? Est-ce un intérêt direct; est-ce un intérêt quelconque? Tout le monde a le droit de poursuivre une déchéance. » M. Vivien présenta des observations dans le même sens; l'action ne peut pas être restreinte au seul cas où l'on aura un intérêt actuel et personnel à la déchéance parce qu'on sera exposé à une plainte en contrefaçon. M. Philippe Dupin donna les explications suivantes :

« La pensée qui a présidé à la rédaction du projet est celle-ci : En France, on ne connaît pas d'action publique exercée par de simples citoyens; ce serait le seul exemple où

([1]) Séance du 31 mars 1843.
([2]) Séance du 16 août 1844.

un particulier serait admis, dans un intérêt social et non personnel, à intenter une action devant les tribunaux; ce serait une chose exorbitante d'introduire une disposition aussi anormale dans nos lois. On a donc réduit le droit de demander la déchéance au cas où le demandeur avait un intérêt personnel. Mais l'intérêt peut être dans l'avenir comme dans le passé ou dans le présent. Ainsi, un fabricant voudra faire usage d'une machine brevetée; par exemple, un marchand de drap voudra se servir de ce qu'on appelle une tondeuse; il aura le droit d'attaquer celui qui, sans droit, aurait pris un brevet pour cette machine. Mais il faut qu'il y ait un intérêt réel, sérieux, justifié. Les tribunaux l'apprécieront; la loi ne peut le déterminer à l'avance. Autrement, on verrait des spéculateurs d'une nouvelle espèce faire métier de plaider contre les personnes brevetées. » M. Marquis retira son amendement.

207. Le n° 4 de l'article 30 offre l'exemple de cas dans lesquels un simple particulier ne pourra que rarement être reçu à se prétendre intéressé à exercer l'action en nullité. Ce paragraphe est celui qui déclare le brevet nul si la découverte, invention ou application est reconnue contraire à l'ordre ou à la sûreté publique ou aux lois du royaume. En effet, l'intérêt qui légitime l'action est, presque toujours, de revendiquer son droit à la liberté d'industrie, entravée par un monopole qui peut même devenir aggressif. Or, attaquer une industrie comme essentiellement attentatoire à la loi, et réclamer, à ce titre, la suppression d'un obstacle mis à son libre exercice, ne serait-ce pas s'accuser soi-même, et se prétendre autorisé par un intérêt dont les tribunaux doivent ne pas reconnaître l'existence? Si l'industrie brevetée offense l'ordre public, trouble la sécurité sociale, viole les lois, son exercice, que le demandeur en nullité veut faire déclarer

libre, serait, de sa part, aussi illicite que de la part du breveté.

Ce serait, toutefois, aller trop loin que de déclarer, en thèse absolue, que jamais particulier n'aura intérêt légitime à une action fondée sur cette cause; et d'autres motifs que la revendication du libre exercice de l'industrie brevetée pourront quelquefois avoir donné naissance à un juste intérêt. Ce sera aux tribunaux à vérifier s'il existe un intérêt d'un ordre différent, digne de la garantie de la loi.

La prévoyance de la loi a donné, pour ce cas, au ministère public, une initiative qui appartiendra fort rarement aux actions privées.

208. Les deux autres cas d'initiative ouverts au ministère public, ceux de brevets délivrés, ou en violation de l'article 3, ou sur indication d'un titre frauduleux, appartiennent concurremment, dans tous les cas, à l'action privée des intéressés et à l'action publique. On a vu que, pour toutes les autres causes de nullité ou de déchéance, l'initiative est exclusivement à l'action privée, et que le ministère public ne peut qu'intervenir dans le litige ouvert par cette action.

209. Les dispositions qui, dans la loi de 1844, se rattachent au système d'annuités, introduit par amendement dans la dernière phase des discussions, n'ont été qu'imparfaitement coordonnées avec le reste de la loi.

Dans la pratique de la législation de 1791, sous laquelle la moitié de la taxe était payée d'avance, et où l'autre moitié pouvait ne l'être que dans les six mois, l'administration statuait sur les déchéances encourues par le défaut de payement du complément de la taxe; des ordonnances royales déclaraient et proclamaient la nullité des brevets.

Voici comment, dans ma première édition, je m'exprimais sur ce mode de statuer. On verra que cette citation n'est pas inutile à l'appréciation des questions qui se présenteront sous la loi de 1844.

« On peut dire, en faveur de la compétence administra-tive, qu'il n'y a de brevet parfait et définitif qu'après que les droits ont été acquittés. La loi, en accordant un délai pour le payement de la moitié des droits, n'a eu en vue que de fa-voriser les inventeurs ; mais elle n'a pas renoncé à ce que l'entier payement fût une formalité indispensable, jusqu'à l'accomplissement de laquelle le brevet n'a qu'une existence conditionnelle. Si cette condition n'est pas remplie dans le terme prescrit, la demande de brevet est censée n'avoir ja-mais existé. L'administration, en proclamant ces sortes de déchéance, ne porte point un jugement. Elle déclare seule-ment qu'elle n'a pas reçu le montant de la taxe que les brevetés s'étaient engagés à verser dans ses mains, à peine de nullité de leurs demandes. C'était à elle à recevoir le payement, c'est elle qui proclame authentiquement qu'elle ne l'a point reçu.

« En se bornant à envisager ainsi la question, et en songeant que le payement ou le non-payement d'une taxe est un fait positif, de la vérification la plus facile, sur lequel il n'y a, dans la pratique, aucune probabilité que l'administration vienne à commettre des erreurs, on se laisserait conduire, sans peine, à ne pas élever d'objections contre la légalité des ordonnances royales qui proclament la nullité des brevets dont la taxe n'a pas été payée.

« Toutefois, si l'on s'attache à la rigueur des principes ; si l'on considère que l'administration, stipulant au nom de la société, et le demandeur de brevet, stipulant en son propre nom, sont deux parties contractantes, dont nulle ne doit être juge dans sa cause ; si l'on suppose le fait, peu probable, mais possible, d'un débat sur la réalité, ou sur la validité du paye-ment de la taxe, on reconnaîtra que l'administration aurait agi

avec plus d'exactitude, et aurait montré un respect plus scrupuleux pour les attributions du pouvoir judiciaire, en ne déclarant point elle-même les déchéances, et en se contentant
de dénoncer aux tribunaux le défaut de payement des taxes,
et de solliciter des jugements de déchéance, avant de proclamer la nullité des brevets. Cette marche aurait, d'ailleurs,
l'avantage de rentrer dans les dispositions du droit commun,
en vertu duquel l'évènement des conditions résolutoires n'annulle pas de plein droit les contrats. (Article 1184 du Code
civil.) »

La loi de 1844 n'attribue nulle part à l'administration le
pouvoir de prononcer une déchéance, quelle qu'en soit la
cause. Il résulte, au contraire, jusqu'à l'évidence, des discussions de cette loi, de son économie, de son esprit, que
l'administration, après avoir délivré les brevets, ne conserve
aucun pouvoir sur leur existence, et que la déclaration de leur
nullité ou de leur déchéance est un acte essentiellement
judiciaire.

On aurait pu, sans inconvénient, faire une exception à la
généralité de ce principe lorsque la déchéance a été encourue
par non-payement des annuités. Mais cette exception, la loi
ne l'a pas faite ; elle n'a statué qu'en ce qui concerne la première annuité, sans le payement de laquelle la demande n'est
pas tenue pour régulièrement formée. Pourra-t-on persister,
en cas de non-payement des annuités subséquentes, dans la
pratique que l'on suivait sous la législation antérieure ? Il y aurait, à prendre ce parti, une grave difficulté, sinon de fait, au
moins de droit et de compétence. La loi actuelle ne laisse
plus dans le même vague que les lois qu'elle a remplacées
les attributions respectives de l'autorité administrative et de
l'autorité judiciaire ; elle a fait clairement la part de chaque
pouvoir ; on ne doit point, même à bonne intention et pour

éviter des embarras pratiques, enfreindre les lois de compé-
tençe, dont le maintien est d'ordre public. L'article 59 n'autorise le ministre à publier la nullité ou la déchéance qu'a-
près qu'elle a été prononcée, en forme absolue, par jugement
ou arrêt ayant acquis force de chose jugée. Je sais bien qu'il
résulte du second exposé des motifs à la Chambre des
pairs (¹), que, dans l'opinion du ministre, l'administration
aura à publier tous les trois mois au *Bulletin des lois* la liste
des brevets tombés en déchéance faute de payement d'une
annuité; mais cette opinion me paraît avoir été dictée par la
préoccupation du passé plutôt que par une exacte appréciation de la loi nouvelle.

Que fera l'administration ? Pourra-t-elle adresser aux tribunaux la déclaration que les annuités dues pour tels et tels
brevets n'ont pas été acquittées, et charger, en conséquence,
le ministère public de requérir des jugements de déchéance?
Cette procédure, qui n'eût été ni difficile, ni compliquée, aurait eu l'avantage de maintenir les principes généraux de la
loi et ses règles de compétence; elle aurait, de plus, maintenu dans toute sa latitude le droit de défense; car les brevetés signalés par l'administration comme restant en retard,
auraient été mis en cause, et auraient pu, s'il y avait lieu, contester le fait de non-payement à eux reproché. La loi pouvait
disposer ainsi; mais elle ne l'a pas fait : ce cas n'est point un
de ceux dans lesquels elle a ouvert une action principale au
ministère public. Donner à l'administration publique le droit
d'introduire directement une action en déchéance, comme
étant une personne y ayant intérêt, et sans se faire représenter par le ministère public, ce serait éluder l'article 57, trop
clair pour se prêter à une telle équivoque. La loi aurait pu,

---

(¹) *V.* ci-dessus, pages 572 et 573.

elle aurait dû, comprendre l'article 32-2° au nombre des cas pour lesquels elle donne l'action publique. Mais elle n'a pas songé à le faire.

De ce que l'administration ne peut, ni prononcer administrativement la déchéance pour non-payement des annuités, ni provoquer, directement et d'office, une déchéance judiciaire, on arrive inévitablement à cette conséquence peu satisfaisante que le non-payement des annuités est une cause ordinaire de déchéance, qui pourra être invoquée, par action principale ou par voie d'exception, de la part de toute personne ayant intérêt à faire tomber le brevet, mais qui ne pourra être invoquée que par action privée.

Le rôle du ministère du commerce se réduira à dresser le tableau des brevets dont les annuités n'auront pas été acquittées. Ce sera pour lui un devoir de bonne justice de publier ce tableau, afin que les tiers intéressés à contester le brevet, et les tribunaux appelés à statuer, y puisent la connaissance du fait motivant la déchéance.

Cette solution ne me satisfait pas ; je souhaite beaucoup que l'on en imagine une meilleure, et qui arrive plus efficacement à l'exécution de la loi ; je suis même persuadé qu'il y a eu ici, de la part du législateur, lacune involontaire. Mais, quand une loi est formelle, il faut y obéir, fût-elle défectueuse ; car rien ne compense le mal social qui naît de la désobéissance de la loi. Si les embarras ou les inconvénients de la pratique sont trop grands, le seul remède légitime est de provoquer une loi nouvelle.

S'il arrive qu'une loi supplémentaire doive venir en aide à la loi de 1844 lorsqu'elle aura été suffisamment expérimentée, ce sera, si je ne me trompe, l'innovation considérable introduite par le système des annuités qui, plus que tout le reste, fera sentir la nécessité de recourir ainsi au législateur.

210. La déchéance pour non payement des annuités est-elle irrémissiblement encourue par le seul fait du défaut de payement au terme indiqué par la loi, c'est-à-dire au commencement de chacune des années de la durée du brevet? Le breveté sera-t-il relevé de la déchéance si, avant toute demande formée contre-lui, il a acquitté-les annuités en retard? Y aura-t-il des cas d'excuse, comme, par exemple, le cas où, le breveté étant décédé, le terme d'une annuité sera échu pendant le délai légal laissé aux héritiers pour faire inventaire et délibérer, ou pendant le temps que les titres et papiers se seront trouvés sous les scellés ?

Il est à regretter qu'aucune de ces questions n'aient été prévues par la loi. Son texte semble n'admettre aucune excuse au retard de payement; et il faut convenir que si des excuses étaient possibles, et faisaient dégénérer cette cause de déchéance en mesure purement comminatoire, le recouvrement des annuités serait fort mal assuré. Je pense cependant que les obstacles matériels de force majeure pourront, dans des cas rares, et avec une extrême circonspection, être admis comme excuse du retard.

211. D'assez nombreuses difficultés sur plusieurs questions de compétence s'étaient élevées sous la législation de 1791. La loi de 1844 y a mis fin en décidant, en termes exprès, par son article 34, que les actions en nullité et en déchéance seront portées devant les tribunaux civils de première instance. Quant à la faculté d'appel devant les cours royales, elle existe de plein droit ; et l'on n'a pas eu besoin de l'écrire.

Le même article attribue aux mêmes tribunaux toutes les contestations relatives à la propriété des brevets.

212. Conformément au droit commun, l'action en nullité ou en déchéance est portée devant le tribunal du domi-

cile du défendeur, qu'il soit, ou titulaire du brevet, ou ayant-
cause de ce titulaire à titre universel ou particulier. L'article 59 du Code de procédure civile, qui pose cette règle,
ajoute que, s'il y a plusieurs défendeurs, ils seront assignés
devant le tribunal du domicile de l'un d'eux, au choix du
demandeur. Mais on a considéré que, dans l'usage, il se fait
souvent des cessions partielles de brevets sur tous les points
du territoire, et que, dans ces cas, laisser au demandeur
l'option que lui donne le droit commun serait le rendre
maître de choisir tel tribunal du royaume que bon lui sem-
blerait. La loi de 1844, dans l'intérêt des brevetés, et afin
qu'ils ne fussent pas trop facilement distraits de leur juge naturel, a donc apporté une exception à la règle du Code de
procédure civile par son article 35, ainsi conçu : « Si la de-
« mande est dirigée en même temps contre le titulaire du
« brevet et contre un ou plusieurs cessionnaires partiels,
« elle sera portée devant le tribunal du domicile du titulaire
« du brevet. »

213. La loi n'a point dispensé ces demandes du préliminaire ordinaire de conciliation. Elles y seront donc soumises,
sauf le cas de l'exception prévue par l'article 49-6° du Code
de procédure civile : si la demande a été formée contre plus
de deux parties, encore qu'elles aient le même intérêt.

214. L'article 36 de la loi de 1844 est ainsi conçu : « L'af-
« faire sera instruite et jugée dans la forme prescrite pour
« les matières sommaires par les articles 405 et suivants du
« Code de procédure civile. Elle sera communiquée au pro-
« cureur du roi. » L'intention de cet article est évidente. On
a voulu éviter des frais, et accélérer l'expédition de ces affaires. On aurait pu combattre la justice relative de cet article, et dire que beaucoup d'affaires, classées parmi les matières ordinaires, requièrent autant de célérité, et sont d'une

instruction moins compliquée. La vérité est qu'il faut le prendre comme une de ces protestations contre notre procédure paperassière, fréquentes dans nos lois récentes; le législateur n'en aborde point la réforme difficile et encore peu préparée; mais, autant qu'il le peut, il allège la procédure dans les lois spéciales qu'il est appelé à voter.

215. Les règles ordinaires sur la procédure, sur les demandes, les preuves, les exceptions, sur les enquêtes et expertises, sur les jugements, appels, pourvois en cassation, sur les acquiescements, sur la chose jugée, devront être suivies, en cette matière, dans tous les cas non expressément réglés par la loi spéciale.

Ainsi les tribunaux ont jugé, conformément au droit commun, que c'est à celui qui invoque une nullité ou une déchéance à en faire la preuve; qu'il n'y a pas lieu à ordonner une expertise ou une enquête, lorsque les faits articulés sont vagues ou non pertinents; qu'il n'y a pas lieu à écarter une demande par une exception non écrite dans la loi.

La Cour de cassation, par arrêt de la Chambre civile du 4 juin 1839, a appliqué cette dernière règle à un cas où une déchéance était demandée par un individu qui, lui-même, avait postérieurement pris un brevet pour le même objet. « Attendu que l'arrêt attaqué a déclaré, en fait, que Pocquel avait encouru la déchéance de son brevet; que, néanmoins, il a infirmé le jugement qui avait déclaré la déchéance et mis les parties hors de cour, par le motif que Lambert n'a pu opposer à Pocquel que sa prétendue importation était tombée dans le domaine public et qu'il y avait déchéance de son brevet, puisque, en obtenant un brevet semblable, Lambert reconnaissait lui-même qu'il pouvait y avoir une propriété privée à cet égard; qu'en se fondant sur ce motif pour se refuser à déclarer une déchéance que lui-même reconnaissait avoir été encourue, l'arrêt de la Cour royale de Paris a créé une exception qui n'est pas dans la loi; qu'il a ainsi commis un excès de pouvoir et violé l'article 16 de la loi du 7 janvier 1791. »

216. En cette matière, comme en toute autre, il faut, pour qu'il y ait autorité de chose jugée, même chose demandée, même cause de demande, mêmes parties agissant en la même qualité.

Il suit de là que si un grief de nullité de brevet a été jugé entre deux parties, rien ne s'oppose à ce qu'un nouveau procès ne s'agite entre elles sur le même brevet, mais pour des causes différentes de déchéance ou de nullité. Ainsi, après qu'une demande en déchéance pour défaut d'exploitation pendant deux années consécutives aura été rejetée, le même demandeur pourra intenter une action en nullité contre le même breveté pour défaut de nouveauté de l'invention. Que si le grief allégué était la reproduction du grief rejeté, et qu'il n'y eût de différence que par l'addition d'autres arguments, ou l'invocation de quelques preuves omises par négligence dans le premier procès, la chose jugée serait opposable. Au reste, la comparaison entre la chose déjà jugée et la chose à juger par un procès nouveau dépend beaucoup des circonstances, qu'il est difficile de préciser à l'avance par une solution purement doctrinale.

———

CHAPITRE VIII.

ACTIONS EN CONTREFAÇON.

217. Le présent chapitre sera consacré à faire connaître les actions ouvertes aux propriétaires de brevets pour la protection de leurs droits. La loi qui leur accorde une exploita-

tion exclusive serait une lettre morte si elle ne les armait du droit de faire respecter leur privilège, et d'agir en justice contre quiconque en viole les prérogatives.

Nous examinerons, dans la première section, les règles de juridiction et de compétence ; dans la seconde, les règles de procédure ; dans la troisième, les jugements et arrêts et leurs résultats.

—

SECTION I.

JURIDICTION ET COMPÉTENCE.

218. Il est de principe dans notre droit que toute personne lésée par un délit, ou même par un crime, peut saisir les tribunaux civils de sa demande en réparation du préjudice qui lui a été causé, sans être obligée de recourir à la juridiction pénale. Cette règle, applicable, sous la législation de 1791, aux infractions des privilèges garantis aux brevetés, reste en vigueur sous la loi actuelle.

L'action civile, ainsi directement formée, car nous ne parlons pas encore de celle qui, attachée à l'action pénale, en est la conséquence, et est nécessairement inséparable de sa juridiction, sera-t-elle portée devant les tribunaux civils ou devant les tribunaux de commerce ?

Cette question se résout par les règles ordinaires. En thèse générale, c'est aux tribunaux civils que la compétence civile appartient; aux juges de paix, conformément à la loi du 25 mai 1838, soit en dernier ressort si la somme demandée n'excède pas cent francs, soit à charge d'appel jusqu'à la valeur de deux cents francs; aux tribunaux civils de première instance, si la demande d'indemnité est supérieure à deux cents francs. L'action sera de la compétence des tribunaux de commerce si, d'après les circonstances spéciales, la réclamation qu'elle engage tombe sous l'application de l'article 631 ainsi conçu : « Les tribunaux de commerce connaîtront : « 1° de toutes contestations relatives aux engagements et « transactions entre négociants, marchands et banquiers; « 2° entre toutes personnes, des contestations relatives aux « actes de commerce.

L'action civile exercée contre un contrefacteur devant les tribunaux civils n'est point, à proprement parler, une action en contrefaçon, bien que ce soit le fait de contrefaçon qui la motive. C'est plutôt une action en dommages et intérêts.

219. L'action, proprement dite, en contrefaçon, qui, sous

la législation de 1791, était portée devant les justices de paix, a pris nettement un caractère pénal depuis la loi du 25 mai 1858 qui l'a transportée devant la juridiction correctionnelle.

La loi du 7 janvier 1791 n'avait point réglé la juridiction. Le comitié de l'Assemblée constituante qui avait préparé le projet devenu la loi du 25 mai 1791, avait, par l'article 11 du titre 2, attribué juridiction aux tribunaux civils ordinaires, qui étaient alors les tribunaux de district. Cet article fut renvoyé au comité; et les articles 10 et 11 de la loi ont placé ces actions dans la compétence des juges de paix.

L'intention évidente du législateur a été de diminuer les frais et d'accélérer les décisions. Sans doute a-t-il pensé que l'action d'un propriétaire de brevet contre celui qui le trouble dans la jouissance de son droit exclusif offrait des analogies avec l'action possessoire. Les deux projet présentés au Conseil des Cinq-Cents, et qui n'ont pas été convertis en loi, se sont occupés des questions sur lesquelles, à tort à ou à raison, des modifications étaient réclamées. Ils ne mettent aucunement en problème le maintien de l'attribution aux juges de paix des procès en contrefaçon. Le premier projet se bornait à confirmer à cet égard la loi du 25 mai 1791. « Il n'est pas douteux, dit Eude dans son premier rapport, que le juge de paix doit connaître de ces contestations, sauf l'appel, à quelque somme que s'élève l'objet du litige : tel est le vœu de la raison comme celui de la loi, puisque cela tient à la police des arts et métiers qui doit toujours être traitée sommairement. » Dans le second projet, où la matière est mieux connue et plus approfondie, on propose d'ôter au juge de paix la connaissance des exceptions de déchéance ; mais on lui laisse les actions en contrefaçon. « Le saisi, dit Eude dans son second rapport, peut se défendre par des moyens qui emportent évidemment la déchéance du brevet.... La loi n'a point prévu le cas où cette difficulté s'éleverait devant le juge de paix ; on peut, sans danger, lui laisser la connaissance des actions qui se réduisent au seul point d'approfondir si telle chose est faite à l'imitation de telle autre ; et ces sortes d'actions seront infailliblement les plus ordinaires. Mais, lorsqu'il s'agit de prononcer la déchéance d'un brevet, l'action se présente sous un plus grave aspect.... Alors il faut des formes solennelles, des juges plus éclairés, des experts plus habiles ; ce n'est que dans les tribunaux supérieurs qu'on peut espérer de les trouver. Aussi notre commission vous propose d'enjoindre, dans ce cas, au juge de paix, de transcrire sur ses registres le soutien du défendeur, et de renvoyer la suite de l'affaire au tribunal civil. »

Les prévisions du législateur sur la facilité de juger les contrefaçons ne se réalisèrent point dans la pratique. Avec les progrès de l'industrie, les brevets se multiplièrent, et avec les brevets, les procès. Les faits de contrefaçon ne se présentèrent point habituellement avec la simplicité qu'on leur avait supposée ; ils exigèrent souvent la solution de problèmes techniques et scientifiques fort ardus.

Un résultat de la jurisprudence, ou plutôt un principe de droit que la jurisprudence était inévitablement obligée de consacrer, augmenta beaucoup la gravité de ces contestations, et leur donna l'importance et l'étendue de procès considérables.

Ce principe est que, dans l'absence d'une disposition spéciale et expresse de la loi, le juge d'une action est juge des exceptions invoquées pour la repousser. Vainement donc on avait réservé aux tribunaux supérieurs les actions principales en déchéance ; la discussion si importante, si difficile, de toutes les causes de nullité ou de déchéance, arrivait sous

forme d'exceptions contre les actions en contrefaçons. Il est
dans la nature des choses que les actions principales en nullité ou déchéance soient rares : on se décide difficilement à
s'embarquer dans les risques et les ennuis d'un procès pour
faire acquérir au domaine public l'industrie placée dans les
liens du brevet d'autrui ; mais ce qui n'est pas moins naturel,
c'est que, poursuivi en contrefaçon, on fasse, pour se défendre, flèche de tout bois ; ce brevet menaçant, qui sollicite
des condamnations, on le retourne en tous sens pour en trouver le côté faible ; on le discute, on le critique ; l'attaque ré-
criminatoire contre la validité du brevet est la défense la plus
habituelle contre les poursuites en contrefaçon.

Les juges de paix se sont donc trouvés, par la seule force
des choses, juges de la plus grande partie des questions qui
se sont élevées en matière de brevets. La loi du 25 mai 1791,
en n'écrivant point une dérogation expresse à la règle que
le juge de l'action est juge de l'exception, avait, par le fait,
placé dans leurs mains la presque universalité des procès en
déchéance.

Un motif particulier donnait à ces résultats du principe,
déjà inévitables par eux-mêmes, plus de fréquence et d'intérêt. On a vu, n° 38, que la loi du 7 janvier 1791, en ran-
geant parmi les causes des actions principales en déchéance
la description dans des ouvrages imprimés et publiés antérieurement au brevet, avait gardé le silence sur les conséquences du défaut de nouveauté résultant d'un exercice antérieur de l'industrie brevetée. Or, comme il était impossible
de nier que sans nouveauté il n'y a point invention, et sans
invention point de brevet valable, la jurisprudence, contrainte,
par le silence de la loi, de ne point accepter comme une des
causes d'actions principales en déchéance le défaut de nouveauté prouvée par un usage antérieur, avait laissé force à

ce moyen manifeste de nullité comme exception défensive. Pour introduire donc contre un brevet ce grief d'attaque, il fallait attendre la provocation d'une poursuite en contre-façon. Le juge de paix ne pouvait, il est vrai, être saisi de ce grief que par voie d'exception; mais comme l'exception était la seule forme sous laquelle il pût se produire, le juge de paix était le seul tribunal qui pût connaître de ce grief. L'ex-périence démontre que, de toutes les sources de contesta-tions en matières de brevets, aucune n'est, autant que celle-là, féconde en litiges. L'économie de la loi, combinée avec la jurisprudence, donnait ainsi aux justices de paix une force considérable d'attraction sur tous les procès de ce genre.

Le nombre de plus en plus grand de ces procès, et sur-tout leur importance croissante, conduisirent à remarquer généralement que cette matière ne semble point une de celles que les justices de paix sont, par l'esprit de leur ins-titution, destinées à expédier.

220. On a souvent émis l'opinion qu'il fallait attribuer ces litiges aux tribunaux de commerce.

On faisait valoir, en faveur de cette juridiction, d'abord la simplicité et la célérité de sa procédure; puis, les connais-sances spéciales des juges de commerce sur les faits et les procédés d'industrie.

Contre le premier de ces motifs on peut dire que la juris-diction commerciale, très prompte à expédier les affaires courantes et sommaires, n'est ni plus rapide, ni moins dis-pendieuse que la juridiction civile ordinaire lorsqu'il s'agit d'affaires d'une discussion longue et difficile. Dans les grandes villes, et notamment à Paris, où l'activité du tribu-nal de commerce est au-dessus de tout éloge, les affaires de grand rôle sont d'une lente expédition. Le tribunal, pour mé-

nager son temps, si occupé et si précieux, et pour ne rien
donner à la légèreté ni au hasard, est dans l'usage de renvoyer préalablement les affaires un peu graves, devant un
arbitre rapporteur, étranger au tribunal, et habituellement
salarié. C'est là un motif considérable de frais et de retards.
Or, l'expérience démontre, que la plus grande partie des procès de brevets sont attirés à Paris. En attribuer la connaissance au tribunal le plus occupé du royaume n'était pas un
moyen d'en accélérer la décision.

La spécialité de connaissances et d'habitudes des juges de
commerce était un motif encore plus vulnérable. L'esprit
commercial, imbu de l'utilité d'une libre concurrence, n'est
pas l'appréciateur naturel des monopoles pour inventions,
rivaux du commerce général. La variété infinie des matières
de brevets, et des connaissances techniques que leur appréciation exige, entraîneraient le double inconvénient, ou de
porter l'appréciation d'une fabrication devant des juges dont
aucun n'en aurait fait l'étude, ou d'accorder une prépondé-
rance trop considérable à celui des membres du tribunal qui
aurait acquis des lumières spéciales sur cette branche d'industrie. Les enquêtes, les expertises sont, en cette matière,
une voie d'instruction presque toujours inévitable ; si la nécessité en est reconnue pour la plupart des cas, les avantages
d'une juridiction exceptionnelle disparaissent, et il n'y a
plus motifs suffisants pour ne pas recourir aux tribunaux
ordinaires.

221. La nécessité de recourir à l'avis préalable de gens
de l'art a suggéré une autre proposition. Puisqu'il faut, a-t-
on dit, que les magistrats, soit commerciaux, soit civils, reconnaissent leur inexpérience personnelle et interrogent des
experts, pourquoi ne pas attribuer directement à ces experts
les jugements qu'ils préparent? Partant de ce principe, on

a proposé tantôt un tribunal spécial, tantôt des experts-jurés juges du fait.

L'établissement d'un tribunal spécial, que l'on aurait même voulu central et unique, et qui aurait connu et des procès en nullité ou déchéance, et des procès en contrefaçon, offrirait d'incontestables avantages. Les difficultés d'organisation, la crainte de superposer à toute l'industrie un tribunal trop puissant que son impartialité, même réelle, ne mettrait pas toujours à l'abri du soupçon, et dont les erreurs systématiques pourraient produire un mal irréparable, ont empêché cette innovation si considérable de se formuler et de se produire.

222. L'établissement, pour les procès de contrefaçon, d'experts-jurés, juges du fait, dirigés et présidés par un juge du droit, avait pris place dans le travail de la commission instituée en 1828; et y avait été formulé en articles. Cette organisation offrait de nombreuses analogies avec le système adopté depuis par la loi de 1833, revisée en 1841, sur les expropriations pour cause d'utilité publique. Les inconvénients de ce système étaient ceux de toutes les innovations; il jetait dans l'inconnu. On s'est arrêté devant ce risque dans les travaux qui ont modifié le projet originaire. Je ne suis point assez hardi pour blâmer cette prudence, malgré la participation active que j'avais aimé à prendre à ce projet.

Pour compléter ce système, et pour concentrer les procès en nullité et déchéance devant un tribunal unique, haut placé, à portée de recourir facilement aux lumières des gens de l'art, on avait proposé d'attribuer la connaissance de ces procès au Conseil d'État.

223. Au milieu de ces incertitudes, le crédit, si honorable et si heureux, que l'opinion publique accorde, en France, aux tribunaux de droit commun, l'a emporté sur

toutes les autres considérations. La juridiction ordinaire a
prévalu ; c'était le parti le plus sûr ; le gouvernement s'y était
arrêté lorsque la loi du 25 mai 1838 sur les justices de paix
a été rendue.

L'article 20 de cette loi distingue entre les actions en
nullité ou déchéance, et les actions en contrefaçon. Il attribue les premières aux tribunaux civils de première instance,
les secondes aux tribunaux correctionnels. Il résulte, tant
du droit commun que de l'ensemble ce cette loi, que, pour
les unes et les autres de ces actions, le droit d'appel est ouvert, et est porté devant les Cours royales. Ce système a été
consacré de nouveau par la loi du 5 juillet 1844.

224. Une grave question de compétence a été agitée sous
l'empire de la loi de 1838. Lorsqu'un tribunal correctionnel
se trouvait saisi d'une action en contrefaçon, et lorsque, par
voie de défense à cette action, le prévenu invoquait la nullité
ou la déchéance du brevet, le tribunal correctionnel restait-
il juge de l'exception ; ou bien devait-il, au contraire, renvoyer préalablement les parties à se pourvoir sur ce point
devant les tribunaux civils, et surseoir à statuer sur l'action
en contrefaçon ?

Cette question a divisé la jurisprudence, et la Cour de cassation a hésité sur sa solution. Un premier arrêt de la Chambre criminelle, du 3 avril 1841, distinguant entre l'exception de nullité ou de déchéance, et l'exception d'usage antérieur au brevet, avait paru exclure de la compétence des
tribunaux correctionnels le jugement des exceptions qui
constitueraient de véritables actions en nullité ou en déchéance. Mais la même Chambre, par arrêts du 24 mars
1842 et du 4 mai 1844, a nettement appliqué à cette matière le principe que le juge de l'action est aussi juge de
l'exception, et que la compétence se règle par l'objet de la

demande plutôt que par la nature des questions à résoudre.

La loi de 1844 devait résoudre, et a résolu cette question. Le projet présenté à la Chambre des pairs la décidait par un article ainsi conçu : « Si le prévenu fait valoir, pour sa dé- « fense, des moyens de nullité ou de déchéance, ou soulève « des questions relatives à la propriété du brevet, le tribunal « surseoira à statuer, et le renverra à se pourvoir, sans pré- « liminaire de conciliation, devant le tribunal civil compé- « tent, dans un délai qui sera déterminé par le jugement. » Cet article n'a pas été adopté. La commission de la Chambre des pairs l'a remplacé par l'article suivant, qui est l'art. 46 de la loi : « Le tribunal correctionnel, saisi d'une action pour « délit de contrefaçon, statuera sur les exceptions qui seraient « tirées par le prévenu, soit de la nullité ou de la déchéance « du brevet, soit des questions relatives à la propriété dudit « brevet. »

Le rapport de M. le marquis de Barthélemy motivait ainsi ce changement : « Très souvent les contrefacteurs ne dirigent cette action en nullité ou en déchéance que pour gagner du temps et continuer leur industrie illicite, si préjudiciable à l'inventeur, pendant le temps qu'exigent de longues procé- dures et la nécessité de parcourir les divers degrés de juri- diction. Cette coupable manœuvre ne doit point être encou- ragée; et nous avons dû adopter des dispositions qui ne pré- sentassent pas l'inconvénient de donner à juger trois procès au lieu d'un, et permissent de donner un cours beaucoup plus prompt à l'action de la justice. En vain objecterait-on que, lorsque des questions de propriété sont soulevées devant les tribunaux correctionnels, ces tribunaux doivent surseoir à statuer, et ne doivent point en connaître; ordinairement ces exceptions ont trait à la propriété foncière, ou tout au moins à des droits d'une autre nature que ceux résultant d'un

brevet d'invention. Ce brevet ne constitue qu'un privilège
temporaire; les profits qui en résultent peuvent être limités à
un temps très court. N'est-il pas d'un haut intérêt pour un
inventeur qu'un atelier de contrefaçon qui lui fait une injuste concurrence soit promptement brisé? »

L'exposé des motifs à la Chambre des députés explique
que l'article primitif avait paru conforme à l'intention de la
loi de 1838 : « Nous voulions éviter ainsi, dit M. le ministre,
de charger les chambres correctionnelles d'affaires dont les
débats peuvent être longs et ralentir le cours de la justice
répressive ; et nous désirions également prévenir, autant que
possible, des décisions contradictoires sur les questions relatives à l'existence et à la validité d'un même brevet. » L'exposé rend ensuite compte de l'amendement de la Chambre
des pairs, et motive ainsi l'adhésion qu'y donna le gouvernement : « Nous avons reconnu l'intérêt que les brevetés pouvaient avoir à faire décider par la même juridiction toutes
les questions soulevées sur la poursuite en contrefaçon ; et,
confiants dans le zèle des magistrats pour imprimer, dans
tous les cas, à l'expédition des affaires correctionnelles toute
l'activité désirable, nous avons donné notre entière adhésion
à un système que nous avions nous-mêmes songé à introduire dans le projet. »

225. A la Chambre des députés ('), M. Delespaul proposa
d'ajouter à l'article 46 un paragraphe ainsi conçu : « Le tribunal statuera de même sur les demandes en nullité ou en
déchéance qui auraient été portées par le prévenu devant la
juridiction civile depuis l'introduction de l'instance en contrefaçon. » Cet amendement, n'ayant pas été appuyé, ne fut
pas mis aux voix. La commission de la Chambre des pairs

(') Séance du 17 avril 1844.

jugea utile d'expliquer pourquoi elle ne l'adoptait pas ; et voici les observations fort justes qu'on lit dans le second rapport de M. le marquis de Barthélemy : « Il nous a paru que la disposition réclamée n'était point nécessaire ; qu'elle pourrait même, dans certains cas, excéder le dessein que vous aviez eu en formulant l'article 46, dont les termes paraissent suffire pour tarir, dans la plupart des cas, la source des abus signalés. La jurisprudence, fondée sur l'article 182 du Code forestier, pourra , ou plutôt devra toujours servir de règle aux tribunaux. Saisi du jugement du délit en contrefaçon, le tribunal correctionnel aura à apprécier les circonstances de la cause. Suivant que de ces circonstances résultera le plus ou moins de bonne foi des parties, ou il accordera le sursis en fixant un délai raisonnable pendant lequel l'action civile sera jugée, ou il refusera le sursis demandé, s'il voit que ce sursis n'est qu'un prétexte pour échapper aux dispositions dudit article 46, et pour reproduire ce circuit d'actions, ce double procès que le législateur a voulu éviter. C'est ainsi, nous l'espérons du moins, que l'on échappera , dans la pratique, aux inconvénients que vous avez voulu prévenir et que l'on paraît encore redouter. Nous nous confions à cet égard, et sans réserve, à la sagesse, à la prudence et au discernement des juges. »

226. La juridiction correctionnelle a donc compétence, tant sur les actions principales en contrefaçon, que sur toutes les exceptions qui se rattachent directement à ces actions. Mais cette attribution extraordinaire qui donne aux tribunaux correctionnels la connaissance, sous forme d'exceptions, de contestations purement civiles, ne doit pas être étendue aux cas où il s'agirait, non d'exceptions véritables, mais d'actions civiles, distinctes et principales , qui viendraient accessoire-

ment se joindre à l'action en contrefaçon. Éclaircissons cette
proposition par un exemple.

La législation de 1791 n'interdisait pas aux brevetés les
importations d'objets semblables à ceux du brevet, et fabriqués à l'étranger. Elle les laissait, par conséquent, maîtres
d'autoriser ces importations de la part de tiers. Il résultait
aussi de là que l'introducteur pouvait être poursuivi, lorsqu'il ne se conformait pas aux conditions imposées à l'introduction par les conventions avec le breveté. Un jugement du
tribunal civil de la Seine rendu, dans une contestation de
ce genre, sur appel d'un jugement de justice de paix, avait
décidé que dans les circonstances du procès il n'y avait pas
lieu à prononcer la confiscation des machines importées,
mais seulement à ordonner l'exécution des conditions imposées à l'introducteur par le breveté. Le jugement qui, dans
une autre de ses dispositions, rejetait une exception de déchéance invoquée contre le brevet, condamna l'introducteur
en 3,000 francs de dommages et intérêts. Le pourvoi fut rejeté par arrêt de la Chambre des requêtes du 13 juin 1837,
où on lit : « Que le tribunal saisi de l'appel de John Collier
était juge de l'action introduite par celui-ci contre Griolet,
et juge aussi de l'exception opposée par ce dernier; et qu'ayant
eu à apprécier, par suite de la discussion, le fait d'inexécution de la convention passée entre les parties, il a pu prononcer, sans violer la loi des deux degrés de juridiction, une
condamnation en dommages et intérêts pour inexécution du
contrat et pour le préjudice causé. »

La complexité des questions qui se présentaient dans cette
espèce, dans laquelle le jugement attaqué motivait l'allocation
de dommages et intérêts par le préjudice que la contestation
sur la validité du brevet avait causé au breveté, ne permet

guère de dégager des faits une décision doctrinale bien nette. Il me paraît que le juge de paix , juge spécial en matière de brevets, n'avait compétence que pour statuer, soit sur la question principale de contrefaçon, soit sur l'exception de déchéance, et qu'il ne lui appartenait pas de statuer sur les conventions intervenues entre les parties. Il me paraît aussi que ces conventions, placées hors de la compétence du premier juge, étaient, par suite, hors de la compétence du juge d'appel. Si j'ai cité cet arrêt, c'est surtout pour faire remarquer qu'il faudrait se garder d'en faire application sous la loi nouvelle, lorsque l'action en contrefaçon sera, en vertu de cette loi, portée devant la juridiction correctionnelle.

La contrefaçon, en effet, est classée aujourd'hui au rang des délits. C'est à ce titre, et à ce titre seul, que les tribunaux correctionnels en connaissent. Ils n'ont attribution que pour dire si la plainte en contrefaçon est recevable, et si elle est fondée ; et pour déduire de leur décision sur ces deux questions ses applications légales. Lorsque des conventions consenties entre les parties seront soumises au juge correctionnel, il n'aura à les examiner que dans leurs rapports avec ces deux questions : L'action est-elle recevable ? la contrefaçon existe-t-elle ? Ce n'est que pour décider si l'action est recevable que la juridiction pénale a été investie, par l'article 46 , du pouvoir de connaître des exceptions relatives aux nullités, aux déchéances, à la propriété. Quand des questions concernant l'exécution des contrats surgiront dans le cours des débats, et quand ces questions ne toucheront ni la recevabilité de l'action, ni la vérification du fait de contrefaçon, le tribunal correctionnel devra se déclarer incompétent, quant à ce point.

Autre serait la compétence des tribunaux civils saisis, soit d'une action en nullité ou déchéance de brevet, soit d'une action en réparation civile du dommage causé par une contrefaçon. Les tribunaux civils ont plénitude de juridiction.

Lorsque le tribunal correctionnel n'a pas compétence, la cour royale, jugeant par appel de police correctionnelle, ou le tribunal du chef-lieu juge de l'appel, ne l'ont pas davantage.

227. Nous avons maintenant à déterminer devant quel tribunal chaque action particulière sera portée. On doit le faire d'après les règles de droit commun.

Sous la législation de 1791, qui attribuait juridiction aux juges de paix, il y avait lieu à appliquer l'article 2 du Code de procédure civile ainsi conçu : « En matière purement personnelle ou mobilière, la citation sera donnée devant le « juge du domicile du défendeur ; s'il n'a pas de domicile, « devant le juge de sa résidence. »

La législation actuelle a érigé la contrefaçon en délit, et en a saisi les tribunaux correctionnels. Il y a donc à faire application de l'article 63 du Code d'instruction criminelle, ainsi conçu : « Toute personne qui se prétendra lésée par un « crime ou délit, pourra en rendre plainte et se constituer « partie civile devant le juge d'instruction , soit du lieu du « crime ou du délit, soit du lieu de la résidence du prévenu, « soit du lieu où il pourra être trouvé. »

Les mêmes règles sont applicables à l'action correctionnelle pour délit de recel, de vente, ou d'introduction d'objets contrefaisants. La Cour de cassation, chambre criminelle, a jugé, par arrêt du 22 mai 1835 (¹), en matière de débit de contrefaçon littéraire, que le seul fait de la saisie du corps du délit dans le ressort d'un tribunal ne suffit pas pour attribuer

---

(¹) *Voir*, pour plus de détails, *Traité des droits d'auteurs*, t. II, p. 415, n. 247.

juridiction, lorsqu'il est prouvé que les objets n'ont été saisis qu'en cours d'expédition : « Attendu qu'il n'y a de tribunal compétent que celui du lieu du délit, celui de la résidence du prévenu, et celui du lieu où il peut être trouvé;.... que le débit d'ouvrages contrefaits se commet dans le lieu où ces ouvrages sont mis en vente, vendus ou livrés; que, dans l'espèce, les livres ont été expédiés de Limoges à la destination d'Amiens; que, lorsqu'ils ont été saisis à Paris, ils étaient en route; que Paris ne peut être considéré comme le lieu du contrat de vente, ni comme celui de la livraison.... »

228. En cette matière, comme en toute autre matière correctionnelle, certaines exceptions tirées de la qualité des personnes peuvent modifier les règles ordinaires de compétence. Ainsi un militaire en activité de service ne pourrait être poursuivi que devant un conseil de guerre ([1]), un pair de France, conformément à l'article 29 de la Charte, que devant la Chambre des pairs.

229. Si, au lieu de la voie correctionnelle, le demandeur a opté pour l'action civile en réparation de dommages, l'action est portée, conformément à l'article 69 du Code de procédure civile, devant le tribunal du domicile du défendeur; et, s'il y a plusieurs défendeurs, devant le tribunal du domicile de l'un d'eux au choix du demandeur.

230. La distinction faite par les articles de la loi de 1844 entre le délit de fabrication et ceux de vente, recel ou introduction, n'empêche pas le demandeur d'envelopper dans une même poursuite correctionnelle ou civile les coauteurs de la contrefaçon, s'il prétend que le fabricant et le vendeur, ou le recéleur, ou l'introducteur, ont coopéré et concouru au délit,

---

([1]) Ch. crim., 9 février 1827. — *Traité des droit d'auteurs*, t. II, p. 442 à 245.

ou au dommage dont il se plaint, ni de les traduire, à son choix, devant le tribunal du domicile de l'un ou de l'autre.

SECTION II.

PROCÉDURE.

251. Les poursuites en contrefaçon sont régies par le Code d'instruction criminelle en tous les points sur lesquels il n'y est pas spécialement dérogé.

252. L'action du ministère public ne peut être exercée que sur la plainte de la partie lésée.

253. Lorsqu'il y a désistement du plaignant, le ministère public ne peut suivre l'action.

254. Constatation des faits de contrefaçon.

255. Exercice du droit de saisie par le propriétaire de brevet sous la législation de 1791.

256. Dispositions de la loi de 1844 sur l'exercice du droit de saisie.

257. Désignation et description par procès-verbal d'huissier des objets argués de contrefaçon.

258. Les perquisitions vexatoires ou immorales ne sont pas permises.

259. Comment le plaignant doit justifier sa demande.

240. La contrefaçon se constate en comparant la description du brevet avec la fabrication arguée.

241. Le plaignant ne peut pas former en appel une demande nouvelle.

242. Moyens du défendeur pour repousser l'action.

243. La preuve qu'on détient une machine à titre de gage n'est pas une défense suffisante contre la plainte en contrefaçon.

244. Le propriétaire de brevet n'est pas recevable à exercer une poursuite contre un fait qu'il a autorisé.

245. L'introduction d'objets fabriqués à l'étranger, si elle a été autorisée par le propriétaire de brevet, pourra être invoquée comme cause de déchéance, même par l'introducteur.

246. Le prévenu peut proposer pour la première fois en cause d'appel une exception de nullité, déchéance ou propriété.

247. Audition des parties et des témoins; vérifications; expertises.

248. Les appels et les pourvois en cassation sont régis par le droit commun.

231. La contrefaçon est un délit. De là il résulte que la poursuite des contrefaçons est régie par le Code d'instruction criminelle, en tous les points pour lesquels la loi spéciale n'y a pas dérogé.

Le droit commun, en matière pénale, est que l'action pour l'application des peines n'appartient qu'aux fonctionnaires auxquels elle est confiée par la loi. Cette règle, écrite dans l'article 1er du Code d'instruction criminelle, est applicable aux contrefaçons. Ainsi l'amende, qui est une peine, et l'emprisonnement, ne peuvent être prononcés que sur la poursuite du ministère public.

L'action des particuliers, l'action civile, peut être poursuivie en même temps et devant la même juridiction pénale que l'action publique. Ici encore, le droit commun, écrit dans l'article 3 du même Code, est applicable à notre matière.

232. Mais il a été fait, par la loi de 1844, exception à une autre règle, à celle qui veut que l'action publique soit indépendante de l'action privée, et que la renonciation à l'action civile n'arrête ni ne suspende l'exercice de l'action publique. L'article 45 est ainsi conçu : « L'action correctionnelle pour « l'application des peines ci-dessus ne pourra être exercée « par le ministère public que sur la plainte de la partie lésée.»

La loi pénale a admis la même exception à l'égard des délits d'adultère et de diffamation, par des motifs dont la plus légère réflexion fait immédiatement comprendre la haute gravité; elle n'a pas voulu que la partie offensée fût entraînée, malgré elle, dans les douleurs et les scandales d'un débat public. Ici, les motifs de l'exception sont d'un ordre tout différent. L'infraction du délinquant étant une violation d'un monopole privé, il était naturel que le propriétaire de ce monopole fût laissé maître de décider s'il lui convient que l'infracteur soit poursuivi. « Dans certains cas et par différentes

considérations, dit l'exposé des motifs à la Chambre des députés, il n'est permis au ministère public d'agir que sur la
plainte de la partie lésée, par exemple en matière de chasse
sur la propriété d'autrui. Le breveté pouvant avoir consenti
aux faits qui paraissent constituer une infraction à ses droits
exclusifs, il convenait d'établir ici une exception semblable,
et de n'admettre la poursuite du ministère public que sur une
plainte qui repousse la supposition favorable au libre exercice du commerce et de l'industrie. »

Il en était autrement sous la loi de 1838 qui, n'entrant
dans aucun détail, s'était bornée à attribuer juridiction aux
tribunaux correctionnels. La cour royale d'Amiens a eu à faire
l'application de cette loi par l'arrêt suivant, du 9 mai 1842 (¹):
« Considérant que la contrefaçon d'une invention, dont l'auteur s'est assuré la propriété et la jouissance temporaire en
accomplissant les formalités prescrites par la loi, est un délit,
puisqu'elle est punie de peines correctionnelles, et que l'article 20 de la loi du 25 mai 1838 en attribue la connaissance
aux tribunaux correctionnels; que la poursuite de tout délit
appartient au ministère public, qui, sauf de rares exceptions,
peut agir directement et d'office; que si l'on doit induire de
l'article 12 de la loi du 7 janvier 1791 qu'en matière de contrefaçon d'un ouvrage industriel la poursuite du ministère
public ne peut avoir lieu que sur la plainte de la partie lésée,
cette exception au droit commun ne saurait être étendue au-
delà de ses termes; qu'il suffit donc qu'une plainte ait été
portée pour que le ministère public recouvre la plénitude de
son pouvoir et qu'il devienne libre dans son action; que prétendre que la marche de cette action puisse être arrêtée par
un changement de volonté de l'auteur de la plainte, ce serait

_____

(¹) Dalloz, 42, 2, 162.

la subordonner à une condition que la loi n'a pas imposée,
et méconnaître le principe que la renonciation à l'action civile doit être sans influence sur l'exercice de l'action publique;
que le droit d'opposer la nullité ou la déchéance du brevet,
qui appartient à l'individu poursuivi pour contrefaçon, ne
saurait, dans le silence de ce dernier, être un obstacle à ce
que l'action publique poursuive son cours. »

J'approuve entièrement la partie de cet arrêt qui a considéré les contrefaçons comme placées, par la loi de 1838, sous
l'empire des règles générales relatives à la répression des délits; mais je pense que, tout en s'appuyant sur des considérations fort sensées, et qui ont paru telles au législateur de
1844 puisqu'elles ont dicté sa loi; l'arrêt a vu à tort dans la
législation, telle qu'elle résultait de la loi de 1838, la nécessité d'une plainte de la partie lésée, qu'il tirait de la loi de
1791. Sous la législation de 1791, il n'existait point d'action
publique en contrefaçon; la loi de 1838 a innové en érigeant
cet acte en délit, et, créant cette qualification, elle soumettait
le délit à toutes les règles ordinaires du droit pénal, par cela
seul qu'elle n'y exprimait aucune dérogation. La loi de 1844
a disposé autrement : elle a formellement refusé au ministère
public l'initiative de l'action en contrefaçon.

233. La distinction que l'arrêt d'Amiens supposait, à tort,
sous la loi de 1838, pourrait, sous la loi actuelle, sembler
plus plausible. Elle consiste à dire que si la plainte privée est
nécessaire pour l'introduction de l'action publique, la persis-
tance dans cette plainte n'est pas nécessaire pour que l'action
publique persiste et s'exerce. Je ne puis admettre cette distinction; elle me paraîtrait dénier à l'article 45 ses conséquences naturelles; loin d'être écrite dans l'article, elle ne
s'accorde pas avec son texte, qui parle de l'exercice de l'action, et non pas de son introduction seulement; elle ne s'ac-

corde pas avec son esprit, qui a été de fortifier l'action privée par l'action publique indispensable à l'établissement d'une pénalité, mais de laisser le propriétaire du monopole maître de l'aliéner, de le modifier, d'y renoncer expressément ou tacitement, et, par suite, maître du procès. Je pense donc que si le plaignant se désiste, le ministère public ne pourra plus suivre l'action correctionnelle, ni le tribunal correctionnel prononcer une condamnation.

234. Ce qui est d'abord à faire par le propriétaire de brevet, c'est d'assurer la constatation du fait de contrefaçon, et de mettre à l'abri du doute l'existence des objets contrefaisants.

Quelquefois les faits sont notoires et nullement déniés; en sorte que tout préliminaire devient inutile, et que le poursuivant peut introduire son instance sans avoir de précautions spéciales à prendre, pour arriver muni de ses preuves, et pour établir l'existence des faits par une constatation préalable. Il y aurait, néanmoins, de l'imprudence à s'abstenir trop légèrement de ces précautions; car l'on s'exposerait ainsi à des discussions de faits et à des dénégations contre lesquelles il est plus sage de commencer par se mettre en garde.

235. Sous la législation de 1791, la manière de procéder à ces premières opérations était pleine d'incertitudes.

L'article 12 de la loi du 7 janvier 1791 contenait ce qui suit : « Le propriétaire d'une patente..... pourra, en donnant bonne et suffisante caution, requérir la saisie des objets contrefaits, et traduire les contrefacteurs devant les tribunaux... » L'article 13 parlait aussi de ce droit de saisie.

On a vu, dans la première partie ([1]), que la loi du 7 jan-

([1]) *V.* ci-dessus, pages 118 et 128.

vier, à peine promulguée, eut à subir de rudes attaques dans le sein même de l'Assemblée constituante. Le droit de saisie fut une des dispositions les plus âprement critiquées ; et le décret rectificatif de la loi du 7 janvier, publié avec la loi du 25 mai 1791, retrancha des articles 12 et 13 les expressions qui le consacraient.

Le comité qui avait préparé le projet devenu la loi du 25 mai avait de nouveau, dans le projet de l'article 11 du titre 2, consacré le droit de saisie. Cet article fut changé. Mais on n'effaça pas de l'article suivant ces mots par lesquels il commence : « Dans le cas où une saisie juridique n'aurait pu faire « découvrir aucun objet fabriqué ou débité en fraude........ » Cet article, le seul, dans les deux lois, où il resta parlé de saisie, servit d'argument pour en maintenir le droit.

De sérieuses difficultés sortirent de cette incohérence des textes ; elles furent notamment signalées dans les discussions du Conseil des Cinq-Cents sur cette matière ; mais les textes n'en subsistèrent pas moins.

Voici comment, dans la pratique de la législation de 1791, la jurisprudence s'est établie.

Le breveté poursuivant, placé sous l'empire du droit commun, n'était pas muni, par son brevet, d'un titre exécutoire, en vertu duquel il pût, de plein droit, pratiquer une saisie. Il était obligé, pour saisir, d'obtenir l'autorisation du juge ; et la saisie, au lieu de s'étendre à la totalité des objets argués de contrefaçon, devait se borner aux objets qu'il était nécessaire de mettre sous la main de la justice pour constater les faits et arriver à la découverte de la vérité. Cette saisie était un acte d'instruction ; ce n'était pas une confiscation provisoire.

La forme et les conditions de la saisie, n'étant déterminées par aucune règle fixe, demeuraient incertaines, et la pratique restait exposée à de fréquentes variations.

L'autorisation de saisir fut longtemps donnée par le président du tribunal civil. L'usage prévalut ensuite de s'adresser au juge de paix. Ce magistrat, suivant les cas, se transportait lui-même sur les lieux, ou déléguait soit un commissaire de police, soit un huissier. Quelquefois un expert était commis pour décrire les objets ; tantôt on se contentait d'un procès-verbal de description, tantôt on apposait les scellés.

236. L'article 47 de la loi de 1844 a tracé des règles fort claires sur ce point important.

Le droit de saisie est admis et reconnu par cet article. La saisie n'a plus pour but unique, comme sous la législation antérieure, la constatation des faits de contrefaçon. Elle redevient, en certains cas, comme par la rédaction primitive de la loi du 7 janvier 1791, une sorte de confiscation provisoire et anticipée, qui, pour prévenir les torts et dommages auxquels le plaignant est exposé, place sous la main de justice la totalité des objets contrefaisants, bien au-delà de ce qu'il suffirait d'en saisir pour constater les faits ; elle peut alors suspendre et arrêter toute fabrication ou exploitation de la part du saisi.

Cette faveur accordée aux brevets est considérable ; elle ne va à rien moins qu'à faire prévaloir la présomption de contrefaçon sur la présomption d'innocence par laquelle, jusqu'à condamnation, les règles ordinaires protègent tout prévenu.

L'Assemblée constituante, frappée de l'énormité de cette faveur, s'était hâtée, en la retirant, de détruire la concession qu'elle venait à peine d'en faire. Mais, en supprimant ce droit exorbitant de saisie, elle donnait au contrefacteur un avantage qui pouvait souvent ruiner l'inventeur.

La loi nouvelle a voulu éviter toutes les exagérations, et s'accommoder à la diversité des cas.

Pour procéder à une saisie, il faut l'autorisation du président du tribunal de première instance, qui rend, à cet effet, une ordonnance sur simple requête, et sur la représentation du brevet. Il est hors de doute que ce magistrat pourra, suivant les circonstances, autoriser une saisie totale, ou n'autoriser qu'une saisie partielle par lui restreinte et définie. L'ordonnance contiendra, s'il y a lieu, la nomination d'un expert pour aider l'huissier dans sa description.

Lorsqu'il y aura permission de saisie, soit totale, soit partielle, l'ordonnance du président, nécessaire pour y procéder, pourra imposer un cautionnement au requérant; celui-ci sera tenu d'en faire préalablement la consignation. On a vu, n°s 96 et 98, que le cautionnement sera toujours imposé à l'étranger breveté qui requerra la saisie.

Copie de l'ordonnance du président et copie de l'acte constatant le dépôt du cautionnement seront laissées au saisi, à peine de nullité, et aussi de dommages-intérêts contre l'huissier. L'article ne dit pas, mais on doit l'entendre ainsi conformément au droit commun, qu'il devra également être laissé copie du procès-verbal de saisie.

Une mesure aussi grave, aussi préjudiciable au saisi serait une occasion facile de vexations et d'intolérables abus, si l'examen des prétentions, en vertu desquelles il y a été procédé n'était pas promptement déféré à la justice. Il serait trop commode de tuer d'abord l'industrie de ses concurrents, puis de les promener, sous le poids de l'interdiction qui les frappe, à travers les longs délais de la chicane. L'article 48 a voulu un préservatif contre cet abus. Il est ainsi conçu :

« A défaut par le requérant de s'être pourvu, soit par la
« voie civile, soit par la voie correctionnelle, dans le délai

« de huitaine, outre un jour par trois myriamètres de dis-
« tance entre le lieu où se trouvent les objets saisis ou dé-
« crits et le contrefacteur, recéleur, introducteur ou débi-
« tant, la saisie ou description sera nulle de plein droit,
« sans préjudice des dommages et intérêts qui pourront être
« réclamés, s'il y a lieu, dans la forme prescrite par l'ar-
« ticle 36. »

Il résulte de la rédaction de cet article que les tribunaux
sont juges de la question de savoir si des dommages-intérêts seront accordés au saisi, et de l'évaluation de leur quotité.

Il pourra arriver que le saisi ait souffert, par le retard de
l'action et l'inobservation des articles 47 et 48, un préjudice
dont la réparation lui sera due, suivant les circonstances,
alors même qu'il viendra à être condamné sur la poursuite
principale.

En cas de nullité de la saisie pour tout autre motif que
pour violation des articles 47 et 48, des dommages-intérêts
pourront également être la conséquence de cette nullité.

Une saisie n'est point un préliminaire nécessaire de l'action en contrefaçon. Nous venons de voir, au contraire, que
la prudence du magistrat doit réserver pour les cas graves
cette mesure exorbitante.

De ce qu'une saisie n'est point nécessaire à la régularité
de l'action, il suit, comme conséquence évidente, que les
vices ou la nullité de la saisie ne rendent point non recevable
l'action principale du demandeur, pas plus que ne le ferait
l'absence de saisie (¹).

237. L'article 47 prévoit un autre mode de constatation
des faits, qui doit aussi être autorisé par ordonnance du pré-

_____

(¹) Ch. crim., 27 mars 1855.

sident du tribunal de première instance, rendue sur simple requête et sur la représentation du brevet.

Ce mode de constatation consiste à faire procéder par huissier à la désignation et description détaillées des objets argués de contrefaçon.

Cette description peut n'être pas accompagnée de saisie. La sagesse du magistrat le déterminera à n'autoriser que ce mode de constation, toutes les fois que la saisie ne lui paraîtra pas indispensable.

Mais il faudra que toute saisie soit accompagnée de ce procès-verbal de désignation et de description.

L'article 47 dit qu'il sera procédé par tous huissiers. Il faut conclure de ces termes que le pouvoir de commettre tel huissier déterminé n'est pas laissé au président. Peut-être eût-il mieux valu permettre à ce magistrat de désigner un huissier, lorsqu'il le jugerait à propos.

Mais une désignation que l'article laisse à la disposition exclusive du président est celle d'un expert qu'il nommera, s'il y a lieu, pour aider l'huissier dans sa description.

Une copie de ce procès-verbal et de l'ordonnance du président doit être laissée au détenteur des objets décrits, à peine, comme en cas de saisie, de nullité et de dommages-intérêts contre l'huissier.

L'article 48 exige, en cas de description comme en cas de saisie, que la demande soit formée dans la huitaine, outre le délai des distances; faute de quoi la description sera nulle de plein droit.

On comprend moins la nullité de la description que la nullité de la saisie. La conséquence de la nullité de la saisie est que les objets saisis deviennent libres; la nullité du procès-verbal de description n'est pas de nature à détruire la vérité des faits décrits; son effet sera d'obliger le demandeur à fournir d'autres preuves.

Des dommages-intérêts seront en outre prononcés, s'il y a lieu.

La constatation par procès-verbal de description n'est pas, plus que la saisie, un préliminaire nécessaire de l'action. Ce n'est qu'un mode d'instruction facultatif pour la partie et pour le juge. Le président refusera l'emploi de cette mesure, s'il ne la juge pas utile.

238. La Cour royale d'Angers (¹) a justement puni un brutal abus du droit de perquisition qu'un plaignant en contrefaçon de ceintures orthopédiques s'était permis. Agissant en vertu d'une ordonnance du président du tribunal civil, contenant autorisation de se présenter avec un huissier et un commissaire de police au domicile des contrefacteurs présumés, et à y mettre arrêt sur les contrefaçons dont ils se trouveraient détenteurs, on avait contraint une jeune fille à se dépouiller de la ceinture qu'elle portait. Le jugement confirmé a annulé la saisie, avec 200 francs de dommages et intérêts, et a ordonné la restitution de la ceinture saisie après description conservatoire. On lit dans l'arrêt : « que la famille a apporté à ses recherches une opposition qui, dans aucune hypothèse, ne lui permettait de passer outre; qu'au lieu de s'arrêter devant cette résistance, il y a eu, de sa part, violation de la morale, contrainte à l'égard d'une jeune fille de seize ans que l'on a obligée de se dépouiller de ses vêtements; que, dans aucun cas, on ne peut se permettre de rechercher sur les personnes des objets concernant l'art de guérir, même quand ils sont soupçonnés de contrefaçon. »

(¹) 18 février 1841. Dalloz, 42, 2, 80.

239. Devant le tribunal, le demandeur, pour justifier sa plainte, doit établir :

D'abord sa qualité de propriétaire d'un brevet ;

Ensuite, que le poursuivi est fabricant, recéleur, débitant ou introducteur, des produits ou de la fabrication des objets du litige ;

Enfin, que cette fabrication ou ces produits résultent, en tout ou en partie, de l'invention brevetée, telle qu'elle est constatée dans la description qui accompagne le brevet; qu'ils ne diffèrent point essentiellement des résultats de cette invention ; que, s'il existe quelques différences, elles sont partielles, et non totales, et n'empêchent pas qu'au moins une partie essentielle de l'invention n'ait été contrefaite; ou bien, même, que les différences qui apparaissent ne sont que des additions d'ornements, des changements de formes ou de proportions, des modifications, plus extérieures que réelles, destinées à déguiser et à couvrir la contrefaçon.

240. Un arrêt de la Chambre criminelle, du 30 décembre 1843, a fait une juste application du principe qui veut que, pour apprécier l'existence d'une contrefaçon, on s'arrête à deux termes de comparaison, qui sont : d'une part, la description faisant partie du brevet, d'autre part, la fabrication arguée. « Sur le moyen tiré de ce que le tribunal de Quimper, pour juger s'il y avait contrefaçon, a comparé à la description contenue dans le brevet du demandeur, non la machine fabriquée par le prévenu, mais la description du brevet par lui pris à une date postérieure; attendu, en droit, que c'est par la mise en pratique des procédés brevetés, et non par l'obtention d'un brevet semblable que se commet le délit de contrefaçon; qu'il ne peut donc suffire au tribunal saisi d'une action en contrefaçon d'examiner et de comparer les procédés décrits dans les spécifications jointes aux deux brevets;

mais qu'en fait, il ne résulte point de l'ensemble des motifs du jugement attaqué que les juges d'appel se soient bornés à cettè comparaison, ni que, en déclarant l'appareil de Huau différent de celui du demandeur, ils n'aient pas eu en vue l'appareil exécuté par lui, et qui, par l'effet de la saisie, était devenu pièce du procès. » Cette doctrine est juste. Prendre un brevet pour une industrie déjà brevetée valablement, c'est violer le premier brevet, mais ce n'est pas contrefaire. Ce genre de violation donne ouverture à une action en nullité du second brevet ; ce sera sur cette action que la comparaison des deux descriptions deviendra utile. Pour qu'une action en contrefaçon appartienne au premier breveté, il faudra que, comme dans l'espèce jugée, le second breveté se soit livré à une fabrication.

241. Le plaignant ne pourra pas, en appel, ajouter à sa demande première une demande nouvelle ; car ce serait priver le défendeur d'un degré de jurisdiction. Mais il pourra, conformément au droit commun, réclamer additionnellement, en cause d'appel, les accessoires échus depuis le jugement de première instance, ainsi que des dommages et intérêts pour le préjudice souffert depuis ledit jugement. Un arrêt de la Chambre des requêtes, du 8 février 1827, a jugé qu'invoquer pour la première fois en appel un premier brevet, lorsqu'on n'avait agi en première instance qu'en vertu d'un brevet postérieur de perfectionnement, était former une demande nouvelle : « Attendu que tous les éléments de la procédure attestent que Zacharie Adam ne s'est plaint devant le juge de paix que d'un trouble à son brevet de 1821 ; que c'est sur cet état de la cause qu'a été rendu le jugement interlocutoire du 30 mai 1825 qui admet, de la part de Pastré, la preuve d'une jouissance antérieure à l'obtention de ce brevet ; qu'en cet état, le tribunal a pu, sans violer l'ar-

ticle 464 du Code de procédure civile, décider que Zacharie
Adam, qui, postérieurement au 30 mai 1825, a produit un
brevet de 1820, formait une demande nouvelle qui devait
subir le premier degré de juridiction. »

242. Le défendeur, indépendamment de tous les moyens
ordinaires de fait et de droit, qui peuvent lui appartenir, soit
contre le poursuivant personnellement, soit pour établir la
non-identité des objets du litige avec les produits ou la fabrication de l'invention décrite au brevet, peut en outre attaquer la validité du brevet, et prétendre, ou qu'il est nul,
ou qu'il est expiré, ou qu'il est frappé de déchéance. On a vu
que le tribunal saisi de l'action en contrefaçon est juge de
ces exceptions.

Il est manifeste que lorsque le prévenu se défend en atta-
quant le brevet, il devient demandeur en son exception, et
est obligé d'en fournir la preuve. C'est ce qu'a jugé la Chambre des requêtes par arrêt du 25 mai 1829 : « Attendu, en
droit, que *reus excipiendo fit actor ;* et attendu, en fait, que
Roucairol, pour repousser le reproche de contrefaçon, s'est
étayé d'une fin de non-recevoir tirée de ce que l'appareil en
question avait été publié antérieurement à la concession du
brevet donné à l'auteur de Bérard ; que, d'après cela, les juges
ont dû, comme ils l'ont fait, mettre à la charge de Roucairol
la preuve de cette publication antérieure, formant la base
de la fin de non-recevoir par lui proposée. »

Le prévenu de contrefaçon peut, sans contester ni la validité du brevet, ni la conformité existante entre la fabrication
à laquelle il s'est livrée, ou l'objet qu'il détient, et l'invention
valablement brevetée, se défendre en prouvant autrement,
soit son droit à fabriquer, soit la légitimité de sa possession.
Ainsi, l'on ne sera point contrefacteur si l'on prouve que l'on
a régulièrement acquis la propriété totale ou partielle du

32

brevet ou le droit d'en faire usage. On ne sera point contrefacteur si l'on prouve que l'on tient d'un ayant-droit au brevet l'objet pour la possession duquel on est poursuivi; ou
bien encore, si le tenant même d'un contrefacteur, on l'a
réservé à son usage personnel, sans en faire ni fabrication,
ni commerce.

243. Si un breveté a donné, à titre de gage, à son créancier, une machine servant à l'exploitation du brevet, il ne
suivra pas de là qu'il ait donné à son créancier l'autorisation
de fabriquer; ni, par conséquent, que le créancier poursuivi
pour contrefaçon, puisse valablement, s'il n'existe aucune
stipulation qui lui ait conféré le droit d'exploiter, se défendre
en excipant uniquement de son droit sur le gage. De même,
l'ouvrier non payé pourra, sans nul doute, retenir la machine
qu'il aura construite pour le breveté; mais il s'exposerait à
une contrefaçon si, au moyen de cette machine, il exploitait
l'invention brevetée, ou s'il vendait la machine à un fabricant. Il y a lieu à appliquer ici les règles de droit commun
écrites dans les articles 2078 et 2079 du Code civil : le gage
n'est, dans la main du créancier, qu'un dépôt assurant son
privilège; il reste, jusqu'à expropriation, la propriété du débiteur. La vente du gage, si elle est ordonnée en justice, se
fera en présence du breveté propriétaire, aux risques et périls
de celui-ci. Ce sera aux tribunaux à déclarer si la machine,
ainsi vendue judiciairement, le sera pour être détruite, et si
la vente des matériaux suffira pour couvrir les créanciers, ou
si, au contraire, elle sera vendue telle qu'elle est, avec le droit
de l'exploiter. Dans ce dernier cas, le droit d'exploiter sera
censé vendu par le breveté lui-même; et la cession forcée
aura les effets d'une cession volontaire. Il en sera de même
en cas de vente sur saisie.

La Cour royale de Paris, saisie d'une contestation entre

l'inventeur d'une nouvelle presse et le mécanicien qui l'avait construite, a disposé ainsi qu'il suit : « Attendu qu'il résulte des conventions que le prix de la machine ne devait, en aucun cas, excéder la somme de quinze mille francs, condamne Pinard, l'inventeur, à payer cette somme ; si mieux n'aime Daret, le constructeur, reprendre ladite machine en restituant les sommes qu'il a reçues. » L'exécution de cet arrêt aurait pu donner lieu à de sérieuses difficultés, si le constructeur avait prétendu que l'arrêt, en lui permettant de retenir la machine, l'avait autorisé à l'exploiter par fabrication, ou à la vendre. Il y eut pourvoi. La Chambre des requêtes, par arrêt du 16 août 1826, considérant, sans doute, que la question d'exploitation de la machine n'était pas engagée au procès, a rejeté le pourvoi par le motif suivant, qui laisse entière la difficulté que nous examinons. Ce qu'il importe de constater sur notre question est que l'arrêt ne reconnaît point au constructeur un droit d'exploitation, duquel, suivant moi, il ne pouvait aucunement être investi : « Sur le moyen pris de la violation prétendue des lois sur les brevets d'invention, en ce que l'arrêt a déféré à l'inventeur l'option de conserver la machine ou d'en recevoir le prix ; considérant que cette disposition de l'arrêt, étant purement facultative et comminatoire, ne peut donner aucune ouverture à cassation. »

244. Il est évident qu'un propriétaire de brevet ne serait pas recevable à poursuivre, soit pour contrefaçon, soit pour vente, soit pour introduction d'objets contrefaisants, les individus qui auraient reçu ou de lui-même, ou d'un précédent propriétaire, ou de toute autre personne ayant droit au brevet, l'autorisation de fabriquer, de vendre, ou d'importer.

245. L'autorisation d'introduire en France des objets fabriqués à l'étranger, et semblables aux objets garantis par un brevet français, reposerait sur un fait illicite ; car une telle

introduction est une cause de déchéance lorsqu'elle provient
du breveté; d'où il suit qu'elle motiverait également la déchéance si, sans être le fait direct du breveté, elle émanait de
lui médiatement, comme provenant du fait d'un tiers par lui
autorisé. Il est donc très vraisemblable qu'un propriétaire de
brevet, qui aurait commis la faute d'autoriser une telle importation, ne s'aviserait point d'aggraver sa situation en com-
mettant la faute, encore plus lourde, de poursuivre l'importateur qui a été son agent, ou qui a importé avec sa permission.
Que si un tel cas venait à se présenter, je pense, non-seulement que la poursuite ne serait pas recevable, mais encore
que l'importateur lui-même pourrait demander la déchéance,
en prouvant que l'introduction a été le fait du breveté.

246. Nous avons vu, n° 241, que le demandeur ne peut
pas former en cause d'appel une demande nouvelle. Cette
règle est celle que pose l'article 454 du Code de procédure
civile; mais cet article ajoute : « à moins qu'il ne s'agisse de
compensation, ou que la demande nouvelle ne soit la défense
à l'action principale. » Il suit de là que le prévenu de contrefaçon pourra proposer pour la première fois en cause d'appel
une exception de nullité, de déchéance, de propriété qu'il
n'aurait pas fait valoir en première instance. Le respect du
droit de défense, et la complète latitude qui lui doit être
laissée suffirait pour conduire à cette solution. L'exception
est une défense à la poursuite principale en contrefaçon.

247. Le tribunal saisi de l'action en contrefaçon et des
exceptions à cette action, procède, comme en matière correctionnelle ordinaire, à l'instruction de l'affaire et à l'audition des parties et des témoins. Il ordonne les vérifications
et expertises qui peuvent lui sembler nécessaires, et qui le
sont souvent dans les affaires de cette nature, où beaucoup
de questions techniques et scientifiques exigent des éclair-

cissements spéciaux; mais, en cette matière comme en toute autre, le juge n'est point astreint à suivre l'avis des experts si sa conviction s'y oppose.

Le tribunal (¹) peut refuser la preuve des faits qu'il juge n'être point pertinents; il peut ne point ordonner une expertise qu'il regardera comme inutile ou frustratoire; mais un arrêt de la chambre civile, du 26 août 1840, rendu à mon rapport, tout en consacrant expressément cette doctrine, a cassé, pour défaut de motifs, un arrêt qui, après que des conclusions formelles à fin d'enquête et d'expertise avaient été prises pour la première fois en appel, s'était borné à adopter les motifs des premiers juges, sans donner aucun motif à l'appui du rejet fait par la cour royale des conclusions nouvelles prises devant elle.

248. Les appels sont régis par le droit commun. Ils doivent donc être formés, contre les jugements correctionnels, dans les dix jours de la prononciation; contre les jugements des tribunaux civils ou de commerce, dans les trois mois de la signification.

Les pourvois en cassation contre les jugements et arrêts en dernier ressort sont également régis par le droit commun. Ils sont formés, en matière civile, dans les trois mois de la signification, par requête déposée au greffe de la cour de cassation; et, en matière correctionnelle, dans les trois jours francs de la prononciation de l'arrêt ou du jugement, par déclaration au greffe de la cour ou du tribunal qui a rendu la décision attaquée.

(¹) Ch. des req., 24 décembre 1855 et 15 avril 1841.

SECTION III.

JUGEMENTS ET LEURS RÉSULTATS.

249. Peine correctionnelle et réparations civiles.

250. Amende.

251. Emprisonnement.

252. Récidive.

253. Circonstances atténuantes.

254. Les tribunaux civils ne prononcent point d'amende pour contrefaçon.

255. Les peines ne peuvent être cumulées.

256. Réparations qui se payent au demandeur.

257. Confiscation des objets reconnus contrefaisants.

258. Ces objets sont remis au propriétaire du brevet.

259. La confiscation a lieu en cas même d'acquittement.

260. Lorsque les objets contrefaisants sont inséparables d'objets non contrefaisants, la confiscation a lieu pour le tout.

261. Dommages et intérêts.

262. Affiche des jugements.

263. Condamnations contre le plaignant qui succombe.

264. Les condamnations peuvent être prononcées par corps.

265. Les règles ordinaires sur la chose jugée sont applicables.

266. Prescription des actions correctionnelles et civiles.

267. Prescription des condamnations.

249. Lorsque le délit de contrefaçon, ou celui de recel, de vente, d'introduction sur le territoire français est déclaré constant, le défendeur qui succombe est condamné à une peine correctionnelle qui se paye envers la loi et à la société, et à des réparations civiles qui se payent au demandeur.

250. La peine est, d'après les articles 40 et 41 de la loi de 1844, une amende de 100 francs à 2,000 francs. L'article 44 déclare que l'article 463 du Code pénal pourra être appliqué. En conséquence, si le tribunal correctionnel admet des circonstances atténuantes, l'amende pourra être réduite même au-dessous de 16 francs.

251. La peine d'un mois à six mois pourra, en outre, être prononcée, si le contrefacteur est un ouvrier ou un employé ayant travaillé dans les ateliers ou dans l'établissement du breveté, ou si le contrefacteur, s'étant associé avec un ouvrier ou un employé du breveté, a eu, par cet ouvrier ou employé, connaissance des procédés décrits au brevet. Dans ce dernier cas, l'ouvrier ou employé pourra être poursuivi comme complice du délit de contrefaçon.

La même peine d'emprisonnement d'un mois à six mois sera prononcée outre l'amende dans les cas de récidive. La récidive est ainsi définie par le 2ᵉ § de l'article 43 : « Il y a « récidive lorsqu'il a été rendu contre le prévenu, dans les « cinq années antérieures, une première condamnation pour « un des délits prévus par la présente loi. »

252. Dans la discussion (¹), M. Bethmont fit cette question? « Je demande si l'on entend que la récidive sera la deuxième atteinte aux droits du même breveté. Entend-on, au contraire, que la récidive sera la contrefaçon de tout autre brevet? » M. Philippe Dupin répondit : « Si un voleur relaps venait dire devant un tribunal correctionnel : Je ne suis pas en récidive, car la première fois j'ai volé telle personne, et la deuxième fois j'en ai volé une autre, M. Bethmont trouverait-il cette défense bien légale et bien convenable? Voterait-il la loi qui l'élèverait à la hauteur d'un principe? Et cependant c'est là précisément ce qu'il nous propose d'écrire dans la loi. Je sais bien que la contrefaçon n'est pas aussi odieuse que le vol proprement dit; mais ce n'est pas moins une action coupable : c'est l'invasion illégale sur le droit d'autrui. Quelle que soit donc l'invention contrefaite, dès qu'il y a eu deux contrefaçons, il y a récidive. » M. Bethmont protesta

---

(¹) Ch. des députés; séance du 16 avril 1844.

contre cette assimilation : « J'insiste d'autant plus, ajouta-t-il,
que je rappelle à l'honorable rapporteur, qui a la connaissance des lois, ce fait : qu'en matière de contrefaçon, on n'examine pas s'il y a eu intention. » La discussion prit alors une
autre direction ; elle s'étendit à la question de savoir si la
mauvaise foi est un élément constitutif du délit de contrefaçon. Nous avons rendu compte de cette discussion sous les
nᵒˢ 18 et 19 ; on y a vu que, d'après l'esprit et les termes de
la nouvelle loi, l'ignorance ou la bonne foi effacent le délit
de recel, de vente, ou d'introduction, mais n'effacent pas le délit de contrefaçon. M. Bethmont ne formula point d'amendement ; et l'article fut voté tel qu'il était proposé. La définition,
fort évidente d'ailleurs, que le rapporteur a donnée de la récidive, me paraît résulter clairement des termes de la loi.

Il est nécessaire de remarquer que l'article 43 explique
qu'il y a récidive lorsqu'une première condamnation avait été
prononcée pour un des délits que la loi de 1844 a prévus. Il
suit de là que le condamné pour contrefaçon qui sera, dans
les cinq années subséquentes, condamné pour recel, vente ou
introduction d'objets contrefaisants, se trouvera en récidive,
et réciproquement.

A prendre isolément, et judaïquement, le 2ᵉ § de l'article
43, il en résulterait que les délits spéciaux prévus par l'article
33 sont au nombre des cas de récidive ; on sait que ces délits sont : celui d'usurpation de la qualité de breveté, et celui
d'omission de la mention de non-garantie dans une annonce
de brevet. Je crois que cette interprétation serait erronée.
L'article 33, intercallé après coup dans la loi, ne se réfère
point à la rédaction antérieurement faite de l'article 43 ; il
concerne des délits d'un autre ordre que ceux dont s'occupe
le titre 5ᵉ, auquel l'article 43 appartient, et dont l'article 33
ne fait pas partie. A l'argument de texte que l'on tirerait de

l'article 43, on peut et l'on doit opposer le texte de l'article 33, qui a lui-même pris soin, dans son second §, d'autoriser les tribunaux à porter l'amende au double en cas de récidive des délits créés par son § 1er. Sans doute la rédaction de l'article 43 serait meilleure et plus claire si elle avait pris soin d'excepter explicitement les délits prévus par l'article 33; mais cette omission est loin de suffire pour autoriser à superposer la récidive dont l'article 43 s'occupe à celle que l'article 33 avait déjà complètement réglée.

253. L'article 463 du Code pénal est applicable à l'emprisonnement comme à l'amende, même en cas de récidive; c'est la disposition expresse de l'article 44. En conséquence, les tribunaux correctionnels, si les circonstances leur paraissent atténuantes, pourront réduire l'emprisonnement au-dessous de six jours, et même ne condamner qu'à une amende.

254. L'amende est une peine. Elle ne peut donc pas, à moins d'une exception expresse au principe général, être prononcée par les tribunaux civils. La loi de 1791, tout en attribuant la connaissance des contrefaçons à la juridiction civile des juges de paix, avait conféré à ces juges le pouvoir de prononcer une amende fixée au quart du montant des dommages et intérêts, et qui, toutefois, ne pouvait excéder 3,000 livres, et le double en cas de récidive. Il n'y a plus lieu, sous la loi actuelle, à cette exception aux principes généraux. Si le propriétaire de brevet, au lieu de porter plainte devant la juridiction correctionnelle, forme, devant le tribunal civil, une demande en réparation du préjudice à lui causé, ce tribunal n'aura point à prononcer une amende.

255. Les questions sur le cumul des peines ont souvent donné lieu à de graves difficultés, et ont embarrassé la jurisprudence. Elles ne pourront pas se présenter sous la loi ac-

tuelle, qui les a tranchées par son article 42, adopté sur la proposition de M. Isambert, et qui est ainsi conçu : « Les « peines établies par la présente loi ne pourront être cu- « mulées. La peine la plus forte sera seule prononcée pour « tous les faits antérieurs au premier acte de poursuite. »

256. Les réparations qui se payent au demandeur sont énu- mérées par l'article 49, ainsi conçu : « La confiscation des « objets reconnus contrefaits, et, le cas échéant, celle des « instruments ou ustensiles destinés spécialement à leur fa- « brication seront, même en cas d'acquittement, prononcées « contre le contrefacteur, le recéleur, l'introducteur ou le « débitant. — Les objets confisqués seront remis au pro- « priétaire du brevet, sans préjudice de plus amples dom- « mages et intérêts, et de l'affiche du jugement, s'il y a « lieu. »

On voit que cet article statue : 1° sur la confiscation ; 2° sur les dommages et intérêts ; 3° sur l'affiche du jugement. Occupons-nous d'abord de la confiscation.

257. La peine de confiscation des biens a été abolie par la Charte de 1814 et par la Charte de 1830. La confiscation spéciale, soit du corps du délit, quand la propriété appartient au condamné, soit des choses produites par le délit, soit de celles qui ont servi ou qui ont été destinées à le commettre, continue de subsister ; elle est placée par l'article 11 du Code pénal au rang des peines.

· De là naît une difficulté dans les cas où l'action en réparation du dommage est portée devant les tribunaux civils. La confisca- tion étant une peine, ils ne peuvent pas la prononcer (¹). Mais je pense que ce serait aller trop loin que de leur dénier le droit de prononcer, non la confiscation des objets contrefaisants,

---

(¹) Cour de Rouen, 4 mars 1841 ; Dalloz, 41, 2, 102.

mais leur remise au propriétaire lésé. Je sais que cette différence pourra souvent n'être que nominale ; et que l'on pourra
arriver, sous d'autres mots, à des résultats anologues. Cependant, les résultats ne seront pas identiques, et la qualification
n'est pas chose insignifiante. S'il y a confiscation , les objets
appréhendés par la justice sont remis par elle en nature au
propriétaire; s'il n'y a qu'un ordre à une partie de remettre
l'objet à son adversaire, c'est là une obligation de livrer, qui
peut se résoudre en dommages et intérêts.

Devant la jurisdiction correctionnelle, il n'y a nulle difficulté à donner à la confiscation son nom de peine. Toutefois,
cette peine reçoit un caractère civil de deux dispositions de
l'article 49; dont l'une ordonne de remettre au propriétaire
de brevet les objets confisqués ; et dont l'autre ordonne de
prononcer, même en cas d'acquittement, la confiscation des
objets reconnus contrefaisants.

Ces deux dispositions sont faciles à justifier.

258. La première fut combattue dans la Chambre des
pairs ('). M. le comte Siméon demanda que les objets contrefaisants fussent détruits. M. Sénac, commissaire du roi, répondit : « Ce serait, dans la plupart des cas, détruire l'élément
naturel de l'indemnité due au breveté; car les objets contrefaits constituent presque la seule valeur sur laquelle habituellement repose cette indemnité. D'ailleurs, la destruction
complète ne servirait à personne ; ce serait une perte absolue.
Les objets contrefaits seront conformes à ceux que fabrique
le breveté lui-même; les recevant en nature, à titre de dédommagement, il les vendra pour son propre compte, et il
en tirera le meilleur parti possible, dans l'intérêt de sa propre
fabrication. L'objection repose sur cette hypothèse : que les

---

(') Séance du 31 mars 1843.

objets contrefaits seraient d'une qualité inférieure à ceux que produit le breveté lui-même ; et qu'il ne peut être autorisé à vendre des produits contrefaits. Mais je ne crois pas que cette supposition puisse être admise ; car le contrefacteur fait tout ce qu'il faut pour obtenir faveur auprès du public ; il imite les objets de la manière la plus exacte possible. La différence, qui fait son profit, est celle qui résulte de la différence même qui existe entre le prix de revient dont il se contente et le prix du monopole qu'exige le breveté. Tout autre mode causerait un grave préjudice à l'inventeur. » M. le vicomte Dubouchage insista sur l'inconvénient de l'article du projet dans le cas où il s'agira de fabrications étrangères introduites au mépris du brevet. Il signala une contradiction entre la remise de ces objets au propriétaire du brevet et l'article 32-3° qui punit de déchéance le breveté lorsqu'il introduit en France des objets fabriqués en pays étranger et semblables à ceux que son brevet garantit. L'article du projet fut néanmoins adopté sans modification.

Je pense que la législation a fort bien fait de ne point ordonner, dans ces cas, la destruction des objets confisqués ; et les arguments de M. Sénac contre cette proposition absolue me paraissent irréfutables. Mais je pense aussi qu'il fallait faire une part à ce que les objections avaient de juste, soit en ce qui concerne les fabrications défectueuses, soit, surtout, à l'égard des objets fabriqués à l'étranger. La loi m'aurait semblé mieux appropriée à toutes les éventualités, si, conservant, en thèse générale, le principe de la remise des objets au propriétaire de brevet, elle avait conféré aux tribunaux le pouvoir d'ordonner, suivant les circonstances, qu'ils seraient détruits. On n'aurait pas eu à craindre d'abus ; car la sagesse des tribunaux les aurait défendus contre la pensée d'une destruction inutile, qui est une perte pour tout le monde ; et ils n'auraient certainement recouru à cette mesure extrême que dans les cas extrêmes, qui seront rares, mais qui sont possibles.

Ce sera, au reste, aux tribunaux, dans l'évaluation qu'ils auront à faire des dommages et intérêts, à apprécier jusqu'à quel point, et dans quelle mesure, la remise des objets confisqués indemnise le propriétaire, eu égard à la qualité, à la quantité, à la valeur de ces objets.

259. La disposition de l'article 49 qui prononce, même en cas d'acquittement, la confiscation des objets reconnus contrefaisants, et leur remise au propriétaire de brevet, a été introduit par un amendement de M. Vivien ('). « Le motif de cet amendement, a dit M. Philippe Dupin, est celui-ci : c'est que, ne pas prononcer la saisie, même en cas d'acquittement, c'est autoriser la vente d'objets contrefaits ; en d'autres termes, c'est autoriser la contrefaçon. »

Cette disposition est fort équitable. Elle était devenue indispensable (') du moment où, par l'article 41, on a affranchi de délit les vendeurs ou introducteurs qui n'auraient pas agi sciemment. Il reste toutefois une difficulté dans l'article 49, tel qu'il est rédigé : c'est de savoir en quel cas le contrefacteur pourra être acquitté lorsque la contrefaçon sera reconnue.

Il est superflu de remarquer que lorsque les objets ne seront pas reconnus contrefaisants, la confiscation n'en pourra pas être ordonnée. Mais, lorsqu'ils seront reconnus tels, ils seront toujours confisqués et remis au propriétaire. Il n'importe nullement de considérer s'ils ont, ou non, été compris dans une saisie.

(') Ch. des députés ; séance du 17 avril 1844.
(') *V.* n. 19, p. 228.

260. Il a été jugé par deux arrêts de la Cour de cassation,
l'un de la Chambre des requêtes du 2 mai 1822, l'autre de
la Chambre civile du 31 décembre 1822, que si les objets
contrefaisants sont réunis à d'autres objets non contrefaisants desquels les premiers sont inséparables, la confiscation
du tout doit être prononcée.

261. L'appréciation des dommages et intérêts est laissée
à l'arbitrage des tribunaux, qui les évalueront d'après les circonstances. Ils auront à examiner si la remise des objets confisqués indemnise suffisamment le propriétaire.

Un jugement du tribunal de Nancy du 20 mars 1827,
objet d'un pourvoi rejeté par arrêt de la Chambre civile du
20 juillet 1830, a jugé, avec raison : « que les dommages et
intérêts doivent être calculés, non pas sur le produit et le gain
obtenus par le contrefacteur, mais plutôt sur le tort et le dommage éprouvés par le propriétaire du brevet. » L'on peut,
sans inconvénients, étendre cette interprétation, et considérer non-seulement le dommage matériel déjà effectivement
réalisé, mais encore la perturbation apportée dans l'exploitation du brevet par les périls qu'on lui a fait courir. Un contrefacteur ne pourrait pas s'exonérer de dommages et intérêts sous le prétexte qu'il n'aurait encore effectué aucune
vente ni livré aucun produit à la circulation.

262. L'affiche des jugements de condamnation pouvait
être ordonnée sous les lois de 1791, bien que cette législation ne l'eût prévue par aucune disposition spéciale. Ce droit,
d'abord contesté, avait été nettement reconnu par la jurisprudence et par une pratique constante. Cette forme de réparation est utile et exemplaire. Elle signale à l'animadversion
publique les individus qui se respectent assez peu pour spéculer sur des délits; elle intimide ceux qui voudraient essayer
de cette coupable industrie; elle met le public en garde, et

avertit les honnêtes gens de ne point se rendre moralement complices du délinquant en se laissant aller à acheter les produits de son délit. L'article 49 confère explicitement aux tribunaux correctionnels le pouvoir d'ordonner l'affiche de leurs jugements. Le même droit appartient aux tribunaux civils en vertu de l'article 1036 du Code de procédure civile.

Un arrêt de la Chambre criminelle, du 21 mars 1839, définit ainsi le caractère de l'affiche : « Attendu que l'impression et l'affiche d'un jugement peuvent être ordonnées soit à titre de peine, soit à titre de dommages-intérêts ; que si, dans le premier cas, cette impression et cette affiche ne sauraient être prononcées qu'en vertu d'une disposition formelle de la loi, il ne saurait en être de même dans le second ; qu'alors cette affiche et cette impression, quoiqu'ordonnées pour un cas où la loi ne les a point prescrites, n'ont aucun caractère pénal ; qu'elles sont à proprement parler une indemnité, une réparation accordées à la partie civile ; et que la disposition qui les ordonne ne saurait être attaquée par le ministère public. »

Un arrêt de la Cour royale de Paris, du 23 février 1839 (¹), a jugé que le droit d'afficher un jugement n'appartient pas à la partie qui l'a obtenu lorsque le jugement ne l'a pas ordonné : « Considérant que, relativement aux décisions judiciaires, la publicité consiste dans l'obligation imposée par la loi aux magistrats de faire procéder publiquement aux débats qui précèdent le jugement, et de prononcer publiquement les décisions qu'ils rendent ; que l'affiche des jugements et arrêts, prescrite par la loi en certaines matières, à titre de réparation, est autorisée, suivant les circonstances, par l'article 1036 du Code de procédure civile, à titre de peine ; que

(¹) Dalloz, 39, 2, 85.

le fait imputé par Pouet à Leroux-Dufié, et non dénié, d'a-
voir fait afficher, tant à La Villette que dans la ville de Paris,
à un grand nombre d'exemplaires, l'arrêt rendu entre eux,
est dès-lors un fait illégal, et, dans l'espèce, dommageable;
que l'intention de nuire devient encore plus évidente par la
forme d'affiche employée; considérant que la Cour possède
les éléments suffisants pour apprécier l'étendue du dommage
et en déterminer la réparation; Infirme; et au principal, pour
réparation du préjudice causé par le fait dont s'agit, autorise
Pouet à faire imprimer le présent arrêt dans la forme ordinaire, et à le faire afficher, au nombre de cent exemplaires,
dans l'étendue du département de la Seine, le tout aux frais
de Leroux-Dufié. »

La Chambre criminelle a cassé, le 11 juillet 1823, un arrêt qui n'avait rien statué sur des conclusions par lesquelles
l'affiche en avait été formellement demandée.

C'est un point constant en jurisprudence que lorsqu'un
jugement a ordonné l'affiche à un nombre déterminé d'exemplaires, on ne peut excéder ce nombre sans se rendre passible
de dommages et intérêts. Un arrêt de la Cour de Paris, du
1er juin 1831 (¹), étend même cette décision au fait de distribution d'un mémoire dans lequel le jugement avait été imprimé après le procès terminé : « Attendu qu'aux termes de
l'article 1036 du Code de procédure civile il appartient aux
tribunaux seuls d'ordonner l'affiche des jugements par eux
rendus; que la publicité, en pareil cas, par voie d'affiches,
étant une peine prononcée contre celui qui succombe, elle
doit être restreinte dans les limites et dans les formes dans
lesquelles elle a été prononcée; que le juge de paix avait
fixé à cent exemplaires l'affiche du jugement par lui rendu

(¹) Dalloz, 31, 2, 219.

contre Sommier; que, postérieurement, Dumont et Derosne
s'étaient engagés à ne pas dépasser ce nombre d'affiches;
que cependant ces derniers, après le procès terminé, ont fait
imprimer et ont distribué un mémoire, auquel on a joint un
exemplaire du jugement, au nombre de trois cents exemplaires; que cette publicité, qui avait pour objet de signaler
Sommier comme contrefacteur, a dû lui nuire dans l'opinion
publique; ordonne la remise entre les mains de Sommier
des trois cents exemplaires, sous peine de 1 franc par chaque
exemplaire non représenté, et condamne les défendeurs à
1,000 francs de dommages-intérêts. » Il faut bien se garder
d'étendre la doctrine de cet arrêt et de l'isoler des faits qu'il
apprécie. L'impression des jugements et arrêts est le droit,
non-seulement des parties, mais même de tous les citoyens;
ils constatent des vérités et proclament des doctrines qui sont
la garantie et l'enseignement du public. Où en seraient les
droits et les leçons de la publicité, s'il était interdit aux journaux, aux recueils, à la science, à nous tous, de transcrire,
publier, discuter les arrêts et les faits sur lesquels ils sont
rendus? Cette faculté, qui appartient si manifestement à tout
le monde, ne peut pas raisonnablement être interdite à
ceux-là seuls qui ont été parties au procès. L'unique conclusion légitime à tirer de l'arrêt qui vient d'être cité, c'est que
la publication d'un arrêt peut donner lieu à des dommages
et intérêts, si elle est faite à dessein de nuire.

Un breveté, ayant obtenu un jugement en condamnation
pour contrefaçon avec affiches à soixante exemplaires, imagina de poser deux de ces affiches sur des cartons qu'il plaçait tous les matins à sa porte, et qu'il en retirait tous les
soirs. Le tribunal de la Seine, par jugement du 25 octobre
1837, refusa, avec raison, de voir dans cette conservation d'af-

33

fiches permanentes un fait répréhensible (') : « Attendu qu'en
ordonnant l'affiche d'un jugement et en fixant le nombre des
affiches à apposer, le tribunal n'a pas déterminé le temps pendant lequel durerait chacune d'elles, et qu'il n'a statué ni sur
la durée de ce mode de publicité, ni sur les moyens de conservation qu'il est loisible d'employer à la partie qui a obtenu
le jugement; attendu que, dans l'espèce, il n'y aurait lieu à
la suppression ou à la destruction des affiches que s'il était
justifié que le nombre ordonné par le jugement aurait été dépassé, et qu'il n'est fait à cet égard aucune justification; déclare Denilly non recevable. »

263. Si le plaignant succombe dans sa demande en contrefaçon, il est condamné aux dépens. Il peut en outre, s'il
y a lieu, être condamné à des dommages et intérêts dont le
tribunal apprécie la quotité.

Nous avons expliqué que si le jugement, tout en acquittant les défendeurs en cause, reconnaît cependant l'existence
du fait de contrefaçon, l'article 49 enjoint aux juges d'ordonner la confiscation des objets contrefaisants et leur remise
au demandeur, bien que celui-ci échoue dans sa demande.

L'article 13 de la loi du 7 janvier 1791 laissait douteuse
la question de savoir si des dommages et intérêts ne devaient
pas toujours être prononcés contre le plaignant en contrefaçon qui succombait dans sa demande, sauf aux tribunaux
à modérer, suivant les circonstances, cette peine pécuniaire
autant qu'ils le voulaient. La question ne peut plus se présenter sous la loi actuelle. Les tribunaux sont maîtres d'affranchir de tous dommages et intérêts le demandeur qui
perd son procès. L'article 48 n'accorde de dommages et in-

(') *Gazette des Tribunaux.*

térêts que s'il y a lieu, dans le cas même où une saisie devient nulle, faute par le saisissant de s'être dûment pourvu dans la huitaine.

264. Les condamnations peuvent être prononcées par corps, aux termes des articles 216 du Code de procédure civile et 52 du Code pénal. La durée de la contrainte par corps doit, aux termes de la loi du 17 avril 1832, être fixée par le jugement de condamnation ; la violation de cette disposition donne ouverture à cassation.

265. Les règles ordinaires sur l'autorité de la chose jugée sont applicables aux jugements rendus sur les actions en contrefaçon. Quelles que soient donc les questions jugées pour ou contre un breveté, et quelque ressemblance qu'elles offrent avec celles qu'il faudra discuter de nouveau, il n'y aura pas chose jugée à défaut d'une seule des conditions écrites dans l'article 1351 du Code civil : que la chose demandée soit la même ; que la demande soit fondée sur la même cause ; que la demande soit entre les mêmes parties, et formée par elles et contre elles en la même qualité. Nous avons vu, n° 201, qu'il n'appartient jamais à la jurisdiction correctionnelle de prononcer la nullité ou la déchéance absolues d'un brevet.

266. La prescription des actions et celle des condamnations se règlent par le droit commun.

Il ne faut pas confondre la durée du brevet avec la durée des actions attachées à son exploitation. La durée des actions se mesure par le temps qui s'est écoulé depuis le fait spécial qui peut y donner lieu.

D'après les articles 637 et 638 du Code d'instrubtion criminelle, s'il s'agit d'un délit de nature à être puni correctionnellement, l'action publique et l'action civile se prescrivent après trois années révolues, à compter du jour où le délit a été commis, si, dans cet intervalle, il n'a été fait aucun acte d'instruction ni de poursuite. S'il en a été fait, l'action ne se prescrit qu'après trois années révolues à compter du dernier acte, à l'égard même des personnes qui ne seraient point impliquées dans cet acte d'instruction ou de poursuite.

La prescription est de trois ans, même pour les actions portées devant les tribunaux civils; car ces actions s'appuyent sur l'allégation d'une contrefaçon, c'est-à-dire sur un fait constitutif d'un délit.

La fabrication de contrefaçon est un délit dont la répression peut être provoquée dès qu'il a été mis en cours d'exécution; mais tant que la fabrication se continue et se complète, la perpétration du délit ne s'arrête pas, et le dernier acte qui l'achève est aussi répréhensible que le premier. La prescription ne commence donc à courir que de l'époque où le dernier des actes de l'ensemble desquels le fait général et complexe de la fabrication se compose a été accompli.

De même, la prescription du délit de vente ne court pas à compter du jour de la première mise en vente. Chaque fait de débit constitue un délit particulier, ouvre droit à une action, et ne donne cours à la prescription qu'à partir de sa date. Pour qu'il y eût fin de non-recevoir, le silence du propriétaire de brevet ne suffirait pas; il faudrait prouver qu'il y a eu de sa part, autorisation non douteuse, renonciation non équivoque à la poursuite.

Les délits de contrefaçon, de vente, de recel, d'introduction sont des délits distincts. Il suit de là que la prescription d'un de ces délits, ou celle de faits particuliers constitutifs de chacun d'eux, n'opère point la prescription des autres délits, ni des autres faits, alors même qu'ils émaneraient du même délinquant.

267. La prescription des condamnations varie selon qu'il s'agit de réparations civiles ou de peines.

L'article 636 du Code d'instruction criminelle est ainsi conçu : « Les peines portées par les arrêts ou jugements ren-
« dus en matière correctionnelle se prescriront pour cinq
« années révolues à compter de la date de l'arrêt ou du juge-
« ment rendu en dernier ressort; et à l'égard des peines pro-
« noncées par les tribunaux de première instance; à compter
« du jour où ils ne pourront plus être attaqués par voie de
« l'appel. »

La prescription contre les condamnations civiles est de trente ans; soit qu'elles aient été prononcées par une juris-diction civile, soit, conformément à l'article 642 du Code d'instruction criminelle, qu'elles résultent d'arrêts ou de ju-gements rendus en matière correctionnelle.

TEXTE DE LA LOI

DU 5 JUILLET 1844

SUR LES BREVETS D'INVENTION.

Avec renvois aux pages du présent Traité à la suite de chaque article.

—

Louis-Philippe, roi des Français, à tous présents et avenir, salut.

Nous avons proposé, les Chambres ont adopté, nous avons ordonné et ordonnons ce qui suit :

TITRE PREMIER.

DISPOSITIONS GÉNÉRALES.

ARTICLE 1er. Toute nouvelle découverte ou invention dans tous les genres d'industrie, confère à son auteur, sous les conditions et pour le temps ci-après déterminés, le droit exclusif d'exploiter à son profit ladite découverte ou invention. — 111, 114, 213 à 252, 246, 249, 279, 281.

Ce droit est constaté par des titres délivrés par le gouvernement, sous le nom de *brevets d'invention*. — 112, 124, 140, 209.

ART. 2. Seront considérées comme inventions ou découvertes nouvelles : — 388.

L'invention de nouveaux produits industriels.— 281,285.

L'invention de nouveaux moyens ou l'application nouvelle de moyens connus, pour l'obtention d'un résultat ou d'un produit industriel. — 111, 140, 285 à 291.

ART. 3. Ne sont pas susceptibles d'être brevetés : — 388, 208.

1° Les compositions pharmaceutiques ou remèdes de toute espèce, lesdits objets demeurant soumis aux lois et règlements spéciaux sur la matière, et notamment au décret du 18 août 1810, relatif aux remèdes secrets; — 141, 308 à 314, 383, 389.

2° Les plans et combinaisons de crédit ou de finances. — 130, 281.

ART. 4. La durée des brevets sera de cinq, dix ou quinze années. — 112, 428 à 440.

Chaque brevet donnera lieu au payement d'une taxe qui est fixée ainsi qu'il suit, savoir :

500 fr. pour un brevet de cinq ans ;

1,000 fr. pour un brevet de dix ans ;

1,500 fr. pour un brevet de quinze ans. — 129, 365, 369.

Cette taxe sera payée par annuités de 100 fr., sous peine de déchéance, si le breveté laisse écouler un terme sans l'acquitter. — 126, 143, 363 à 374, 415, 430, 459 à 464.

TITRE II.

DES FORMALITÉS RELATIVES A LA DÉLIVRANCE DES BREVETS.
— 341.

SECTION PREMIÈRE. — *Des demandes de brevets.*

ART. 5. Quiconque voudra prendre un brevet d'invention, devra déposer, sous cachet, au secrétariat de la préfecture, dans le département où il est domicilié, ou dans tout autre département, en y élisant domicile : — 112, 126, 343, 395.

1° Sa demande au ministre de l'agriculture et du commerce ; — 342.

2° Une description de la découverte, invention ou application faisant l'objet du brevet demandé ; — 350 à 362.

3° Les dessins ou échantillons qui seraient nécessaires pour l'intelligence de la description ; — 360, 399.

Et 4° un bordereau des pièces déposées. — 363.

ART. 6. La demande sera limitée à un seul objet principal, avec les objets de détail qui le constituent, et les applications qui auront été indiquées. — 124, 343.

Elle mentionnera la durée que les demandeurs entendent assigner à leur brevet dans les limites fixées par l'article 4, et ne contiendra ni restrictions, ni conditions, ni réserves. — 345.

Elle indiquera un titre renfermant la désignation sommaire et précise de l'objet de l'invention. — 346, 350.

La description ne pourra être écrite en langue étrangère. Elle devra être sans altération ni surcharges. Les mots rayés comme nuls seront comptés et constatés, les pages et les renvois paraphés. Elle ne devra contenir aucune dénomination de poids ou de mesures, autres que celles qui sont portées au tableau annexé à la loi du 4 juillet 1837. — 350 à 362.

Les dessins seront tracés à l'encre et d'après une échelle métrique. — 360.

Un duplicata de la description et des dessins sera joint à la demande. — 363, 403.

Toutes les pièces seront signées par le demandeur ou par un mandataire, dont le pouvoir restera annexé à la demande. — 363.

ART. 7. Aucun dépôt ne sera reçu que sur la production d'un récépissé constatant le versement d'une somme de 100 fr. à valoir sur le montant de la taxe du brevet. — 371, 374.

Un procès-verbal, dressé sans frais par le secrétaire-général de la préfecture, sur un registre à ce destiné, et signé par le demandeur, constatera chaque dépôt, en énonçant le jour et l'heure de la remise des pièces. — 365, 375, 395.

Une expédition dudit procès-verbal sera remise au déposant, moyennant le remboursement des frais de timbre. — 375.

Art. 8. La durée du brevet courra du jour du dépôt prescrit par l'article 5. — 137, 142, 250, 435.

SECTION II. — *De la délivrance des brevets.*

Art. 9. Aussitôt après l'enregistrement des demandes, et dans les cinq jours de la date du dépôt, les préfets transmettront les pièces, sous le cachet de l'inventeur, au ministre de l'agriculture et du commerce, en y joignant une copie certifiée du procès-verbal de dépôt, le récépissé constatant le versement de la taxe, et, s'il y a lieu, le pouvoir mentionné dans l'article 6.— 113, 395.

Art. 10. A l'arrivée des pièces au ministère de l'agriculture et du commerce, il sera procédé à l'ouverture, à l'enregistrement des demandes et à l'expédition des brevets, dans l'ordre de la réception desdites demandes. — 124, 125, 396.

Art. 11. Les brevets dont la demande aura été régulièrement formée, seront délivrés, sans examen préalable, aux risques et périls des demandeurs, et sans garantie, soit de la réalité, de la nouveauté ou du mérite de l'invention, soit de la fidélité ou de l'exactitude de la description. — 120, 132, 135, 142, 314 à 322, 376 à 390.

Un arrêté du ministre constatant la régularité de la demande, sera délivré au demandeur et constituera le brevet d'invention. — 135, 397, 402.

A cet arrêté sera joint le duplicata certifié de la description et des dessins, mentionné dans l'art. 6, après que la conformité avec l'expédition originale en aura été reconnue et établie au besoin. — 351, 403.

La première expédition des brevets sera délivrée sans frais. — 403.

Toute expédition ultérieure, demandée par le breveté ou ses ayants-cause, donnera lieu au payement d'une taxe de 25 fr. — 129, 403.

Les frais de dessin, s'il y a lieu, demeureront à la charge de l'impétrant. — 403.

Art. 12. Toute demande dans laquelle n'auraient pas été observées les formalités prescrites par les numéros 2 et 3 de l'article 4, et par l'article 6, sera rejetée. La moitié de la somme versée restera acquise au Trésor, mais il sera tenu compte de la totalité de cette somme au demandeur s'il reproduit sa demande dans un délai de trois mois, à compter de la date de la notification du rejet de sa requête. — 356, 360, 396, 399, 404.

Art. 13. Lorsque, par application de l'article 3, il n'y aura pas lieu à délivrer un brevet, la taxe sera restituée. — 396.

Art. 14. Une ordonnance royale, insérée au Bulletin des lois, proclamera, tous les trois mois, les brevets délivrés. — 125, 136, 404, 435, 455.

Art. 15. La durée des brevets ne pourra être prolongée que par une loi. — 112, 125, 143, 431, 433.

SECTION III. — *Des certificats d'addition.* — 341.

Art. 16. Le breveté ou les ayants-droit au brevet auront, pendant toute la durée du brevet, le droit d'apporter à l'invention des changements, perfectionnements ou additions, en remplissant, pour le dépôt de la demande, les formalités déterminées par les articles 5, 6 et 7. — 127, 292 à 295.

Ces changements, perfectionnements ou additions, seront constatés par des certificats délivrés dans la même forme que le brevet principal, et qui produiront, à partir des dates

respectives des demandes et de leur expédition, les mêmes
effets que ledit brevet principal, avec lequel ils prendront
fin. — 127, 292.

Chaque demande de certificat d'addition donnera lieu au
payement d'une taxe de 20 fr. — 129, 294.

Les certificats d'addition, pris par un des ayants-droit,
profiteront à tous les autres. — 294.

ART. 17. Tout breveté qui, pour un changement, perfectionnement ou addition, voudra prendre un brevet principal
de cinq, dix ou quinze années, au lieu d'un certificat d'addition expirant avec le brevet primitif, devra remplir les formalités prescrites par les articles 5, 6 et 7, et acquitter la
taxe mentionnée dans l'article 4. — 127, 292.

ART. 18. Nul autre que le breveté ou ses ayants-droit,
agissant comme il est dit ci-dessus, ne pourra, pendant une
année, prendre valablement un brevet pour un changement,
perfectionnement ou addition à l'invention qui fait l'objet
du brevet primitif. — 232, 304.

Néanmoins, toute personne qui voudra prendre un brevet
pour changement, addition ou perfectionnement à une découverte déjà brevetée, pourra, dans le cours de ladite année,
former une demande qui sera transmise, et restera déposée
sous cachet, au ministère de l'agriculture et du commerce.
— 120, 127, 305, 426.

L'année expirée, le cachet sera brisé et le brevet délivré.
— 305, 426.

Toutefois, le breveté principal aura la préférence pour les
changements, perfectionnements et additions pour lesquels
il aurait lui-même, pendant l'année, demandé un certificat
d'addition ou un brevet. — 295 à 306.

ART. 19. Quiconque aura pris un brevet pour une découverte, invention ou application se rattachant à l'objet d'un

autre brevet, n'aura aucun droit d'exploiter l'invention déjà brevetée, et réciproquement le titulaire du brevet primitif ne pourra exploiter l'invention, objet du nouveau brevet. — 127, 293.

SECTION IV. — *De la transmission et de la cession des brevets.*

Art. 20. Tout breveté pourra céder la totalité ou partie de la propriété de son brevet. — 114, 233, 341, 406, 408.

La cession totale ou partielle d'un brevet, soit à titre gratuit, soit à titre onéreux, ne pourra être faite que par acte notarié, et après le payement de la totalité de la taxe déterminée par l'article 4. — 128, 372, 415, 434.

Aucune cession ne sera valable, à l'égard des tiers, qu'après avoir été enregistrée au secrétariat de la préfecture du département dans lequel l'acte aura été passé. — 407, 415, 418.

L'enregistrement des cessions et de tous autres actes emportant mutation sera fait sur la production et le dépôt d'un extrait authentique de l'acte de cession ou de mutation. — 407, 419, 421.

Une expédition de chaque procès-verbal d'enregistrement, accompagnée de l'extrait de l'acte ci-dessus mentionné, sera transmise, par les préfets, au ministre de l'agriculture et du commerce dans les cinq jours de la date du procès-verbal. — 407, 420.

Art. 21. Il sera tenu, au ministère de l'agriculture et du commerce, un registre sur lequel seront inscrites les mutations intervenues sur chaque brevet, et tous les trois mois, une ordonnance royale proclamera, dans la forme déterminée par l'article 14, les mutations enregistrées pendant le trimestre expiré. — 129, 341, 407, 420.

Art. 22. Les cessionnaires d'un brevet, et ceux qui auront

acquis d'un breveté ou de ses ayants-droit la faculté d'exploiter la découverte ou l'invention, profiteront, de plein droit, des certificats d'addition qui seront ultérieurement délivrés au breveté ou à ses ayants-droit. Réciproquement, le breveté ou ses ayants-droit profiteront des certificats d'addition qui seront ultérieurement délivrés aux cessionnaires — 409.

Tous ceux qui auront droit de profiter des certificats d'addition pourront en lever une expédition au ministère de l'agriculture et du commerce, moyennant un droit de 20 fr. — 22, 421.

SECTION V. — *De la communication et de la publication des descriptions et dessins de brevets.*

ART. 23. Les descriptions, dessins, échantillons et modèles des brevets délivrés, resteront, jusqu'à l'expiration des brevets, déposés au ministère de l'agriculture et du commerce, où ils seront communiqués sans frais, à toute réquisition. — 112, 126, 132, 224, 423.

Toute personne pourra obtenir, à ses frais, copie desdites descriptions et dessins, suivant les formes qui seront déterminées dans le règlement rendu en exécution de l'article 50. — 423.

ART. 24. Après le payement de la deuxième annuité, les descriptions et dessins seront publiés, soit textuellement, soit par extrait. — 142, 199, 372, 424.

Il sera en outre publié, au commencement de chaque année, un catalogue contenant les titres des brevets délivrés dans le courant de l'année précédente. — 126, 199, 346, 348, 427.

ART. 25. Le recueil des descriptions et dessins et le catalogue publiés en exécution de l'article précédent seront déposés au ministère de l'agriculture et du commerce, et au secrétariat de la préfecture de chaque département, où ils pourront être consultés sans frais. — 427.

ART. 26. A l'expiration des brevets, les originaux des descriptions et dessins seront déposés au conservatoire royal des arts et métiers. — 115, 134, 427..

TITRE III.

DES DROITS DES ÉTRANGERS.

ART. 27. Les étrangers pourront obtenir en France des brevets d'invention. — 143, 275, 318, 327.

ART. 28. Les formalités et conditions déterminées par la présente loi seront applicables aux brevets demandés ou délivrés en exécution de l'article précédent. — 275.

ART. 29. L'auteur d'une invention ou découverte déjà brevetée à l'étranger pourra obtenir un brevet en France; mais la durée de ce brevet ne pourra excéder celle des brevets antérieurement pris à l'étranger. — 112, 238, 269, 275, 321.

TITRE IV.

DES NULLITÉS ET DÉCHÉANCES, ET DES ACTIONS Y RELATIVES.

SECTION PREMIÈRE. — *Des nullités et déchéances.*

ART. 30. Seront nuls, et de nul effet, les brevets délivrés dans les cas suivants, savoir : — 115, 438, 441.

1° Si la découverte, invention ou application n'est pas nouvelle. — 249, 277.

2° Si la découverte, invention ou application n'est pas, aux termes de l'article 3, susceptible d'être brevetée. — 308 à 314, 454.

3° Si les brevets portent sur des principes, méthodes, systèmes, découvertes et conceptions théoriques ou purement

scientifiques, dont on n'a pas indiqué les applications industrielles ; — 279 à 285, 384, 389.

4° Si la découverte, invention ou application est reconnue
contraire à l'ordre ou à la sûreté publique, aux bonnes mœurs
ou aux lois du royaume, sans préjudice, dans ce cas et dans
celui du paragraphe précédent, des peines qui pourraient
être encourues pour la fabication ou le débit d'objets prohibés ; — 127, 307, 383, 454, 458.

5° Si le titre sous lequel le brevet a été demandé indique
frauduleusement un objet autre que le véritable objet de l'invention ; — 349, 454.

6° Si la description jointe au brevet n'est pas suffisante
pour l'exécution de l'invention, ou si elle n'indique pas,
d'une manière complète et loyale, les véritables moyens de
l'inventeur ; — 351 à 360.

7° Si le brevet a été obtenu contrairement aux dispositions
de l'article 18. — 305.

Seront également nuls, et de nul effet, les certificats comprenant des changements, perfectionnements ou additions
qui ne se rattacheraient pas au brevet principal. — 292.

ART. 31. Ne sera pas réputée nouvelle toute découverte,
invention ou application qui, en France ou à l'étranger, et
antérieurement à la date du dépôt de la demande, aura reçu
une publicité suffisante pour pouvoir être exécutée. — 115,
246 à 278.

ART. 32. Sera déchu de tous ses droits : — 438, 441.

1° Le breveté qui n'aura pas acquitté son annuité avant le
commencement de chacune des années de la durée de son
brevet ; — 126, 372, 374, 459 à 464.

2° Le breveté qui n'aura pas mis en exploitation sa découverte ou invention en France, dans le délai de deux ans,
à dater du jour de la signature du brevet, ou qui aura cessé

de l'exploiter pendant deux années consécutives, à moins que, dans l'un ou l'autre cas, il ne justifie des causes de son inaction ; — 238, 321.

3° Le breveté qui aura introduit en France des objets fabriqués en pays étranger et semblables à ceux qui sont garantis par son brevet. — 220, 237, 499, 508.

Sont exceptés des dispositions du précédent paragraphe, les modèles de machines dont le ministre de l'agriculture et du commerce pourra autoriser l'introduction dans le cas prévu par l'article 29. — 238.

Art. 33. Quiconque, dans des enseignes, annonces, prospectus, affiches, marques ou estampilles, prendra la qualité de breveté sans posséder un brevet délivré conformément aux lois, ou après l'expiration d'un brevet antérieur; ou qui, étant breveté, mentionnera sa qualité de breveté, ou son brevet sans y ajouter ces mots, *sans garantie du Gouvernement*, sera puni d'une amende de 50 à 1,000 fr. — 136, 243, 372, 390, 439.

En cas de récidive, l'amende pourra être portée au double. — 243, 504.

SECTION II. — *Des actions en nullité et en déchéance.*

Art. 34. L'action en nullité et l'action en déchéance pourront être exercées par toute personne y ayant intérêt. — 446, 455.

Ces actions, ainsi que toutes contestations relatives à la propriété des brevets, seront portées devant les tribunaux civils de première instance. — 139, 451, 464, 476.

Art. 35. Si la demande est dirigée en même temps contre le titulaire du brevet et contre un ou plusieurs cessionnaires partiels, elle sera portée devant le tribunal du domicile du titulaire du brevet. — 450, 455.

ART. 36. L'affaire sera instruite et jugée dans la forme prescrite, pour les matières sommaires, par les articles 405 et suivants du Code de procédure civile. Elle sera communiquée au procureur du roi. — 465.

ART. 37. Dans toute instance tendant à faire prononcer la nullité ou la déchéance d'un brevet, le ministère public pourra se rendre partie intervenante et prendre des réquisitions pour faire prononcer la nullité ou la déchéance absolue du brevet.

Il pourra même se pourvoir directement par action principale pour faire prononcer la nullité, dans les cas prévus aux nos 2, 4 et 5 de l'article 30. — 440, 445 à 455.

ART. 38. Dans les cas prévus par l'article 37, tous les ayants-droit au brevet dont les titres auront été enregistrés au ministère de l'agriculture et du commerce, conformément à l'article 21, devront être mis en cause. — 408, 450, 452, 454.

ART. 39. Lorsque la nullité ou la déchéance absolue d'un brevet aura été prononcée par jugement ou arrêt ayant acquis force de chose jugée, il en sera donné avis au ministre de l'agriculture et du commerce, et la nullité ou la déchéance sera publiée dans la forme déterminée par l'article 14 pour la proclamation des brevets. — 115, 454, 462.

TITRE V.

DE LA CONTREFAÇON, DES POURSUITES ET DES PEINES.

ART. 40. Toute atteinte portée aux droits du breveté, soit par la fabrication de produits, soit par l'emploi de moyens faisant l'objet de son brevet, constitue le délit de contrefaçon. — 114, 128, 139, 214, 216 à 232, 470, 476.

34

Ce délit sera puni d'une amende de cent à deux mille francs. — 502, 505.

ART. 41. Ceux qui auront sciemment recélé, vendu ou exposé en vente, ou introduit sur le territoire français, un ou plusieurs objets contrefaits, seront punis des mêmes peines que les contrefacteurs. — 217 à 228, 509, 516.

ART. 42. Les peines établies par la présente loi ne pourront être cumulées.

La peine la plus forte sera seule prononcée pour tous les faits antérieurs au premier acte de poursuite. — 505.

ART. 43. Dans le cas de récidive, il sera prononcé, outre l'amende portée aux articles 40 et 41, un emprisonnement d'un mois à six mois. — 503.

Il y a récidive lorsqu'il a été rendu contre le prévenu, dans les cinq années antérieures, une première condamnation pour un des délits prévus par la présente loi. — 503.

Un emprisonnement d'un mois à six mois pourra aussi être prononcé, si le contrefacteur est un ouvrier ou un employé ayant travaillé dans les ateliers ou dans l'établissement du breveté, ou si le contrefacteur, s'étant associé avec un ouvrier ou un employé du breveté, a eu connaissance, par ce dernier, des procédés décrits au brevet.

Dans ce dernier cas, l'ouvrier ou l'employé pourra être poursuivi comme complice. — 503.

ART. 44. L'article 463 du Code pénal pourra être appliqué aux délits prévus par les dispositions qui précèdent. — 502, 505.

ART. 45. L'action correctionnelle, pour l'application des peines ci-dessus, ne pourra être exercée par le ministère public que sur la plainte de la partie lésée. — 485.

ART. 46. Le tribunal correctionnel, saisi d'une action pour délit de contrefaçon, statuera sur les exceptions qui seraient tirées par le prévenu, soit de la nullité ou de la déchéance du brevet, soit des questions relatives à la propriété dudit brevet. — 138, 451, 452, 477, 497.

Art. 47. Les propriétaires de brevets pourront, en vertu d'une ordonnance du président du tribunal de première instance, faire procéder, par tous huissiers, à la désignation et description détaillées, avec ou sans saisie, des objets prétendus contrefaits. — 490, 492.

L'ordonnance sera rendue sur simple requête, et sur la représentation du brevet; elle contiendra, s'il y a lieu, la nomination d'un expert pour aider l'huissier dans sa description. — 491.

Lorsqu'il y aura lieu à la saisie, ladite ordonnance pourra imposer au requérant un cautionnement qu'il sera tenu de consigner avant d'y faire procéder. — 491.

Le cautionnement sera toujours imposé à l'étranger breveté qui requerra la saisie. — 328 à 331.

Il sera laissé copie au détenteur des objets décrits ou saisis, tant de l'ordonnance que de l'acte constatant le dépôt du cautionnement, le cas échéant; le tout, à peine de nullité et de dommages-intérêts contre l'huissier. — 491, 493.

Art. 48. A défaut, par le requérant, de s'être pourvu, soit par la voie civile, soit par la voie correctionnelle, dans le délai de huitaine, outre un jour par trois myriamètres de distance, entre le lieu où se trouvent les objets saisis ou décrits, et le domicile du contrefacteur, recéleur, introducteur ou débitant, la saisie ou description sera nulle de plein droit, sans préjudice des dommages-intérêts qui pourront être réclamés, s'il y a lieu, dans la forme prescrite par l'article 36. — 114, 128, 491, 493, 514.

Art. 49. La confiscation des objets reconnus contrefaits, et, le cas échéant, celle des instruments ou ustensiles destinés spécialement à leur fabrication, seront, même en cas d'acquittement, prononcées contre le contrefacteur, le recéleur, l'introducteur ou le débitant. — 228, 506, 509, 514.

Les objets confisqués seront remis au propriétaire du brevet, sans préjudice de plus amples dommages-intérêts et de l'affiche du jugement, s'il y a lieu. — 507, 510.

TITRE VI.

DISPOSITIONS PARTICULIÈRES ET TRANSITOIRES.

Art. 50. Des ordonnances royales, portant règlement d'administration publique, arrêteront les dispositions nécessaires pour l'exécution de la présente loi, qui n'aura effet que trois mois après sa promulgation. — 148, 439.

Art. 51. Des ordonnances rendues dans la même forme pourront régler l'application de la présente loi dans les colonies, avec les modifications qui seront jugées nécessaires. — 148.

Art. 52. Seront abrogées, à compter du jour où la présente loi sera devenue exécutoire, les lois des 7 janvier et 25 mai 1791, celle du 20 septembre 1792, l'arrêté du 17 vendémiaire an 7, l'arrêté du 5 vendémiaire an 9, les décrets des 25 novembre 1806 et 25 janvier 1807, et toutes dispositions antérieures à la présente loi, relatives aux brevets d'invention, d'importation et de perfectionnement. — 105 à 138.

Art. 53. Les brevets d'invention, d'importation et de perfectionnement actuellement en exercice, délivrés conformément aux lois antérieures à la présente, ou prorogés par ordonnance royale, conserveront leur effet pendant tout le temps qui aura été assigné à leur durée. — 439.

Art. 54. Les procédures commencées avant la promulgation de la présente loi seront mises à fin, conformément aux lois antérieures.

Toute action, soit en contrefaçon, soit en nullité ou dé-chéance de brevet, non encore intentée, sera suivie confor-mément aux dispositions de la présente loi, alors même qu'il s'agirait de brevets délivrés antérieurement. — 440.

La présente loi, discutée, délibérée et adoptée par la Chambre des pairs et par celle des députés, et sanctionnée par nous cejourd'hui, sera exécutée comme loi de l'État.

Donnons en mandement à nos cours et tribunaux, préfets, corps administratifs, et tous autres, que les présentes ils gardent et maintiennent, fassent garder, observer et mainte-nir, et, pour les rendre notoires à tous, ils les fassent publier et enregistrer partout où besoin sera ; et, afin que ce soit chose ferme et stable à toujours, nous y avons fait mettre notre sceau.

Fait au palais de Neuilly, le 5ᵉ jour du mois de juillet, l'an 1844.

Signé LOUIS-PHILIPPE.

Par le Roi :

Le Ministre secrétaire d'État de l'agriculture et du commerce,

Signé L. Cunin-Gridaine.

Vu et scellé du grand sceau :

Le Garde-des-Sceaux de France, Ministre secrétaire d'État au département de la justice et des cultes,

Signé N. Martin (du Nord).

FIN.

TABLE DES MATIÈRES.

FIN DE LA TABLE DES MATIÈRES.

www.ingramcontent.com/pod-product-compliance
Lightning Source LLC
Chambersburg PA
CBHW031355210326
41599CB00019B/2771